工程光学

主　编　官邦贵

副主编　高海涛　何恩节　左绪忠

郭明磊　秦炎福

北京师范大学出版集团
BEIJING NORMAL UNIVERSITY PUBLISHING GROUP
安徽大学出版社

图书在版编目(CIP)数据

工程光学/官邦贵主编. —合肥:安徽大学出版社,2021.12

ISBN 978-7-5664-2324-5

Ⅰ. ①工… Ⅱ. ①官… Ⅲ. ①工程光学—高等学校—教材 Ⅳ. ①TB133

中国版本图书馆 CIP 数据核字(2021)第 248018 号

工程光学 官邦贵 主编

出版发行:北京师范大学出版集团
安 徽 大 学 出 版 社
(安徽省合肥市肥西路 3 号 邮编 230039)
www.bnupg.com.cn
www.ahupress.com.cn
印 刷:安徽省人民印刷有限公司
经 销:全国新华书店
开 本:184 mm×260 mm
印 张:18.5
字 数:346 千字
版 次:2021 年 12 月第 1 版
印 次:2021 年 12 月第 1 次印刷
定 价:68.00 元
ISBN 978-7-5664-2324-5

策划编辑:刘中飞 武溪溪
责任编辑:武溪溪
责任校对:陈玉婷
装帧设计:李 军 孟献辉
美术编辑:李 军
责任印制:赵明炎

前　言

自从激光器诞生以来，现代光学得到迅猛发展，出现许多新的学科分支，人类在利用现代光学知识认识世界和改造世界的实践过程中取得了一系列变革性的成果，这些成果在国防建设、工业生产、日常生活等方面都起着非常重要的作用，现代光学已经成为21世纪的一门重要学科。

现代光学的发展离不开作为基础理论的工程光学课程，该课程是高等学校光电信息科学与工程类、仪器仪表类及其相近专业本科生的一门重要专业课。该课程对经典光学的主要原理和应用做了较深入细致的分析和阐述，并适当介绍近代光学的发展。通过本课程的学习，可以使学生掌握几何光学的基本定律、球面光学系统和平面光学系统的成像规律、高斯光学的基本理论及像差的基本概念，掌握典型的光学系统及实用的现代光学系统的原理和特性，掌握光的波动理论及其应用(包括光的电磁理论，光的干涉、衍射、偏振等)，培养和提高学生的光学设计能力，从而为后续课程的学习以及步入工作岗位打下坚实的理论基础。

本书包括几何光学和物理光学两部分，共12章，其中第1～8章为几何光学，主要介绍几何光学的基本定律，共轴球面光学系统的成像，理想光学系统的成像，平面光学系统及其应用，光学系统的光束限制，像差概论，典型光学系统及其工作原理，典型的现代光学系统等；第9～12章为物理光学，主要介绍光的电磁理论，光的干涉、衍射、偏振及应用。

本书更新教学思想观念，在一系列教育教学改革项目的带动下，构建了符合专业特点、以几何光学和物理光学为框架的工程光学课程体系，课程体系以突出学生创新能力的培养为核心。本书严格按照精、新、实的要求进行编写，突出以下特色：①内容针对性强，符合工程光学课程设置及教学要求；②内容充实，符合光电信息科学与工程等相关专业的人才培养目标；③全面贯彻“以人为本”的教学理念，在教给学生知识的同时，更注重学生能力的培养以及学生科学素养的形成。

本书可作为高等院校光电信息科学与工程类、仪器仪表类及其相近专业的教材，亦可作为物理和光学类专业的选修课教材或参考书，也可供从事光电信息科学与技术、仪器科学与技术等相关领域工作的工程技术人员参考。

本书由安徽科技学院官邦贵任主编，高海涛、何恩节、左绪忠、郭明磊、秦炎福任副主编。具体编写分工如下：官邦贵编写第1～6章，何恩节编写第7章，高海涛编写第8～9章，左绪忠编写第10章，秦炎福编写第11章，郭明磊编写第12章，全书由官邦贵统稿和定稿。

本书的出版得到了安徽科技学院的资助，在此表示感谢。

由于编者水平有限，错误之处在所难免，恳请读者批评指正！

编者

2021年6月

目 录

第1章 几何光学的基本定律和物像概念

在我们的生活中处处离不开光，可以说，没有光，我们的生活将无法想象。早在我国古代，《墨经》中的记载就充分说明墨家实际上已经认识了光的反射定律，并以此来描述平面镜成像的原理。利用平面镜反射原理，公元前2世纪的人们就制成了世界上最早的潜望镜。西汉初年成书的《淮南万毕术》中有这样的记载："取大镜高悬，置水盆于其下，则见四邻矣。"这个装置虽然简单，但意义深远，它的原理和现代所用的许多潜望镜的原理是一样的，它是现代许多潜望镜和利用反射特性改变光路的各种仪器的祖先。

随着时代的变迁、科技的发展，光的应用越来越广泛，目前，激光已广泛应用于工业、商业、医疗、科研、信息和军事等领域。在工业领域的应用主要有材料加工和测量控制，如激光焊接、激光切割、激光打孔（包括斜孔、异形孔、膏药打孔、水松纸打孔、钢板打孔、包装印刷打孔等）、激光淬火、激光热处理、激光打标、玻璃内雕、激光微调、激光光刻、激光制膜、激光薄膜加工、激光封装、激光修复电路、激光布线技术、激光清洗等；在商业领域的应用主要有印刷、制版、条码判读、激光唱盘、视盘读写、激光全息和娱乐等；在医疗领域主要用于治疗和诊断，如激光近视手术；在科研领域主要有光谱学应用和基础应用，如激光核聚变研究；在信息领域的应用主要有计算机光盘读写和光纤通信等；在军事领域的应用主要有遥感、模拟、制导、测距、瞄准、激光致盲和激光武器等。

1.1 概　述

光具有波粒二象性。在研究光的发射和吸收等与物质相互作用的情况下，需要考虑光的粒子性，并运用光的量子理论，在研究光的干涉、衍射等现象时需要考虑光的波动性。

光的本质是电磁波，其波谱范围通常从远红外到真空紫外，如图1-1所示。可见光的波段在380～760 nm之间，超出这个范围，人眼则感觉不到。在可见光波段内，不同波长的光产生不同的颜色感觉，具有单一波长的光称为单色光，将几种单色光混合得到的光称为复色光，白光由红、橙、黄、绿、青、蓝、紫七色光组成，如太阳光。不同波长的光在真空中的传播速度相同（$c=3\times10^{8}$ m/s），光在空气中传播时，其传播速度可近似认为等于光速。光的传播速度与材料的折射率有关，在水、玻璃等透明介质中,光的传播速度要比在真空中慢,且速度随波长而变化。

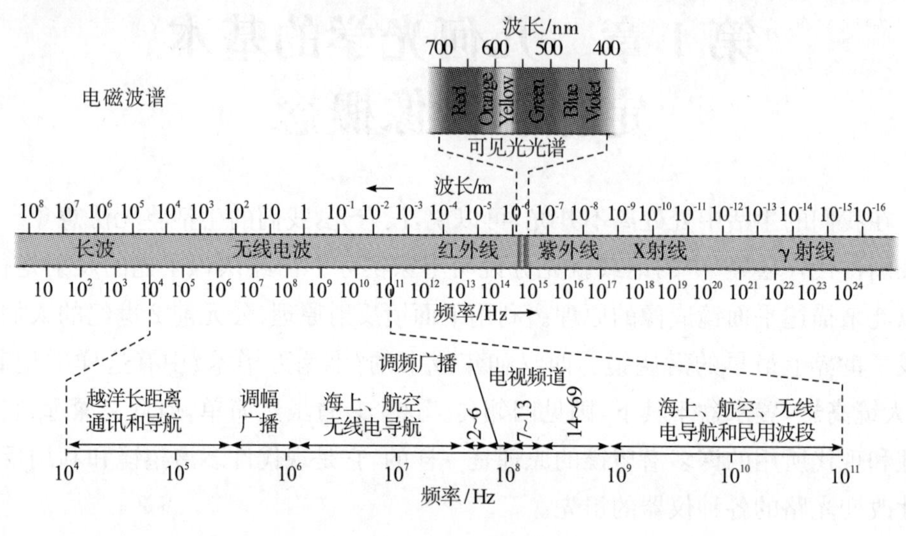

图 1-1　电磁波谱

光学系统的主要作用是传输光能或对物体成像。几何光学是以光线作为基础概念,用几何的方法研究光在介质中的传播规律和成像特性,没有考虑光的波动特性,仅以光的直线传播性质为基础,把光的概念和几何学中的点、线、面有机联系起来,利用简便和实用的几何学方法来研究光的传播以及物体经过光学系统后的成像规律,这种方法在所研究对象的尺寸远大于光的波长的条件下是成立的。在工程应用中,一般光学仪器都能符合这一条件,因此,光学仪器中的绝大多数光学问题,用几何光学均可以得到合理、正确的结果。由于用几何光学研究和解决问题的方法较波动光学简单得多,这一理论才得以广泛应用和不断发展。

下面,简单介绍几何光学的几个基本概念。

1. 发光体

能够辐射光能量的物体称为发光体(或光源)。发光体可看作由许多发光点或点光源组成,每个发光点向四周辐射光能量。

2. 光线

在几何光学中,通常将发光点发出的光抽象为许许多多携带能量并带有方向的几何线,即光线,光线的方向代表光的传播方向。

3. 波面

发光点向四周辐射光波时,某一时刻光波振动位相相同的点所构成的等位相面称为波阵面,简称"波面"。光的传播即为光波波阵面的传播。在各向同性的均匀介质中,辐射能量是沿波面的法线方向传播的,即光线垂直于波面。等位面是平面的波叫作平面波,等位面是球面的波叫作球面波,等位面是非规则曲面的波叫作任意曲面波。

4. 光束

无限多条光线的集合称为光束，常见的光束有同心光束、平行光束和像散光束，如图 1-2 所示。同心光束是指相交于同一点或由同一点发出的一束光线，分为会聚光束和发散光束，其对应的波面形状为球面；平行光束是指没有聚交点而互相平行的光线束，对应的波面形状为平面；像散光束是指不聚交于同一点或不是由同一点发出的光束，对应的波面形状为非球面。由于像差的存在，同心光束经光学系统后不再是同心光束，对应的波面为非球面。几何光学研究光的传播也就是研究光线的传播，光线是一些具有方向的几何线，几何光学使光传播问题大为简化，因此，以光线作为基本概念的几何光学理论具有很重要的实用价值，至今仍是重要的成像理论。

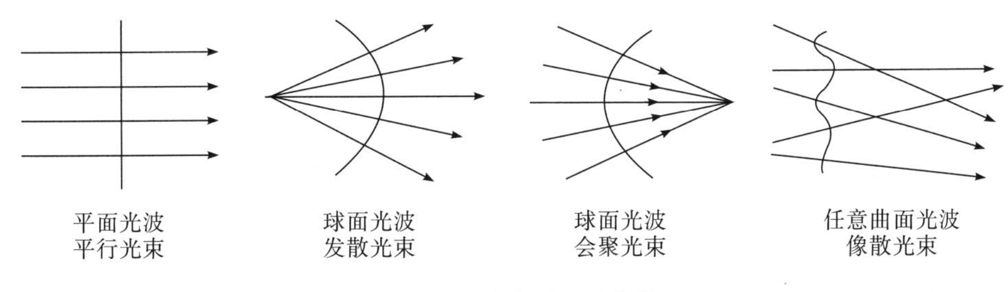

图 1-2　光束与波面的分类

1.2　几何光学的基本定律

1.2.1　基本定律概述

几何光学的基本定律是研究光的传播现象和规律，以及光线经过光学系统后的成像规律。

1. 光的直线传播定律

在各向同性的均匀介质中，光是沿直线传播的，这就是光的直线传播定律。影子的形成、日食、月食等现象都很好地证明了该定律，“小孔成像”现象也是利用了光的直线传播定律。

但这一定律的应用是有条件的，当光经过尺寸与波长接近或比波长更小的小孔或狭缝时，将会发生衍射现象，光将不再沿直线传播。另外，当光在非均匀介质中传播时，光线传播的路径为曲线，而不是直线，如太阳还在地平线以下，我们就看见了它，这是因为太阳光经过不均匀的大气层发生了折射。

2. 光的独立传播定律

不同发光体发出的光在空间相遇时，彼此互不影响，各光束独立传播，称为光的独立传播定律。按照这一定律，光束相交处的光强是简单的叠加。光的独立传播定律仅对不同发光体发出的光是非相干光才是准确的，如果两束光由同一光源发出，经不同的路径传播后在空间某点交会，交会点的光强将不再是简单的叠加，而是根据两光束所走过的光程不同来决定的，可能加强，也可能减弱，即发生干涉现象。

3. 光的反射和折射定律

光的直线传播定律和光的独立传播定律是光在同一均匀介质中的传播规律，而光的反射定律和折射定律则是研究光传播到两种均匀介质分界面上时的现象与规律。

如图 1-3 所示，当一束光 AO 投射到两种透明介质的分界面上时，将有一部分光被反射，另一部分光被折射，反射光线遵守反射定律，折射光线遵守折射定律。图中分界面在 PQ 处，I、I'、I''分别为入射角、折射角和反射角，它们均以锐角度量，其正负遵循符号法则：由光线转向法线，顺时针方向形成的角度为正，逆时针方向形成的角度为负。

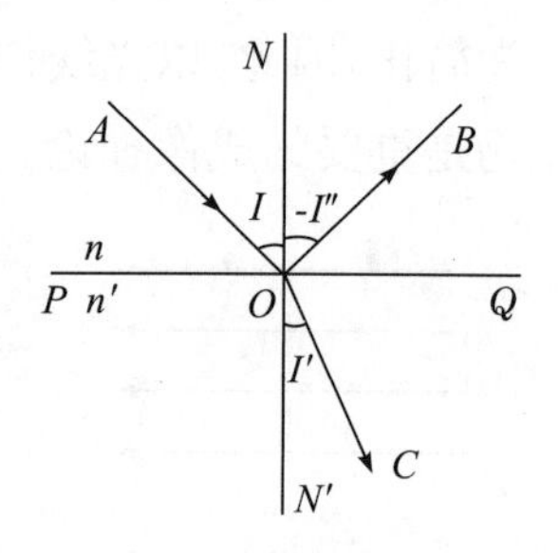

图 1-3 光的反射与折射

(1)反射定律。反射定律可归纳为：①反射光线位于入射光线和法线所决定的平面内；②反射光线和入射光线位于法线两侧，且绝对值相等，符号相反，即

$$I''=-I \tag{1-1}$$

(2)折射定律。折射定律可归纳为：①折射光线位于入射光线和法线所决定的平面内；②折射角的正弦与入射角的正弦之比与入射角的大小无关，仅由两种介质的性质决定。对一定波长的光线而言，该比值为一常数，用公式表示为

$$\frac{\sin I'}{\sin I}=\frac{n}{n'} \tag{1-2}$$

式(1-2)中，n、n'分别为入射光线和折射光线所在介质的折射率。折射率是表征透明介质光学性质的重要参数，不同波长的光在真空中的传播速度相同，均为 c，而在不同介质中的传播速度 v 不同，且都比真空中的光速小。介质的折射率就是用来描述介质中的光速相对真空中的光速减慢程度的物理量，即

$$n=\frac{c}{v} \tag{1-3}$$

在式(1-2)中，令 $n'=-n$，则有 $I'=-I$，则可由折射定律转化为反射定律，因此，反射定律可以看作折射定律的一个特例。这一结论有很重要的意义。后面我们会发现，许多由折射定律得出的结论，只要令 $n'=-n$，就可以得出相应反射定律的结论。

(3)光的全反射现象。光线入射到两种介质的分界面时，一般会同时发生反射和折射。当光线从光密介质射向光疏介质，即 $n>n'$时，折射角将大于入射角。

当入射角逐渐增大，到达某一角度 I_c 时，光线的折射角达到 90°，光线沿界面掠射而出，继续增大入射角，则折射光线将消失，所有光线全都发生反射，回到原光密介质，这种现象称为全反射现象。I_c 称为全反射的临界角，如图 1-4 所示。由此可见，光线发生全反射的条件为：①光线从光密介质射向光疏介质；②入射角大于临界入射角 I_c。全反射具有很重要的应用，如全反射棱镜、光导纤维、分划板照明、360°平面光束仪等。图 1-5 和图 1-6 分别为全反射在直角棱镜和光导纤维中的应用。

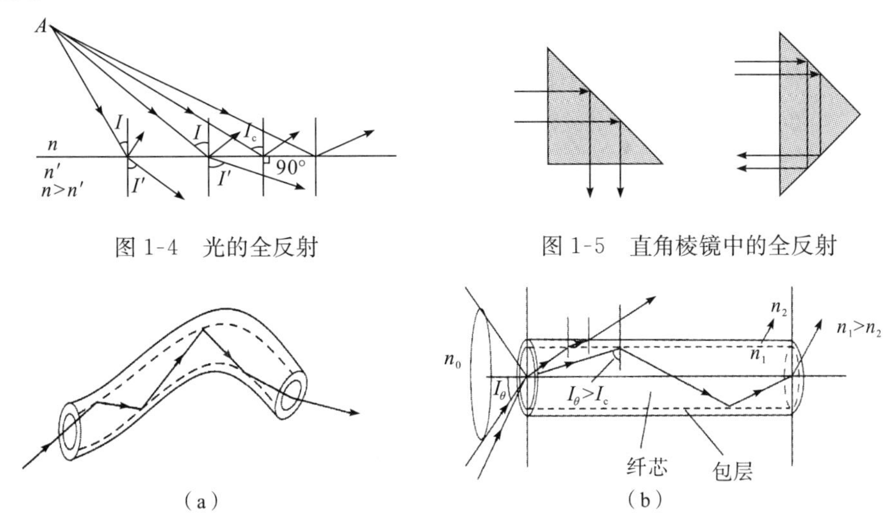

图 1-4　光的全反射

图 1-5　直角棱镜中的全反射

图 1-6　光导纤维中的全反射

1.2.2　光路的可逆性

如图 1-3 所示，如果光线沿 *BO* 入射，则按照光的直线传播定律和反射定律，光线将沿 *OA* 反射；同样，如果光线沿 *CO* 入射，则按照光的直线传播定律和折射定律，光线也将沿 *OA* 折射。由此可见，光线的传播是可逆的，且无论是光线在均匀介质中沿直线传播，还是在两种均匀介质界面上发生反射和折射，光路的可逆性现象都同样存在。

光路可逆现象具有重要意义，根据这一特性，不但可以确定物体经光学系统后所成像的位置，而且可以反过来由像来确定物体的位置。在光学系统的设计计算中，利用光路的可逆性给解决实际问题带来极大方便。

1.2.3　费马原理

费马原理与几何光学的基本定律一样，也是描述光线传播规律的基本理论。它用光程的概念来揭示光传播的规律。

光程是指光在介质中传播的几何路程 l 与该介质折射率 n 的乘积 s，即

$$s = nl \tag{1-4}$$

将式(1-3)及 $l=vt$ 代入式(1-4)得

$$s = ct \tag{1-5}$$

可见,光在某种介质中的光程等于同一时间内光在真空中走过的几何路程。费马原理指出,光从一点传播到另一点,期间无论经过多少次反射或折射,光程为极值(极大、极小或常量)。或者说,光是沿着光程为极值的路径传播的。

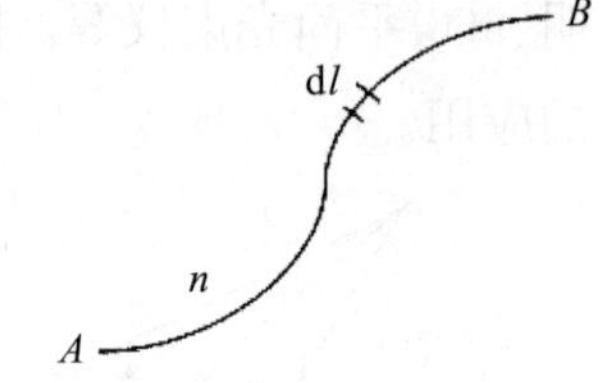

图 1-7 光在非均匀介质中的传播和光程

在均匀介质中光是沿直线传播的,但在非均匀介质中,因折射率 n 是空间位置的函数,故光线将不再沿直线传播,其轨迹是一条空间曲线。如图 1-7 所示,光从 A 点传播到 B 点,其光程由曲线积分来确定,即

$$s = \int_A^B n\mathrm{d}l \tag{1-6}$$

根据费马原理,此光程为极值,所以对式(1-6)求导,可表示为

$$\delta s = \delta\int_A^B n\mathrm{d}l = 0 \tag{1-7}$$

这是费马原理的数学表示。

由费马原理可以证明几何光学的基本定律,如光的直线传播定律。在均匀介质中,折射率为常数,要求光程为极值,即要求几何路程为极值,因两点之间直线最短,对应的光程为极小值,所以均匀介质中光线沿直线传播。

例 1-1 用费马原理证明光的反射定律。

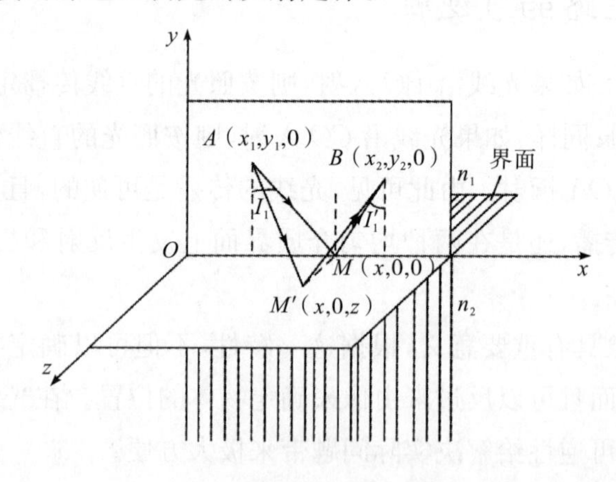

图 1-8 利用费马原理证明反射定律

证明 如图 1-8 所示,设点 A、B 均位于同一平面上,$A(x_1,y_1,0)$为点光源,$B(x_2,y_2,0)$为接收器,点 $M'(x,0,z)$为光线在界面上的入射点,则光线 $AM'B$ 的光程为

$$s=n_1AM'+n_2M'B=n_1\sqrt{(x-x_1)^2+y_1^2+z^2}+n_1\sqrt{(x-x_2)^2+y_2^2+z^2}$$

由费马原理和光程极值条件得

$$\frac{\partial s}{\partial x}=\frac{n_1(x-x_1)}{\sqrt{(x-x_1)^2+y_1^2+z^2}}+\frac{n_1(x-x_2)}{\sqrt{(x-x_2)^2+y_2^2+z^2}}=0$$

$$\frac{\partial s}{\partial z}=\frac{n_1 z}{\sqrt{(x-x_1)^2+y_1^2+z^2}}+\frac{n_1 z}{\sqrt{(x-x_2)^2+y_2^2+z^2}}=0$$

得 $z=0$,即入射光线和反射光线应在 xy 平面内(因为 $AM+MB<AM'+M'B$),光线的入射点应为 $M'(x,0,z)\rightarrow M(x,0,0)$,反射光线和入射光线位于法线两侧,且绝对值相等,符号相反。所以,$\sin I=-\sin I''$,即 $I=-I''$,即满足反射定律。

同样,利用费马原理也可以证明光线的折射定律。

1.2.4　马吕斯定律

马吕斯定律是指在各向同性的均匀介质中,与某一曲面垂直的一束光线,经过任意次折射、反射后,必定与另一曲面垂直,而且位于这两个曲面之间的所有光线的光程相等。马吕斯定律是表述光线传播规律的另一种形式,该定律描述了光束与波面、光线与光程的关系。

马吕斯定律强调,光线束在各向同性的均匀介质中传播时,始终保持着与波面的正交性,且入射波面和出射波面对应点之间的光程均为定值。

几何光学的基本定律、费马原理和马吕斯定律都能说明光线传播的基本规律,都是几何光学的基础。

1.3　成像的基本概念与完善成像条件

1.3.1　光学系统与物像概念

光学系统是由一个或几个光学元件按照某种方式组合并能够对光进行传播和控制的系统。光学系统的主要功能之一是对目标物体成像。要掌握光学系统的成像规律,就必须首先理解物和像的概念。

光学系统对目标物体成像,目标物体发出的光线在射入光学系统之前都称为物方光线,物方光线的会聚点(不管是实际会聚,还是虚线延长后的会聚)称为物,经过光学系统作用之后的光线则称为像方光线,像方光线的会聚点(不管是实际会聚,还是虚线延长后的会聚)称为像。

1.3.2　物像的虚实

在几何光学中,物像有虚实之分,由实际光线相交所形成的点为实物点或实像点，由这样的点构成的物(或像)称为实物(或实像)；而由光线的延长线相交所成的点称为虚物点或虚像点，由这样的点构成的物(或像)称为虚物(或虚像)。如图1-9所示，分别表示了物体成像的四种不同情况。

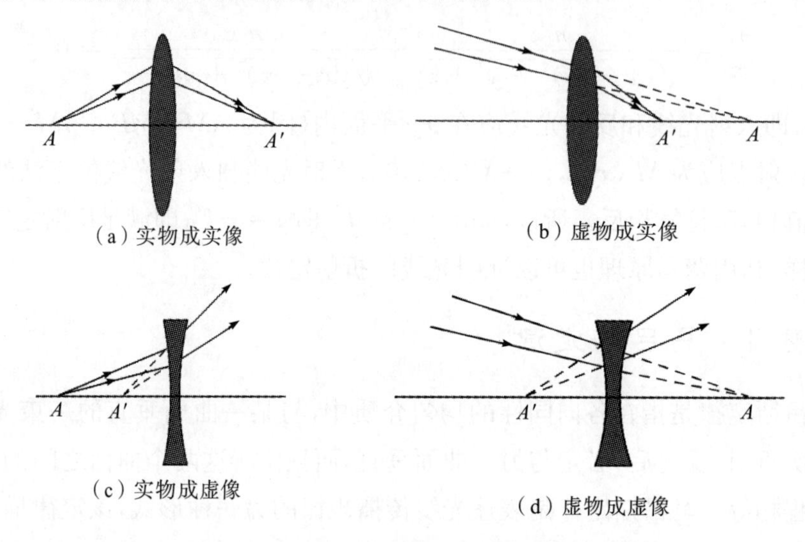

图1-9 光学系统的几种物像关系

客观存在的物体由于能实际发光(可以自身发光，也可以是受照后发光)，都被看作物方光线的会聚点，因此都是实物；而虚物一般不会独立存在，往往产生于前一光学系统所成的实像被后一光学系统挡住了，这一实像相对于下一成像系统称为虚物。实像因为有实际光线相交，故可以用接收屏得到其图像，如照相底片、电影银幕、CCD等。而虚像得不到实际光线相交，故无法用屏接收，不过虚像可以用眼睛观察，例如，人可以通过平面反射镜看到所成的虚像。

1.3.3 物空间和像空间

每个物点发射球面波，与之相对应的是一束以物点为中心的同心光束。如果该球面波经过光学系统之后仍为球面波，则对应的光束也为同心光束，那么称该同心光束的中心是物点经光学系统所成的完善像点，物体上每个点经光学系统后所成完善像点的集合就是该物体经光学系统后的完善像。通常，把物体所在的空间称为物空间，把像所在的空间称为像空间。物空间和像空间的范围为(－∞,＋∞)。

根据光路的可逆性，如果将像点看作物，使光线沿反方向射入光学系统，则它一定将成像在原来的物点上。这样一对相应的点称为共轭点。同理，具有上述对应关系的一一对应的光线称为共轭光线，一一对应的平面称为共轭平面，物空间和像空间一一对应。

1.3.4　完善成像条件

如图 1-10 所示，一共轴光学系统由 O_1、O_2、…、O_k 等多个光学面组成，轴上物点 A_1 发出一球面波 W，与之对应的是以 A_1 为中心的同心光束，经过光学系统后为另一球面波 W'，对应的是以 A'_k 为中心的同心光束，即为像点 A'_k 的完善像点。

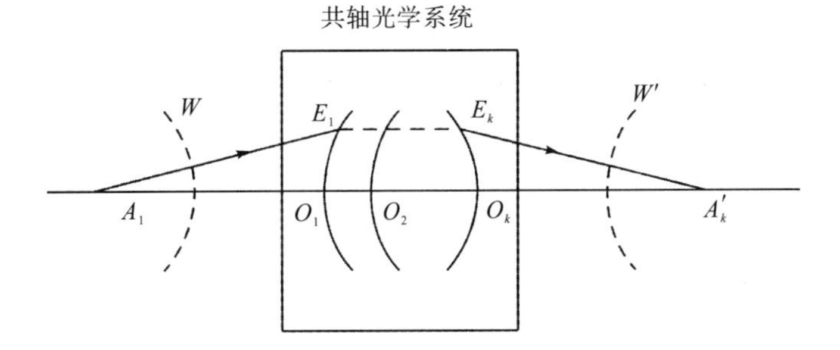

图 1-10　共轴光学系统及其完善成像

光学系统完善成像应满足的条件为：入射波面为球面波时，出射波面也为球面波。由于球面波对应同心光束，所以完善成像条件也可以表述为：入射光为同心光束时，出射光也为同心光束。完善成像条件也可以用光程的概念表述为：物点 A 和像点 A'_k 之间任意两条光路的光程相等。

光学系统的物和像具有相对性，它们都是相对于特定成像系统而言的。如果一个物体依次经过几个系统成像，则前一个系统所成的像便成为下一个系统的物，如此不断成像后得到最终的像。因此，物和像的概念并不是绝对的。对于连续成像的系统，物与像的角色在具体情况下发生变化，计算时应取相应空间介质的折射率。下面通过例题说明光学系统的物像关系。

例 1-2　如图 1-11 所示，光学系统由图中四个子系统 Ⅰ、Ⅱ、Ⅲ 和 Ⅳ 组成，对 A 物点成像。根据图中的成像光线，说明各子系统的物像关系。

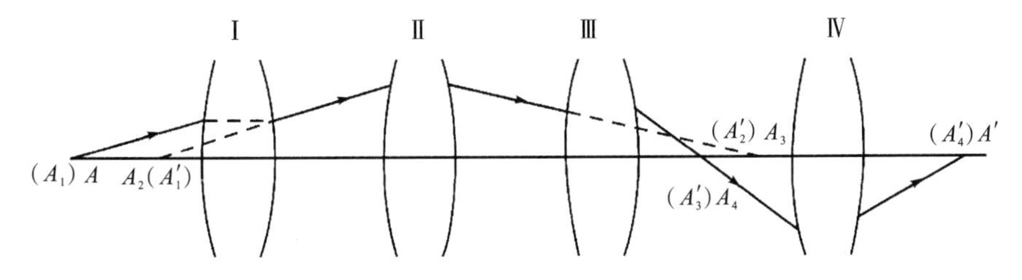

图 1-11　例题 1-2 图

解　物点 A 经光学系统的四个子系统 Ⅰ、Ⅱ、Ⅲ 和 Ⅳ 最终成像于 A'，所以，A 和 A' 分别是整个光学系统的物和像，$A(A_1)$ 是系统 Ⅰ 的实物，也是整个系统的实物；经过子系统 Ⅰ 成虚像 A'_1，$A_2(A'_1)$ 是系统 Ⅱ 的实物，经过系统 Ⅱ 成实像 A'_2；$A_3(A'_2)$ 是系统 Ⅲ 的虚物，经过系统 Ⅲ 成实像 A'_3；$A_4(A'_3)$ 是系统 Ⅳ 的实物，经过系统 Ⅳ 成实像 $A'_4(A')$，$A'_4(A')$ 也是整个系统的实像。

习题1

1-1 举例说明符合光传播基本定律的现象和应用。

1-2 证明光线通过置于空气中的平行玻璃板时，出射光线和入射光线总是平行。

1-3 潜水员在水下向上仰望，能否感觉到整个水面都是明亮的？

1-4 观察清澈的河底鹅卵石，感觉约在水下半米深处，问实际河水比半米深还是比半米浅？

1-5 弯曲的光学纤维可以将光线由一端传至另一端，这是否和光在均匀介质中直线传播定律相违背？

1-6 试由费马原理导出折射定律。

1-7 某物通过一透镜成像在该透镜内部，透镜材料为玻璃，透镜两侧为空气，试问该物所处的介质是玻璃还是空气？

1-8 有一个玻璃球，其折射率为 n，处于空气中，今有一光线射到球的前表面，若入射角为 60°，试分析光线经过玻璃球的传播情况。

1-9 有一个等边三角棱镜，若入射光线和出射光线对棱镜对称，出射光线对入射光线的偏转角为 40°，求该棱镜材料的折射率。

1-10 为了从坦克内部观察外界目标，需要在坦克壁上开一个孔。假定坦克壁厚 200 mm，孔大小为 120 mm，在孔内装一块折射率 $n=1.5163$ 的玻璃，其厚度与装甲厚度相同，问在允许观察者眼睛左右移动的情况下能看到外界多大的角度范围？

第 2 章 共轴球面光学系统

光学系统由一个或多个光学元件按一定的方式和顺序组成,光学元件由折射面或(和)反射面按照一定形状构成,它们对物体发出的光线进行折射和反射,使光线按设定要求方向传播以及对物体成像。常用的光学元件有反射镜、折(反)射棱镜、平行平板和透镜等,它们的界面绝大多数都采用球面形状(平面可看作半径为无穷大的球面),如果光学系统中各光学元件的面形均为球面,则该光学系统称为球面系统。所有球面球心的连线为光学系统的光轴。光轴为一条直线的光学系统称为共轴球面光学系统,共轴球面光学系统的光轴也就是整个系统的对称轴线。大多数光学系统都采用这种结构。

共轴球面光学系统应用于各种光学仪器的镜头中,如照相摄像系统、望远镜、显微镜等。单球面镜包括凹面镜和凸面镜。凹面镜能使平行光会聚在焦点,使焦点发出的光线反射后成为平行光射出,如太阳灶、内窥镜、探照灯、汽车头灯等,耳鼻喉科医生用凹面镜会聚光观察耳道情况,天文学家用凹面镜作大型反射式望远镜。图 2-1 所示为我国建造的世界上最大的球面射电天文望远镜“中国天眼”,其口径达 500 m,采用主动反射面技术,其反射面是一个凹球面,由 4600 多块可运动的等边球面三角形叶片组成。凸面镜能使平行光线发散,因此凸面镜可以扩大视野,如汽车上的后视镜,以及急转弯路口竖立的球面镜。

图 2-1　世界上最大的球面射电天文望远镜“中国天眼”

共轴球面光学系统是理解光学系统成像规律的基础,本章将对此做详细介绍,首先讨论物体经单个球面的折(反)射成像,再逐步过渡到共轴球面光学系统的成像。

2.1 基本概念与符号规则

光学系统成像过程中，为了说明物像的虚实、正倒，并能清楚地确定光路中光线的方向、物像的位置、球面的凸凹以及球心的位置等，几何光学规定了系统中的各参量，并建立了相应的符号规则。

2.1.1 常用符号

图 2-2 所示为物体经单个折射球面成像的光路图，其中 C 为球面的球心，通过球心的直线称为光轴，光轴与折射球面的交点称为顶点（图中 O 点），图中光轴上的实物点 A 经单个折射球面所成的实像点为 A'。图中符号含义如下：

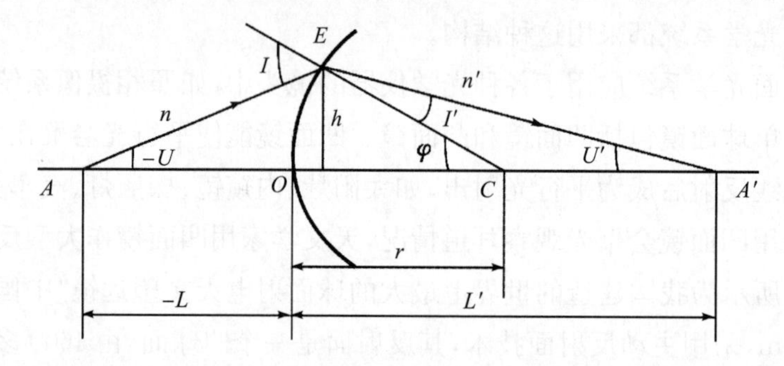

图 2-2 物体经单个折射球面成像的光路图

n、n' 为物方、像方介质的折射率；

r 为球面的半径；

I 为光线的入射角；

I' 为光线的折射角；

L 为物体到折射面或反射面顶点的距离（物方截距）；

L' 为折射面或反射面顶点到像的距离（像方截距）；

U 为入射光线和光轴的夹角（物方孔径角）；

U' 为折射光线和光轴的夹角（像方孔径角）；

φ 为光轴与球面法线的夹角；

h 为光线在折射面上的投射高度。

2.1.2 符号规则

(1)光路方向：光线行进方向从左向右为正向光路，反之为逆向光路。

(2)沿轴线段：以球面顶点为原点，与光线行进方向相同者为正，反之为负。

(3)垂轴线段：以光轴为界，在光轴之上为正，在光轴之下为负。

(4)角度符号(一律以锐角来衡量):

①光线与光轴的夹角:光轴转向光线,顺时针为正,逆时针为负。

②光线与法线的夹角:光线转向法线,顺时针为正,逆时针为负。

③光轴与法线的夹角:光轴转向法线,顺时针为正,逆时针为负。

在光路图中,规定几何图形上所有量一律标注其绝对值,以确保图中标注的几何量恒为正。例如,对图 2-2 中实物点 A,物距 L 为负值,图中则标注为 $-L$,以确保图中标注的几何量取正值。计算时,要区分其正负号。

2.1.3　符号规则的意义

当进行光路计算时,通过符号规则可以直接根据计算结果判断物像的虚实和正倒情况。

(1)物的虚实。当物体在折射球面的左侧时,物点为实物点,即负物距对应于实物;当物体在折射球面的右侧时,物点为虚物点,即正物距对应于虚物。

(2)像的虚实。当像在折射球面的右侧时,像点为实像点,即正像距对应于实像;当像在折射球面的左侧时,像点为虚像点,即负像距对应于虚像。

(3)像的正倒。物高 Y 与像高 Y' 代数值符号相反时成倒立的像;Y 与 Y' 代数值符号相同时成正立的像。

2.2　单个折射球面成像

光学系统成像是光经过折(反)射面逐次成像的结果,单个折射球面成像是其基本的成像过程,本节主要讨论单个折射球面的成像问题。

2.2.1　单个折射球面成像的光路计算

光路计算是指光线经过一个给定的光学系统的传播情况。下面讨论两种情况下的光路计算。

1. 实际光路计算

图 2-2 所示为光轴上的 A 点经过单个折射球面成像的子午光路截面图。这里给定的光学系统为单球面,已知球面曲率半径为 r,物方介质和像方介质的折射率分别为 n 和 n',物点 A,其物距为 L,发出一条孔径角为 U 的入射光线,计算该光线经过折射球面后的像方出射光线的孔径角 U' 和像方截距 L'。

在△AEC 中,应用正弦定律可得

$$\frac{\sin I}{-L+r}=\frac{\sin(-U)}{r}$$

所以

$$\sin I = \frac{L-r}{r}\sin U \tag{2-1}$$

在光线的入射点 E 处应用折射定律可得

$$\sin I' = \frac{n}{n'}\sin I \tag{2-2}$$

由图 2-2 中的几何关系可知，$\varphi = U + I = U' + I'$，由此得到像方孔径角

$$U' = U + I - I' \tag{2-3}$$

在$\triangle CEA'$中，再次利用正弦定律可得

$$\frac{\sin I'}{L'-r} = \frac{\sin U'}{r}$$

于是得到像方截距为

$$L' = r\left(1 + \frac{\sin I'}{\sin U'}\right) \tag{2-4}$$

如果物点 A 位于物方轴上无限远处，这时可以认为轴上物点射向光学系统的是平行于光轴的平行光束，即 $L=-\infty$，$U=0$(图 2-3)。式(2-1)不适合这一条件下的计算。实际上，此时光线与球面相交的位置由光线的入射高度 h 决定，式(2-1)将采用如下形式计算入射角。

$$\sin I = \frac{h}{r} \tag{2-5}$$

I'、U'、L'依旧按式(2-2)至式(2-4)进行计算，则可得到无限远物点成像的光路计算。

式(2-1)至式(2-5)是子午面内物点以实际光线经单个折射球面的成像光路计算。它完全根据几何光学的基本定律推导得出，因此称为实际光路计算。

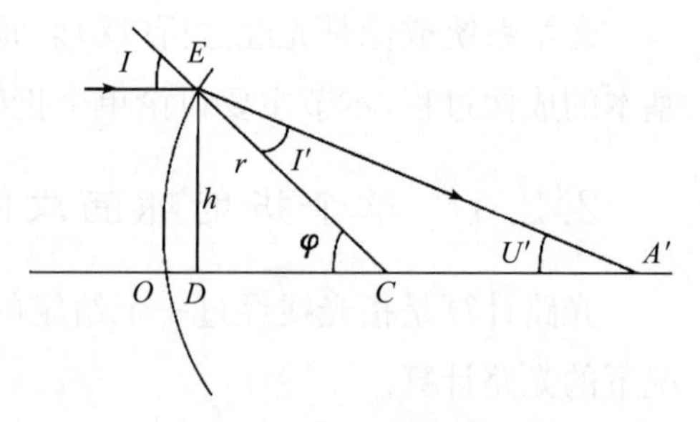

图 2-3　物体无限远时的成像

由公式可以看出，给出一组物方参量 L 和 U，就可以计算出一组相应的像方参量U'和L'。由共轴球面光学系统的对称性可知，以 A 为顶点、$2U$ 为顶角的圆锥面上所有光线经折射后都会会聚于A'点。但由式(2-4)可知，当物距 L 一定时，以不同孔径角 U 入射的光线，将得到不同的像方截距 L'，如图 2-4 所示，即同心光束经单个折射球面后，出射光束不再是同心光束。这表明，单个折射球面对轴上点成像是非完善的，这种现象称为球差，球差的内容将在第 6 章介绍。

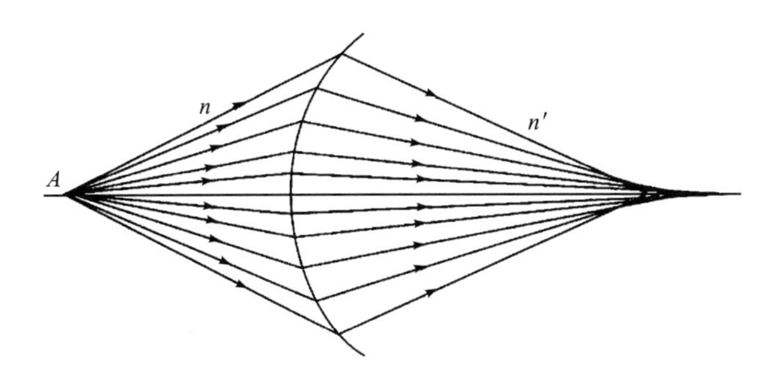

图 2-4　单个折射球面对轴上点成像的非完善性

例 2-1　如图 2-5 所示，设折射球面半径为 $r=20$ mm，两边的折射率为 $n=1$，$n'=1.5163$，物体 A 位于距球面顶点 $L=-60$ mm 处。

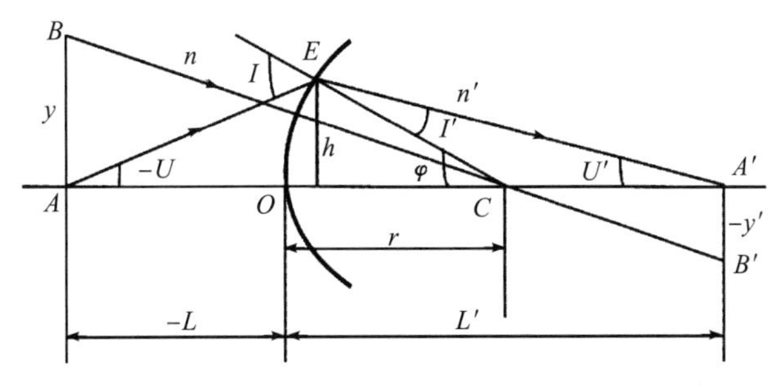

图 2-5　例 2-1 图

(1)入射光线的孔径角 $U=10°$，求像方孔径角 U' 和像方截距 L'。

(2)如果该物点 A 又发出一条孔径角 $U=5°$ 的入射光线，求其像方孔径角 U' 和像方截距 L'。

解　(1)对已知条件，依次应用式(2-1)至式(2-4)。

由式(2-1)有

$$\sin I=\frac{-60-20}{20}\sin(-10°)$$

解得

$$I=43.99°$$

由式(2-2)有

$$\sin I'=\frac{1}{1.5163}\sin 43.99°$$

解得

$$I'=27.26°$$

由式(2-3)得

$$U'=-10°+43.99°-27.26°=6.73°$$

由式(2-4)得

$$L'=20\times\left(1+\frac{\sin 27.26°}{\sin 6.73°}\right)\text{mm}=98.17\text{ mm}$$

(2)若$U=-5°$,按同样的方法,依次应用式(2-1)至式(2-4)。

由式(2-1)有

$$\sin I=\frac{-60-20}{20}\sin(-5°)$$

解得

$$I=20.40°$$

由式(2-2)有

$$\sin I'=\frac{1}{1.5163}\sin 20.40°$$

解得

$$I'=13.29°$$

由式(2-3)得

$$U'=-5°+20.40°-13.29°=2.11°$$

由式(2-4)得

$$L'=20\times\left(1+\frac{\sin 13.29°}{\sin 2.11°}\right)\text{mm}=144.87\ \text{mm}$$

综上可知,对于轴上同一物点,物方孔径角U不同时,像方孔径角U'和像方截距L'也不相等,一个物点对应于无穷多个像点,即单个折射球面对物点成非完善像。

2. 近轴光路计算

如果把入射光线的孔径角(或入射高度)限制在一个很小的范围内,使得与光线有关的所有角度近似满足$\sin\alpha\approx\alpha$,$\cos\alpha\approx 1$,$\tan\alpha\approx\alpha$,符合此条件的区域称为光学系统的近轴区,近轴区内的光线称作近轴光线。

在近轴区,将式(2-1)至式(2-5)中的所有角度的正弦值用其相应的弧度值来代替,并用相应的小写字母表示,则有

$$i=\frac{l-r}{r}u \tag{2-6}$$

$$i'=\frac{n}{n'}i \tag{2-7}$$

$$u'=u+i-i' \tag{2-8}$$

$$l'=r\left(1+\frac{i'}{u'}\right) \tag{2-9}$$

当轴上点无限远时,式(2-5)将变为

$$i=\frac{h}{r} \tag{2-10}$$

式(2-6)至式(2-10)称为近轴光线的光路计算公式。为了与实际光路计算公

式进行区分，在近轴区内，描述物和像的所有参量都用与实际光路相对应的小写字母表示。

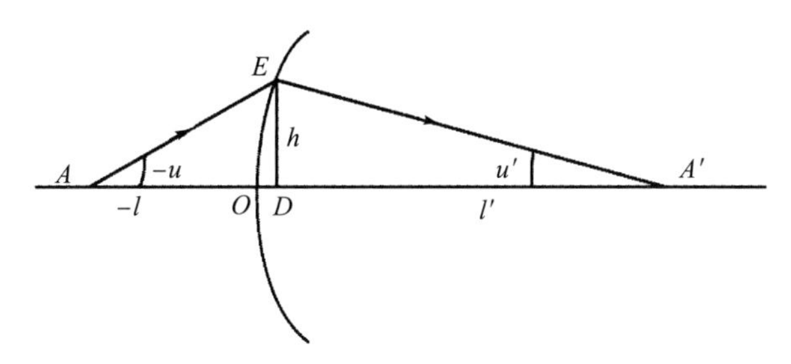

图 2-6　近轴光成像

在近轴区，从图 2-6 中还可以得到

$$l \cdot u = l' \cdot u' = h \tag{2-11}$$

在近轴区成像，光学系统具有较为简单的物像关系。可以看出，对一个确定位置的物体（l 确定），像的位置亦确定（l' 为定值），即近轴光路计算能够获得唯一的像，或者说近轴区内以细光束成像是完善的，该像称为高斯像。

虽然用近轴光路计算讨论光学系统的物像关系具有唯一性，但近轴光路计算毕竟只是一种近似计算，要想精确反映光学系统实际的成像情况，还需采用式(2-1)至式(2-4)的实际光路进行计算。

2.2.2　近轴区成像的物像关系

由近轴区的光路计算公式(2-6)至式(2-9)，还可以导出以下计算式：

$$n'\left(\frac{1}{r} - \frac{1}{l'}\right) = n\left(\frac{1}{r} - \frac{1}{l}\right) = Q \tag{2-12}$$

$$n'u' - nu = (n' - n)\,\frac{h}{r} \tag{2-13}$$

$$\frac{n'}{l'} - \frac{n}{l} = \frac{n' - n}{r} \tag{2-14}$$

式(2-12)至式(2-14)是近轴区物像计算的三种不同表达形式，在不同的条件下选择不同的公式进行求解。其中，式(2-12)表示物像方参数计算的一种不变式，用 Q 表示，Q 称为阿贝不变量；式(2-13)表示物像方孔径角之间的关系；式(2-14)表示物距和像距之间的关系。它们都是很重要的公式，在折射球面参数已知的情况下，可以直接利用式(2-12)至式(2-14)进行相应的共轭物像计算，即可以由物求像，或者反过来由像求物。

式(2-14)等号右边的表达式定义为单个折射球面的光焦度，用 φ 表示，即

$$\varphi = \frac{n' - n}{r} \tag{2-15}$$

光焦度表示折射球面的折光能力。式(2-15)说明折射球面的曲率半径越小，

或界面两侧的折射率差值 $n'-n$ 越大，折光能力越强。

在式(2-14)中，分别令物距和像距为∞，则可得到无限远轴上物点($l=-\infty$)所对应的像距，即折射球面的像方焦距(用 f' 表示)，及无限远轴上像点($l'=\infty$)所对应的物距，即折射球面的物方焦距(用 f 表示)。式(2-16)和(2-17)分别为像方焦距 f' 和物方焦距 f 的表达式。

$$f'=\frac{n'r}{n'-n} \tag{2-16}$$

$$f=-\frac{nr}{n'-n} \tag{2-17}$$

比较式(2-16)和式(2-17)，可得

$$\frac{f'}{f}=-\frac{n'}{n} \tag{2-18}$$

单个折射球面可以看作一个最简单的成像系统，式(2-18)说明：单个折射球面的像方焦距与物方焦距之比和像方介质折射率与物方介质折射率之比，大小相等，符号相反。

2.2.3 近轴区成像的放大率和拉赫公式

光学系统对物体成像时具有放大(或缩小)的作用，因此，光学系统对物体成像时涉及放大率的讨论。几何光学中所用的放大率有三种：垂轴放大率 β(横向放大率)、轴向放大率 α 和角放大率 γ。下面依次介绍这三种放大率和它们之间的关系。

1. 垂轴放大率 β

它定义为垂轴小物体成像时，像的大小与物的大小之比，即

$$\beta=\frac{y'}{y} \tag{2-19}$$

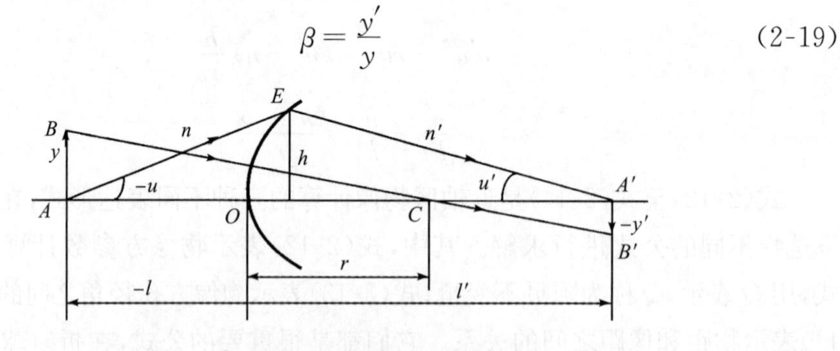

图 2-7 近轴区物体经单个折射球面成像

由图 2-7 中△ABC 与△$A'B'C$ 相似，得

$$-\frac{y'}{y}=\frac{l'-r}{-l+r}$$

利用式(2-11)和式(2-12)，得

$$\beta=\frac{y'}{y}=\frac{nl'}{n'l}=\frac{nu}{n'u'} \tag{2-20}$$

由式(2-20)可知，垂轴放大率 β 仅取决于共轭面的位置，与物体的大小无关。在一对垂轴共轭面上，β 为常数，所以像与物相似。

(1)$\beta>0$，y 与 y' 同号，成正立像；反之成倒立像。

(2)$\beta>0$，l 与 l' 同号，物像位于光学系统的同侧，物像虚实相反；$\beta<0$，l 与 l' 异号，物像位于光学系统的异侧，物像虚实相同。

(3)$|\beta|>1$，成放大的像；$|\beta|<1$，成缩小的像。

2. 轴向放大率 α

轴向放大率表征像点与对应的物点沿轴移动量之比，它定义为物点沿光轴作微小移动 $\mathrm{d}l$ 时，所引起的像点移动量 $\mathrm{d}l'$ 与物点移动量 $\mathrm{d}l$ 之比，用 α 来表示，即

$$\alpha=\frac{\mathrm{d}l'}{\mathrm{d}l} \tag{2-21}$$

将式(2-14)两边微分，得

$$-\frac{n'\mathrm{d}l'}{l'^2}+\frac{n\mathrm{d}l}{l^2}=0$$

于是，轴向放大率

$$\alpha=\frac{\mathrm{d}l'}{\mathrm{d}l}=\frac{nl'^2}{n'l^2} \tag{2-22}$$

(1)由于折射球面的 n 和 n' 均大于 0，轴向放大率 α 恒为正，说明物点沿轴向移动时，其像点沿同方向移动。

(2)一般来说，$\alpha\neq\beta$，这说明空间物体的像相对于物体会变形。

(3)比较式(2-20)和式(2-22)，可得轴向放大率 α 与垂轴放大率 β 之间的关系为

$$\alpha=\frac{n'}{n}\beta^2 \tag{2-23}$$

3. 角放大率 γ

在近轴区内，角放大率定义为一对共轭光线中，像方光线与光轴夹角(像方孔径角)u' 及物方光线与光轴夹角(物方孔径角)u 之间的比值，用 γ 来表示。角放大率 γ 表示折射球面将光束变宽或变细的能力，即

$$\gamma=\frac{u'}{u}=\frac{l}{l'} \tag{2-24}$$

比较式(2-20)和式(2-24)，可得角放大率 γ 与垂轴放大率 β 之间的关系可表达为

$$\gamma=\frac{n}{n'}\cdot\frac{1}{\beta} \tag{2-25}$$

式(2-25)表明：在 n，n' 确定的条件下，折射球面的垂轴放大率 β 与角放大率 γ 互为倒数。即物体放大成像，则像方光束变细；反之，物体缩小成像，则像方光束变粗。式(2-23)、式(2-25)左右两边分别相乘，可得三个放大率之间的关系为

$$\alpha\cdot\gamma=\beta \tag{2-26}$$

式(2-26)不仅对单个球面成像成立，对一个光学系统的每一个成像球面也成立，对整个光学系统来说亦满足。

4. 拉赫不变量 J

由式(2-20)可得

$$nuy = n'u'y' = J \tag{2-27}$$

式(2-27)称为拉赫公式或拉赫不变量，是光学系统在近轴区成像时物方和像方参数乘积的一个不变式。拉赫不变量是表征光学系统性能的一个重要参量，即在拉赫不变量的限制范围内，像高 y' 的增大必然伴随着像方孔径角 u' 的减小；也表明在光学系统中，增大视场 y 将以牺牲孔径角 u 为代价。

近轴区的放大率计算适合于物体的尺寸(或角度)趋于 0 时的成像情况。当物体较大时，实际放大率将随物点偏离光轴的程度而变化。

例 2-2 如图 2-8 所示，有一半径 $r=20$ mm 的折射球面，两边的折射率分别为 $n=1$，$n'=1.5163$，当物体位于距球面顶点左侧 60 mm 时，求：

(1)轴上物点 A 的成像位置 A'；

(2)垂轴物面上距轴 10 mm 处物点 B 的成像位置。

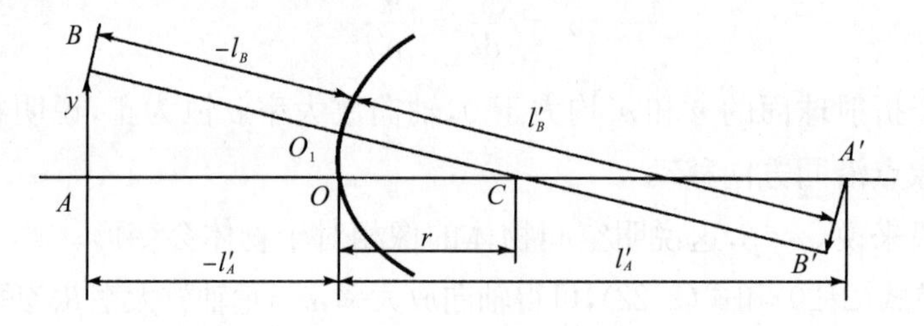

图 2-8 例 2-2 图

解 (1)对轴上点 A，将给定条件 $r=20$ mm，$n=1$，$n'=1.5163$，$l_A=-60$ mm 代入物像成像公式(2-14)，得

$$\frac{1.5163}{l'_A}-\frac{1}{-60}=\frac{1.5163-1}{20}$$

解得 $l'_A=165.75$ mm，即轴上点 A 的像点 A' 位于光轴上距顶点 165.75 mm 处，A' 点距球心的位置为 145.75 mm。

(2)过轴外物点 B 做连接球心 C 的直线，该直线可以看作一条辅助光轴，点 B 可以看作辅助光轴 O_1C 上的一点。在辅助光轴上，其物距为

$$l_B=-[\sqrt{(60+20)^2+10^2}-20]\ \text{mm}=-60.62\ \text{mm}$$

同样，代入物像成像公式(2-14)得，在辅助光轴上，$l'_B=162.71$ mm，即轴外点 B 的像 B' 点位于主光轴 O_1C 以外，距球心的位置为 142.71 mm。

很显然，AB 的像 $A'B'$ 并非平面，即垂直光轴的物平面经折射球面成像后并非平面，垂轴物面上物点离光轴越远，像距越小，对应的像面越弯向球心。在无限

接近光轴的附近区域，物平面是靠近光轴很小的垂轴平面，弯曲的像面近似垂直于光轴，可认为是成完善像，此完善像面称为高斯像面。因此，通常所说的近轴概念包含两种情况：①物体以很细的光束成像；②成像的物体很靠近光轴。在以上两种情况确定的近轴区内，可认为球面光学系统成完善像。

例 2-3　一个高为 $y=10$ mm 的物体位于折射球面前 150 mm 处，球面半径 $r=30$ mm，$n=1$，$n'=1.52$，求像的位置、大小、正倒及虚实状况。

解　已知 $n=1$，$n'=1.52$，$l=-150$ mm，$r=30$ mm，$y=10$ mm，代入折射球面成像公式：

$$\frac{n'}{l'}-\frac{n}{l}=\frac{n'-n}{r}$$

解得：$l'=142.5$ mm，所以成实像。

$$\beta=\frac{y'}{y}=\frac{nl'}{n'l}=\frac{1\times142.5\text{ mm}}{1.52\times(-150\text{ mm})}=-0.625<0$$

所以成倒立的实像。

代入数据得：$y'=-6.25$ mm

2.3　单个反射球面成像

由折射定律得，只要令 $n'=-n$，就可得到满足反射定律的结论，这表明，可以把反射看成 $n'=-n$ 时的折射。所以球面镜反射成像的特性也可以用一样的方法得到。

2.3.1　单个反射球面成像的物像位置关系

在式(2-14)中，令 $n'=-n$，可得近轴区球面镜反射成像的物像位置公式为

$$\frac{n'}{l'}-\frac{n}{l}=\frac{n'-n}{r}\xrightarrow{n'=-n}\frac{1}{l'}+\frac{1}{l}=\frac{2}{r} \tag{2-28}$$

球面反射镜分为凹面镜和凸面镜，用作图法求像可得其物像关系，如图 2-9 所示。

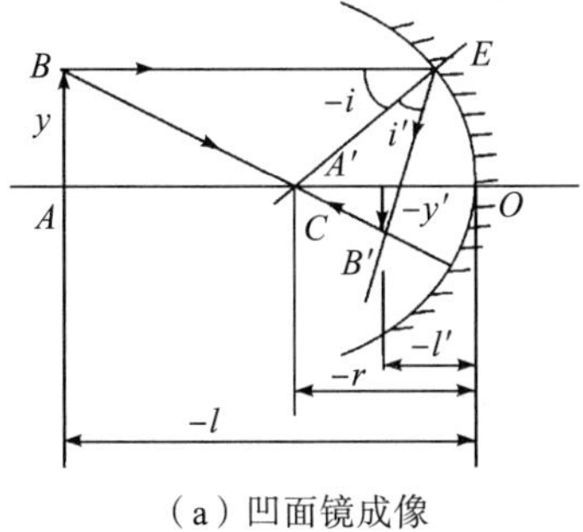

（a）凹面镜成像

（b）凸面镜成像

图 2-9　单个反射球面成像

由式(2-16)及式(2-17)焦距的定义,可得反射球面的焦距为

$$f' = f = \frac{r}{2} \tag{2-29}$$

即反射球面镜的焦距等于球面半径的二分之一,焦点位于顶点和球心的中点处,无限远轴上物点经单个反射球面的成像关系如图 2-10 所示。

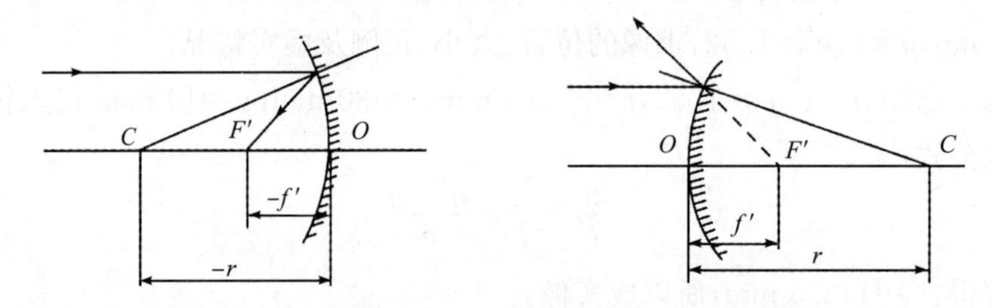

图 2-10 无限远轴上物点经单个反射球面的成像关系

2.3.2 单个反射球面成像的成像放大率

1. 三个放大率公式

将 $n'=-n$ 代入单个折射球面的放大率公式,可得球面镜反射的放大率。

$$\left.\begin{aligned} \beta &= \frac{y'}{y} = -\frac{l'}{l} \\ \alpha &= \frac{\mathrm{d}l'}{\mathrm{d}l} = -\frac{l'^2}{l^2} = -\beta^2 \\ \gamma &= \frac{u'}{u} = -\beta \end{aligned}\right\} \tag{2-30}$$

2. 拉赫不变量 J

由式(2-27),令 $n'=-n$,可得单个反射球面成像的拉赫不变量 J 为

$$uy = -u'y' = J \tag{2-31}$$

3. 球面反射镜成像特点

(1)当 $\beta>0$ 时,表明 l',l 异号,物像异侧,成正立像,虚实相反;当 $\beta<0$ 时,表明 l',l 同号,物像同侧,成倒立像,虚实相同。当物和像都位于反射球面的左侧时,实物成实像;当物和像都位于反射球面的右侧时,虚物成虚像。

(2)因 α 恒为负,故物体沿光轴移动时,像总是以相反方向移动。

(3)因球心处 $\gamma=1$,即反射、入射光线孔径角相等,所以通过球心的光线沿原光路反射,仍会聚于球心。

例 2-4 大小为 5 mm 的物体放在球面反射镜前 100 mm 处,成 1 mm 高的虚像。试求球面反射镜的曲率半径,并说明反射镜的凹凸状况。

解 $l=-100$ mm,依题意得

$$\beta=-\frac{l'}{l}=\frac{1}{5}\Rightarrow l'=-\frac{1}{5}l=20\ \mathrm{mm}$$

利用单个反射球面成像公式：

$$\frac{1}{l'}+\frac{1}{l}=\frac{2}{r}$$

解得

$$r=50\ \mathrm{mm}$$

所以球面反射镜为凸面。

2.4　共轴球面光学系统成像

实际的光学系统一般是共轴球面光学系统，通常由多个透镜、透镜组及反射镜组成，主要由球面透镜组成，每个单透镜又由两个球面构成，因此，物体被光学系统成像就是被多个折(反)射球面逐次成像的过程。也常应用一些如平面镜、棱镜和平行平板之类的光学元件，不过它们在系统中并不对高斯成像特性产生影响，只是为了达到某些其他目的而设置的。

前面已经建立了单个折、反射球面的光路计算及成像特性，它们对构成光学系统的每个球面都适用。因此，只要找到相邻两个球面之间的光路关系，就可以解决整个光学系统的光路计算问题，分析其成像特性。

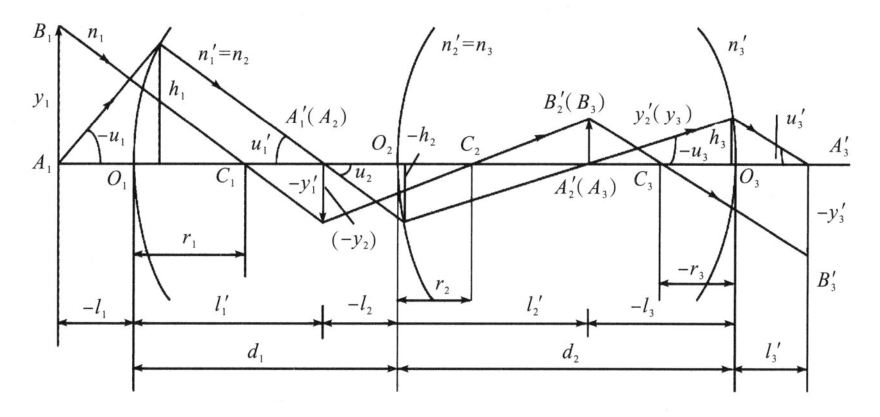

图 2-11　共轴球面系统成像示意图

单个球面的成像公式建立在以球面顶点为原点的直角坐标系下，因此，所谓共轴球面系统的过渡就是坐标系不断地移动，将前一个坐标系下的(像)点过渡到下一个坐标系下的(物)点，即在坐标原点平移至下一球面的顶点的同时，将前一面的像方参数转变成下一面的物方参数。

由 k 个折射面组成的一个共轴球面光学系统的结构，由下列结构参数所唯一确定：

(1)各球面的曲率半径 $r_1,r_2,\cdots,r_k$。

(2)各球面顶点之间的间隔 $d_1,d_2,\cdots,d_{k-1}$,其中 d_1 为第一面顶点到第二面顶点间的沿轴距离,d_2 为第二面顶点到第三面顶点间的沿轴距离,其他类推,k 个球面之间共有 $k-1$ 个间隔。

(3)各球面之间介质的折射率为 $n_1,n_2,\cdots,n_k,n_{k+1}$,其中 n_1 为第一面前(即系统物方)介质的折射率,n_{k+1} 为第 k 面后(即系统像方)介质的折射率,n_2 为第一面到第二面间介质的折射率,其余类推。

1. 过渡公式(参照图 2-11 可得以下过渡公式)

(1)某一面的物空间就是前一面的像空间,所以

$$\left.\begin{aligned} n_2 = n_1',n_3 = n_2',\cdots,n_k = n_{k-1}' \\ u_2 = u_1',u_3 = u_2',\cdots,u_k = u_{k-1}' \\ y_2 = y_1',y_3 = y_2',\cdots,y_k = y_{k-1}' \end{aligned}\right\} \tag{2-32}$$

(2)后一面的物距与前一面的像距之间的关系

$$l_2 = l_1' - d_1,l_3 = l_2' - d_2,\cdots,l_k = l_{k-1}' - d_{k-1} \tag{2-33}$$

(3)光线入射高度的关系

$$h_2 = h_1 - d_1 u_1',h_3 = h_2 - d_2 u_2',\cdots,h_k = h_{k-1} - d_{k-1} u_{k-1}' \tag{2-34}$$

(4)拉赫不变量

$$n_1 y_1 u_1 = n_1' y_1' u_1' = n_2 y_2 u_2 = n_2' y_2' u_2' = \cdots = n_k y_k u_k = n_k' y_k' u_k' \tag{2-35}$$

我们已经讲了单个折射球面的拉赫不变量 J,由上述分析可见,它不仅对单个折射球面 J 是个定值,对于整个光学系统而言,也是个不变的量。

上述过渡公式为共轴球面光学系统近轴光路计算的过渡公式,对于宽光束的实际光线也同样适用,只需将相应的小写字母改为大写字母即可。

2. 成像放大率

利用过渡公式,很容易证明系统的放大率为各面放大率的乘积,即

$$\left.\begin{aligned} \beta = \frac{y_k'}{y_1} = \frac{y_1'}{y_1}\cdot\frac{y_2'}{y_2}\cdot\cdots\cdot\frac{y_k'}{y_k} = \beta_1\cdot\beta_2\cdot\cdots\cdot\beta_k \\ \alpha = \frac{\mathrm{d}l_k'}{\mathrm{d}l_1} = \frac{\mathrm{d}l_1'}{\mathrm{d}l_1}\cdot\frac{\mathrm{d}l_2'}{\mathrm{d}l_2}\cdot\cdots\cdot\frac{\mathrm{d}l_k'}{\mathrm{d}l_k} = \alpha_1\cdot\alpha_2\cdot\cdots\cdot\alpha_k \\ \gamma = \frac{u_k'}{u_1} = \frac{u_1'}{u_1}\cdot\frac{u_2'}{u_2}\cdot\cdots\cdot\frac{u_k'}{u_k} = \gamma_1\cdot\gamma_2\cdot\cdots\cdot\gamma_k \end{aligned}\right\} \tag{2-36}$$

三种放大率之间的关系 $\alpha\cdot\gamma=\beta$ 依然满足,当然,对于光学系统的每一个球面,这个公式仍然成立。因此,整个系统公式及其相互之间的关系与单个折射球面完全相同,这表明,单个折射球面的成像特性具有普遍意义。

例 2-5 已知一个透镜的第一面和第二面的半径分别为 r_1 和 r_2,透镜的厚度为 d,折射率为 n,当一个物体位于第一面的球心时,证明该物体的垂轴放大率为

$$\beta=\frac{r_2}{nr_2+(1-n)(r_1-d)}$$

证明　第一次成像：$l_1=r_1, n_1=1, n_1'=n$，代入折射成像公式：

$$\frac{n_1'}{l_1'}-\frac{n_1}{l_1}=\frac{n_1'-n_1}{r_1}$$

解得

$$l_1'=r_1, \beta_1=\frac{n_1 l_1'}{n_1' l_1}=\frac{1}{n}$$

第二次成像：$l_2=l_1'-d=r_1-d, n_2=n, n_2'=1$，代入折射成像公式：

$$\frac{n_2'}{l_2'}-\frac{n_2}{l_2}=\frac{n_2'-n_2}{r_2}$$

解得

$$l_2'=\frac{r_2(r_1-d)}{nr_2+(1-n)(r_1-d)}$$

$$\beta_2=\frac{n_2 l_2'}{n_2' l_2}=\frac{nr_2(r_1-d)}{1\times(r_1-d)[nr_2+(1-n)(r_1-d)]}=\frac{nr_2}{nr_2+(1-n)(r_1-d)}$$

$$\beta=\beta_1\times\beta_2=\frac{1}{n}\times\frac{nr_2}{nr_2+(1-n)(r_1-d)}=\frac{r_2}{nr_2+(1-n)(r_1-d)}$$

得证。

习题 2

2-1　对于近轴光，当物距一定、物方孔径角不同时，经过折射球面折射后，这些光线与光轴交点的坐标值是否相等？

2-2　在团体照中，为什么感觉前排的人像比后排的大一些？

2-3　汽车后视镜和马路拐角处的反光镜为什么都做成凸面而非平面？

2-4　人眼的角膜可认为是一曲率半径 $r=7.8$ mm 的折射球面，其后是 $n'=1.33$ 的液体。如果看起来瞳孔在角膜后 3.6 mm 处，且直径为 4 mm，求瞳孔的实际位置和直径。

2-5　一个玻璃球半径为 r，折射率为 n，若以平行光入射，当玻璃的折射率为何值时，会聚点恰好落在球的后表面上？

2-6　一个玻璃球直径为 600 mm，折射率 $n=1.5$，一束平行光射在玻璃球上。试求：

(1)其会聚点的位置；

(2)两个面的阿贝不变量；

(3)如果在其后半球镀上反射膜，则其像点在什么地方？

2-7　一个实物放在曲率半径为 r 的凹面反射镜前的什么地方，才能得到：

(1)垂轴放大率为 4 倍的实像；

(2)垂轴放大率为 4 倍的虚像。

2-8　在汽车驾驶员侧面有一个凸面反射镜，有一人身高 1.75 m，在凸球面镜前 1.75 m 处，此人经凸面镜所成像在镜后 0.1 m 处。求此人的像高和凸面镜的曲率半径。

2-9　一个 18 mm 高的物体位于折射球面前 180 mm 处，球面半径 $r=30$ mm，折射率 $n=1.52$，求像的位置、大小、正倒及虚实状况。

2-10　一个球面半径 $r=30$ mm，物像方的折射率 $n=1$，$n'=1.5$，平行光的入射高度为 10 mm。

(1)求实际出射光线的像方截距；

(2)求近轴光线的像距，并进行比较。

2-11　一个实物与被球面反射镜所成的实像相距 1.2 m，如物高为像高的 4 倍，求球面镜的曲率半径。

2-12　一物体在球面镜前 150 mm 处，成实像于镜前 100 mm 处。如果有一虚物位于镜后 150 mm处，求成像的位置，并判断球面镜是凸面还是凹面。

第3章　理想光学系统

实际光学系统中，平面反射镜是能成完善像的光学元件，其他光学系统只有在近轴区域才能够成完善像。如果把其他光学系统完善成像特性扩大到任意大的空间和任意宽的光束，这种光学系统就称为理想光学系统。理想光学系统是一种理想模型，可以用它来描述实际光学系统在理想情况下的光学特性，并用来衡量实际光学系统成像的不完善程度。理想光学系统理论又称为"高斯光学"，由德国科学家 C. F. 高斯在 1841 年首先建立。利用它可以更简单地讨论光学系统的光学性能和物像特性，分析物、像与系统之间的内在联系，建立光学系统的光路结构。它是理解和认识光学系统的重要理论。本章主要介绍理想光学系统的主要光学参数、成像关系和放大率、理想光学系统的光组组合和透镜等。

3.1　理想光学系统理论

3.1.1　共线成像理论

高斯光学理论的基本核心就是理想光学系统（也称为理想光组）中物和像的一一对应关系，这些对应关系包括：

(1)物空间的每一个物点，在像空间有且只有一个和它对应的像点。

(2)物空间的每一条直线，在像空间有且只有一条和它对应的像直线。

(3)物空间的每一个平面，在像空间有且只有一个和它对应的像平面。

这种物和像一一对应的关系称为共轭关系。这种点对应点、直线对应直线、平面对应平面的理论称为共线成像理论。

3.1.2　共线成像理论的推论

按照共线成像理论，还可以得到如下推论：

(1)如果一条物方光线经过物点 P，则对应的像方光线必经过其共轭像点 P'。

(2)如果物方的平面垂直于光轴，则像方对应的共轭像平面也垂直于光轴。

(3)在任何一对物像共轭的垂轴平面内，垂轴放大率 β 为一常数，即理想光学系统对垂轴的平面物体所成的像具有物像相似的性质。

按照共线成像理论及其推论，如果已知一个光学系统任意一对共轭面的位置及其垂轴放大率 β，同时又知另外任意两对共轭物像点的位置，就可以确定其余任意点的物像关系。

例 3-1 如图 3-1 所示，已知 Q、Q'为某理想光学系统的一对共轭面，并且已知该对共轭面的垂轴放大率为 β，同时已知该系统的另外两对共轭物像点 C、C'和 D、D'，试求图中任一物点 P 的像点 P'。

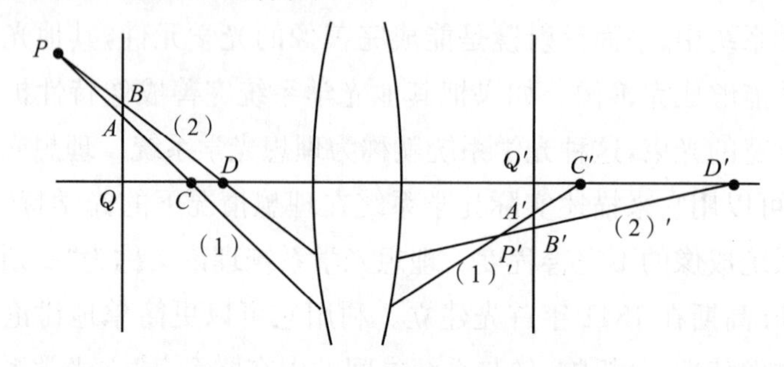

图 3-1 理想光组求像

解 由 P 点过 C 点和 D 点分别作两条入射光线(1)和(2)，交 Q 面于 A 点和 B 点。由于共轭面的垂轴放大率已知，根据推论(3)，在 Q'面上，按放大率可以很容易地得到 A 点、B 点的共轭像点 A'和 B'。再根据推论(1)，光线(1)的共轭光线(1)′必经过 A'点和 C'点，光线(2)的共轭光线(2)′必经过 B'点和 D'点，由此得到像方光线(1)′和(2)′。延长这两条像方光线使之相交，得到 P'点，即为所求 P 点的像。

由以上例题可知，用高斯光学分析光学系统可以不涉及光学系统的具体结构(半径、间隔、折射率等)，只要知道其中一些物像关系，就可以计算出其他未知的物像关系。由此可见，共线成像理论及其推论很重要，它是推导几何光学许多重要定律的基础。请大家在今后学习中注意领会其思想。

3.2 理想光学系统的基点和基面

对于一个理想光学系统，已知一些物像共轭关系，就能够确定其他任意点的物像关系，因此，可以用这些已知的共轭关系来定义一个光学系统(而不需要半径、间隔、折射率等具体结构参数)。已知的共轭关系包括任意一对已知放大率的共轭面和任意两对已知位置的共轭点。然而，为方便分析问题，人们规定了定义一个光学系统通常采用的特殊物像共轭点和共轭面，这些点和面被称为光学系统的基点和基面。它们具有下面一些特殊的物像共轭关系：

(1)无限远轴上物点和它对应的共轭像点(像方焦点)。

(2)无限远轴上像点和它对应的共轭物点(物方焦点)。

(3)一对垂轴放大率等于 $\beta=+1$ 的物像共轭平面(物方主面与像方主面)。

(4)一对角放大率等于 $\gamma=+1$ 的物像共轭点(物方节点与像方节点)。

一般来讲，(1)、(2)和(3)给出的基点和基面就足以定义一个光学系统，而再利用(4)给出的这对特殊的物像共轭点，就可以在分析和解决问题时带来极大的方便。

3.2.1　无限远轴上物点及其对应的像点(像方焦点 F')

1. 像方焦点 F'

如图 3-2 所示，一个轴上物点 A 经一个理想光学系统后成像于 A'。当物体 A 向左移动远离光学系统时，根据第二章所学知识可知，像与物移动的方向应该相同，即其共轭像点 A' 也随之向左同向移动。当物体左移至无限远时，此时所对应的像点称为系统的像方焦点，记作 F'，F' 与无限远轴上物点是一对物像共轭点。

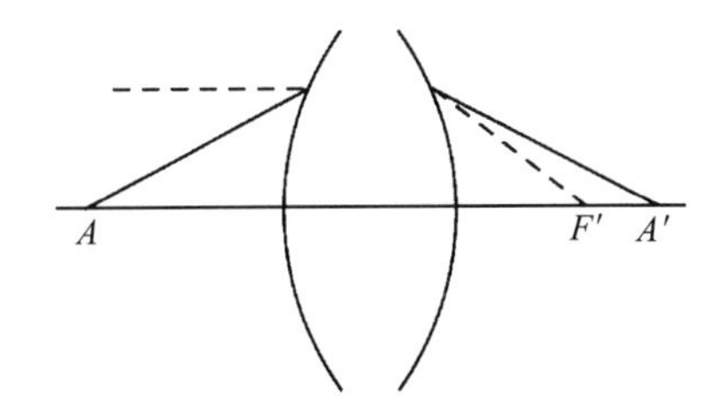

图 3-2　无限远轴上物点的共轭像点

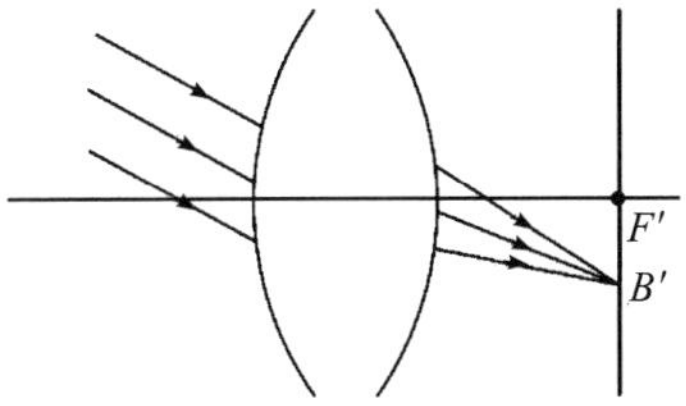

图 3-3　无限远轴外物点的共轭像点

2. 像方焦平面

过像方焦点作垂直于光轴的平面，此平面称为系统的像方焦平面(如图 3-3 所示的 $F'B'$ 平面)。根据 3-1 节的推论(2)，像方焦平面与物方无限远处垂直于光轴的物平面为一对物像共轭面。

3. 像方焦点和像方焦平面的性质

像方焦点和像方焦平面具有以下性质：

(1)任意一条平行于光轴的物方入射光线，在像方一定通过像方焦点 F'。这是因为平行光轴的光线可以看作无限远轴上物点发出的光束，经光学系统后将会聚于其共轭像点 F'。如图 3-2 中的虚线所示。

(2)与光轴成一定夹角的斜入射平行光束，在像方会聚于像方焦平面上的一个轴外点。轴外点的位置与斜平行光的角度相对应，如图 3-3 所示。这是因为斜入射平行光束可以看作出自于物方无限远的轴外物点，不同的点发出的平行光束方向不同，每一轴外物点在像方焦平面上都有对应的共轭像点。因此，在像方焦平面上，焦点是水平入射平行光的会聚点，除焦点以外的每一点都是物方的某一特定角度的斜入射平行光束的会聚点。

3.2.2　无限远轴上像点及其对应的物点(物方焦点 F)

1. 物方焦点 F

与像方焦点的情况相类似，如果轴上有一物点所对应的共轭像点位于像方无限远，则该物点称为物方焦点，用 F 表示，如图 3-4 所示。

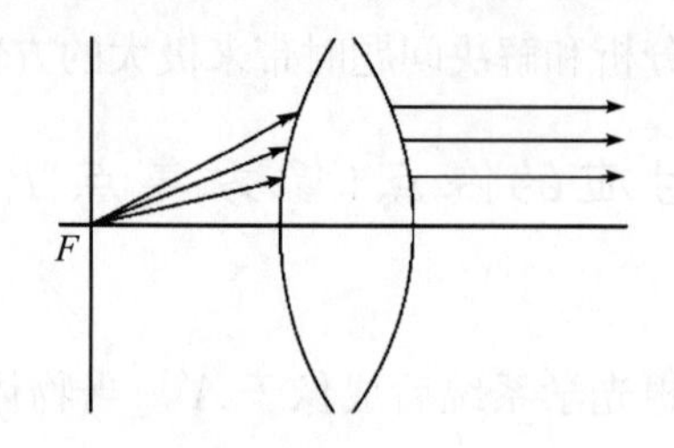

图 3-4　无限远轴上像点的共轭物点

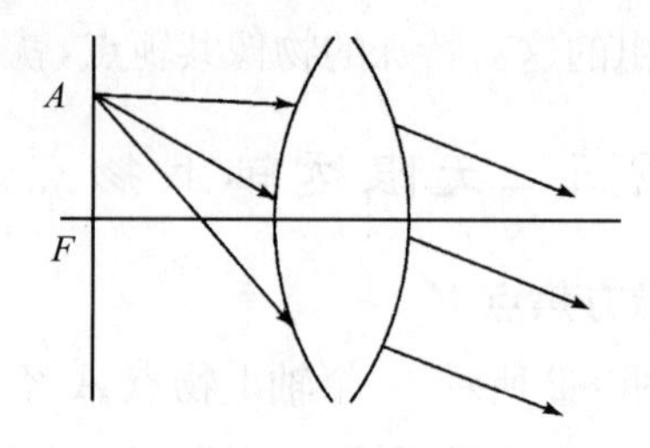

图 3-5　物方焦平面上轴外物点的共轭像点

2. 物方焦平面

过 F 点作垂直于光轴的平面称为物方焦平面(如图 3-5 所示的 FA 平面)。同样的道理，根据 3-1 节的推论(2)，物方焦平面与像方无限远处垂直于光轴的像平面为一对物像共轭面。

3. 物方焦点和物方焦平面的性质

物方焦点和物方焦平面具有以下性质：

(1)从物方焦点 F 点发出的光线经过光学系统后，将平行于光轴出射，交于无限远的轴上点，即物方焦点 F 与像方无限远的轴上像点共轭。

(2)物方焦平面上的轴外一点 A 发出的光束经过光学系统后，将以与光轴成某一夹角的斜平行光束出射(如图 3-5 所示)，交于无限远的轴外点。物方焦平面上轴外点的位置与出射斜平行光束的角度一一对应。

3.2.3　共轭主平面与主点

1. 物像方主平面及物像方主点

在光学系统中，物体沿轴位置改变时，对应的垂轴放大率 β 也要发生改变，但是总可以找到这样一对垂轴共轭面，其垂轴放大率 $\beta=+1$，这对共轭平面称为主平面(简称“主面”)，主面与光轴的交点称为主点。在物方的称为物方主面和物方主点，在像方的称为像方主面和像方主点，物方主点和像方主点分别用 H 和 H' 表示。

根据共线成像理论的推论，在共轭主平面上的每一对共轭点都满足 $\beta=+1$。因此，在这对共轭主面上，如果知道其中一方的某点，就可以方便地找到其共轭点(物像等高)。在作光线图时，一般都将物方光线延长交于物方主面，根据共轭关系得到像方主面上的对应点，然后再确定光线经像方主面后的出射方向。

2. 用作图法确定物像方主面及物像方主点

可以用下述方法来确定光学系统的物像方主面和物像方主点。

如图 3-6(a)所示，如果已知理想光学系统的一条平行于光轴的入射光线和它的共轭光线，则将入射光线与出射光线延长，使它们相交并得到 Q' 点，过 Q' 点作垂直于光轴的平面，则该平面就是系统的像方主面；像方主面交光轴于 H'，H' 即为像方主点。

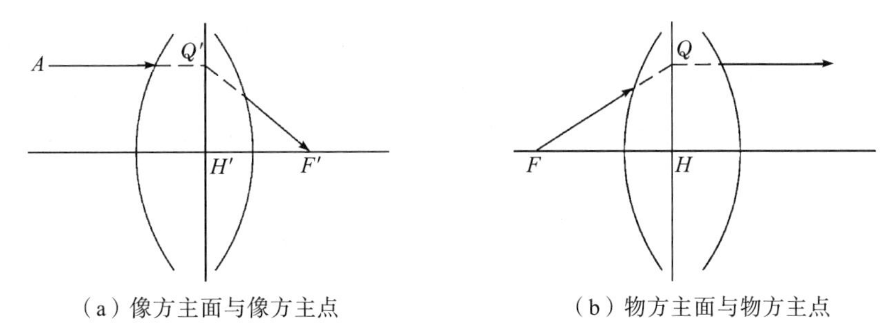

（a）像方主面与像方主点　　（b）物方主面与物方主点

图 3-6　用作图法确定物像方主面及物像方主点

按类似的方法，如果已知光学系统的一条出射的平行于光轴的像方光线以及它在物方的共轭光线[如图 3-6(b)所示]，则延长入射光线和出射光线，使之相交并得到 Q 点，过 Q 点作垂直于光轴的平面，该平面就是物方主面；物方主面交光轴于 H，H 即为物方主点。

3. 证明以上方法确定的平面是一对满足 $\boldsymbol{\beta}=+1$ 的共轭面

理想光学系统的共轭主平面如图 3-7 所示，作一条平行于光轴的入射光线，交物方主面于 Q 点，出射光线(或其延长线)必经过像方主面上与 Q 等高的 Q' 点，交光轴于 F' 点；过物方焦点 F 作一条入射光线，使其本身(或其延长线)经过物方主面的 Q 点，出射光线(或其延长线)为经过像方主面上与 Q 等高的 Q' 点的平行于光轴的光线。由理想光学系统的性质可知，Q 与 Q' 是一对共轭物像点。由于这对共轭点距光轴等高，故其垂轴放大率为 $\beta=+1$。再根据理想光学系统的性质，一对共轭面上的所有共轭点都具有相同的垂轴放大率，可以得出，过 Q 点垂直于光轴的物方平面与过 Q' 点垂直于光轴的像方平面为一对垂轴放大率等于 $+1$ 的共轭面，由此证明它们为系统的物方主面和像方主面。

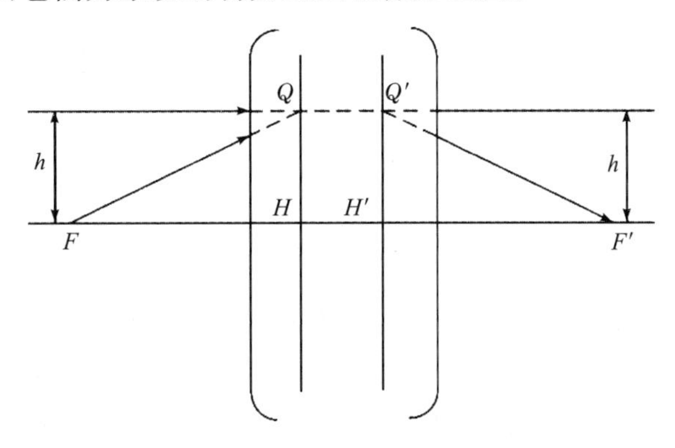

图 3-7　理想光学系统的共轭主平面

3.2.4 光学系统的焦距

定义主点到焦点的距离为光学系统的焦距，焦点在主点的右侧焦距为正，焦点在主点的左侧焦距为负。像方主点 H'到像方焦点 F'的距离称为像方焦距，用 f'表示，物方主点 H 到物方焦点 F 的距离称为物方焦距，用 f 表示，如图 3-8 所示。

由图 3-8 可以得到光学系统的像方焦距和物方焦距的计算公式分别为

$$f' = \frac{h}{\tan U'} \tag{3-1}$$

$$f = \frac{h}{\tan U} \tag{3-2}$$

式(3-1)和式(3-2)中，h 为光线在主平面上的高度，U、U'为光线的物像方孔径角。像方焦距 f'的倒数称为光焦度，用 φ 表示。

$$\varphi = \frac{1}{f'} \tag{3-3}$$

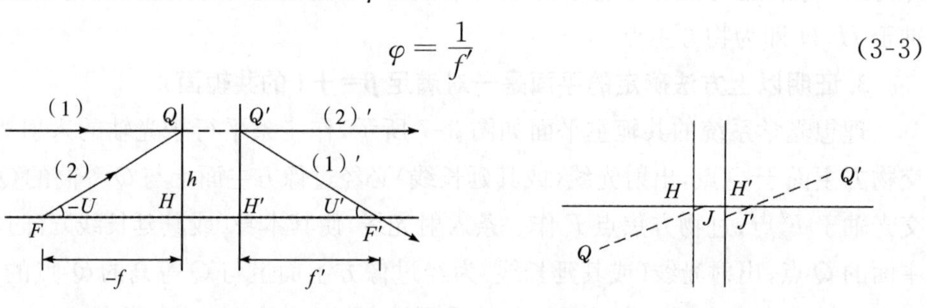

图 3-8　理想光学系统的物方焦距和像方焦距　　图 3-9　理想光学系统的节点

3.2.5 理想光学系统的节点

在光学系统中，还有一对物像共轭点（如图 3-9 所示），其角放大率 $\gamma=+1$，称为节点，在物方的称为物方节点，在像方的称为像方节点，分别用 J、J'表示。根据节点的性质，如果一条光线通过物方节点 J 入射，则其共轭光线必通过像方节点 J'，且与入射光线平行。当系统物方和像方位于同一介质中时，节点与对应的主点重合，这点在 3-3 节中将进行证明。

3.2.6 理想光学系统的简化图

通常，理想光学系统可以用一个简化图来表征，在简化图中，需要把理想光学系统的基点和基面表示出来。一般来讲，需要把一对共轭主平面、一对共轭主点、物方焦点和像方焦点的位置在简化图中标出来，如图 3-10 所示。

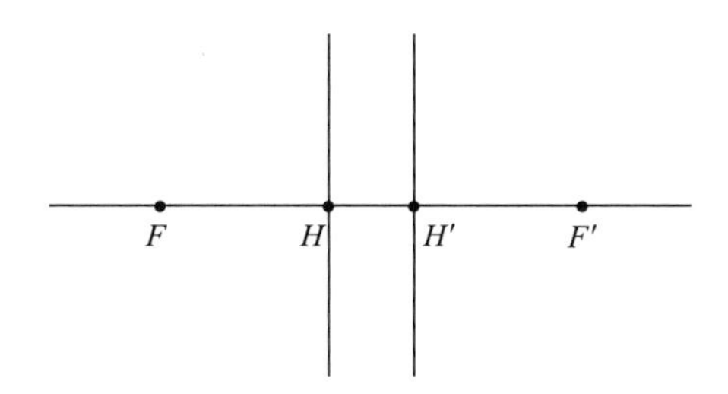

图 3-10　理想光学系统的简化图

3.3　图解法求理想光学系统的物像关系

已知一个理想光学系统的主点（主面）和焦点的位置，利用光线通过它们后的性质，对物空间给定的点、线和面，通过追踪典型光线求出像的方法称为图解法求像。本节讨论的内容就是已知物体位置、大小和方向，用图解法求其像的位置及分析像的大小、正倒、虚实等成像性质。

3.3.1　图解法求像的方法

图解法求像就是通过图解的方法来确定光学系统的物像关系。从物点发出（或经过物点）的光线，经过理想光学系统后将得到唯一的像点，因此，要找到一个物点的像，只需选取从物点发出（或经过物点）的其中的两条光线，找到这两条光线的共轭光线的交点，就是物点的像，图解法求像能直观地建立系统的物像关系。

3.3.2　图解法求像的典型光线及性质

物体发出的光线是任意的，但为了方便确定其共轭光线，通常利用基点、基面的性质来选择作图光线，常选取的典型光线有：

（1）平行于光轴的入射光线，该光线经系统后的共轭光线通过像方焦点 F'。

（2）过物方焦点 F 的入射光线，该光线经系统后的共轭光线平行于光轴。

（3）过物方节点 J 的入射光线，该光线经系统后的共轭光线将通过像方节点 J'，且与物方的入射光线平行。

（4）物方的斜射平行光束，该光束经系统后的共轭光束会聚于像方焦平面上的轴外一点。

（5）选取物方焦平面上轴外某点发出的光束，该光束经系统后成为像方的斜射平行光束。

特别要注意的是，共轭光线在主面上的投射高度相等。

3.3.3 图解法求像应用举例

1. 轴外点的图解法求像

如图 3-11 所示，有一垂轴物体 AB，求其通过光学系统的像。

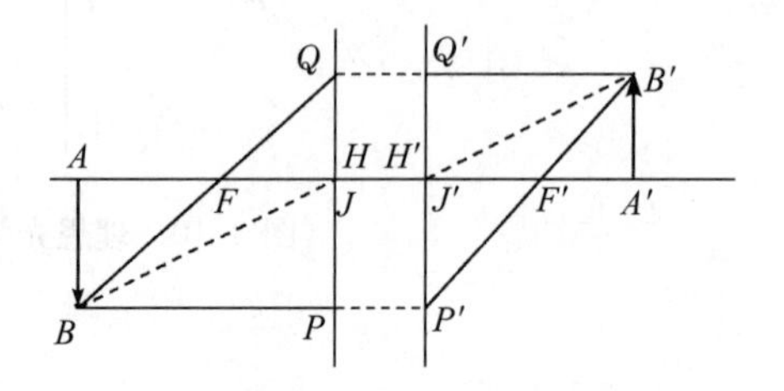

图 3-11 理想光学系统轴外点图解法求像

可选取由轴外点 B 发出的两条典型光线。一条是由 B 发出通过物方焦点 F 的入射光线，交物方主面于 Q 点，根据主平面的垂轴放大率 $\beta=+1$ 的性质，由 Q 得到共轭点 Q'，即 Q' 点与 Q 点到光轴的距离等高，该入射光线的共轭光线经过 Q' 点后以平行于光轴的方向出射。另一条是由 B 发出且平行于光轴的入射光线，交物方主面于 P 点，同理，由 P 点得到与光轴等高的共轭点 P'，该入射光线的共轭光线经 P' 点后通过像方焦点 F' 出射。在像空间，这两条光线的交点 B' 即是 B 的像点。

当然，如果光学系统的节点也已确定（本例题中已假定光组的物像方在同一介质中，即节点与对应主点重合），则还可以选取另一条典型光线，即由 B 点发出经过物方节点 J 的入射光线。该光线的共轭光线经过像方节点 J'，并以平行于入射光线 BJ 的方向出射，该出射光线也将相交于点 B'，如图 3-11 中的虚线。

2. 轴上点的图解法求像

已知一理想光学系统，求轴上点 A 的像。

根据高斯光学理论的推论，位于光轴上的物点的共轭像仍位于光轴。因此，若要确定轴上点的物像关系，只需要由轴上物点发出任意一条光线，求其共轭光线与光轴的交点，即可得到像。下面介绍两种方法来求轴上点的像。

(1)方法一：利用物方焦面上一点发出的光线在像方平行的性质，如图 3-12(a)所示，由轴上物点 A 发出任意一条光线交于物方焦平面的 P 点和物方主平面的 M 点，因为 P 点位于物方焦平面上，所以该光线自系统出射后，应为像方的斜平行光线。为了确定该光线经光学系统后的出射方向，可以自 P 点作一条平行于光轴的参考光线 PN（用虚线表示），其出射光线应经过像方焦点 F'，出射光线 $N'F'$ 的方向代表物方焦平面上 P 点发出的光束所对应的像方斜平行光束的方向。光线 APM 的出射光线经过 M' 且平行于光线 $N'F'$，交光轴于 A'，即为所求像。

(2)方法二：利用物方斜射平行光线经过光学系统后交于像方焦平面上轴外某点的性质，如图 3-12(b)所示，由 A 发出任意一条光线交于物方主平面的 M 点，可将此光线看作由无限远轴外点发出的斜平行光束中的一条。设斜平行光束中的另一条光线经过物方焦点 F 并交物方主面于 N（图中用虚线表示），该光线的

共轭光线将经 N'点以平行于光轴的方向出射，交像方焦平面于 P'点。如前所述，物方斜平行光束应相交于像方焦平面上的同一轴外点，因此，光线 AM 自 M'出射也将通过 P'点，并交光轴于点 A'，即得所求像。

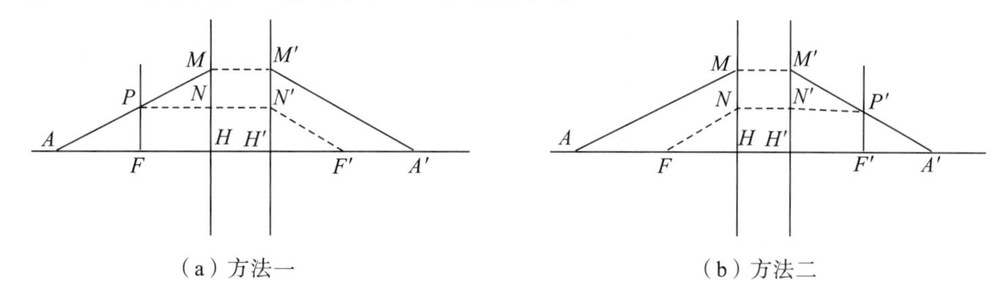

（a）方法一　　（b）方法二

图 3-12　理想光学系统轴上点图解法求像

3. 负光组的图解法求像

有一垂轴物体 AB，求其通过一负光组的像。

如图 3-13 所示，该图描述了物体经过一个负光组的作图求像过程。负光组的物方焦点 F 和像方焦点 F'均为虚点，实际光线无法与之相交，但作图思路是一样的，仍可用正光组作图方法来求像。

可选取由轴外点 B 发出的两条典型光线。一条是由 B 点发出通过物方焦点 F 的入射光线，交物方主面于 P 点，由 P 点得到共轭点 P'，该入射光线的共轭光线经过 P'点后以平行于光轴的方向出射。另一条是由 B 点发出且平行于光轴的入射光线，交物方主面于 Q 点，同理，由 Q 点得到与光轴等高的共轭点 Q'，该入射光线的共轭光线经 Q'点后通过像方焦点 F'出射。两条出射光线延长相交于 B'点，即为所求的像。由图可以看出，点 B'为一虚像，该成像过程为实物成虚像。

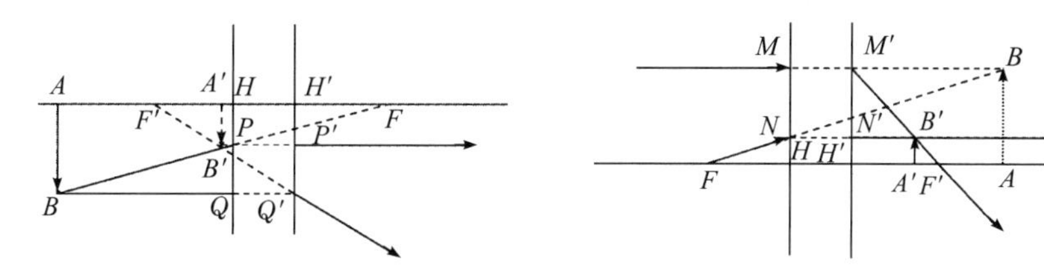

图 3-13　负光组图解法求像　　图 3-14　虚物图解法求像

4. 虚物的图解法求像

有一垂轴虚物 AB，求其通过理想光学系统的像。

图 3-14 描述了一个轴外虚物点 B 的成像光路。物点 B 虽然在系统的右方，但选择的光线依然要经过它。因为是虚物，所以所谓“经过”是指延长“经过”，如图 3-14所示，两条入射光线的延长线(图中虚线)经过虚物点 B。其中一条经过虚物点 B 的入射光线为平行于光轴的水平光线，其出射光线经过像方焦点 F'；另一条为经过焦点 F 的光线，其出射光线平行于光轴。这两条出射光线的交点就是虚物点 B 的像 B'，由于 B'是由实际光线会聚，所以是实像，该成像过程为虚物成实像。

这里需要强调的是，不管是实物还是虚物，物方光线一定要经过(或延长经过)给定的物点，只有这样，它们共轭光线的相交点才是所求的像[高斯光学理论推论(1)]。

读者还可以自行完成一个轴上虚物点的作图求像过程。

5. 用作图法确定系统的节点

已知一理想光组的主点和焦点，用作图法确定系统的节点。

如图 3-15 所示，由物方经物方焦点 F 作任意一条光线，得到与其共轭的平行于光轴的一条水平光线，该出射光线交像方焦面于 D 点。根据像方焦面的性质，所有与入射光线 FQ 平行的物方光线都将在像方会聚于 D 点，包括其中经过物方节点的光线。利用过节点的共轭光线必然相互平行的性质，过 D 点作一条平行于入射光线 FQ 的出射光线，则该光线与光轴的交点为像方节点 J'，与像方主面交于 P' 点，找到 P' 点在物方主面的共轭点 P，在物方过 P 点作一条与入射光线 FQ 平行的入射光线，与光轴的交点 J 即为物方节点。也可以利用物方焦平面上轴外某点发出的光线的出射光线为平行光线的性质来作图，确定系统的节点，读者可自行完成作图过程。

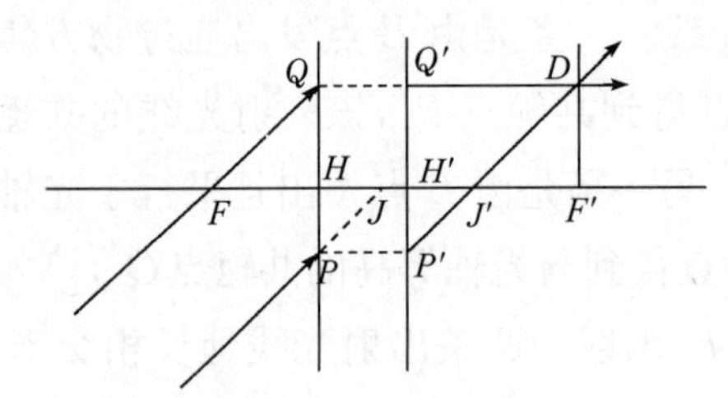

图 3-15　用作图法确定系统的节点

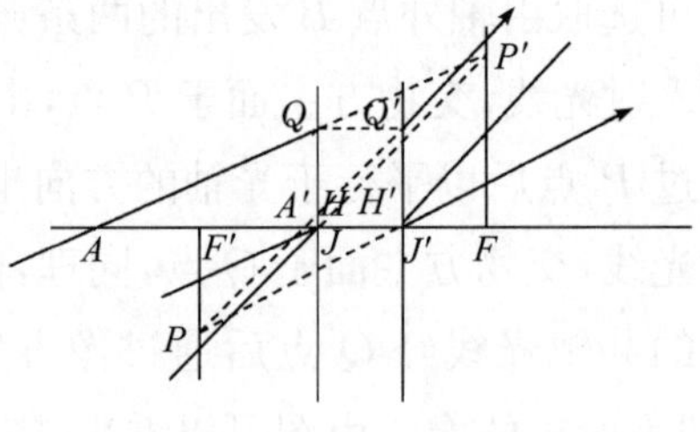

图 3-16　用作图法求系统的焦点

6. 用作图法求系统的焦点

已知理想光组的主(节)点和一对共轭点 A 和 A'，用作图法求系统的焦点。

如图 3-16 所示，由物点 A 任意作一条入射光线 AQ，其共轭光线必通过 A'。再过物方节点 J 作一条平行于光线 AQ 的物方光线，其共轭光线必经过像方节点 J'，并与物方光线平行。该光线与光线 $Q'A'$ 的相交点 P 即为像方焦面上的一点，由此得到像方焦点 F'。同理，也可求得物方焦点 F，具体过程由读者自已完成。

例 3-2　如图 3-17 所示，已知理想光学系统的一对共轭主平面，A 点的像为 A'，利用作图法求出理想光学系统的物方焦点 F 和像方焦点 F'。

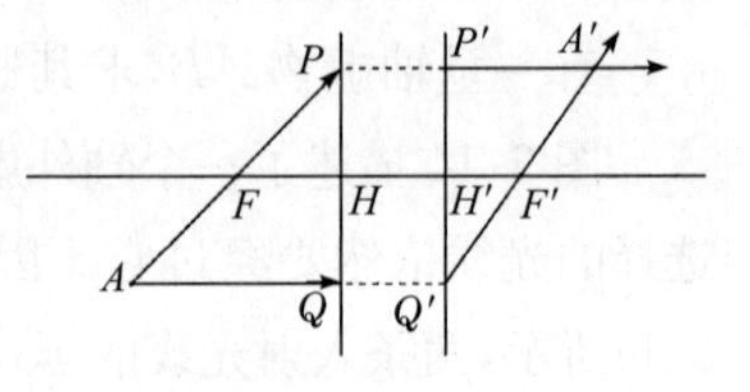

图 3-17　例 3-2 图

解　过 A 点作一条平行于光轴的光线，交物方主平面于 Q 点，在像方主面上找到与 Q 点等高的 Q' 点，过 Q' 和 A' 作一条出射光线，出射光线与光轴的交点即为光学系统的像方焦点 F'；过像点 A' 作一条平行于光轴的出射光线，交像方主平面于 P' 点，在物方主面上找到与 P' 点等高的 P 点，过物点 A 和 P 点作一条入射光线，入射光线与光轴的交点即为光学系统的物方焦点 F。

作图法求像是几何光学的基本方法，具有简单、直观的特点，是实际中经常应用的一种方法。掌握好这一方法对于理解光学系统的成像特点、描绘光学系统的成像光路、建立光学系统物像的解析方法都是不可缺少的。但是作图法求像精度较低，对成像规律的探讨也不够深入，若要获得光学系统物像的精确关系及成像规律，仍然需要解析计算。

3.4　解析法求理想光学系统的物像关系

3.4.1　解析法求像相关概念

图解法求像直观但不精确，只能帮助理解理想光学系统的成像特性，而解析法可精确地求解像的位置及大小。解析法求像是根据理想光学系统图解法求像光路图中的几何关系建立起一套物像关系计算公式。

按照物(像)位置表示中坐标原点选取的不同，解析法求像的公式有两种：第一种是牛顿公式，它是以相应焦点为坐标原点的；第二种是高斯公式，它是以相应主点为坐标原点的。

3.4.2　解析法求像

1. 牛顿公式

物和像的位置相对于理想光学系统的焦点来确定(如图 3-17 所示)，即以物点 A 到物方焦点 F 的距离 AF 来确定物体的位置，称为焦物距，用符号 x 表示；以像点 A' 到像方焦点 F' 来确定像的位置，称为焦像距，用符号 x' 表示；焦物距 x 和焦像距 x' 的正负号是以相应焦点为原点来确定的，如果由 F 到 A 或由 F' 到 A' 的方向与光线传播的方向一致，则为正，反之为负。在图 3-18 中，焦物距 $x<0$，焦像距 $x'>0$。

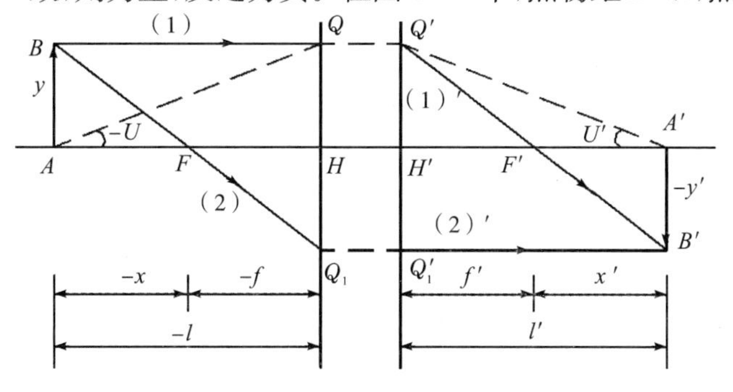

图 3-18　解析法求理想光学系统的物像关系

在图 3-18 中，$\triangle ABF \sim \triangle HQ_1F$，$\triangle A'B'F' \sim \triangle H'Q'F'$，利用相似三角形的几何关系可得

$$\frac{-y'}{y}=\frac{-f}{-x},\frac{-y'}{y}=\frac{x'}{f'}$$

由两式可得

$$x \cdot x' = f \cdot f' \tag{3-4}$$

式(3-4)描述的物像位置关系称为牛顿公式。如果已知系统物方焦距 f 和像方焦距 f' 以及物体的焦物距 x，就可以按照式(3-4)求得像点的焦像距 x'，或者说，只要知道上述四个参量中的任意三个，就可以求出另外一个参量。

例 3-3 已知一理想光学系统，其焦距 $f'=-f=200$ mm，物体位于物方焦点左方 400 mm 处，则像成在何处？

解 由题意知：$x=-400$ mm，将数据代入式(3-4)，得

$$x'=\frac{f \cdot f'}{x}=\frac{-200\times200}{-400}\ \text{mm}=100\ \text{mm}$$

即物体的像位于理想光学系统像方焦点 F' 的右方 100 mm 处，为实像。

光学系统一般都有 $f \cdot f'<0$，由式(3-4)可知，必有 $x \cdot x'<0$，即 x 与 x' 符号相反。它表明物和像分别位于各自焦点的异侧，即当物出现在物方焦点 F 的左侧时，其像必位于像方焦点 F' 的右侧。

2. 高斯公式

物与像的位置相对于理想光学系统的主点来确定。以 l 表示物点 A 到物方主点 H 的距离，l 称为物距；以 l' 表示像点 A' 到像方主点 H' 的距离，l' 称为像距。l 和 l' 的正负以相应的主点为坐标原点来确定，如果由 H 到 A 或由 H' 到 A' 的方向与光线传播方向一致，则为正值，反之为负值。图 3-18 中，$l<0$，$l'>0$。由图 3-18 中几何关系可得 l、f、x 之间及 l'、f'、x' 之间的关系为

$$x=l-f, x'=l'-f' \tag{3-5}$$

代入牛顿公式(3-4)并化简，得 l、l'、f、f' 之间满足以下关系：

$$\frac{f'}{l'}+\frac{f}{l}=1 \tag{3-6}$$

这就是以主点为原点的物像公式的一般形式，称为高斯公式。

例 3-4 已知一理想光学系统，其焦距 $f'=-f=200$ mm，已知物体的位置为 $l=-600$ mm，则像成在何处？

解 已知：$f'=-f=200$ mm，$l=-600$ mm，将数据代入式(3-6)，得

$$\frac{200}{l'}+\frac{-200}{-600}=1$$

解得：$l'=300$ mm，即像位于像方主点 H' 的右方 300 mm 处。

例 3-3 和例 3-4 为同一理想光学系统，物像的位置也相同，它们分别应用牛顿公式和高斯公式计算，最终结果也相同，只是采用了不同的坐标原点表示。由此可以看出牛顿公式与高斯公式对于计算物像关系的一致性。

3.4.3　理想光学系统的放大率

理想光学系统的放大率不受近轴区域的限制，适合于任意大小的空间和任意大小的光束，在近轴区域内也适合于前面介绍的球面光学系统的近轴放大率。

1. 垂轴放大率 β

同近轴光学系统一样，理想光学系统的垂轴放大率定义为像高 y' 与物高 y 之比，即

$$\beta=\frac{y'}{y} \tag{3-7}$$

由图 3-18 中的几何关系可以得到

$$\beta=\frac{y'}{y}=-\frac{x'}{f'}=-\frac{f}{x} \tag{3-8}$$

式(3-8)是分别用焦像距和焦物距计算的垂轴放大率。

在式(3-8)中，利用图 3-17 中的几何关系 $x'=l'-f'$ 得

$$\beta=\frac{y'}{y}=-\frac{x'}{f'}=-\frac{l'-f'}{f'}=-\frac{l'}{f'}\left(1-\frac{f'}{l'}\right)$$

利用高斯公式(3-6)，上式可改为

$$\beta=-\frac{fl'}{f'l} \tag{3-9}$$

式(3-9)是用物距和像距计算的垂轴放大率。从两种垂轴放大率的计算公式可以发现，在系统的焦距确定以后，垂轴放大率只与共轭物像在轴上的位置有关。

2. 轴向放大率 α

理想光学系统的轴向放大率 α 是像沿光轴移动量($\mathrm{d}x'$ 或 $\mathrm{d}l'$)与物沿光轴移动量($\mathrm{d}x$ 或 $\mathrm{d}l$)的比值，即

$$\alpha=\frac{\mathrm{d}x'}{\mathrm{d}x}=\frac{\mathrm{d}l'}{\mathrm{d}l} \tag{3-10}$$

对牛顿公式微分，得

$$x\mathrm{d}x'+x'\mathrm{d}x=0$$

从而可得用焦物距和焦像距表示的轴向放大率为

$$\alpha=\frac{\mathrm{d}x'}{\mathrm{d}x}=-\frac{x'}{x} \tag{3-11}$$

对高斯公式微分，得

$$-\frac{f'}{l'^2}\mathrm{d}l'-\frac{f}{l^2}\mathrm{d}l=0$$

从而可得用物距和像距表示的轴向放大率

$$\alpha = \frac{\mathrm{d}l'}{\mathrm{d}l} = -\frac{fl'^2}{f'l^2} \tag{3-12}$$

比较式(3-11)与式(3-9),可得

$$\alpha = -\frac{f'}{f}\beta^2 \tag{3-13}$$

由式(3-11)可知,多数情况下,$\alpha \neq \beta$,即物体经理想光学系统后的立体形状将发生改变,物像相似性将被破坏。

根据轴向放大率的特性,当物体沿轴向移动时,像向同方向移动。例如,当物体在无穷远处时,像位于像方焦点,当物体从左向右移动至物方焦点时,其像也从左向右移动至无穷远处。

3. 角放大率 γ

一对共轭光线相对于光轴的夹角的正切之比定义为理想光学系统的角放大率,即

$$\gamma = \frac{\tan U'}{\tan U} \tag{3-14}$$

由图 3-18 的几何关系得

$$\gamma = \frac{\tan U'}{\tan U} = \frac{\frac{h}{l'}}{\frac{h}{l}} = \frac{l}{l'} \tag{3-15}$$

将式(3-15)与式(3-9)进行比较,可得 γ 与 β 之间的关系满足

$$\gamma = -\frac{f}{f'} \cdot \frac{1}{\beta} \tag{3-16}$$

将式(3-13)与式(3-16)相乘,可得 α、γ、β 三种放大率之间的关系为

$$\alpha \cdot \gamma = \beta \tag{3-17}$$

4. 理想光学系统的拉赫公式

由图 3-18 的几何关系很容易得到

$$x = -f\left(\frac{y}{y'}\right) \qquad x' = -f'\left(\frac{y'}{y}\right)$$

由图 3-18 的几何关系可得到

$$(x+f)\tan U = (x'+f')\tan U'$$

代入上式并简化后可得

$$fy\tan U = -f'y'\tan U' = J \tag{3-18}$$

式(3-18)为理想光学系统的拉赫公式。

本章一开始就指出,理想光学系统反映的是实际光学系统在近轴区域内的成

像特性并把它扩大到任意大的空间。由于理想光学系统不涉及实际系统的具体参数，因此，它的放大率计算公式及拉赫公式与实际系统的近轴计算公式相比有不同的表示方式。由于不受近轴区域限制，角放大率的定义也有所差别，因此二者在近轴区域是一致的。

5. 理想光学系统物方焦距和像方焦距之间的关系

式(3-18)在近轴区域也是成立的，所以正切值可用角度的弧度值来代替，即

$$fyu=-f'y'u' \tag{3-19}$$

与近轴区域拉赫公式 $nyu=n'y'u'$ 进行比较，可得物方焦距和像方焦距之间的关系式

$$\frac{f'}{f}=-\frac{n'}{n} \tag{3-20}$$

式(3-20)表明：光学系统的像方焦距和物方焦距之比等于所在相应空间介质的折射率之比的负值。当光学系统的物方和像方都处在同一介质(一般为空气)中时，物像方焦距满足 $f'=-f$，光学系统多数情况下都属于这种情况。把 $f'=-f$ 代入高斯公式(3-6)得

$$\frac{1}{l'}-\frac{1}{l}=\frac{1}{f'} \tag{3-21}$$

式(3-21)是高斯公式的另一种表示形式。当光学系统的物方和像方都处在同一介质中时，采用这种形式进行计算。

例 3-5　离水面 1 m 深处有一条鱼，现用焦距 $f'=75$ mm 的照相物镜拍摄该鱼，照相物镜的物方焦点离水面 1 m。试求：

(1)照相物镜的垂轴放大率为多少？

(2)照相底片应离照相物镜像方焦点 F' 多远？

解　根据题意，鱼先经水面成像，水的折射率为 1.33，由单个折射面的物像位置关系式有

$$\frac{1}{l'}-\frac{1.33}{-1000}=\frac{1-1.33}{\infty}$$

解得

$$l'=-751.88\ \text{mm}$$

鱼经水面成像后，经照相机成像时，其焦物距为

$$x=-751.88\ \text{mm}-1000\ \text{mm}=-1751.88\ \text{mm}$$

故照相物镜的垂轴放大率为

$$\beta=-\frac{f}{x}=\frac{f'}{x}=-\frac{-75\ \text{mm}}{-1751.88\ \text{mm}}=-0.04281$$

利用牛顿公式可得

$$x'=\frac{f\cdot f'}{x}=\frac{-75.75}{-1751.88}\text{mm}=3.21\ \text{mm}$$

即照相底片在照相物镜像方焦面外 3.21 mm 处。

例 3-6 有一理想光组，对一实物成放大 3 倍的倒像，当透镜向物体靠近 18 mm时，物体所成的像为放大 4 倍的倒像，则系统的焦距为多少？

解 第一次成像时，设物距为 l_1，依题意得

$$\beta_1=\frac{l_1'}{l_1}=-3$$

解得

$$l_1'=-3l_1$$

利用高斯定理可得

$$\frac{1}{l_1'}-\frac{1}{l_1}=\frac{1}{f'} \tag{1}$$

第二次成像时

$$l_2=l_1+18 \qquad \beta_2=\frac{l_2'}{l_2}=-4$$

解得

$$l_2'=-4l_2=-4(l_1+18)$$

利用高斯定理得

$$\frac{1}{l_2'}-\frac{1}{l_2}=\frac{1}{f'} \tag{2}$$

联立(1)式和(2)式，解得

$$f'=216\ \text{mm}$$

例 3-7 证明：当物与像在同一介质中时，光学系统的节点与主点位置重合。

解 根据定义，节点是角放大率为 $+1$ 的一对共轭点，由式(3-16)和式(3-20)得

$$\gamma=\frac{n}{n'}\ \frac{1}{\beta}=\frac{n}{n'}\left(-\frac{f'}{x_{J'}'}\right)=\frac{n}{n'}\left(-\frac{x_J}{f}\right)=+1$$

即

$$x_J=-\frac{n'}{n}f \qquad x_{J'}'=-\frac{n}{n'}f'$$

当物和像处在同一介质中时，有 $n'=n$，因此，得到节点的位置为

$$x_J=-f=f' \qquad x_{J'}'=-f'=f$$

上式表明：物方节点的焦物距 x_J 距离物方焦点为 f'，即证明物方节点与物方主点重合，同理，此时像方节点也与像方主点重合。

例 3-8 设一理想光学系统位于空气中，垂轴放大率 $\beta=-10$，由物面到像面

(共轭距)为 7200 mm,系统两焦点间距离为 1140 mm。求该系统焦距及两主平面之间的距离。

解　因为系统位于空气中,所以

$$f' = -f \tag{1}$$

由其他已知条件可得

$$\beta = \frac{y'}{y} = \frac{l'}{l} = -10 \tag{2}$$

$$f' + (-f) + d = 1140 \tag{3}$$

$$l' + (-l) + d = 7200 \tag{4}$$

$$\frac{1}{l'} - \frac{1}{l} = \frac{1}{f'} \tag{5}$$

联立(1)(2)(3)(4)(5),解得

$$f' = -f = 600\ \text{mm}, d = -60\ \text{mm}$$

3.5　理想光学系统的多光组成像

通常,一个光学系统可由一个或几个部件组成,每个部件可以由一个或几个透镜组成,这些部件被称为光组,每个光组的基点及相对位置确定,即整个系统就是一个多光组构成的组合系统。本节将讨论理想光学系统的多光组成像。

3.5.1　逐次成像法求多光组的像

1. 过渡公式

理想光学系统的多光组逐次成像法求像就是从第一个光组开始对每个光组依次利用牛顿公式或高斯公式,前一光组所成的像就是后一光组的物,所以,该方法需要确定出相邻两光组之间的过渡公式,这一步骤同共轴球面光学系统的成像很相似。光组的过渡主要是由于坐标原点的改变及对应光组的变化造成的。

假设有一个由 k 个光组构成的多光组,以下参数已经确定:各光组的焦距 f'_1, f'_2,…,f'_k;相邻光组主点之间的间距 d_1,d_2,…,d_{k-1}(或相邻光组焦点之间的间距 Δ_1,Δ_2,…,Δ_{k-1})。其中,参数 d 为前一光组的像方主点到后一光组的物方主点之间的距离,称为高斯间距,在透射系统中,高斯间距通常取正值。参数 Δ 为前一光组的像方焦点到后一光组的物方焦点之间的距离,称为光学间隔。取前一光组的像方焦点作为原点,当后一光组的物方焦点在其右侧时,光学间隔为正;当后一光组的物方焦点在其左侧时,光学间隔为负。

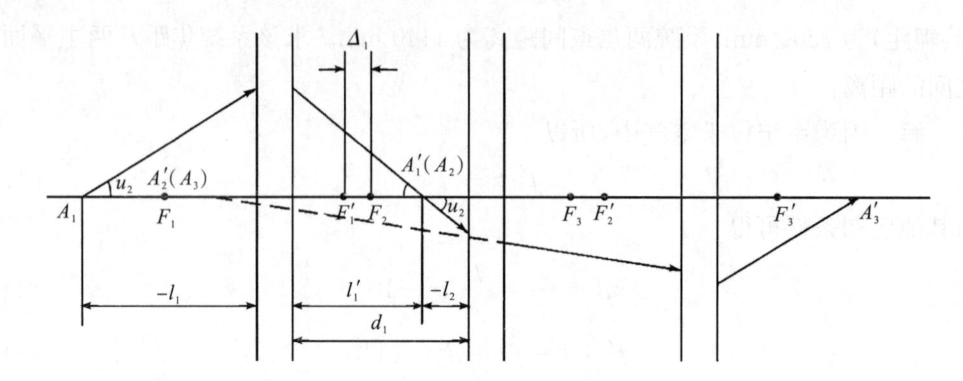

图 3-19　理想光组的三光组成像

下面以三光组构成的多光组系统来讨论相邻两光组之间的过渡公式，图3-19所示为一个三光组系统的成像光路。物体的位置以第一光组的物距 l_1 或焦物距 x_1 给出，用解析法可以求得物体经第一光组所成的像。第二光组成像时，第一光组所成的像变成了第二光组的物，原点应移到第二光组的主点或焦点上，相对于第一光组的像坐标将过渡到相对于第二光组的物坐标。

由于坐标原点的移动是沿着光轴的，因此，第一光组的像(或称第二光组的物)的大小与光线的角度不会因为原点变化而改变。在图 3-19 中，利用几何关系得到过渡公式为

$$\left.\begin{aligned} l_2 &= l_1' - d_1, l_3 = l_2' - d_2 \\ x_2 &= x_1' - \Delta_1, x_3 = x_2' - \Delta_2 \\ y_2 &= y_1', y_3 = y_2' \\ u_2 &= u_1', u_3 = u_2' \end{aligned}\right\} \tag{3-22}$$

如果光学系统是由 k 个光组构成的多光组，依此类推，可以得到相应的过渡公式为

$$\left.\begin{aligned} l_2 &= l_1' - d_1, l_3 = l_2' - d_2, \cdots, l_k = l_{k-1}' - d_{k-1} \\ x_2 &= x_1' - \Delta_1, x_3 = x_2' - \Delta_2, \cdots, x_k = x_{k-1}' - \Delta_{k-1} \\ y_2 &= y_1', y_3 = y_2', \cdots, y_k = y_{k-1}' \\ u_2 &= u_1', u_3 = u_2', \cdots, u_k = u_{k-1}' \end{aligned}\right\} \tag{3-23}$$

经过连续应用物像计算公式和过渡公式，就可以由最初给定的物体位置 l_1 与大小 y_1，得到最终的像的位置 l_k'(或 x_k')与大小 y_k'。

2. 多光组系统的放大率

(1)垂轴放大率 β。

$$\beta = \frac{y_k'}{y_1} = \frac{y_1'}{y_1}\frac{y_2'}{y_2}\frac{y_3'}{y_3}\cdots\frac{y_k'}{y_k} = \beta_1\beta_2\beta_3\cdots\beta_k \tag{3-24}$$

即多光组构成的光学系统的垂轴放大率等于各光组垂轴放大率的乘积。

(2)轴向放大率 α。

$$\alpha=\frac{dl'_k}{dl_1}=\frac{dl'_1}{dl_1}\frac{dl'_2}{dl_2}\frac{dl'_3}{dl_3}\cdots\frac{dl'_k}{dl_k}=\alpha_1\alpha_2\alpha_3\cdots\alpha_k \tag{3-25}$$

即多光组构成的光学系统的轴向放大率等于各光组轴向放大率的乘积。

(3)角放大率 γ。

$$\gamma=\frac{u'_k}{u_1}=\frac{u'_1}{u_1}\frac{u'_2}{u_2}\frac{u'_3}{u_3}\cdots\frac{u'_k}{u_k}=\gamma_1\gamma_2\gamma_3\cdots\gamma_k \tag{3-26}$$

即多光组构成的光学系统的角放大率等于各光组角放大率的乘积。

总之,多光组构成的光学系统的放大率是各光组放大率的乘积,并且 α、β、γ 三者满足关系:$\alpha\cdot\gamma=\beta$。

例 3-9　有一个三光组组合系统,其结构见表 3-1,一个距第一光组500 mm 的实物,其高度为 10 mm,用逐次成像法求像的位置和大小(图 3-20)。

表 3-1　三光组组合系统

序号	光焦度 φ	间隔 d/mm
1	0.01	15
2	−0.022	15
3	0.022	—

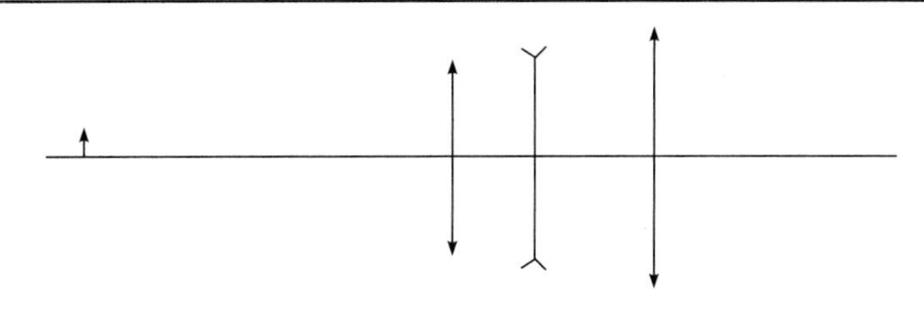

图 3-20　例 3-9 图

解　本题中物体有三次成像过程,依次应用单光组的成像公式(3-21)和过渡公式(3-22)进行求解。

第一次成像:$l_1=-500$ mm

$$f'_1=\frac{1}{\varphi_1}=\frac{1}{0.01}\text{ mm}=100\text{ mm}\qquad \frac{1}{l'_1}-\frac{1}{-500}=\frac{1}{100}$$

解得:$l'_1=125$ mm,第一次成像为实物成实像。

第二次成像:$l_2=l'_1-d_1=125\text{ mm}-15\text{ mm}=110\text{ mm}$

$$f'_2=\frac{1}{\varphi_2}=\frac{1}{-0.022}\text{ mm}=-45.45\text{ mm}$$

$$\frac{1}{l'_2}-\frac{1}{110}=\frac{1}{-45.45}$$

解得:$l'_2=-77.45$ mm,第二次成像为虚物成虚像。

第三次成像:$l_3=l'_2-d_2=-92.45$ mm

$$f_3'=\frac{1}{\varphi_3}=\frac{1}{0.022}\text{ mm}=45.45\text{ mm}\qquad \frac{1}{l_3'}-\frac{1}{-92.45}=\frac{1}{45.45}$$

解得：$l_3'=89.40$ mm，第三次成像为实物成实像。

系统的垂轴放大率为

$$\beta=\beta_1\beta_2\beta_3=\frac{l_1'}{l_1}\frac{l_2'}{l_2}\frac{l_3'}{l_3}=\frac{125}{-500}\times\frac{-77.45}{110}\times\frac{89.40}{-92.45}\approx-0.170$$

像高为 $y'=\beta y=-0.170\times10\text{ mm}=-1.7\text{ mm}$

3.5.2　多光组系统的等效系统

多光组系统的等效系统就是找到等效的单光组，使其成像性质与多光组系统相同，即系统经过多光组得到的像与系统经过等效的单光组得到的像相同。将物体经多光组的成像看作经等效单光组所成的像，可以使许多物像关系的求解变得简单，对系统成像性质的分析和讨论也将带来方便。

为了求出等效的单光组，把确定单光组焦点和主点的方法运用到多光组的场合。

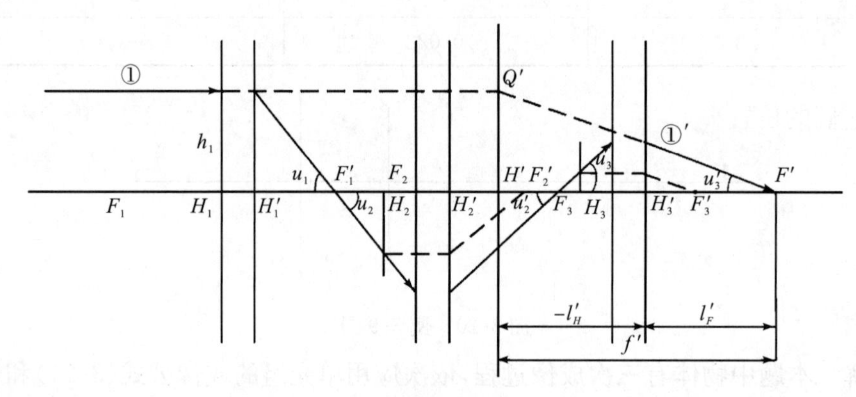

图 3-21　多光组组合系统的等效系统

如图 3-21 所示，由物方入射一条高度为 h_1 的平行于光轴的光线①，经多个光组传输后得到出射光线①′，最终的出射光线①′与光轴的交点就是等效光组的像方焦点 F'。延长出射光线①′，使之与入射光线①的延长线相交于一点 Q'，过 Q' 作垂直于光轴的平面，即为像方主平面。像方主平面与光轴的交点 H' 为像方主点，等效焦距 f' 为等效焦点 F' 到等效主点 H' 的距离。根据图 3-21，利用几何光学原理可得

$$f'=\frac{h_1}{\tan u_k'}\tag{3-27}$$

式(3-27)中，h_1 为初始光线的入射高度，对于理想光组可以任意设定；u_k' 为出射光线的像方孔径角，为了确定 u_k'，需要对入射光线进行逐个光组的计算。

将高斯公式(3-21)两边同乘以 h，则有

$$\frac{h}{l'}-\frac{h}{l}=\frac{h}{f'}$$

利用

$$\tan u=\frac{h}{l},\tan u'=\frac{h}{l'}$$

高斯公式又可以写成

$$\tan u' = \tan u + \frac{h}{f'} \tag{3-28}$$

式(3-28)为单个光组的物像角度计算式。由图中的几何关系，可以写出角度 u 和高度 h 的过渡公式为

$$\left.\begin{aligned} &u_2=u_1',u_3=u_2',\cdots,u_k=u_{k-1}' \\ &h_2=h_1-d_1\tan u_1',h_3=h_2-d_2\tan u_2',\cdots,h_k=h_{k-1}-d_{k-1}\tan u_{k-1}' \end{aligned}\right\} \tag{3-29}$$

光线平行于光轴入射时，有 $u_1=0$，再取任意入射高度 h_1，连续应用式(3-28)和过渡公式(3-29)，就可以算出最后的出射光线角度 u_k'，等效光组的像方焦点 F' 和像方主点 H' 的位置分别为

$$l_F'=\frac{h_k}{\tan u_k'},l_H'=l_F'-f' \tag{3-30}$$

它们的位置都是以最后一个光组的像方主点 H_k' 为原点来定义的，并遵循符号规则。

同理，按照光路可逆原理，从像方用一条平行于光轴的光线追迹到物方，也可以得到等效的物方焦点 F 和物方主点 H，它们的位置则以第一光组的物方主点 H_1 为原点来定义。公式组(3-27)、(3-28)、(3-29)、(3-30)又称为正切计算法。

3.5.3　双光组组合

双光组组合是多光组组合中最简单、最常用的一种结构。在求双光组组合的等效光组时，除采用上述对多光组组合求等效基点的通用方法外，还可以建立等效双光组的计算公式，这不仅可以便于计算，更主要的是公式所表达的物理意义能用来分析组合的效果，以期通过合理的组合来获得所需的光学系统。

1. 双光组组合的等效系统基点位置的计算

图 3-22 所示为一双光组组合系统，f_1、f_1' 和 f_2、f_2' 分别为光组 1 和光组 2 的物方焦距和像方焦距。两光组的高斯间距为 d，光学间隔为 Δ，由图 3-22 中的几何关系知

$$\Delta = d - f_1' + f_2 \tag{3-31}$$

平行于光轴的光线经第一光组后与光轴相交于 F_1' 点，经过 F_1' 的光线再经第二光组后与光轴相交于 F'，F' 就是双光组等效系统的像方焦点。延长入射光线

QQ_1，使之与出射光线 $R_2'F'$ 交于 Q' 点，过 Q' 点作垂直于光轴的平面交光轴于 H' 点，H' 点为双光组等效系统的像方主点，过 Q' 点所作的垂直于光轴的平面即为像方主面。下面根据图 3-22 所示的光路图来建立双光组等效系统焦点和主点位置的计算公式。

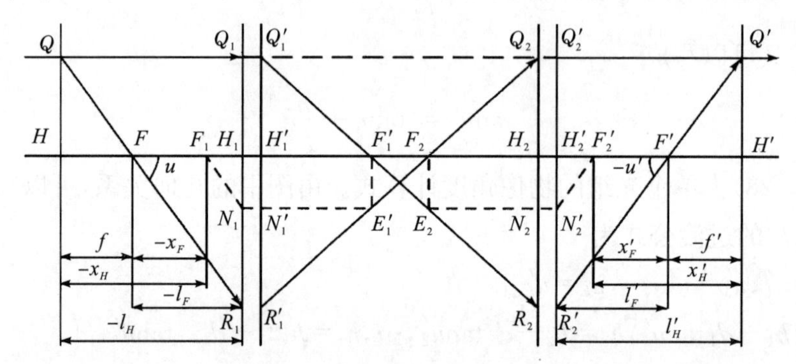

图 3-22　双光组组合系统

由图 3-22 可知，第一光组的像方焦点 F_1' 与双光组等效系统的像方焦点 F' 相对于第二光组来说是一对物像共轭点，它们对第二光组满足物像关系式，对第二光组应用牛顿公式(3-4)有

$$xx'=f_2f_2' \qquad x'=\frac{f_2f_2'}{x}$$

把 $x=-\Delta, x'=x_F'$ 代入牛顿公式，得

$$x_F'=-\frac{f_2f_2'}{\Delta} \tag{3-32}$$

利用图 3-22 中的几何关系还可以得到

$$\left.\begin{aligned} x_H' &= x_F'-f' \\ l_F' &= f_2'+x_F' \\ l_H' &= l_F'-f' \end{aligned}\right\} \tag{3-33}$$

式(3-32)、式(3-33)就是双光组等效系统像方焦点和像方主点位置的计算公式，其中 x' 参量以第二光组的像方焦点 F_2' 为参考原点，而 l' 参量以第二光组像方主点 H_2' 为参考原点。

按同样的方法，从像方到物方作一条平行于光轴的入射光线，将得到等效光组的物方焦点 F 和物方主点 H，利用牛顿公式和图 3-22 中的几何关系同样可以得到

$$\left.\begin{aligned} x_F &= \frac{f_1f_1'}{\Delta} \\ x_H &= x_F-f \\ l_F &= f_1+x_F \\ l_H &= f_1+x_H \end{aligned}\right\} \tag{3-34}$$

式(3-34)就是双光组等效系统的物方焦点和物方主点位置的计算公式,其中 x 参量以第一光组的物方焦点 F_1 为参考原点,而 l 参量以第一光组物方主点 H_1 为参考原点。

2. 双光组组合的等效系统的焦距

根据图 3-22 中的几何关系,$\triangle Q'H'F' \sim \triangle R_2'H_2'F'$,$\triangle Q_1'H_1'F_1' \sim \triangle R_2'H_2'F_1'$,可得

$$\frac{-f'}{f_2'+x_F'}=\frac{f_1'}{\Delta-f_2}$$

将式(3-32)代入并化简,得双光组组合的等效系统的像方焦距

$$f'=-\frac{f_1'f_2'}{\Delta} \tag{3-35}$$

利用同样的方法可得双光组组合的等效系统的物方焦距

$$f=\frac{f_1f_2}{\Delta} \tag{3-36}$$

式(3-35)、式(3-36)就是双光组等效系统的像方焦距和物方焦距的计算公式。从计算公式可以看出,双光组等效系统的焦距由各自光组的焦距以及它们的光学间隔 Δ 决定。

如果用高斯间距 d 来替换光学间隔 Δ,将式(3-31)代入式(3-35),并使用光焦度公式(3-3),则双光组组合的光焦度为

$$\varphi=\varphi_1+\varphi_2-d\varphi_1\varphi_2 \tag{3-37}$$

从式(3-37)可以看出,对于两个确定焦距的光组,可以通过高斯间距 d 的改变来得到任意焦距的双光组组合系统。

当双光组紧密接触(即 $d=0$)时,式(3-37)可以写为

$$\varphi=\varphi_1+\varphi_2 \tag{3-38}$$

式(3-38)表明:紧密接触的双光组组合的光焦度是各光焦度的代数和,该结论对紧密接触的多光组也适合。最典型的应用实例:验光师为佩戴眼镜的人验光就是利用这一原理,将多个镜片叠加组合,当达到最佳视力时,这些镜片的光焦度代数和就是最合适的组合光焦度,最后用单个镜片替代。

例 3-10 有一薄透镜组,由焦距 $f_1'=-300$ mm 的负透镜和焦距 $f_2'=200$ mm的正透镜组成,两个透镜之间的距离 $d=100$ mm,置于空气中,求透镜组的等效系统的焦距和等效系统基点的位置。

解 透镜组的等效系统的光焦度利用式(3-37)得

$$\varphi=\varphi_1+\varphi_2-d\varphi_1\varphi_2=\frac{1}{300}$$

$$f'=-f=\frac{1}{\varphi}=300\ \text{mm}$$

透镜组的光学间隔为

$$\Delta = d - f'_1 - f'_2 = 200\ \text{mm}$$

利用式(3-32)、式(3-33)得到像方焦点和像方主点的位置为

$$l'_F = f'_2 + x'_F = f'_2\left(1 - \frac{f_2}{\Delta}\right) = 200 \times \left(1 - \frac{-200}{200}\right)\ \text{mm} = 400\ \text{mm}$$

$$l'_H = l'_F - f' = 400\ \text{mm} - 300\ \text{mm} = 100\ \text{mm}$$

同样，利用式(3-34)得到物方焦点和物方主点的位置为

$$l_F = f_1 + x_F = f_1\left(1 + \frac{f'_1}{\Delta}\right) = 300 \times \left(1 + \frac{-300}{200}\right)\ \text{mm} = -150\ \text{mm}$$

$$l_H = l_F - f = -150\ \text{mm} + 300\ \text{mm} = 150\ \text{mm}$$

透镜组的等效系统可以用求得的基点 H、H'、F、F' 来表示，如图 3-23 所示。

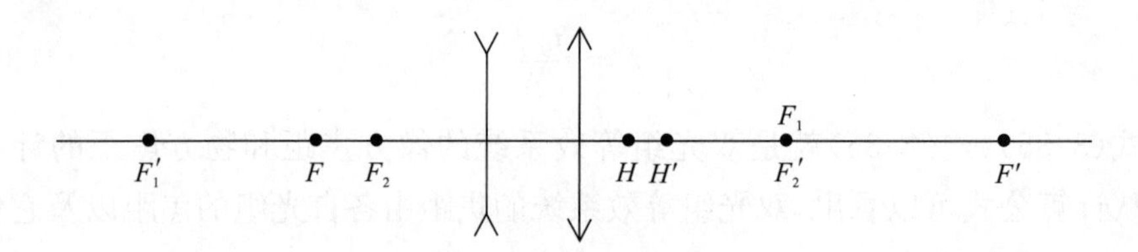

图 3-23 双光组组合等效系统

3.5.4 双光组组合的应用实例

不同的双光组组合方式可以实现不同的功能，下面介绍几种典型的双光组组合方式。

1. 远摄系统

对远距离物体成像时，为了获得较大的放大率，要求光学系统的焦距较长。但是单个光组要实现较长的焦距，其结构必然也较长，为了在获得长焦距的同时减小光学系统的结构长度，可以使用远摄系统。远摄系统由正负双光组组成，如图 3-24 所示。由图可以看出，这样的组合使得等效系统的像方主面位于正光组的左方，即组合焦距 f' 大于系统的筒长 L（指第一光组到最终像面的距离）。这种组合适合长焦距、短结构的使用场合，长焦距照相镜头一般都采用这种组合结构。

利用双光组基点和焦距的计算公式可以得到方程组

$$\left.\begin{aligned} f' &= -\frac{f'_1 f'_2}{\Delta} = \frac{f'_1 f'_2}{f'_1 + f'_2 - d} \\ l'_F &= f'_2\left(1 - \frac{f_2}{\Delta}\right) = f'_2\left(1 - \frac{f'_2}{f'_1 + f'_2 - d}\right) \\ L &= d + l'_F \end{aligned}\right\} \tag{3-39}$$

通过解以上方程组，可以求出满足总焦距 f' 及系统筒长 L 要求的各分组焦

距 f_1'、f_2' 和高斯间距 d。

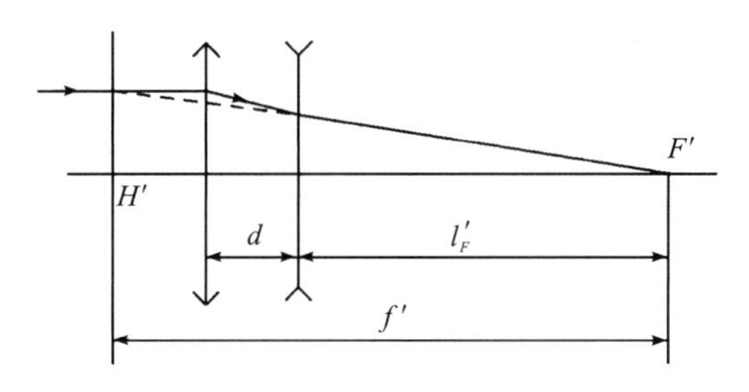

图 3-24　远摄系统

2. 反远距系统

与远摄系统相反，在某些情况下，要求光学系统有较短的焦距和较长的工作距离(物体或像到镜头的距离)，而单光组的焦距较短时，其工作距离也较短，这时可以使用反远距型光学系统。反远距型成像系统也是由正负双光组组成的。与摄远系统不同，反远距系统的负光组在前，正光组在后，如图 3-25 所示。这种组合的等效系统的像方主面位于正光组的右方，使工作距离(光组到像面的距离)大于组合焦距 f'。

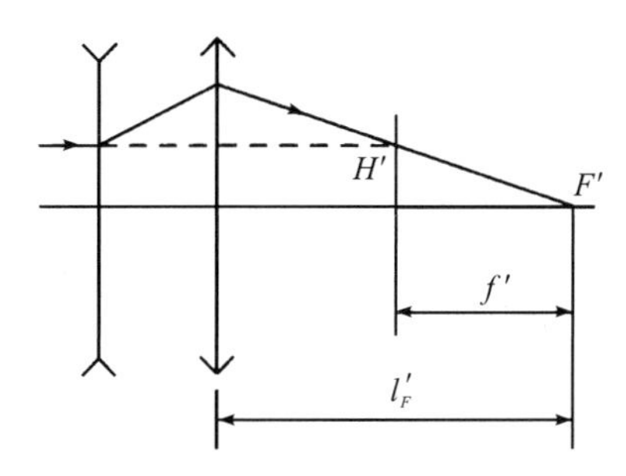

图 3-25　反远距系统

利用双光组基点的计算公式可以得到

$$l_F' = f'\left(1 - \frac{d}{f'}\right) \tag{3-40}$$

由于 $d>0$，所以在等效系统焦距 f' 为正的情况下，若 $f_1'<0$，则 $l_F'>f'$，即这种组合的工作距离大于系统的焦距 f'，这从图 3-25 也可以看出。超短焦距摄像镜头必须采用这种结构，否则，过短的工作距离无法满足结构设计的需要。另外，在显微镜、投影仪等一些光学仪器中，为了扩大仪器的使用范围，需要在结构较紧凑的情况下获得大的工作距离，也常采用这种形式的结构。

3. 望远系统

在双光组组合中，当前一光组的像方焦点 F_1' 与后一光组的物方焦点 F_2 重合在一起时，这种组合系统称为望远系统。当平行光入射到望远系统时，出射光也是平行光，如图 3-26 所示。平行光与光轴无交点，故组合系统的像方焦点在无限

远处，主面也在无限远处，按组合焦距的计算公式有

$$f' = -\frac{f'_1 f'_2}{\Delta} = -\frac{f'_1 f'_2}{f'_1 + f'_2 - f'_1 - f'_2} = \infty \qquad \varphi = 0 \tag{3-41}$$

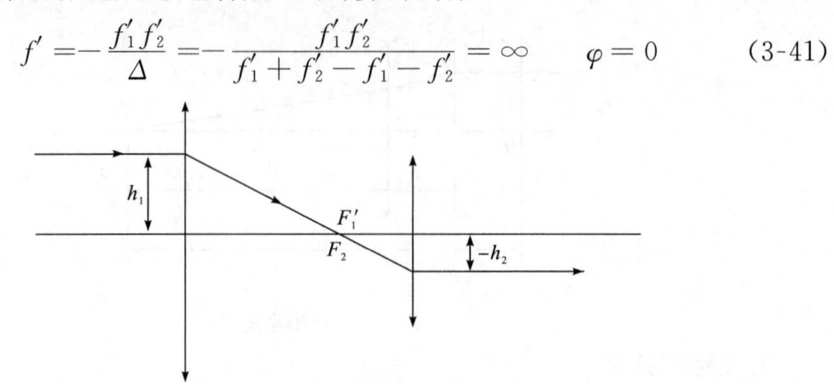

图 3-26 望远系统

所以，该系统又称无焦系统。这种组合的特点是，不管物体位于何处，其放大率均为常数，其值只取决于组成该系统的光组 1 和光组 2 的焦距，而与物体的位置无关，这一点可以从图 3-26 的光路中看出。如果有一个高度为 h_1 的物体置于某一位置，物体顶端点发出一条平行于光轴的光线，光线的高度也一定为 h_1。当这条光线出射后，将以 h_2 的高度水平出射，不管像的位置位于何处，这条出射光线将一定通过该像的顶端，因此物像之间的垂轴放大率为

$$\beta = \frac{h_2}{h_1} = -\frac{f'_2}{f'_1} \tag{3-42}$$

根据三个放大率之间的关系，容易得到该系统的角放大率为

$$\gamma = \frac{1}{\beta} = -\frac{f'_1}{f'_2} \tag{3-43}$$

第 7 章将详细介绍望远系统的相关知识。

4. 焦距测量系统

图 3-27 所示为焦距测量系统的测量原理光路，该系统由两个正光组构成，前光组称为平行光管物镜，其作用是产生平行光。带有标尺的目标位于前光组的物方焦面处，经前光组形成平行光。焦距待测的光组位于平行光路中，在被测光组的像方焦面得到目标的最终像。

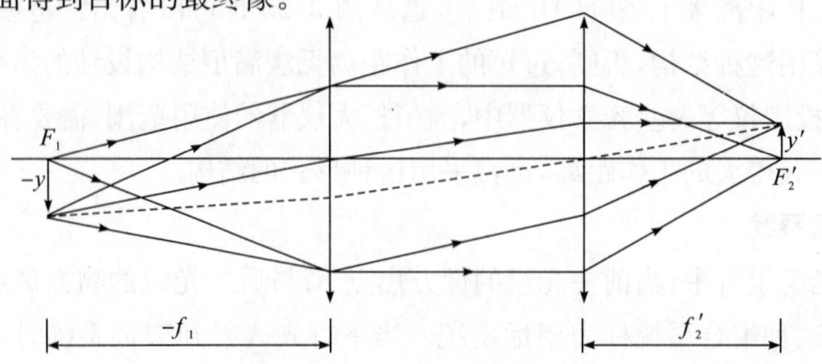

图 3-27 放大率法测量焦距原理

根据图 3-27 中光路的几何关系有

$$\frac{y'}{-y}=\frac{f_2'}{f_1'} \tag{3-44}$$

因为目标高度 y 和平行光管物镜的焦距 f_1' 均已知，所以只要测得像高，就可由式(3-44)计算得到被测光组的焦距 f_2'。该测量系统的特点是，无论两光组之间的距离如何变化，物像之间的放大率 β 都为常数，因此，待测焦距的光组在光路中的前后位置不受限制。为了测量像的大小，通常用测量显微镜目视测量。现代测量技术则用 CCD 接收图像，并用计算机图像处理的方法自动计算像的大小。

3.6　透　镜

3.6.1　透镜的分类

透镜是构成光学系统的最基本单元，它是由两个折射面包围一种透明介质(如玻璃)所形成的光学元件。光线在这两个曲面上发生折射，曲面的形状通常是球面(平面可以看成半径无限大的球面)和非球面，透镜按形式来分，可分为两大类、六种形状。第一类透镜中央比边缘厚，称为凸透镜或正透镜，它的光焦度为正值，可分为双凸、月凸和平凸三种形状，如图 3-28(a)、(b)、(c)所示。这类透镜通常对光束起会聚作用，又称会聚透镜。第二类透镜中央比边缘薄，称为凹透镜或负透镜，它的光焦度为负值，有月凹、平凹和双凹三种形状，如图 3-28(d)、(e)、(f)所示。这类透镜通常对光束起发散作用，也称为发散透镜。

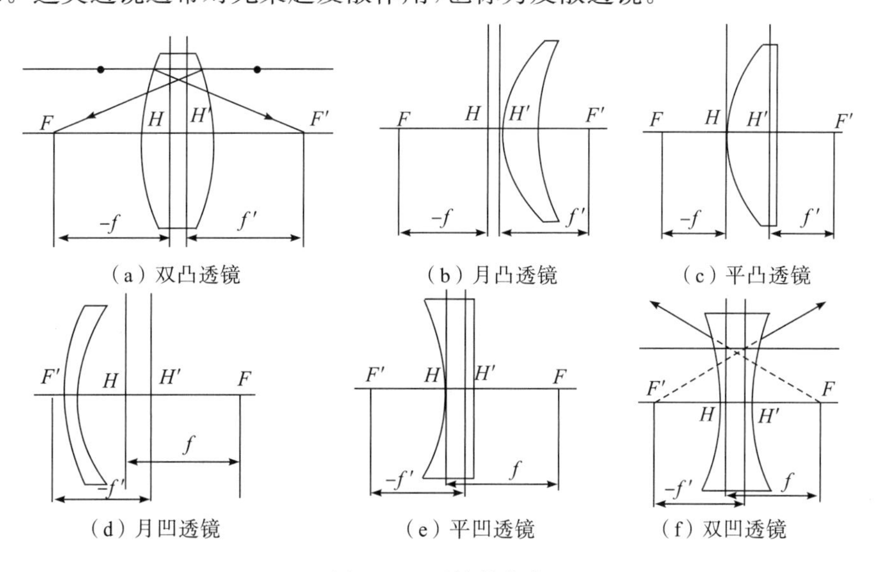

图 3-28　透镜的分类

3.6.2 透镜的焦距和基点位置

把透镜的两个折射球面看作两个单独的光组，只要分别求出它们的焦距和基点位置，再应用双光组组合公式就可以求得透镜的焦距和基点位置。

1. 单个折射球面的基点和焦距

根据定义，在球面成像公式(2-14)中，分别令 $l=\infty$ 和 $l'=\infty$，就可以得到像方焦点和物方焦点的位置，它们分别为

$$l'_F=\frac{n'r}{n'-n} \qquad l_F=-\frac{nr}{n'-n} \tag{3-45}$$

比较式(3-45)和单个折射面的焦距式(2-16)、式(2-17)，有

$$f'=l'_F=\frac{n'r}{n'-n} \qquad f=l_F=-\frac{nr}{n'-n} \tag{3-46}$$

所以，对单个折射球面而言，物方主点 H、像方主点 H' 和球面顶点相重合，而且物方主平面和像方主平面切于球面顶点 O，即

$$l'_H=l'_F-f'=0 \qquad l_H=l_F-f=0 \tag{3-47}$$

2. 透镜的焦距和基点位置

透镜可以看成一个双光组组合，每一个球面相当于一个光组，其焦距和基点的位置可以用双光组组合的相关公式求出。

假定透镜放在空气中，即 $n_1=n'_2=1$；透镜的折射率 n，即 $n'_1=n_2=n$，两个球面的半径分别为 r_1,r_2，对每一个球面利用折射成像公式，可分别求出两个球面的焦距为

$$f_1=-\frac{r_1}{n-1} \qquad f'_1=\frac{nr_1}{n-1} \tag{3-48}$$

$$f_2=\frac{nr_2}{n-1} \qquad f'_2=-\frac{r_2}{n-1} \tag{3-49}$$

透镜的光学间隔

$$\Delta=d-f'_1+f_2 \tag{3-50}$$

式(3-50)中，d 为透镜的光学厚度。

将这些参数代入双光组组合焦距公式(3-35)和(3-36)，得出透镜焦距的公式为

$$f'=-f=-\frac{f'_1f'_2}{\Delta}=\frac{nr_1r_2}{(n-1)[n(r_2-r_1)+(n-1)d]} \tag{3-51}$$

将(3-51)写成光焦度的形式，有

$$\varphi=\frac{1}{f'}=(n-1)(\rho_1-\rho_2)+\frac{(n-1)^2}{n}d\rho_1\rho_2 \tag{3-52}$$

式(3-52)中，ρ_1,ρ_2 分别为前后两球面半径的倒数。

如果透镜的厚度 d 可以忽略(即 $d=0$)，这类透镜称为薄透镜，式(3-52)可化简为

$$\varphi=\frac{1}{f'}=(n-1)(\rho_1-\rho_2) \tag{3-53}$$

式(3-53)为薄透镜焦距的计算公式，是一个常用公式。从该公式可以看出，在透镜的材料选定后，对于给定的焦距，有很多两个球面半径搭配能够满足。

透镜的主点可由双光组组合的主点位置计算得到，即

$$\left.\begin{aligned} l_H&=\frac{-dr_1}{n(r_2-r_1)+(n-1)d}\\ l'_H&=\frac{-dr_2}{n(r_2-r_1)+(n-1)d}\end{aligned}\right\} \tag{3-54}$$

根据组合光组基点位置的定位方法，主面的位置可以直接从透镜的前后表面顶点度量，非常直观。当式(3-54)的计算结果为0时，表明透镜的主面与透镜的表面重合，在这种情况下，透镜表面到焦点的距离等于焦距；一般式(3-54)的计算结果不为0，表明透镜的主面与透镜的表面不重合，在这种情况下，透镜表面到焦点的距离并不等于焦距。

例 3-11　双凸厚透镜两个表面的曲率半径分别为100 mm和200 mm，厚度为10 mm，玻璃的折射率 $n=1.5$，试求其焦距的大小以及焦点和主点的位置。

解　依题意知：$r_1=100$ mm，$r_2=-200$ mm，$d=10$ mm，$n=1.5$。代入公式，得双凸厚透镜的焦距为

$$f'=-f=\frac{nr_1r_2}{(n-1)[n(r_2-r_1)+(n-1)d]}=134.83\text{ mm}$$

代入主点计算公式，得

$$l_H=\frac{-dr_1}{n(r_2-r_1)+(n-1)d}=2.25\text{ mm}$$

$$l'_H=\frac{-dr_2}{n(r_2-r_1)+(n-1)d}=-4.49\text{ mm}$$

所以，物方主点在第一个球面顶点右侧2.25 mm处，像方主点在第二个球面顶点左侧4.49 mm处。物方焦点在物方主点的左侧134.83 mm处，所以在第一个球面顶点左侧132.58 mm处；像方焦点在像方主点的右侧134.83 mm处，所以在第二个球面顶点右侧130.34 mm处。

例 3-12　有两个相同的平凸透镜，凸面在前，平面在后，凸面的半径为25 mm，平凸透镜厚度为3 mm，折射率为1.5，要求组成一个望远镜系统，则透镜表面间的距离为多少？

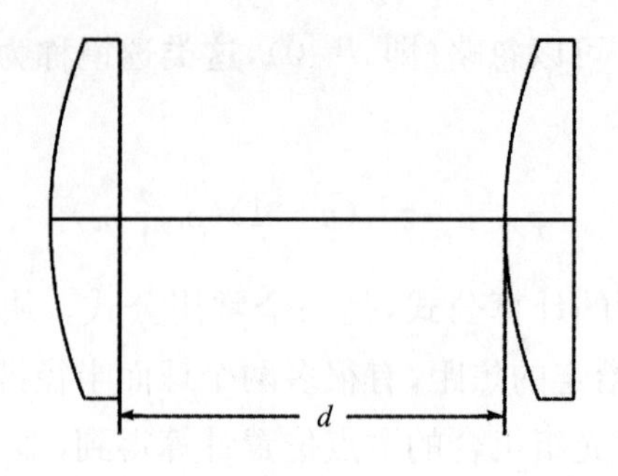

图 3-29 例 3-12 图

解 依题意，透镜组按图 3-29 所示的方式放置，先计算单透镜的焦距，利用式(3-51)得

$$f'=-f=\frac{nr_1r_2}{(n-1)[n(r_2-r_1)+(n-1)d]}=50\ \text{mm}$$

利用式(3-54)得出物方主点和像方主点的位置为

$$l_H=\frac{-dr_1}{n(r_2-r_1)+(n-1)d}=0,l'_H=\frac{-dr_2}{n(r_2-r_1)+(n-1)d}=-\frac{d}{n}=-2\ \text{mm}$$

若要将两个透镜组合成一个焦距为 100 mm 的透镜组，应使两透镜的高斯间距满足式(3-37)，即

$$\varphi=\frac{1}{f'}=\varphi_1+\varphi_2-d\varphi_1\varphi_2$$

把各参数代入上式，解得 $d=75$ mm，透镜实际表面间的距离为

$$d'=d+l'_{H1}-l_{H2}=75\ \text{mm}-2\ \text{mm}-0\ \text{mm}=73\ \text{mm}$$

3. 薄透镜

当一个单透镜的厚度远远小于其口径时，称为薄透镜。此时，透镜的厚度 $d=0$，透镜的焦距满足式(3-53)，式(3-53)也可以写成

$$\varphi=\varphi_1+\varphi_2 \tag{3-55}$$

利用式(3-54)可得出

$$l_H=l'_H=0 \tag{3-56}$$

即薄透镜的物方主面与像方主面重合且与透镜表面重合。因此，用薄透镜组成透镜组时，高斯间距就是薄透镜间的距离，分析计算较简单。

习题 3

3-1　有一正光组(可看作薄透镜),用作图法求下列物体位置的像。

(1)实物:$l=-\infty,-2|f'|,-|f'|,-\dfrac{|f'|}{2},0$。

(2)虚物:$l=\dfrac{|f'|}{2},|f'|,2|f'|,\infty$。

由作图结果分析,当物距从$-\infty$逐渐减小到 0,再由 0 增大到$+\infty$时,所成的像如何变化。如果是负光组,当物距从$-\infty$逐渐减小到 0,再由 0 增大到$+\infty$时,所成的像如何变化。

3-2　用作图法求双光组组合(可看作薄透镜)的基点(面)的位置。已知 $f_1'=2d$,$f_2'=-2d$,d 为双光组组合的高斯间距。

3-3　已知照相物镜的焦距 $f'=100$ mm,被摄景物位于照相物镜物方焦点的左侧 10 m、8 m、6 m、4 m、2 m 处,求照相底片应分别放在离物镜的像方焦面多远的地方。

3-4　一个焦距为 f' 的正光组对一个实物成放大率为 β 的实像。试证明物距为:$l=\dfrac{1-\beta}{\beta}f'$。

3-5　有一正薄透镜对某一物成倒立的实像,物高是像高的 2 倍,将物面向透镜移近 100 mm,所得像与物的大小相同,求该正透镜的焦距。

3-6　一个薄透镜对某一物体成一实像,像高与物高相同,今以另一个薄透镜紧贴在第一个透镜上,则像向透镜方向移动 20 mm,此时像高为物高的 3/4,求两块透镜的焦距各为多少。

3-7　双光组的组合焦距为 f',各组元焦距分别为 f_1' 和 f_2',高斯间距为 d,试证明物方焦点位置 l_F 与像方焦点位置 l'_F 分别为

$$l_F=\frac{f'(d-f_2')}{f_2'},\quad l'_F=\frac{f'(d-f_1')}{f_1'}$$

3-8　用贝塞尔法测薄凸透镜焦距的实验中,先调整物与像屏之间的距离 L 大于 4 倍焦距,透镜在其间的移动将会在像屏上出现两次清晰像,一次为放大的像,一次为缩小的像。如图 3-30 所示,设物点的位置为 A,像屏的位置为 B,两次成像实验透镜的位置分别为 O_1、O_2,假设 O_1、O_2 之间的距离为 d,证明待测薄凸透镜的焦距为:$f'=\dfrac{L^2-d^2}{4L}$。

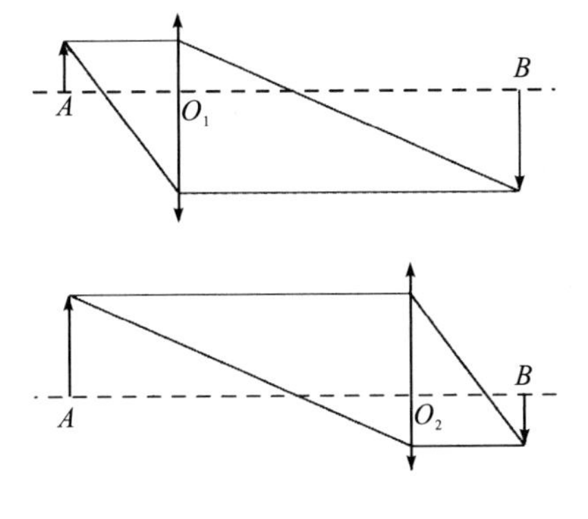

图 3-30　习题 3-8 图

3-9　如图 3-31 所示，求物 AB 经理想光学系统后所成的像。

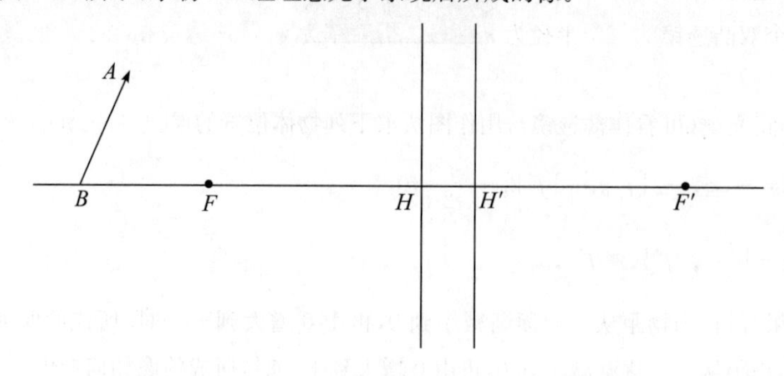

图 3-31　习题 3-9 图

3-10　有一光学系统如图 3-32 所示，求垂轴物体 AB 经理想光学系统后所成的像。

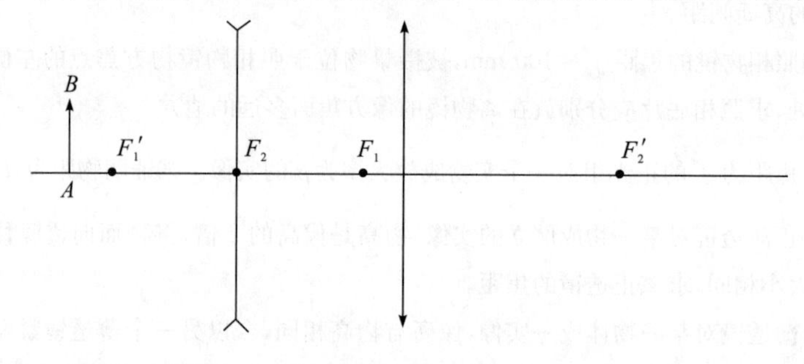

图 3-32　习题 3-10 图

3-11　有一薄透镜组，由焦距为 −300 mm 的负透镜和焦距为 200 mm 的正透镜组成，两透镜相距 100 mm，如果组合系统位于空气中，求该透镜组的组合焦距和组合基点的位置。

3-12　有一个三光组组合系统，其结构参数见表 3-2，一个距第一光组 500 mm 的实物，其高度为 15 mm，用逐次成像法求像的位置和大小。

表 3-2　三光组组合系统的结构参数

光组	光焦度 φ	高斯间距 d/mm
1	0.022	15
2	−0.022	15
3	0.01	—

3-13　有两个薄透镜，焦距分别为 $f'_1=150$ mm，$f'_2=-100$ mm，两者相距 100 mm，当一个光源位于第一个透镜的左侧 40 mm 时，则像成在何处？请分别用逐次成像和等效光组成像的方法求解，并比较结果。

3-14　有一个由两个薄透镜组成的系统，已知 $f'_1=150$ mm，$f'_2=-100$ mm，它对一实物成放大 4 倍的实像，并且 $\beta_1=-1$，试求两透镜之间的距离和物像共轭距离。

3-15　有一双光组组合系统，第一个薄透镜的焦距为 100 mm，第二个薄透镜的焦距为 50 mm，若组合系统的焦距为 100 mm，试求两薄透镜之间的距离和组合系统的基点位置。

3-16　已知两光组的焦距分别为 $f'_1=500$ mm，$f'_2=400$ mm，两透镜间距 $d=300$ mm，求：

(1)该双光组组合的光学间隔 Δ；

(2)若对无限远处的物体成像，求像点位置；

(3)求组合透镜的焦距。

3-17　一个双凸透镜的两个半径为 r_1 和 r_2，折射率为 n，若该透镜相当于一个望远系统，则厚度 d 应取何值?

3-18　由正、负两薄透镜组合成 $f'=1.2$ m 的光学系统，该系统对无限远处的物体成像，像面离正透镜 700 mm，离负透镜 400 mm。求正、负透镜的焦距，并在光学系统图上标出像方主点 H'、像方焦点 F'和物方主点 H、物方焦点 F。

第4章　平面系统

光学系统除了大量使用球面光学元件外，还经常使用平面光学元件，如平面反射镜、平行平板、反射棱镜、折射棱镜和光楔等。平面光学元件对物体没有放大和缩小作用，但它们在光学系统中的作用却是球面系统做不到的。平面光学元件的作用主要有改变光路的方向，将倒立的像转成正立的像，分光和分色等，它们是组成光学系统的重要部分。下面分别介绍这些平面光学元件的成像特性。

4.1　平面镜成像

平面反射镜又称平面镜，是光学系统中唯一能成完善像的光学元件，在日常生活中应用广泛，如家庭用的穿衣镜、练功房里墙壁四周的镜子、牙医检查牙齿时放入口中的小镜子等都是平面镜。

4.1.1　平面镜成像原理

1. 作图法求平面镜的像

如图4-1所示，PQ 为一平面镜，物点 A 发出的同心光束被平面镜反射，光线 AO 垂直于平面镜入射将沿原方向 OA 方向反射，光线 AO_1 沿 O_1B 方向反射，延长 AO 和 BO_1 交于 A'。由反射定律及几何关系容易证明$\triangle AOO_1 \cong \triangle A'OO_1$，从而可得 $AO=A'O$。同样可证明由 A 点发出的另一条光线 AO_2 沿 O_2B_1 方向反射，其反向延长线也交于 A'。这表明，由 A 发出的同心光束经平面镜反射后，变换为以 A' 为中心的同心光束。因此，A' 为物点 A 的完善像。A' 点处没有实际光线会聚，所以是虚像，此时对于平面镜而言是实物成虚像。平面镜成像的另一种情况是虚物成实像，如图4-2所示。

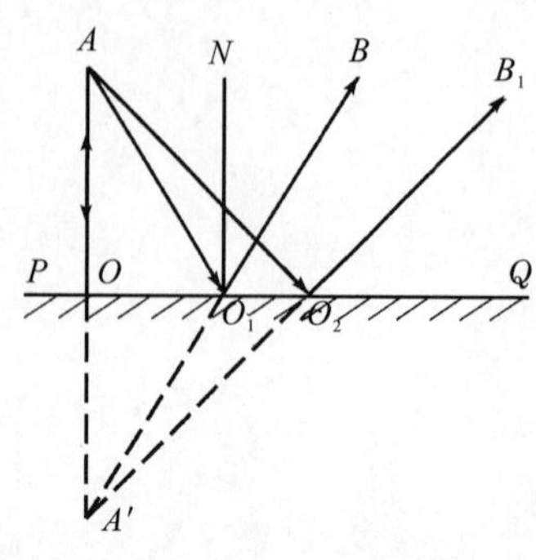

图4-1　平面镜成像(实物成虚像)

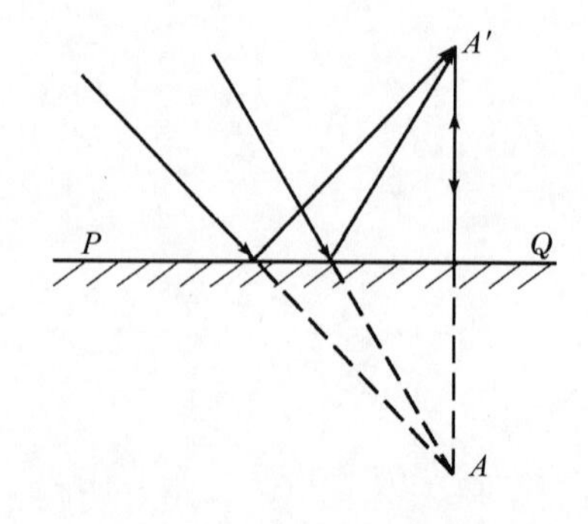

图4-2　平面镜成像(虚物成实像)

2. 平面镜成像的特点

(1)平面镜成像的物像关系。平面镜成像的物像关系还可以利用球面镜成像的物像公式(2-28)来计算,令 $r=\infty$,对任意物点可得

$$l'=-l,\beta=1 \tag{4-1}$$

这说明正立的像与物等距离地分布在镜面的两边,大小相等,物与像相对于平面镜对称(如图 4-3 所示)。物像虚实相反,即实物成虚像或虚物成实像。

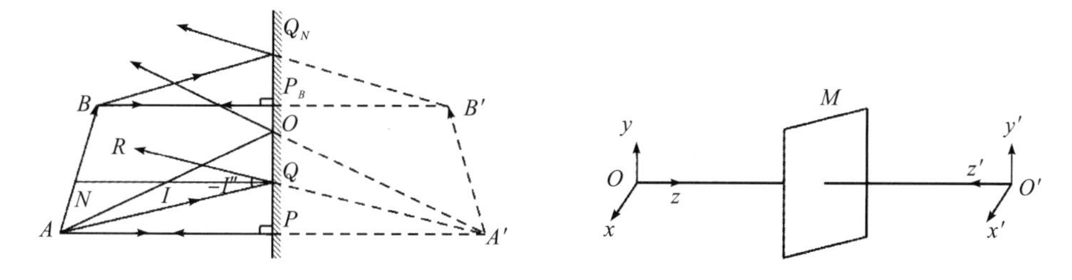

图 4-3　平面镜成正立像　　图 4-4　平面镜成镜像

(2)平面镜成镜像。由于平面镜成像的对称性,使一个左手坐标系的物体变换成右手坐标系的像。就像照镜子一样,你的左手只能与镜中"你"的右手重合,这种像称为镜像。如图 4-4 所示,一个左手坐标系 O-xyz,经平面镜 M 后,其像为一个右手坐标系 O'-$x'y'z'$。

(3)平面镜奇数次反射成镜像,偶数次反射成与物一致的像。由图 4-4 可知,一次反射像 O'-$x'y'z'$ 再经过一次反射成像,将恢复成与物相同的左手坐标系。

4.1.2　平面镜的旋转特点

平面镜转动时具有重要特性,当入射光线方向不变而转动平面镜时,反射光线的方向将发生改变。如图 4-5 所示,设平面镜转动 α 角时,反射光线转动 θ 角,根据反射定律有

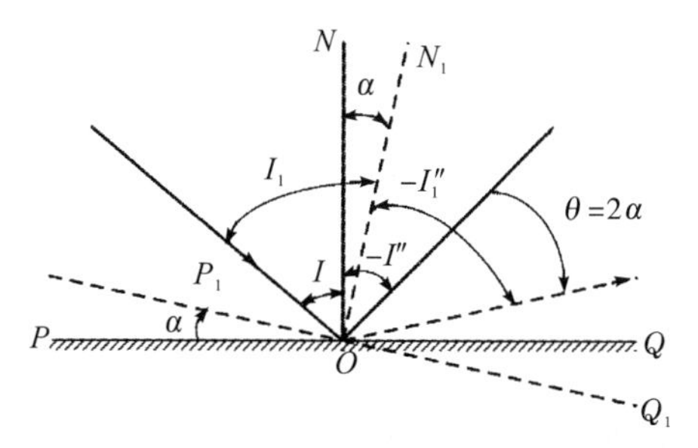

图 4-5　平面镜旋转时的成像

$$\theta=(-I''_1)+\alpha-(-I'')=I_1+\alpha-I=(I+\alpha)+\alpha-I=2\alpha \tag{4-2}$$

因此,反射光线的方向沿平面镜转动的方向改变了 2α 角。

利用平面镜转动的这一性质,可以测量微小角度或位移。如图 4-6 所示,刻有

标尺的分划板位于准直物镜 L 的物方焦平面上，标尺零位点与物方焦点 F 重合，发出的光束经物镜 L 后平行于光轴。若平面镜 M 与光轴垂直，则平行光束经平面镜 M 反射后沿原光路返回，重新会聚于 F 点。若平面镜 M 转动 θ 角，则平行光束经平面镜反射后与光轴成 2θ 角，经物镜 L 后成像于 B 点，$BF=y$，物镜焦距为 f'。

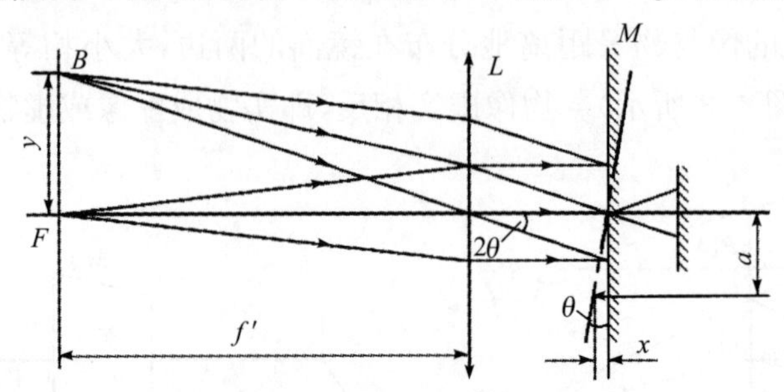

图 4-6　光学杠杆原理

$$y = f'\tan 2\theta \approx 2f'\theta \tag{4-3}$$

式(4-3)中，y 可由分划板标尺读出，物镜焦距 f' 已知，可求出平面镜转动的微小角度 θ。若平面镜的转动是由一顶杆移动引起的，设顶杆到支点距离为 a，顶杆微小移动量为 x，则

$$\theta \approx \tan\theta = \frac{x}{a} \tag{4-4}$$

将式(4-4)代入式(4-3)，得

$$y = 2f'\frac{x}{a} = Kx \tag{4-5}$$

利用式(4-5)可测量顶杆的微小位移。式中，$K=\frac{2f'}{a}$，为光学杠杆的放大倍数。

例 4-1　在焦距为 1000 mm 的透镜物方焦点处有一目标，透镜前方有一平面镜，将目标的光线反射回透镜。现在透镜焦面上距目标 2 mm 的高度得到目标的像，则此时平面镜相对于垂直光轴方向的倾斜角是多少？

解　由光学杠杆原理 $y=f'\tan 2\theta\approx 2f'\theta$ 可得

$$\theta=\frac{y}{2f'}=\frac{2}{2\times 1000}=0.001(\text{rad})$$

4.1.3　双平面镜成像

1. 光线经双平面镜反射后的出射方向

如图 4-7 所示，设两个平面镜的夹角为 α，光线入射到双平面镜上，经两个平面镜 PQ 和 PR 依次反射，最终出射光线与入射光线的延长线相交于 M 点，夹角为 β。

下面看经双平面镜两次反射后的出射光线与入射光线间的关系。

在$\triangle O_1O_2M$ 中，满足

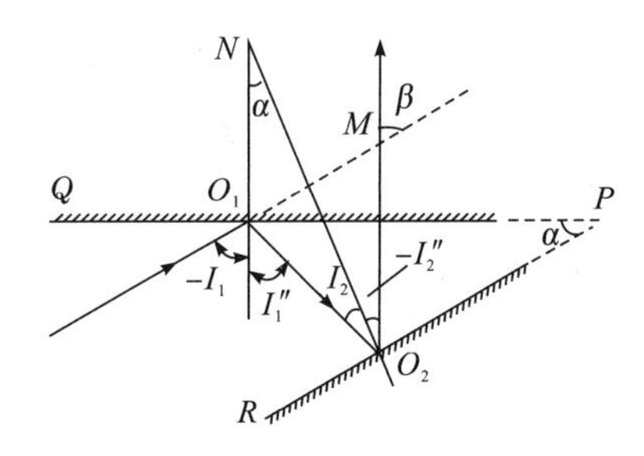

图 4-7　双平面镜对光线的变换

$$(-I_1+I''_1)=(I_2-I''_2)+\beta$$

根据反射定律可得

$$\beta=2(I''_1-I_2)$$

在$\triangle O_1O_2N$中，满足$I''_1=\alpha+I_2$，即$\alpha=I''_1-I_2$，所以

$$\beta=2\alpha \tag{4-6}$$

由此可见，出射光线和入射光线的夹角与入射角的大小无关，只取决于双平面镜的夹角α。如果双面镜的夹角不变，当入射光线方向一定，双面镜绕其棱边旋转时，出射光线方向始终不变。根据这一性质，光学系统中用双面镜折转光路时，对其安装调整特别方便。

2. 经双平面镜反射后像点的位置

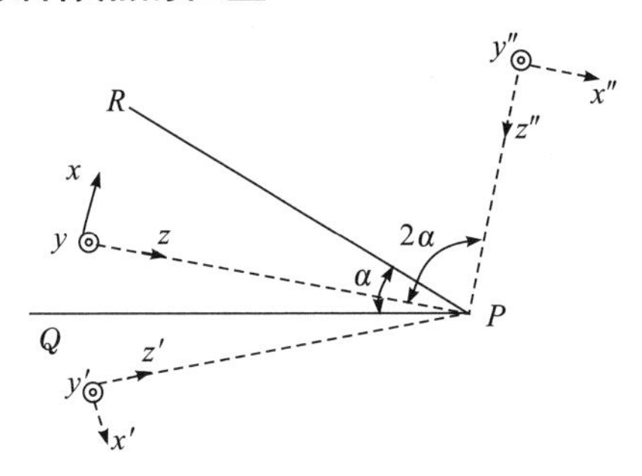

图 4-8　双平面镜的连续一次像

如图 4-8 所示，一右手坐标系的物体xyz，经双面镜QPR的两个反射镜PQ、PR依次成像为$x'y'z'$和$x''y''z''$。经PQ第一次反射的像$x'y'z'$为左手坐标系，经PR第二次反射后成的像(称为连续一次像)$x''y''z''$被还原为右手坐标系。

由于$\angle y''Py=\angle y''Py'-\angle y'Py=2\angle RPy'-2\angle QPy'=2\alpha$，可以得出结论：连续一次像可认为是由物体绕棱边旋转2α角形成的，旋转方向为由第一反射镜转向第二反射镜。

总之，双平面镜的成像特性可归结为以下两点：

(1)二次反射像的坐标系与原物坐标系相同，成一致像。

(2)连续一次像可认为是由物体绕棱边旋转2α角形成的，其转向与光线在反射面的反射次序所形成的转向一致。

4.2 平行平板

4.2.1 平行平板的成像特性

由两个相互平行的折射平面构成的光学元件称为平行平板。平行平板是光学仪器中应用较多的一类光学元件，如刻有标尺的分划板、盖玻片、滤波片等都属于这一类光学元件。反射棱镜也可看作等价的平行平板。

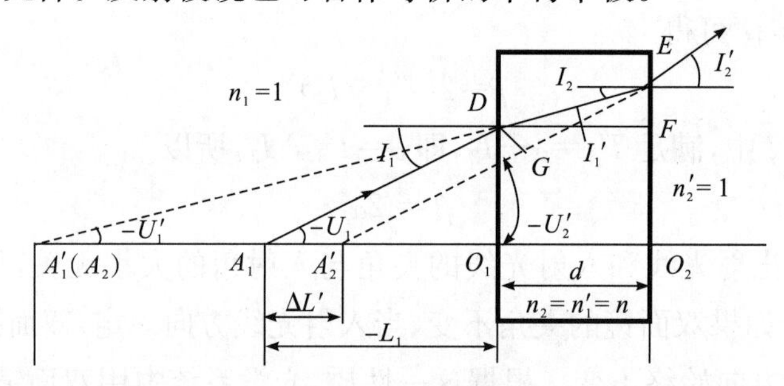

图 4-9 平行平板的成像特性

如图 4-9 所示，从轴上点 A_1 发出一孔径角为 U_1 的入射光线，经平行平板两平面折射后，其出射光线的延长线与光轴相交于 A_2'，A_2'即为物点 A_1 经平行平板所成的像，出射光线的孔径角为 U_2'。设平行平板位于空气中，平板玻璃的折射率为 n，光线在两折射面上的入射角和折射角分别为 I_1、I_1'和 I_2、I_2'，因为两折射面平行，则有 $I_2=I'_1$，由折射定律得

$$\sin I_1 = n\sin I_1' = n\sin I_2 = \sin I_2' \tag{4-7}$$

由(4-7)式可以推出

$$I_1 = I_2' = -U_1 = -U_2' \tag{4-8}$$

即出射光线平行于入射光线，光线经平行平板后方向不变，此时

$$\left.\begin{aligned} \gamma &= \frac{\tan U_2'}{\tan U_1} = 1 \\ \beta &= \frac{1}{\gamma} = 1 \\ \alpha &= \beta^2 = 1 \end{aligned}\right\} \tag{4-9}$$

式(4-9)表明：平行平板成像不会使物体放大或缩小，对光束既不发散也不会聚，这表明平行平板是一个无焦元件，在光学系统中对光焦度无贡献。同时，还表明：物体经平板成正立像，物和像始终位于平板的同一侧，且虚实相反。

4.2.2 平行平板对光线位移的计算

平行平板成像不会使物体放大或缩小；物沿光轴移动时，像沿光轴同方向移动。下面通过计算物点与像点之间产生的轴向位移 $\Delta L'$ 来讨论平行平板的成像是否完善。

如图 4-9 所示，出射光线与入射光线不重合，产生了侧向位移 ΔT，像点相对于物点产生了轴向位移 $\Delta L'$。在 $\triangle DEG$ 和 $\triangle DEF$ 中，DE 为公共边，所以

$$\Delta T = DG = DE\sin(I_1 - I_1') = \frac{d}{\cos I_1'}\sin(I_1 - I_1')$$

将 $\sin(I_1 - I_1')$ 用三角公式展开，并利用折射定律 $\sin I_1 = n\sin I_1'$ 得到侧向位移

$$\Delta T = d\sin I_1\left(1 - \frac{\cos I_1}{n\cos I_1'}\right) \tag{4-10}$$

轴向位移可由图 4-9 中的关系得到，即

$$\Delta L' = \frac{DG}{\sin I_1} = d\left(1 - \frac{\cos I_1}{n\cos I_1'}\right) \tag{4-11}$$

利用折射定律 $\sin I_1 = n\sin I_1'$ 还可以得到轴向位移的另一种表示形式，即

$$\Delta L' = d\left(1 - \frac{\tan I_1'}{\tan I_1}\right) \tag{4-12}$$

式(4-12)表明：轴向位移随入射角 I_1（即物方孔径角 U_1）的不同而不同，即轴上点发出不同孔径角的同心光束变成了非同心光束，因此，平行平板不能成完善像。

计算出光线经过平行平板的轴向位移 $\Delta L'$ 后，像点 A_2' 相对于第二面的距离 L_2' 可由图中的几何关系给出，而不需要再逐面进行光线的光路计算。

$$L_2' = L_1 + \Delta L' - d \tag{4-13}$$

4.2.3　近轴区平行平板的成像

平行平板在近轴区以细光束成像时，由于 I_1 与 I_1' 都很小，其余弦值可用 1 代替，$\Delta L'$ 用 $\Delta l'$ 表示，式(4-11)可表示为

$$\Delta l' = d\left(1 - \frac{1}{n}\right) \tag{4-14}$$

式(4-14)表明：在近轴区内，平行平板的轴向位移只与其厚度 d 和折射率 n 有关，与入射角无关。因此，平行平板在近轴区以细光束成像是完善的。这时，不管物体位置如何，其像可认为是由物体移动一个轴向位移 $\Delta l'$ 而得到的。

4.2.4　平行平板的等效光学系统

利用平行平板在近轴区成完善像的特点，在光路计算时，可以将平行玻璃平板简化成一个等效空气平板。如图 4-10 所示，入射光线 PQ 经平行玻璃平板 $ABCD$ 后，出射光线 HA' 平行于入射光线。过 H 点作光轴的平行线，交 PA 于 G 点，过 G 点作光轴的垂线 EF。将玻璃平板的出射平面及出射光路 HA' 一起沿光

轴平移 $\Delta l'$，则 CD 与 EF 重合，出射光线在 G 点与入射光线重合，A' 与 A 重合。这表明，光线经过玻璃平板的光路与无折射通过空气层 $ABEF$ 的光路完全一样。这个空气层就称为平行玻璃平板的等效空气平板，其厚度为

$$\bar{d} = d - \Delta l' = \frac{d}{n} \tag{4-15}$$

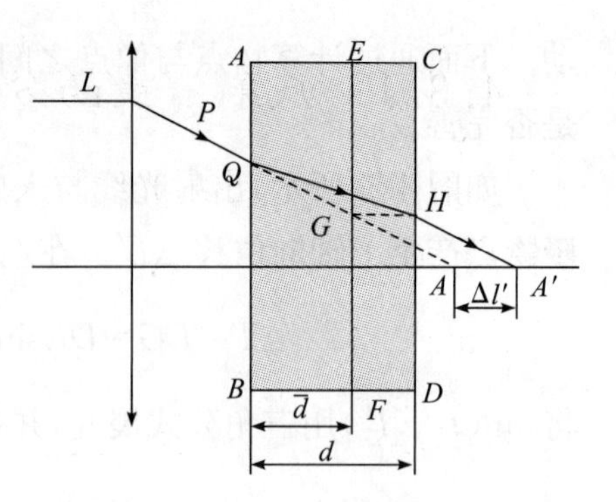

图 4-10　平行平板的等效空气层

引入空气平板的作用在于，如果光学系统的会聚光路和发散光路中有平行玻璃平板（包括由反射棱镜展开的平行玻璃板），可将其等效为空气平板，这样可以在计算光学系统的外形尺寸时简化对平行玻璃平板的处理，只需计算出无平行玻璃平板时（即等效空气平板）的像方位置，然后再沿光轴移动一个轴向位移 $\Delta l'$，就得到平行玻璃平板时的实际像面位置，即

$$l_2' = l_1 - d + \Delta l' \tag{4-16}$$

无须对平行玻璃平板逐面进行计算。因此，在进行光学系统外形尺寸计算时，将平行玻璃平板用等效空气平板取代后，光线无折射地通过等效空气平板，只需考虑平行玻璃平板的出射面或入射面的位置，而不必考虑平行玻璃平板的存在。

4.3　反射棱镜

将一个或多个反射面做在同一块玻璃上的光学元件称为反射棱镜。在光学系统中，反射棱镜的作用主要有折转光路、转像、倒像和扫描等。在反射面上，若所有入射光线不能全部发生全反射，则必须在该反射面上镀以金属反射膜，如银、铝等，以减少反射面的光能损失。

反射棱镜中作用于光线的面（包括透射面与反射面）称为棱镜的工作面，工作面之间的交线称为棱，垂直于棱的平面称为主截面，其中包含光轴的主截面又称光轴截面。通常以光轴截面来分析光线的传播，所以通常所说的主截面就是指光轴截面。棱镜的光轴是指系统的光轴在棱镜内部所成的折线，如图 4-11 中的 AO_1O_2B。

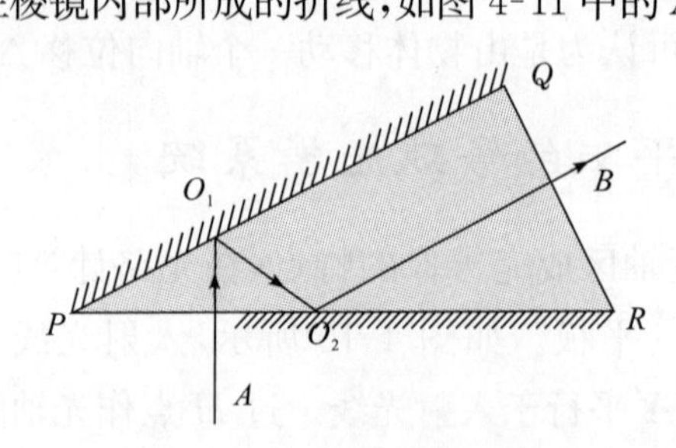

图 4-11　反射棱镜的主截面

4.3.1 反射棱镜的分类

反射棱镜种类繁多，形状各异，大体上可分为简单棱镜、屋脊棱镜和立方角锥棱镜，下面分别予以介绍。

1. 简单棱镜

简单棱镜只有一个主截面，它所有的工作面都与主截面垂直。根据反射面数的不同，又分为一次反射棱镜、二次反射棱镜和三次反射棱镜。

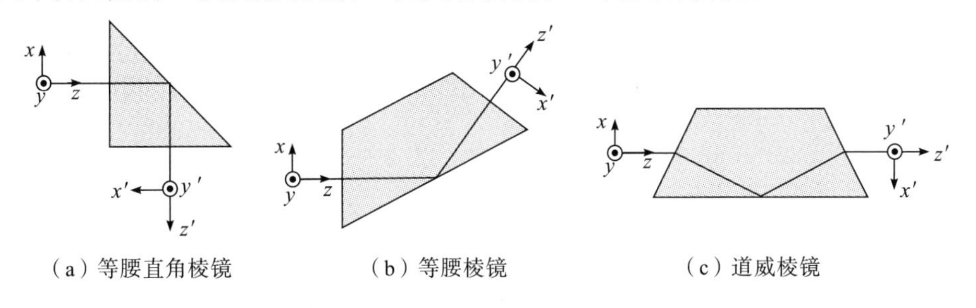

图4-12　一次反射棱镜

（1）一次反射棱镜。一次反射棱镜使物体成镜像，最常用的一次反射棱镜有：①等腰直角棱镜，如图4-12(a)所示，它使光轴折转90°；②等腰棱镜，如图4-12(b)所示，它使光轴折转任意角度，等腰直角棱镜与等腰棱镜的入射面和出射面都与光轴垂直，在反射面上发生全反射；③道威棱镜，如图4-12(c)所示，它是由直角棱镜去掉多余的直角形成的，其入射面和出射面与光轴不垂直，出射光轴与入射光轴方向不变。根据平面镜的旋转特性，当棱镜绕光轴旋转 α 角时，其反射像同方向旋转 2α 角。

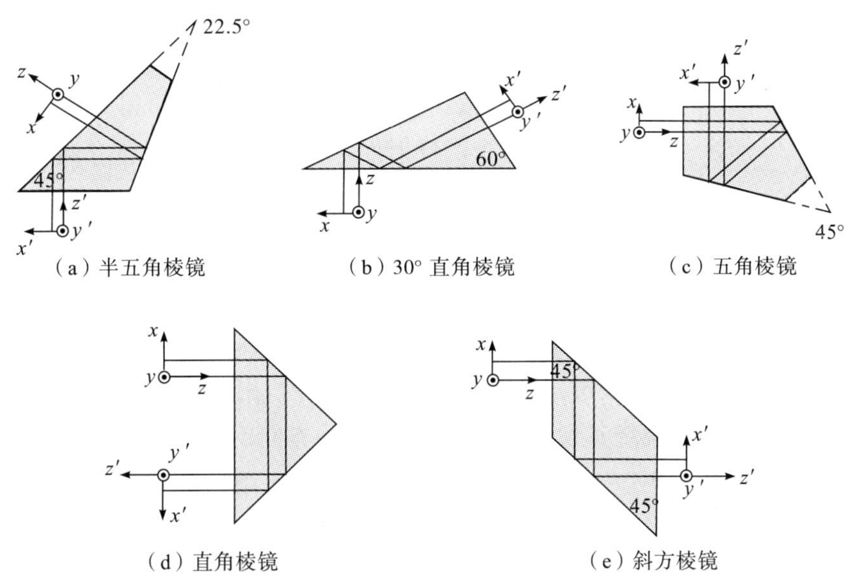

图4-13　二次反射棱镜

(2)二次反射棱镜。在二次反射棱镜中,入线光线连续经过两个反射面的反射,所以成一致像。常用的二次反射棱镜如图 4-13 所示,图 4-13(a)～(e)分别为半五角棱镜、30°直角棱镜、五角棱镜、直角棱镜和斜方棱镜,两反射面的夹角分别为 22.5°、30°、45°、90°和 180°。半五角棱镜和 30°直角棱镜多用于显微镜系统,使垂直向上的光轴折转为便于观察的方向;五角棱镜使光轴折转 90°,便于安装调试;直角棱镜多用于转像系统中,如开普勒望远镜中将倒像转为正像,便于观察;斜方棱镜可使光轴平移,多用于双目仪器中,以调整目距。

(3)三次反射棱镜。常用的三次反射棱镜为斯密特棱镜,如图 4-14 所示。出射光线与入射光线的夹角为 45°,奇数次反射成镜像。其主要作用是折叠光路,使仪器结构紧凑。

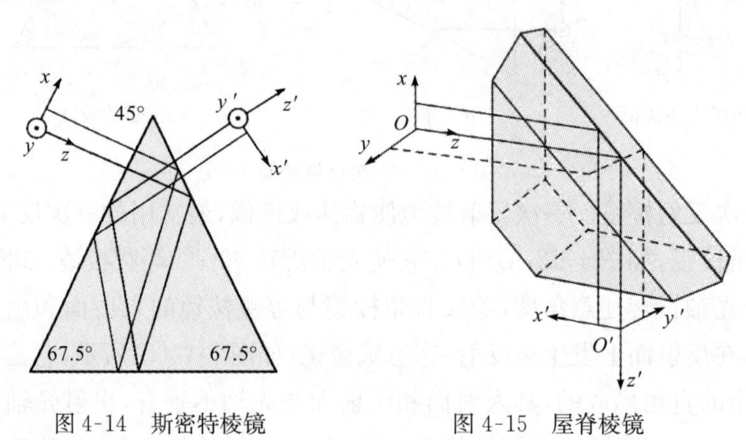

图 4-14 斯密特棱镜　　图 4-15 屋脊棱镜

2. 屋脊棱镜

奇数次反射成镜像,为了在不增加反射棱镜的情况下成一致像,可用交线位于棱镜光轴面内的两个相互垂直的反射面取代其中一个反射面,使垂直于主截面的坐标被这两个相互垂直的反射面依次反射而改变方向,从而得到物体的一致像,如图 4-15 所示。这两个相互垂直的反射面称为屋脊面,带有屋脊面的棱镜称为屋脊棱镜。

3. 立方角锥棱镜

立方角锥棱镜是由立方体切下一个角而形成的,如图 4-16 所示。其三个反射工作面相互垂直,底面是一个等边三角形,为棱镜的入射面和出射面。当光线以任意角度从底面入射,经过三个直角面依次反射后,出射光线始终平行于入射光线。当立方角锥棱镜绕其顶点旋转时,出射光线方向不变,仅产生一个位移。

立方角锥棱镜的用途之一是与激光测距仪配合使用。激光测距仪发出一束准直激光束,经位于测站上的立方角锥棱镜反射,原方向返回,由激光测距仪的接收器接收,从而计算出测距仪到测站的距离。立方角锥棱镜的另一个用途是用于激光谐振腔,可以缩短激光器的长度。

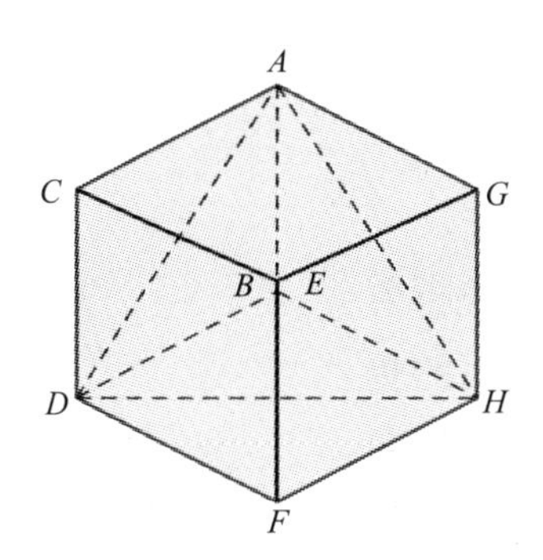

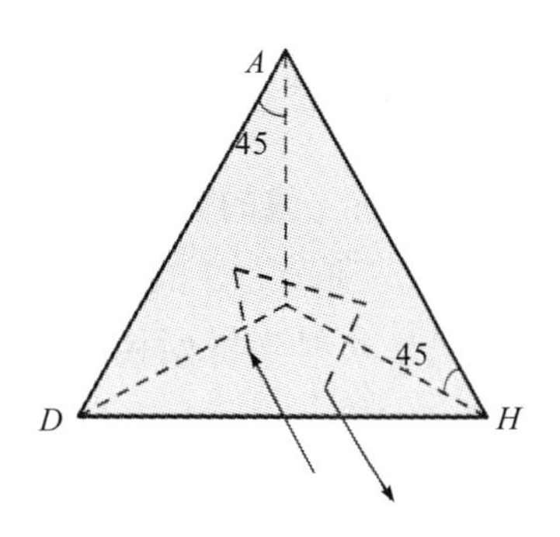

图 4-16　立方角锥棱镜

4.3.2　棱镜系统的成像方向判断

实际光学系统中使用的棱镜系统有时是比较复杂的，正确判断棱镜系统的成像情况对于光学系统设计是至关重要的。如果判断不正确，使整个光学系统成镜像或倒像，会给观察者带来错觉。上面已对常用的各种棱镜的光路折转和成像方向进行了讨论，这里归纳为如下判断原则。

为分析简便，物体的三个坐标方向分别为：①沿着光轴（如 z 轴）；②位于主截面内（如 x 轴）；③垂直于主截面（如 y 轴）。按照平面镜成像的物像对称性，可以用几何方法判断出棱镜系统对各坐标轴的变换，现将判断方法归纳如下：

(1)沿着光轴的坐标轴（如图中的 z 轴）在整个成像过程中始终保持沿着光轴，并指向光的传播方向。

(2)垂直于主截面的坐标轴（如图中的 y 轴）在一般情况下保持垂直于主截面，并与物坐标同向。但当遇有屋脊面时，每经过一个屋脊面反向一次。

(3)主截面内的坐标轴（如图中的 x 轴）由平面镜的成像性质来判断。根据反射镜具有奇次反射成镜像、偶次反射成一致像的特点，首先确定光在棱镜中的反射次数，再按系统成镜像还是一致像来决定该坐标轴的方向：若成镜像，则反射坐标左右手系改变；若成一致像，则反射坐标系不变。注意，在统计反射次数时，每一屋脊面被认为是两次反射，按两次反射计数。

4.4　折射棱镜与光楔

折射棱镜是通过两个折射表面对光线的折射进行工作的，两折射面的交线称为折射棱，两折射面间的夹角 α 称为折射棱镜的顶角。同样，垂直于折射棱的平面称为折射棱镜的主截面。

4.4.1 折射棱镜

1. 折射棱镜对光线的偏转

图 4-17 为一顶角为 α 的等腰折射棱镜，棱镜折射率为 n，光线 AB 入射到折射棱镜上，经两折射面的折射，出射光线 DE 与入射光线 AB 的夹角 δ 称为偏向角，其正负规定为：由入射光线以锐角转向出射光线，顺时针为正，逆时针为负。下面来计算这一偏向角。

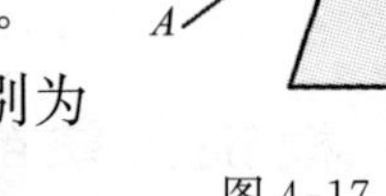

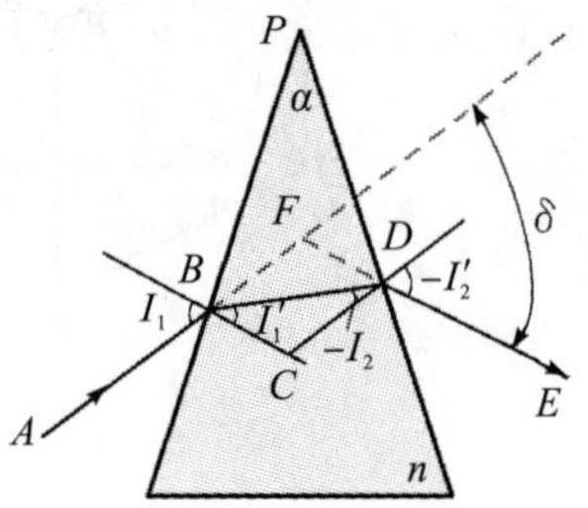

图 4-17 折射棱镜

光线在入射面和折射面的入射角和折射角分别为 I_1、I_1' 和 I_2、I_2'，由图 4-17 可知

$$\alpha = I_1' - I_2, \delta = I_1 - I_1' + I_2 - I_2'$$

两式相加，得

$$\alpha + \delta = I_1 - I_2'$$

在两个折射面上分别用折射定律，有

$$\sin I_1 = n\sin I_1', n\sin I_2 = \sin I_2'$$

将两式相减并利用三角关系中的和差化积公式，有

$$\sin\left[\frac{1}{2}(I_1 - I_2')\right]\cos\left[\frac{1}{2}(I_1 + I_2')\right] = n\sin\left[\frac{1}{2}(I_1' - I_2)\right]\cos\left[\frac{1}{2}(I_1' + I_2)\right]$$

将 $\alpha = I_1' - I_2$，$\alpha + \delta = I_1 - I_2'$ 代入，有

$$\sin\left[\frac{1}{2}(\alpha + \delta)\right] = \frac{n\sin\left(\frac{1}{2}\alpha\right)\cos\left[\frac{1}{2}(I_1' + I_2)\right]}{\cos\left[\frac{1}{2}(I_1 + I_2')\right]} \tag{4-17}$$

由(4-17)式可知，光线经过折射棱镜折射后，产生的偏向角 δ 与棱镜的顶角 α、棱镜的折射率 n 有关，同时也与光线的入射角 I_1 有关。所以，偏向角 δ 随光线的入射角 I_1 变化而变化。可以证明，δ 随 I_1 变化的过程中有一极小值，这个极小值称为折射棱镜的最小偏向角，用 $\delta_{\min}$ 表示。可以证明，折射棱镜偏向角取极小值的条件为：$I_1 = -I_2'$，$I_1' = -I_2$。把取极小值的条件代入式(4-17)，可得折射棱镜的最小偏向角满足式(4-18)。

$$\sin\left[\frac{1}{2}(\alpha + \delta_{\min})\right] = n\sin\left(\frac{1}{2}\alpha\right) \tag{4-18}$$

利用最小偏向角可以测量棱镜材料的折射率 n。先将被检玻璃制作成折射棱镜的形状，利用测角仪测出棱镜的顶角 α 及最小偏向角 $\delta_{\min}$，再由式(4-18)计算出折射率 n。最小偏向角取极小值的条件可由读者自己进行证明。

2. 棱镜的色散

白光由许多不同波长的单色光组成，不同波长的单色光对于同一透明介质具有不同的折射率。根据偏向角的计算公式(4-17)可知,以相同角度入射到折射棱镜上的不同波长的单色光,将有不同的偏向角。因此,白光经过棱镜后将被分解为各种色光,在棱镜后面将会看到各种颜色的光,这种现象称为色散。通常,波长长的红光折射率低,波长短的紫光折射率高,因此,红光偏向角小,紫光偏向角大,如图4-18所示。狭缝发出的白光经透镜 L_1 准直为平行光,平行光经过棱镜 P 分解为各种色光,在透镜 L_2 的焦面上从上到下地排列着红、橙、黄、绿、青、蓝、紫各色光的狭缝像。这种按波长长短顺序的排列称为白光光谱。

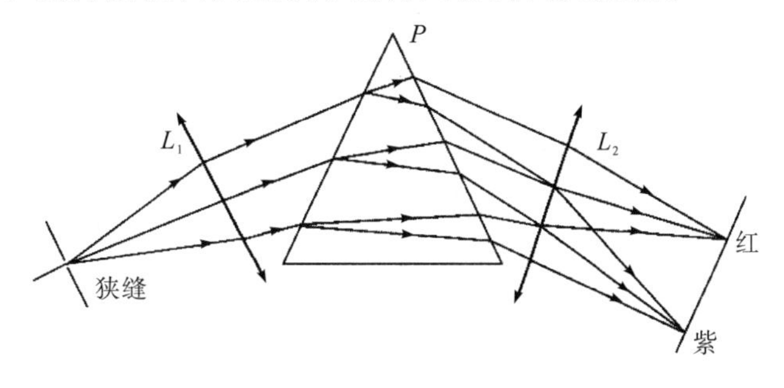

图4-18　棱镜的色散

4.4.2　光楔

当折射棱镜的顶角 α 很小时,这种折射棱镜称为光楔,如图4-19所示。此时,入射光线在两个折射面上近乎垂直地入射和出射,即入射角和折射角都很小,因此,可以用角度的弧度值近似代替其正弦值,用数值1代替其余弦值,即式(4-17)可化简为

$$\delta = \alpha(n-1) \tag{4-19}$$

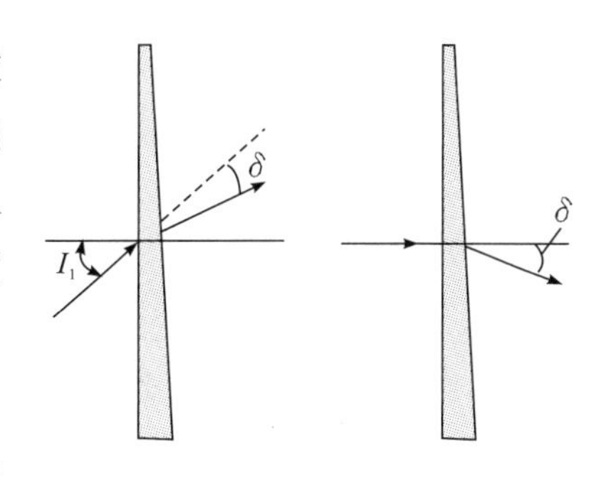

图4-19　光　楔

式(4-19)表明:当光线垂直入射或接近垂直入射时,所产生的偏向角仅由光楔的顶角和折射率决定。

光楔在小角度测量中有着重要作用。如图4-20所示,双光楔的偏向角相同,相隔一微小间隙,两光楔相邻工作面平行并可绕光轴转动,当两光楔转到如图4-20(a)、(c)所示时,所产生的偏向角最大,为两光楔偏向角之和 $\delta=2\alpha(n-1)$;当转到如图4-20(b)所示时,所产生的偏向角为零;每旋转360°,它们的总偏向角由 $2\delta_0$ 变为 $-2\delta_0$(δ_0 为单个光楔的偏向角)作连续变化。其变化规律为

$$\delta = 2(n-1)\alpha\cos\varphi \tag{4-20}$$

这样,就可将光线经双光楔所产生的最小偏向角转换为两光楔绕光轴旋转的夹角进行角度测微。

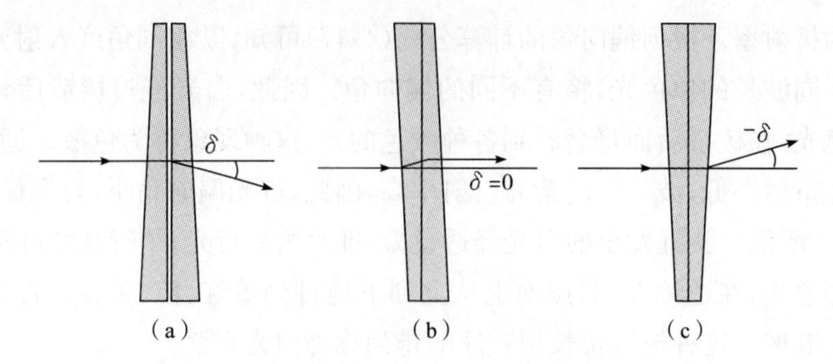

图 4-20 双光楔测量微小角度

双光楔也可以用来测量微小位移，图 4-21 所示为双光楔测量微小位移的工作原理图。一个光楔相对另一个光楔做轴向移动，当移动的距离为 Δz 时，出射光线将沿垂轴方向移动 Δy，其相互关系为

$$\Delta y = \Delta z \delta = \Delta z(n-1)\alpha \quad (4\text{-}21)$$

式(4-21)表明：通过双光楔可以以大的移动量 Δz 获得小的位移量 Δy，从而实现微小位移测量目的。

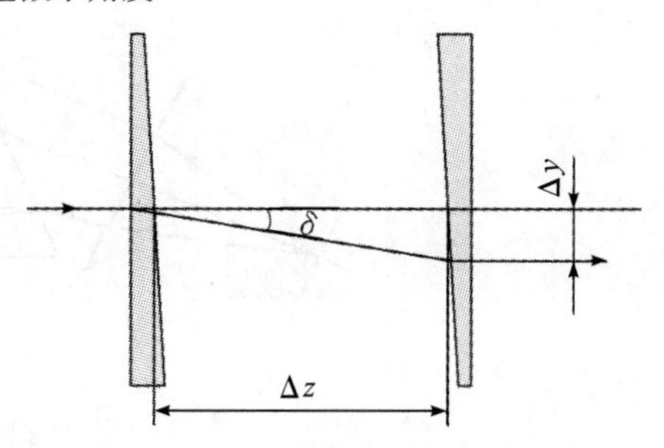

图 4-21 双光楔测量微小位移

习题 4

4-1 有一双面镜系统，光线平行于其中一个平面镜入射，经两次反射后，出射光线与另一平面镜平行，则两平面镜的夹角为多少？

4-2 人通过平面镜看到自己的全身像，则平面镜的高度为多少？

4-3 有一夹角为 35°的双平面反射镜系统，当光线以多大的入射角入射于一平面时，其反射光线再经另一平面镜反射后，将沿原光路反射射出？

4-4 一个系统由一透镜和一平面镜组成，如图 4-22 所示。平面镜 MN 与透镜光轴垂直，在透镜前方离平面镜 600 mm 处有一物体 AB，经透镜和平面镜后，所成虚像 $A''B''$ 与平面镜的距离为 150 mm，且像高为物高的一半，试计算透镜的位置和焦距，并画出光路图。

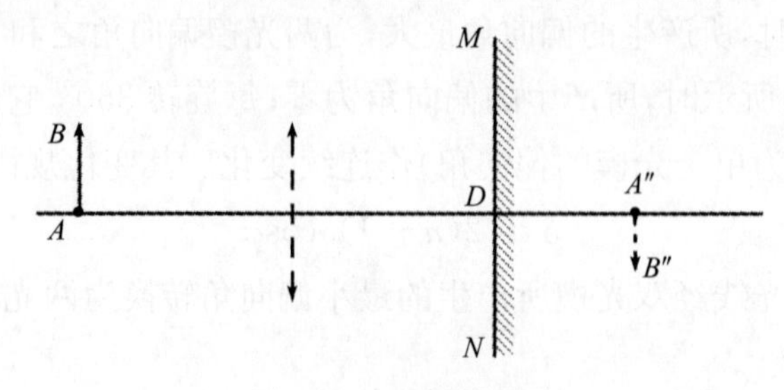

图 4-22 习题 4-4 图

4-5　在焦距为 1000 mm 的透镜物方焦点处有一目标，透镜前方有一平面镜，将目标的光线反射回透镜。现在透镜焦面上距目标 2 mm 的高度得到目标的像，则此时平面镜相对于垂直光轴方向的倾斜角是多少？

4-6　试判断如图 4-23 所示各棱镜或棱镜系统的转像情况，设输入为右手系，画出相应输出坐标系。

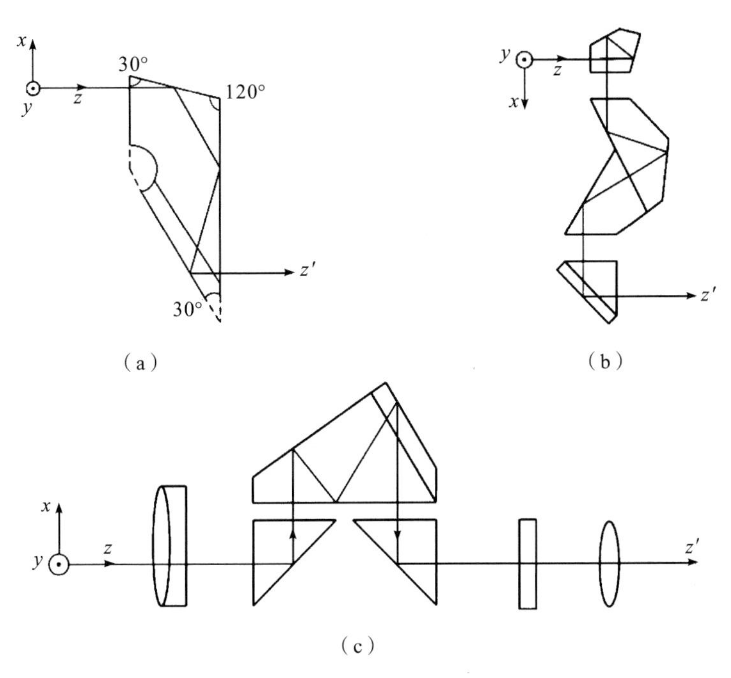

图 4-23　习题 4-6 图

4-7　如图 4-24 所示，一物镜的像面与之相距 150 mm，若在物镜后置一厚度 $d=60$ mm，折射率 $n=1.5$ 的平行平板，求：

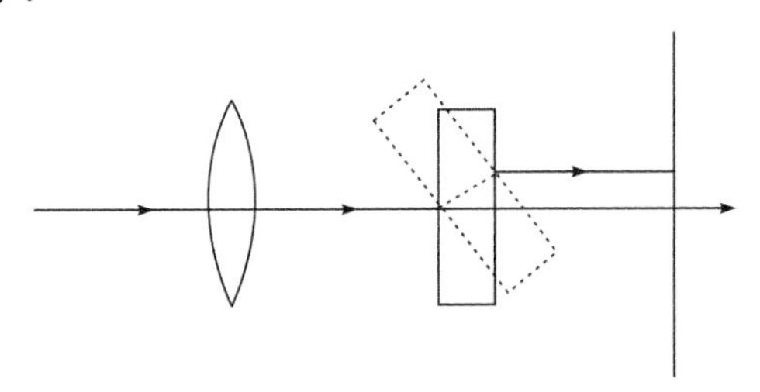

图 4-24　习题 4-7 图

(1)像面位置变化的方向和大小；

(2)若使光轴向上、向下各偏移 5 mm，平板应正转、反转多大的角度？

4-8　已知一棱镜的折射角 $\alpha=60°7'40''$，C 光的最小偏向角为 $\delta_{\min}=45°28'18''$，试求棱镜光学材料的折射率。

4-9　已知一光楔，$n_F=1.52196$，$n_C=1.5139$，要求出射光线 F 和 C 的夹角小于 $1'$，求光楔的顶角。

4-10　用焦距 $f'=450$ mm 的翻拍物镜拍摄文件，文件上压一块折射率 $n=1.5$，厚度 $d=15$ mm的玻璃平板，如果拍摄倍率 $\beta=-1^{\times}$，试求物镜物方主面到平板玻璃第一面的距离。

4-11　白光经过顶角 $\alpha=60°$ 的色散棱镜，$n=1.51$ 的色光处于最小偏向角。试求其最小偏向角的大小及 $n=1.52$ 的色光相对于 $n=1.51$ 的色光的夹角。

4-12　有一等边折射三棱镜，折射率 $n=1.5163$，求光线经过该棱镜的两个折射面折射后产生的最小偏向角和对应的入射角。

第5章　光学系统的光束限制

理想光学系统可以对任意大的物体范围以任意宽的光束进行完善成像，实际光学系统与理想光学系统不同，参与成像的光束宽度和成像范围都是有限的，其限制来自光学元件的尺寸大小。从光学设计的角度看，如何合理地选择成像光束是光学系统必须解决的问题。光学系统不同，对参与成像的光束位置和宽度要求也不同。

5.1　光阑及其分类

5.1.1　光阑分类

在光学系统中，对光束起限制作用的光学元件称为光阑，它们可能是光学系统中某一透镜的边框，也可能是专门设计的某种形状的光孔元件，如带有内孔的金属薄片。光阑一般垂直于光轴放置，并与整个系统同轴，光阑的形状可以是圆形、正方形、长方形等。有些光阑的尺寸大小是可以调节的(即可变光阑)，例如人眼瞳孔就是光阑，瞳孔的大小随着外界明亮程度的不同而变化(第7章将专门介绍)，白天最小，瞳孔直径 D 约为 2 mm，晚上最大，D 可达 8 mm。

实际光学系统不可能无限大，进入系统的光线将受到光学元件有限通光口径的限制。任何一个光学系统对光束都包含两个基本限制，即对入射光束大小的限制和对成像范围的限制，光学系统中的光束限制状况反映了光学系统的某些重要性能。

根据各种光阑限制光束的目的，它们大体可以分为孔径光阑、视场光阑、渐晕光阑和消杂光光阑。

1. 孔径光阑

光学系统中用于限制成像光束大小的光阑，或限制进入系统的成像光束口径的光阑称为孔径光阑。这种光阑在任何光学系统中都存在，如照相机中的可调光圈就是该系统的孔径光阑。在光学系统中，描述成像光束大小的参量称为孔径，系统对近距离物体成像时，其孔径大小用孔径角 U 表示；对无限远物体成像时，孔径大小用孔径高度 h 表示，如图 5-1 所示。

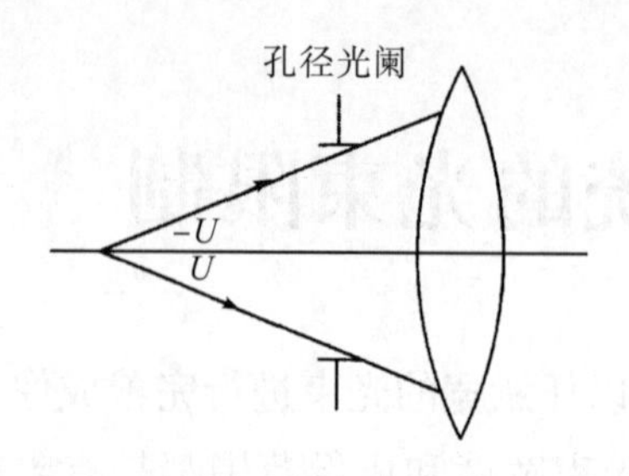

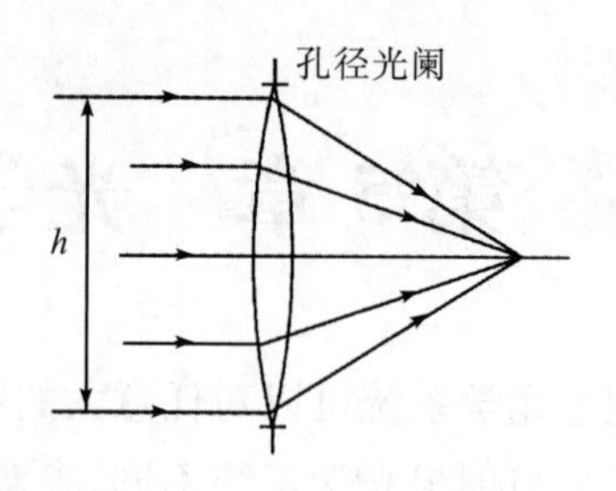

图 5-1 孔径光阑的孔径大小

2. 视场光阑

限制物平面或物空间能被光学系统成像的最大范围的光阑称为视场光阑，它决定了光学系统的视场。光学系统的成像范围是有限的，如照相系统中的感光元件框，限制被成像范围的大小；显微镜、望远镜中的分划板框，决定成像物体的大小。

光学系统中描述成像范围大小的参量称为视场，系统对近距离物体成像时，视场大小一般用物体的高度 y 表示(也称为线视场)；对远距离物体成像时，视场大小一般用视场角 ω 来表示(也称为角视场)，如图 5-2 所示。

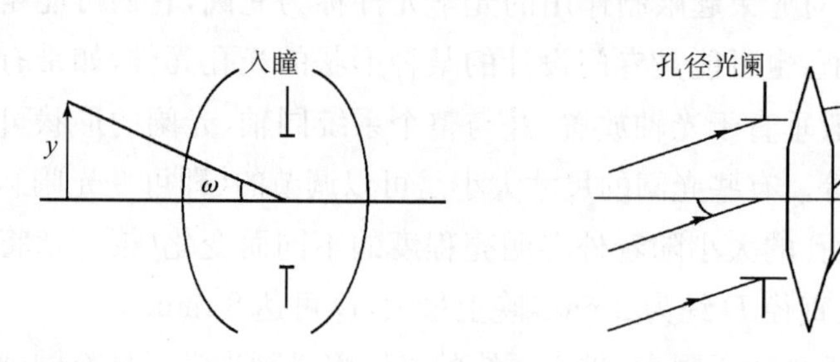

图 5-2 视场光阑的视场大小

3. 渐晕光阑

轴外光束被拦截的现象称为渐晕，能够产生渐晕的光阑(遮挡了部分轴外光束的光阑)叫作渐晕光阑。有的系统产生渐晕是客观的必然结果，而有的系统是出于某种需要而特意设置的，它使轴外物点通过系统的光束小于轴上物点，其主要目的是：①改善轴外点的成像质量；②减小部分光学元件的横向尺寸。一般来说，对于一个给定的光学系统，渐晕光阑可以有多个。

4. 消杂光光阑

消杂光光阑用来限制一些非成像光线，这些光线常常是镜头表面、金属表面以及镜筒内壁反射或散射所产生的杂散光，它们通过系统后将在像面上产生杂光背景或噪声，破坏像的对比度和清晰度。

尽管有上述多种目的的光束限制，但对于任何一种光学系统，都必须具备两种最基本的光束限制，即对成像光束大小的限制和对成像范围大小的限制。因此，孔径光阑和视场光阑在光学系统中是不可缺少的。在光学系统的计算中，需要根据光学系统所要求的最大视场和最大孔径来设计孔径光阑、视场光阑以及光学系统中各个元件的横向尺寸，也可以反过来由光学系统各元件的大小来确定系统的孔径光阑和视场光阑，并计算光学系统所能获得的最大孔径和最大视场。

5.1.2　光束限制的共轭原则

对于一个光学系统，任意一条光线在物方和像方都有对应的共轭光线。如果把构成光学系统的某个元件也看作一个“物”，那么这个“物”被系统的其他元件成像，也将在系统的物方和像方分别获得对应的共轭“像”。如果一条光线在传播过程中受到某元件的限制，那么根据共轭关系可知，在任意空间该光线也会被该器件的共轭“像”所限制，其效果在任意空间都是等价的。这就是光束限制的共轭原理。

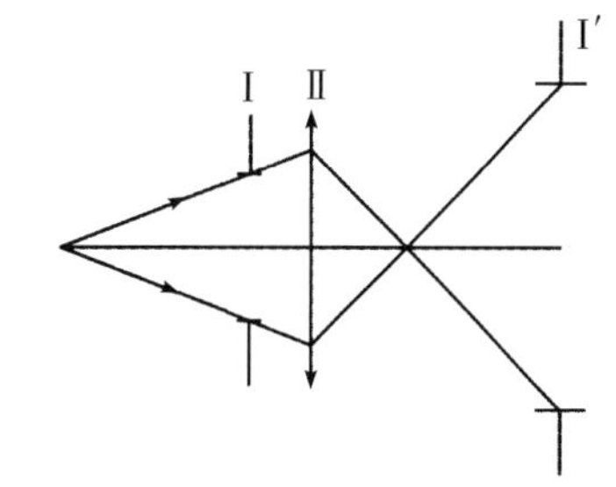

图 5-3　光束限制的共轭原理

如图 5-3 所示，系统由一个光孔和一个透镜组成，即光孔Ⅰ和透镜Ⅱ。图中Ⅰ′是光孔Ⅰ被透镜Ⅱ在系统像方所成的共轭“像”，即Ⅰ与Ⅰ′是经透镜Ⅱ的一对共轭“物像”。光孔Ⅰ对物方光线的限制与其“像”Ⅰ′对像方光线的限制是等价的，因此，可以在任意空间来判断这一光学元件对光束的限制情况。

5.2　孔径光阑、入瞳和出瞳

5.2.1　孔径光阑及其判断

光学系统的所有元件都有有限的通光口径，究竟哪个元件的口径限制了轴上物点进入系统的最大光束呢？另外，如果希望通过光学系统的光束大小达到要求值，那么应该如何确定孔径光阑的尺寸大小呢？要解答这些问题，需要在光学系统众多的光学元件中判别孔径光阑，同时对成像光束的大小进行计算。

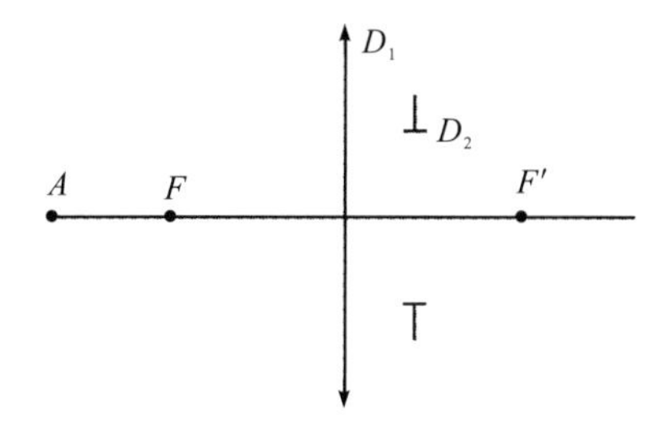

图 5-4　孔径光阑的判断

下面介绍一个光学系统中孔径光阑的判断方法。根据光束限制的共轭原则，将系统的所有元件都成像在同一介质空间，这样方便直接比较各器件对光束的限制状况，并判断系统的孔径光阑及计算孔径的大小。由于物方空间可以直接连接物点，因此经常取共同的空间为物空间。如图 5-4 所示，一光学系统由一个透镜

D_1 和一个光孔 D_2 构成，判断哪一个光学元件是孔径光阑的具体步骤如下：

(1)首先求出所有的通光元件在系统物方的共轭“像”(位置及大小)。即对每一个元件从右到左，由像空间对其左方的所有成像元件进行成像，得到所有元件在物方空间的共轭“像”。在本例中，将 D_1、D_2 在物方求“像”。由于 D_1 前面无成像透镜，它在物方的共轭像就是其本身，D_2 对 D_1 成像于 D_2'(其作图法可参照理想光学系统由像求物的作图方法)，如图 5-5 所示。

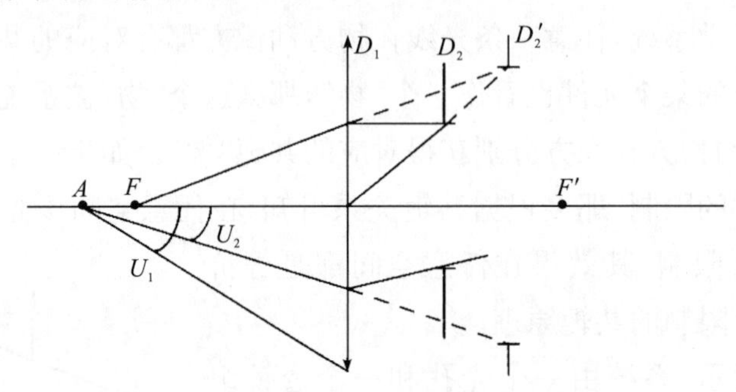

图 5-5　用作图法判断孔径光阑

(2)在物空间确定各元件允许通过光束的最大孔径角(当物在无限远处时，确定所允许通过光束的最大高度)。即由给定的轴上物点以不同的孔径角去连接各个元件在物方的共轭“像”边缘，这些孔径角代表各器件对轴上物点限制的最大光束。如图 5-5 所示，由物点 A 连接 D_1、D_2'的边缘，得出其张角分别为 U_1、U_2。

(3)比较孔径角，其中最小孔径角所对应的元件(物在无限远处时孔径高度最小)，就是系统的孔径光阑。比较得出 $U_2<U_1$，所以光孔 D_2 为该光学系统的孔径光阑。该系统的最大孔径为 U_2。

应当指出，光学系统的孔径光阑只是对确定的物体位置而言，如果物体位置发生变化，原来的孔径光阑有可能失去限制作用而被其他元件代替，孔径光阑的所属将发生变化。

用作图法一般不太容易得出一个光学系统的孔径光阑，要求出一个光学系统的孔径光阑，通常需要经过计算得出各元件在物方的共轭像的位置和大小。

例 5-1　如图 5-6 所示，L_1，L_2 是两个直径相等的正薄透镜，A 为物点，P 是位于两透镜之间的光孔。已知透镜的焦距 $f_1'=20$ mm，$f_2'=10$ mm，物距 $l_1=-100$ mm，间距 $d_1=40$ mm，$d_2=20$ mm，直径 $D_1=D_2=6$ mm，$D_P=2$ mm，求此系统的孔径光阑。

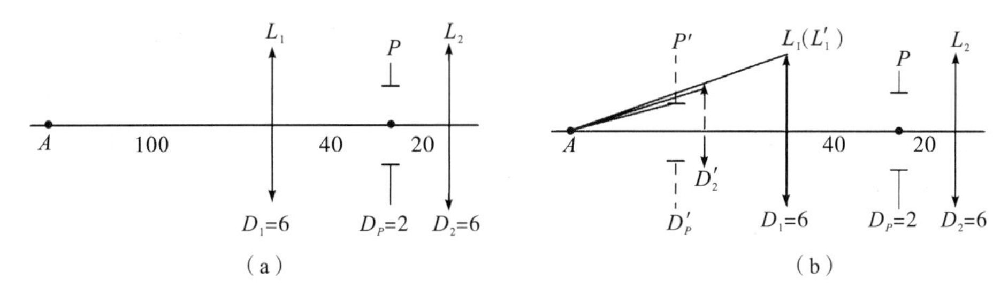

图 5-6　例 5-1 图

解　求出所有光学元件在物空间的像。为此，将整个系统翻转 180°，首先，光孔 P 经透镜 L_1 成像：

$$\frac{1}{l'}-\frac{1}{-40}=\frac{1}{20}\Rightarrow l'=40\ \text{mm}$$

$$\beta=\frac{l'}{l}=\frac{40}{-40}=-1\Rightarrow D'_P=|\beta|D_P=2\ \text{mm}$$

表示直径大小可以不考虑符号。

再将透镜 L_2 对透镜 L_1 成像：

$$\frac{1}{l'}-\frac{1}{-60}=\frac{1}{20}\Rightarrow l'=30\ \text{mm}$$

$$\beta=\frac{l'}{l}=\frac{30}{-60}=-\frac{1}{2}\Rightarrow D'_2=|\beta|D_2=3\ \text{mm}$$

透镜 L_1 本身处在物空间，不必成像。将上述所有成像结果再转回 180°，得到图 5-6(b)。

由物点 A 向所有物空间的元件像边缘作连线，比较边缘光线与光轴所形成的角度。

$$\tan u_1=\frac{\frac{D_1}{2}}{100}=\frac{\frac{6}{2}}{100}=0.03$$

$$\tan u_2=\frac{\frac{D'_2}{2}}{100-30}=\frac{\frac{3}{2}}{70}=0.021$$

$$\tan u_P=\frac{\frac{D'_P}{2}}{100-40}=\frac{\frac{2}{2}}{60}=0.0167$$

比较以上三个孔径角，有 $u_P<u_2<u_1$，所以得出光孔 P 为孔径光阑。

5.2.2　入瞳和出瞳

孔径光阑经其前面的透镜或透镜组在光学系统物空间所成的像称为入射光瞳，简称“入瞳”。入瞳决定了物方最大孔径角的大小，是所有入射光束的入口。

孔径光阑经其后面的透镜或透镜组在光学系统像空间所成的像称为出射光

瞳,简称“出瞳”。出瞳决定了像方孔径角的大小,是所有出射光束的出口。

孔径光阑、入瞳和出瞳三者互为共轭关系,它们对光束的限制是等价的。根据光束限制的共轭原则,入瞳相当于在整个系统的物方对光束进行限制,而出瞳相当于在整个系统的像方对光束进行限制。在图 5-7 中,光孔 P 为孔径光阑,光孔 P 经 L_1 所成的像为入瞳,光孔 P 经 L_2 所成的像为出瞳。孔径光阑(或入瞳、出瞳)的位置在有些光学系统中有特殊要求。例如,与眼睛配合使用的目视仪器,人眼瞳孔起着限制光束的作用。因此,光学系统的出瞳和人眼瞳孔在位置上必须重合,大小也应匹配合适。如果光学系统的出瞳和人眼瞳孔不重合,那么从系统出射的光束将部分甚至全部不能被眼睛接收,无法达到良好的观察效果。

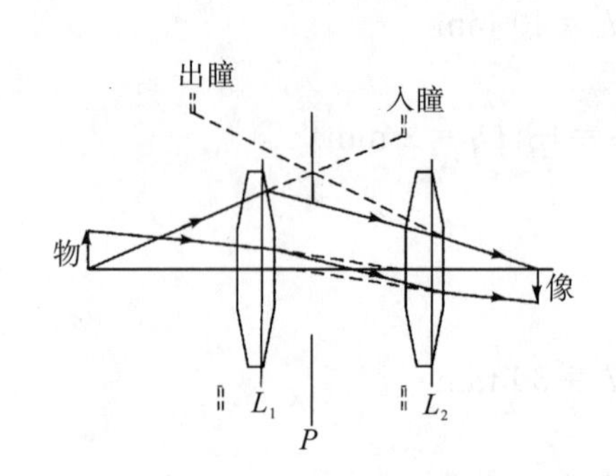

图 5-7 入瞳和出瞳

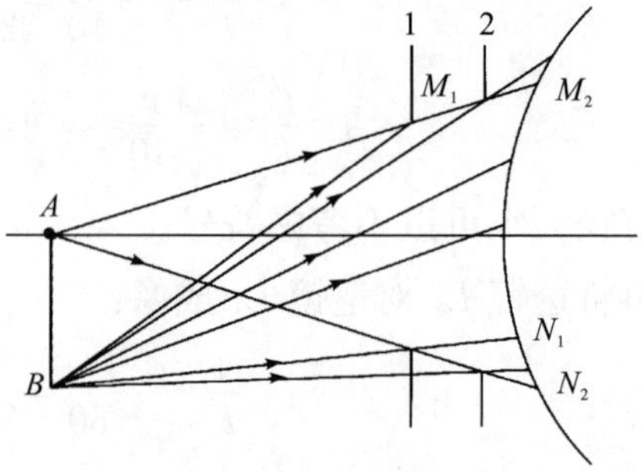

图 5-8 入瞳位置对轴外成像光束的影响

对于轴外物点发出的同心光束而言,当入瞳位置不同时,参与成像的光束也不同,利用这一性质可以选择成像质量好的光束来确定入瞳位置。如图 5-8 所示,当入瞳位于位置 1 时,轴外物点 B 以光束 BM_1N_1 成像;当入瞳位于位置 2 时,轴外物点 B 以光束 BM_2N_2 成像,通过设定光阑(入瞳)位置,把成像质量差的光线拦在外面。

5.3 视场光阑、入窗和出窗

5.3.1 视场光阑

视场大小的度量有两种方式:

1. 线视场

当物体在有限远处时,习惯用物高 y(或像高 y')表示视场,称为线视场。度量线视场时,若视场光阑为圆形,则用直径来度量;若视场光阑为矩形,则用对角线长度来表示。

2. 视场角

当物体在无限远处时,习惯用视场角 2ω(或 $2\omega'$)来表示视场,视场角遵循符号规则。物面上不同点的视场角也不同。很多情况下，视场也用半视场角 ω（或 ω'）来表示。

5.3.2　入窗和出窗

视场光阑经其前面的光组在物空间所成的像称为入射窗，简称“入窗”；视场光阑经后面的光组在像空间所成的像称为出射窗，简称“出窗”。

视场光阑、入窗和出窗三者之间互为共轭关系，它们对光束的限制是等价的，也可以将出窗看作入窗经光学系统所成的像。这与孔径光阑、入瞳和出瞳三者之间的共轭关系类似。

5.3.3　视场光阑、入窗和出窗的判定

视场光阑、入窗和出窗可以利用以下两种方法进行判定：

（1）将光学系统中所有的光学元件的通光口径分别对其前面的光学元件成像到系统的物空间去，并根据各像的位置及大小求出它们对入瞳中心的张角，其中张角最小者为入窗，入窗对应的物即为视场光阑。视场光阑对其后面的光学元件所成的像即为出窗。

（2）将光学系统中所有的光学元件的通光口径分别对其后面的光学元件成像到系统的像空间去，并根据各像的位置及大小求出它们对入瞳中心的张角，其中张角最小者为出窗，出窗对应的物即为视场光阑。视场光阑对其前面的光学元件所成的像即为入窗。

5.3.4　视场光阑的设置原则及视场大小的计算

1. 视场光阑的设置原则

光学系统中视场光阑的位置是固定的，其设置原则是：尽量使入窗与物平面重合或像平面与出窗重合，这是不产生渐晕的必要条件。视场光阑总是设置在系统的物平面、实像平面或中间实像平面，如投影仪、放映机的视场光阑设置在物平面上，照相机的视场光阑设置在实像平面上，显微镜、望远镜的视场光阑则设置在中间实像平面上。视场光阑的大小分别为物面大小或像面大小。典型光学系统的视场光阑设置如图 5-9 所示。

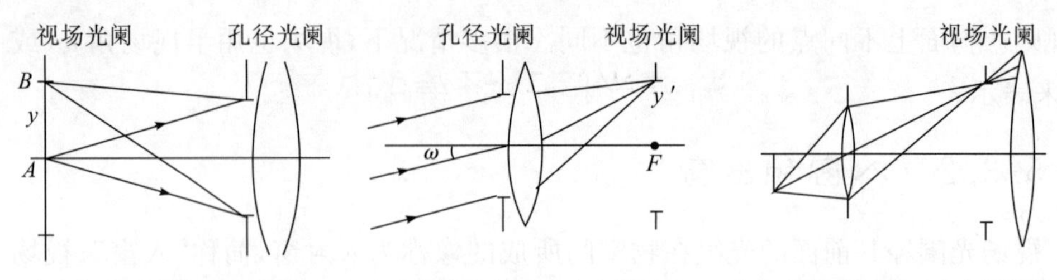

（a）视场光阑设置在物平面　（b）视场光阑设置在实像平面　（c）视场光阑设置在中间实像平面

图 5-9　视场光阑设置在物平面、实像平面或中间实像平面

2. 视场大小的计算

光学系统的视场可以用物方和像方的对应参数来描述，一般用物方对应参数来描述。根据视场光阑的不同位置，分以下两种情况来计算物方视场的范围。

(1)视场光阑与像面重合。当视场光阑与像面重合时，视场光阑的口径就是像的大小，即 $y'=\frac{D_{视}}{2}$，由此可得物方视场为

$$y=\frac{y'}{\beta}\text{（物在有限远处，}\beta\text{ 为系统的放大率）} \tag{5-1}$$

$$\tan\omega=\frac{y'}{f'}\text{（物在无限远处，}f'\text{ 为系统的焦距）} \tag{5-2}$$

视场光阑与中间实像平面重合时的计算方法与此类似，这时的 β 或 f' 为中间实像平面的前部分系统的参数。

(2)视场光阑与物面重合。当视场光阑与物面重合时（物体在有限远处），视场光阑的大小就是物的大小，可以直接由视场光阑得到物方视场，即

$$y=\frac{D_{视}}{2} \tag{5-3}$$

$$\tan\omega=\frac{y}{l-l_z} \tag{5-4}$$

式(5-4)中，l 为物距，l_z 为入瞳距。

例 5-2　一照相物镜焦距 $f'=50$ mm，底片尺寸为 24 mm×36 mm，求该照相机的最大视场角，并判断视场光阑位于何处。

解　照相物镜的照相范围受底片框的限制，底片框就是视场光阑，位于物镜的像方焦平面上，如图 5-9(b)所示。根据视场角 ω 和理想像高 y' 的关系式(5-2)，得该照相机的视场角 ω 满足：

$$\tan\omega=\frac{y'}{f'}\text{（}y'\text{为底片对角线的 1/2）}$$

代入数据得：$\omega\approx 23.40°$，该照相机的最大视场角 $2\omega=46.80°$。

5.4　渐晕光阑及场镜的应用

5.4.1　渐晕及渐晕光阑

1. 渐晕的概念及渐晕光阑

在图 5-10 中，第一个透镜为孔径光阑和入射光瞳，轴上物点和轴外物点的光束都能通过该透镜，但是第二个透镜却将轴外部分光束挡住了，这种使轴外光束被限制的现象称为渐晕。

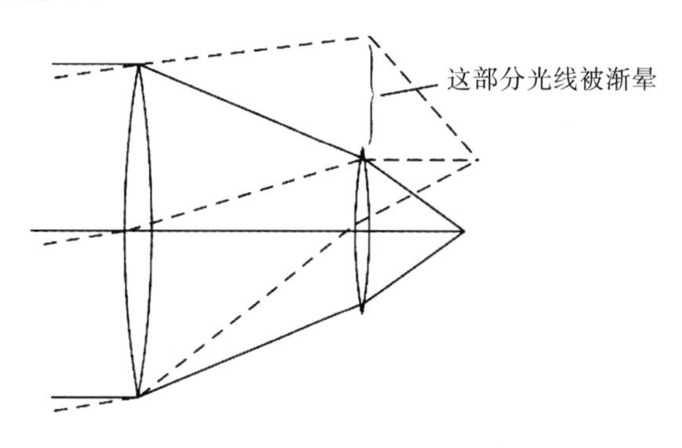

图 5-10　轴外部分光线被渐晕

引起渐晕的光阑称为渐晕光阑。在图 5-10 中，第二个透镜为渐晕光阑。因此，轴外点成像光束的孔径较轴上点成像光束的孔径要小，导致像面边缘部分比像面中心暗，光孔离孔径光阑越远，越易引起渐晕。渐晕光阑不是光学系统必需的，可以人为设置，系统中可以没有渐晕光阑，也可以有多个。

当视场光阑与物面或像面都不重合时，视场必然产生渐晕。由于渐晕的存在，使得像面照度下降，视场没有清晰的边界。

2. 渐晕系数

渐晕严重的程度用渐晕系数表示，如图 5-11 所示。

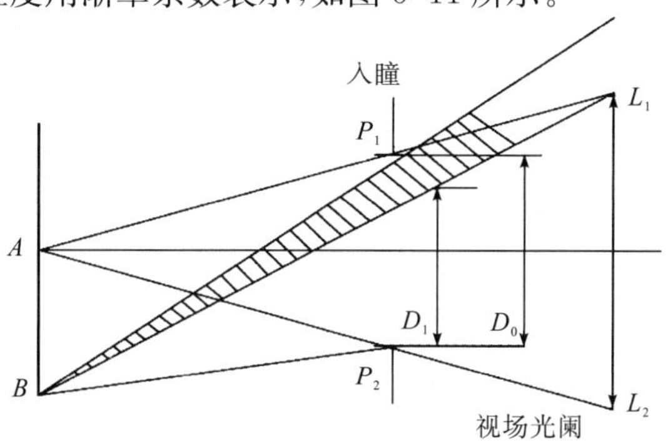

图 5-11　渐晕系数

线渐晕系数 K_ω 是指轴外物点通过光学系统的光束直径 D_ω 与轴上物点通过光学系统的光束直径 D_0 之比，即

$$K_\omega = \frac{D_\omega}{D_0} \tag{5-5}$$

面渐晕系数 K_S 是指轴外物点通过光学系统的光束面积 S 与轴上物点通过光学系统的光束面积 S_0 之比，即

$$K_S = \frac{S}{S_0} \tag{5-6}$$

实际上，渐晕现象是普遍存在的，用不着片面地消除渐晕。当视场边缘的物点以与轴上点相同孔径角的光束成像时，光束边缘部分的光线总偏离理想光路较远，像差难以校正。因此，常常有意识地减小离孔径光阑最远的透镜的直径，拦截这些危害像质的光线。一般系统允许有 50%的渐晕（拦一半），甚至 30%的渐晕（拦一半多）也是有的。只要入窗（决定了物方视场的大小）与物平面重合或出窗与像平面重合，就可以消除渐晕。

渐晕光阑不是光学系统必需的，有的时候也可以有多个，通常都是为了减小透镜尺寸而使视场产生渐晕。例如图 5-12 所示的望远系统，视场光阑设置在中间实像面上起限制视场作用，但其后的目镜为了适当地减小尺寸，将边缘视场的部分光束拦截在系统之外而产生渐晕。

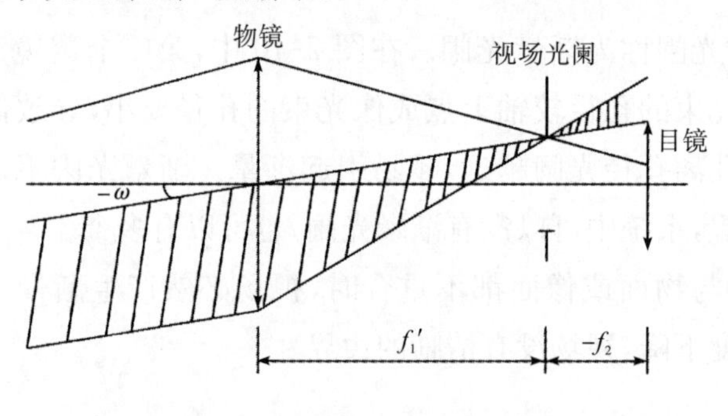

图 5-12 望远系统中的渐晕

5.4.2 场镜及其应用

如果光学系统既不能把透镜的口径做得过大，也不允许有渐晕，通常需要采用场镜。场镜就是在系统的中间像面或其附近加入的正透镜，场镜能够改变成像光束的位置，而不影响系统的光学特性。

如图 5-13(a)所示，如果希望系统的光学特性不变，即在物镜和目镜焦距不变的条件下，把出射光束在目镜上的投射高度降低一些，使目镜的口径减小，可以在像平面上加一个正透镜来实现这一目的。如图 5-13(b)所示，可以看到场镜的加入并不会影响系统的光学特性。因为场镜和物镜所成的像重合，即物镜所成的像

正好位于场镜的主平面上，通过它以后所成的像和原来像的大小相等，所以场镜的加入不会影响系统的成像特性，但场镜可以降低轴外物点光线射向目镜的高度。

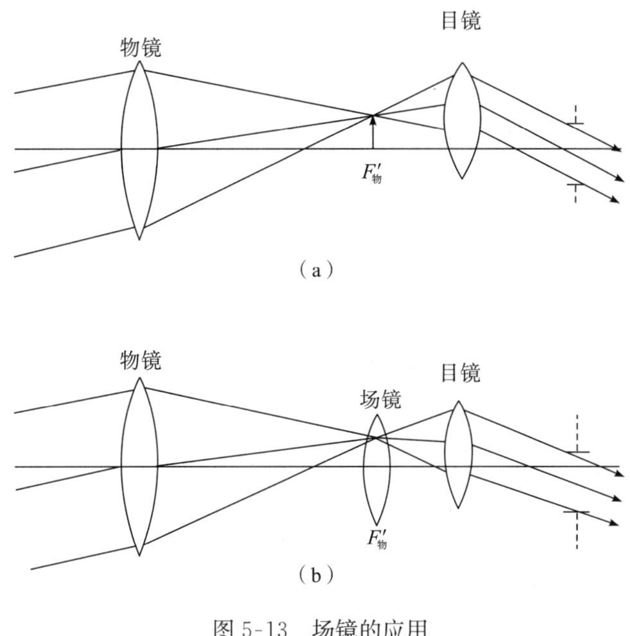

图 5-13　场镜的应用

5.5　光学系统的景深和焦深

5.5.1　光学系统的景深

1. 光学系统的空间像

理想光学系统的共线成像理论表明，物空间的每一平面，在像空间有且只有一个和它对应的像平面。例如，用于照相制版的物镜和电影放映的物镜属于这一类光学系统。然而，在实际生活中，许多光学系统是把空间一定深度的景物成像在某一平面上，例如，照相底片平面上得到的是有一定空间深度的景物像。

如图 5-14 所示，A'为像平面，称为景像平面。在物空间与景像平面 A' 相共轭的物平面 A 称为对准平面。对准平面上的物点在景像平面上得到的是点像，而对准平面之外的物点在景像平面上得到的是一定大小的弥散斑。当弥散斑小于一定限度时，仍可认为其是清晰的。那么在物空间多大的深度范围内的物体能在景像平面上成清晰像呢？

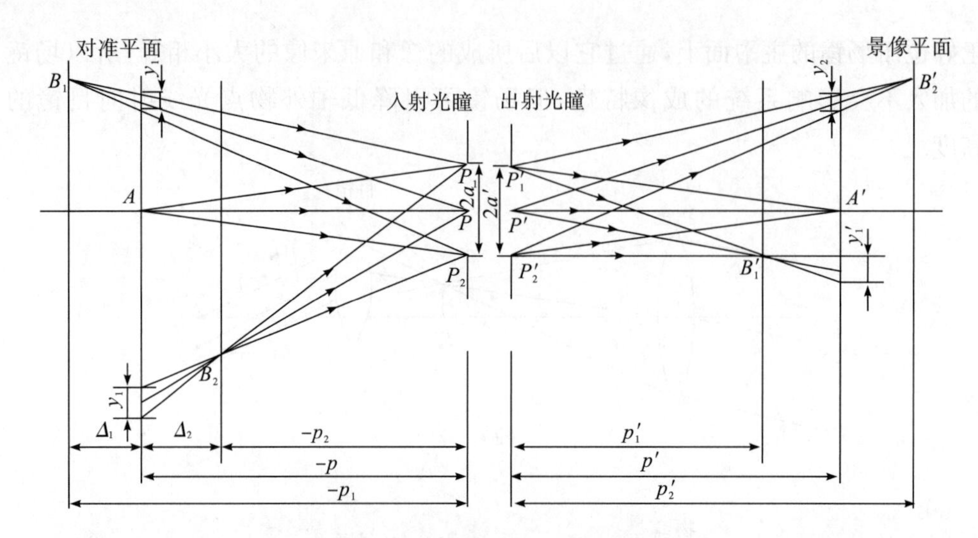

图 5-14 光学系统的景深

在图 5-14 中，B_1 和 B_2 分别为对准平面前、后的两个空间物点，它们的共轭像点 B_1' 和 B_2' 均不在景像平面上，在景像平面上得到的是光束 $P_1'B_1'P_2'$ 和 $P_1'B_2'P_2'$ 在景像平面上所截的弥散斑，即理想像点 B_1' 和 B_2' 在景像平面上的投影像。B_1' 的投影像与光束 $P_1B_1P_2$ 在对准平面上的截面相共轭，B_2' 的投影像与光束 $P_1B_2P_2$ 在对准平面上的截面相共轭。显然，景像平面上所截的弥散斑的大小与光学系统入射光瞳的大小及空间物点到对准平面的距离有关。当弥散斑对人眼的张角小于人眼的极限分辨角时，B_1 和 B_2 在景像平面上被认为是清晰成像的。

2. 光学系统的景深

在景像平面上能成清晰像的物方空间深度范围称为景深，用 Δ 表示。能在景像平面上成清晰像的最远物面称为远景平面，能成清晰像的最近物面称为近景平面，所以景深就是指远景平面与近景平面之间的距离。远景平面到对准平面的距离称为远景深度，用 Δ_1 表示；近景平面到对准平面的距离称为近景深度，用 Δ_2 表示。所以景深 Δ 是远景深度 Δ_1 和近景深度 Δ_2 之和，即 $\Delta=\Delta_1+\Delta_2$。

设在物空间中，对准平面、远景平面和近景平面到入瞳 P 的距离分别为 p、p_1 和 p_2，在像空间中，它们相应的共轭面到出瞳 P' 的距离分别为 p'、p_1' 和 p_2'；设景像平面和对准平面上的弥散斑直径分别为 y_1'、y_2' 和 y_1、y_2，因为景像平面和对准平面共轭，假设景像平面相对于对准平面的垂轴放大率为 β，则它们之间满足关系

$$y_1'=\beta y_1, y_2'=\beta y_2$$

利用图 5-14 中相似三角形关系可以得到

$$\frac{y_1}{2a}=\frac{p_1-p}{p_1}, \frac{y_2}{2a}=\frac{p-p_2}{p_2}$$

由此可得

$$y_1=2a\frac{p_1-p}{p_1}, y_2=2a\frac{p-p_2}{p_2} \tag{5-7}$$

景像平面上弥散斑的大小为

$$y_1' = 2\alpha\beta \frac{p_1 - p}{p_1}, y_2' = 2\alpha\beta \frac{p - p_2}{p_2} \tag{5-8}$$

由式(5-8)可知,景像平面上弥散斑的大小除了与入瞳直径 $2a$ 有关外,还与 p、p_1 和 p_2 有关。

假设景像平面上能成清晰像时允许弥散斑最大为 y',则景像平面上 y_1'、y_2'应满足

$$|y_1'| = |y_2'| \leqslant y' \tag{5-9}$$

将式(5-8)代入式(5-9),可得

$$p_1 = \frac{2ap|\beta|}{2a|\beta| - y'}, p_2 = \frac{2ap|\beta|}{2a|\beta| + y'} \tag{5-10}$$

于是可以得到远景景深、近景景深和景深分别为

$$\Delta_1 = p - p_1 = \frac{py'}{y' - 2a|\beta|} \tag{5-11}$$

$$\Delta_2 = p_2 - p = \frac{-py'}{y' + 2a|\beta|} \tag{5-12}$$

$$\Delta = \Delta_1 + \Delta_2 = \frac{4apy'|\beta|}{y'^2 - 4a^2|\beta|^2} \tag{5-13}$$

式(5-11)、式(5-12)和式(5-13)中 y'的大小由接收器的分辨率决定。根据式(5-13)可知:当 y'确定后,景深的大小与入瞳的直径 $2a$、对准平面的距离 p 以及系统的垂轴放大率 β(或系统的焦距 f')有关。景深随入瞳直径 $2a$ 的增大而减小,随对准平面距离$|p|$的增大而增大,随垂轴放大率 β(或系统的焦距 f')的增大而减小。同时,比较式(5-11)和式(5-12)可知:远景深度 Δ_1 大于近景深度 Δ_2,远景平面与近景平面并非对称于对准平面。

5.5.2　光学系统的焦深

在光学系统的成像中,如果一个平面物体垂直于光轴,则接收器不仅可以在其共轭像面上得到物体的清晰像,在共轭像面的前后也可以获得清晰像。在图 5-15 中,A 与 A'是共轭物像面上的一对共轭物像点,当接收器在 A'前后的一定空间深度内接收到的成像光束为一个足够小的弥散斑时,可认为是清晰像,即一个平面物体对应着一个有一定深度的清晰像空间,我们把能够获得清晰像的像方空间深度称为焦深。下面通过图 5-15 来计算光学系统的焦深。

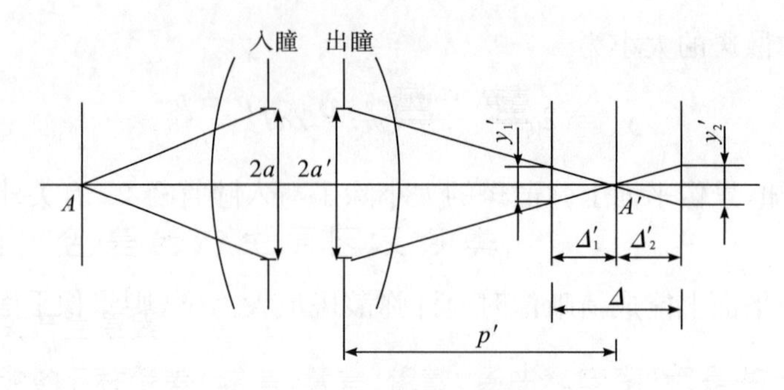

图 5-15　光学系统的焦深

设光学系统的出瞳直径为 $2a'$，出瞳到平面物体的共轭像面的距离为 p'，成清晰像时弥散斑的大小为 y'，即共轭像面的前后像面上弥散斑的大小满足 $y'_1=y'_2=y'$，利用相似三角形的关系可得

$$\frac{2a'}{y'}=\frac{p'}{\Delta'_1}=\frac{p'}{\Delta'_2} \tag{5-14}$$

所以光学系统的焦深为

$$\Delta'=\Delta'_1+\Delta'_2=\frac{p'y'}{a'} \tag{5-15}$$

从式(5-15)中可知：当接收器的分辨率 y' 确定后，焦深的大小 Δ' 与系统的出瞳直径 $2a'$ 及共轭像面的位置 p' 有关。

由于焦深的存在，在对光学系统进行调焦时，很难将接收器的位置准确定位在理想像面上，即不可避免地会产生调焦误差，通常这是测量光学系统的重要误差源之一。

光学系统存在景深和焦深，主要有两方面的原因：一是孔径光阑对光束的限制；二是接收器的分辨率有限。

习题 5

5-1　在一个光学系统中，根据光阑对光束的限制作用的目的不同，可以将光阑分为哪几种类型？它们在光学系统中所起的作用分别是什么？

5-2　在一个光学系统中，分别用作图法和解析法求出光学系统孔径光阑的位置和大小。

5-3　设照相物镜的焦距等于 100 mm，底片的尺寸为 60 mm×60 mm，求该照相物镜的最大视场角。

5-4　一个焦距 $f'=100$ mm 的透镜与一个在其后方相隔 20 mm 的光孔组成的系统对无限远处物体成像。设透镜的口径为 $D_1=15$ mm，光孔的口径为 $D_2=10$ mm。

(1)判断光学系统的孔径光阑。

(2)分别计算系统的入瞳和出瞳的位置和大小。

(3)分别计算光线从左到右入射与从右到左入射时的系统相对孔径。

5-5　有一个由两个薄透镜组成的双光组组合系统，透镜 1 的焦距 $f_1'=100$ mm，透镜 2 的焦距 $f_2'=50$ mm，两透镜的间距 $d=50$ mm，两透镜的通光口径 $D_1=D_2=50$ mm，物体位于距透镜 1 前面 50 mm 处，用作图法求出光学系统的孔径光阑、入瞳和出瞳的位置与大小。

5-6　已知正薄透镜 L_1 和 L_2，焦距分别为 $f_1'=90$ mm 和 $f_2'=30$ mm，口径分别为 $D_1=60$ mm 和 $D_2=40$ mm，相距 50 mm。在两透镜之间距离 L_2 2 mm 处放置一直径 $D_3=10$ mm 的圆光孔，实物点位于 L_1 前 120 mm 处。求系统的孔径光阑、入瞳和出瞳的位置与大小。

5-7　有一焦距 $f'=140$ mm 的薄透镜，通光直径 $D=40$ mm，在镜组前 50 mm 处有一直径为 20 mm 的圆孔。问：实物处于什么范围时，圆孔为入射光瞳？处于什么范围时，镜组本身为入射光瞳？对于无穷远处物体，镜组无渐晕成像的视场角和渐晕一半时的视场角各为多少？

5-8　已知放大镜的焦距 $f'=25$ mm，通光口径 $D_1=25$ mm，人眼的瞳孔 $D_2=2$ mm，位于放大镜后 10 mm 处，物体位于放大镜前 23 mm 处，求：

(1)该系统的孔径光阑、入瞳和出瞳；

(2)人眼通过放大镜所看到的最大物面范围。

5-9　什么是光学系统的景深？光学系统为什么存在着景深？影响光学系统景深的因素有哪些？照相机为了取得大的景深，往往取大光圈指数，为什么？

5-10　什么是光学系统的焦深？影响光学系统焦深的因素有哪些？

5-11　简述在一个光学系统中如何找到光学系统的视场光阑，在确定视场光阑后如何根据确定渐晕系数得到光学系统的视场。

第 6 章　像差概论

实际光学系统与理想光学系统不同，实际光学系统只有在孔径和视场非常小的情况下才能完善成像，而实际光学系统都是以一定宽度的光束对一定大小的物体进行成像，即实际光学系统的孔径和视场都有一定大小，因此，实际光学系统不可能对物体成完善像。实际光学系统物空间的一个物点发出光线经实际光学系统后，不再会聚于像空间的一点，而是一个弥散斑；垂轴平面的物体经过实际光学系统后，其像面不再是垂轴平面像，而是发生像面弯曲；此外，不同波长光源之间也会产生成像差异。光学系统的实际像与理想像之间的差异称为像差。

光学系统的像差通常采用几何像差来描述，几何像差包括单色像差和色差。单色光经过实际光学系统成像会产生 5 种性质不同的单色像差，分别是球差、彗差、像散、场曲和畸变；不同波长的光经过实际光学系统后，成像位置和大小都会产生差异，即会产生位置色差和倍率色差。几何像差的分类如图 6-1 所示。

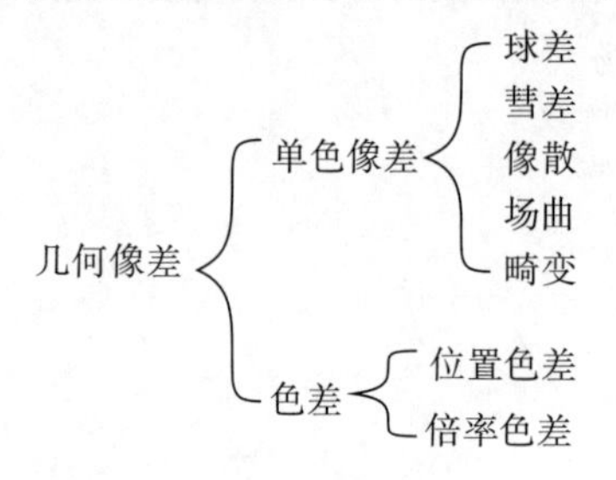

图 6-1　几何像差

本章就上述几何像差的定义、成因、计算方法和它们对系统的影响及危害等进行讨论，并简单分析影响几何像差的相关因素和减小各种几何像差的方法。

6.1　轴上点球差

6.1.1　球差及其产生原因

由第 2 章实际光学系统的成像公式可知，当轴上物点的物距 L 确定，并以宽光束孔径成像时，其像方截距 L' 随物方孔径角 U（或孔径高度 h）的变化而变化，即轴上物点发出的具有一定孔径的同心光束，经光学系统成像后不再为同心光束，如图 6-2 所示。

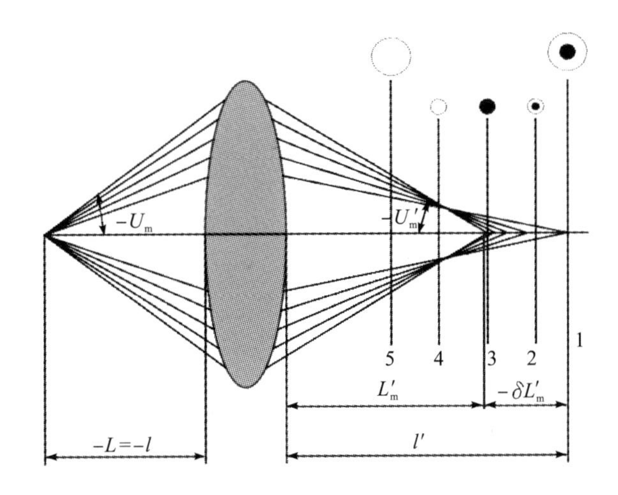

图 6-2　光学系统的球差

物点以很小的孔径角成像得到的是近轴区域的理想像点(像距 l')，而近轴区域以外任意孔径角 U 的成像光线将偏离理想像点，与光轴相交的截距为 L'。我们把轴上物点以某一孔径角 U 成像时，其像方截距 L' 与近轴区成像时的像距 l' 之差称为轴上点球差，用 $\delta L'$ 表示，即

$$\delta L' = L' - l' \tag{6-1}$$

由于该球差沿轴向度量，故又称为轴向球差。显然，以不同孔径角 U(或孔径高度 h)入射的光线有不同的轴向球差值。如果轴上物点以最大孔径角 U_m 成像，则其球差称为边缘光球差，用 $\delta L_m'$ 表示(图 6-2)，即

$$\delta L_m' = L_m' - l' \tag{6-2}$$

如果以孔径角 $U=0.707\,U_m$ 成像，则相应的球差称为 0.707 带球差，用 $\delta L_{0.707}'$ 表示，即

$$\delta L_{0.707}' = L_{0.707}' - l' \tag{6-3}$$

以此类推。

共轴球面光学系统具有轴对称性，孔径角为 U 的整个圆形光锥面上的光线都具有相同的球差而交于同一点，延伸至理想像面上，将形成一个圆，其半径称为垂轴球差，用 δ_T' 表示。由几何关系可知，垂轴球差 δ_T' 与轴向球差 $\delta L'$ 之间的关系为

$$\delta_T' = \delta L' \tan U' \tag{6-4}$$

6.1.2　单折射球面的齐明点

对于单个折射球面，有以下三种情况是不产生球差的：

(1)当物点位于球面的球心时，利用折射球面成像公式可得 $L'=L=r$，即像点与物点重合，也位于球心，此时垂轴放大率为 $\beta=\frac{nL'}{n'L}=\frac{n}{n'}$。

(2)物点位于球面顶点，即$L=0$，此时不论U角如何，均有$L'=0$，即像点也位于顶点，此时垂轴放大率为$\beta=1$。

(3)物点$L=\frac{(n+n')r}{n}$位置处。此时对于任意孔径角，有$I'=U$或$I=U'$，利用第2章实际光线成像时的光路计算公式，可得像点位于$L'=\frac{(n+n')r}{n'}$处，如图6-3所示，此时垂轴放大率为$\beta=\frac{nL'}{n'L}=\frac{n^2}{n'^2}$。

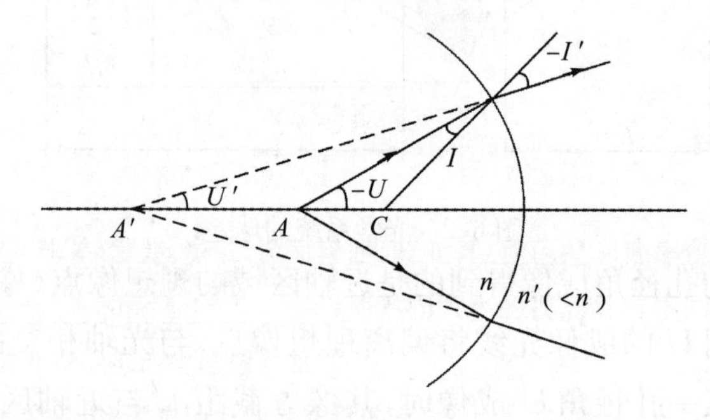

图6-3 单折射球面的一对齐明点

以上三对不产生球差的物像共轭点称为齐明点，利用第一对和第三对齐明点位置可以制作无球差的齐明透镜，图6-4所示为正、负齐明透镜。物体经过齐明透镜成像不产生球差，但由于透镜的折射作用，却使出射光束的孔径角变小了，对轴上点不引进像差，这样有利于后续系统的球差校正。

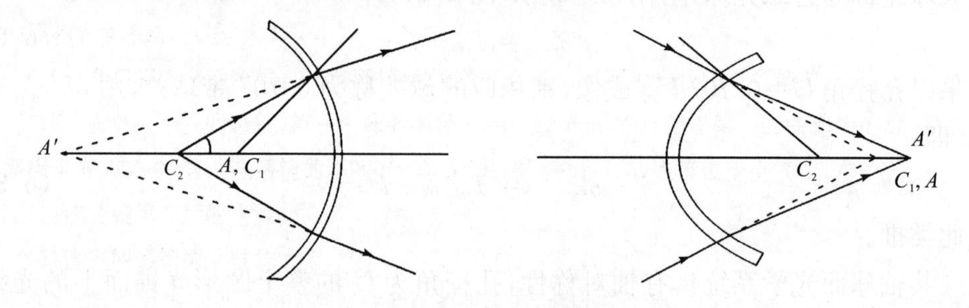

图6-4 正、负齐明透镜

例6-1 已知物距$L_1=-40$ mm，正透镜厚度$d=3$ mm，$n=1.5163$，设物体位于第一面的球心，试求齐明透镜的两个球面的半径和像距。

解 依题意得：第一球面属于第一对齐明点，所以其半径为

$$r_1=L_1=-40\text{ mm}$$

利用折射成像公式得

$$L_1'=L_1=-40\text{ mm}$$

第二球面属于第三对齐明点，所以

$$L_2=\frac{1+n}{n}r_2=L_1'-d=-43\text{ mm}$$

把 $n=1.5163$ 代入上式，解得

$$r_2=-25.91\ \text{mm},\ L_2'=\frac{1+n}{1}r_2=-65.20\ \text{mm}$$

6.1.3　单透镜的球差与球差的校正

1. 单透镜的球差

尽管齐明透镜可以不产生球差，但对物体位置有特殊要求，而且也不能使实物成实像，因此，在一般情况下，单透镜必然产生球差。

(1)将单透镜看成由无数个不同楔角的光楔组成，则由光楔的偏向角公式 $\delta=(n-1)\alpha$ 可知，对于单正透镜，边光偏向角大于靠近光轴光线的偏向角，产生负球差；对于单负透镜，边光偏向角小于靠近光轴光线的偏向角，产生正球差。球面越弯曲，球差越大，图 6-5 给出了正、负透镜对光线的偏折情况。

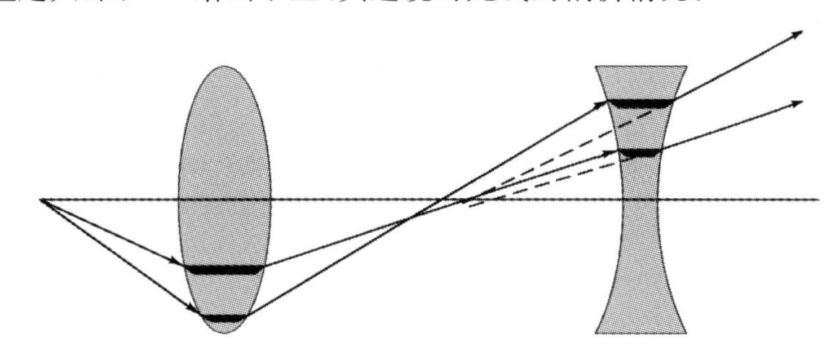

图 6-5　正、负透镜对光线的偏折情况

(2)由球差的形成原因可以得知，当光线入射时，球面越弯曲，光线的入射角就越大，球差也越大。对于单薄透镜，光焦度可表示为

$$\varphi=\frac{1}{f'}=(n-1)(\rho_1-\rho_2)$$

从上式可以知道，在保证光焦度不变的情况下，提高透镜的折射率能减小透镜表面的曲率差，增大球面的曲率半径，减小球差。因此，选择高折射率的材料有利于单透镜减小球差。

(3)在材料选定后，要使透镜的光焦度保持不变，只需 $\rho_1-\rho_2$ 的大小保持不变；即如果 ρ_1 改变，ρ_2 也要相应地改变，使得透镜的形状发生改变。或者说，同一光焦度的透镜可以有不同的形状。这种保持焦距不变而改变透镜形状的做法，称为透镜弯曲。图 6-6 给出了物体位于无限远处时，正、负透镜在不同形状下的球差变化曲线。从正、负透镜的球差变化曲线可以看出，两种透镜都存在一个球差最小的形状，称为透镜最优形状。对无限远处的物体，正透镜最优形状接近凸平状态，负透镜最优形状接近凹平状态。应当指出，透镜的最优形状是和物体的位置有关的，因此，在使用单透镜成像时，应尽可能采用给定物体位置的最优形状的

透镜，以使球差尽可能小。

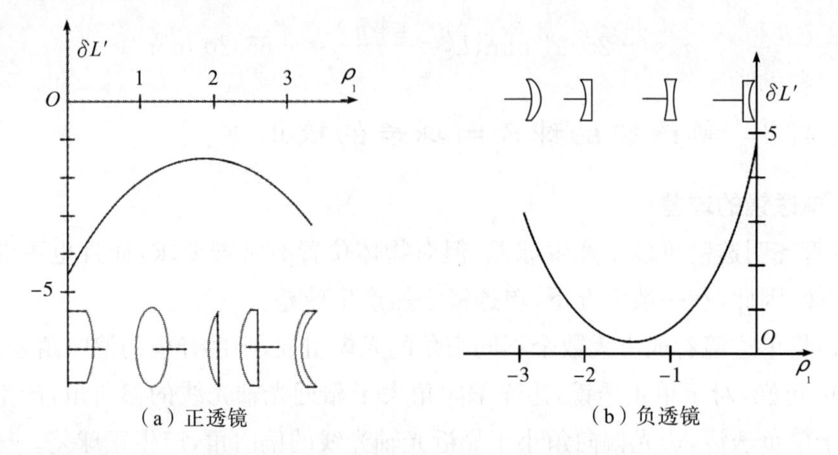

图 6-6　球差随透镜形状的变化关系曲线

2. 球差的校正

(1)加光阑，选择光束孔径角较小的光束。球差是轴上点像差，具有关于光轴对称的性质；同时，球差是光束孔径角 U(或入射高度 h)的函数，光束孔径角(或入射高度 h)越大，球差也越大。因此，可以通过加光阑的方法选择光束孔径角较小的光束，达到减小球差的目的。

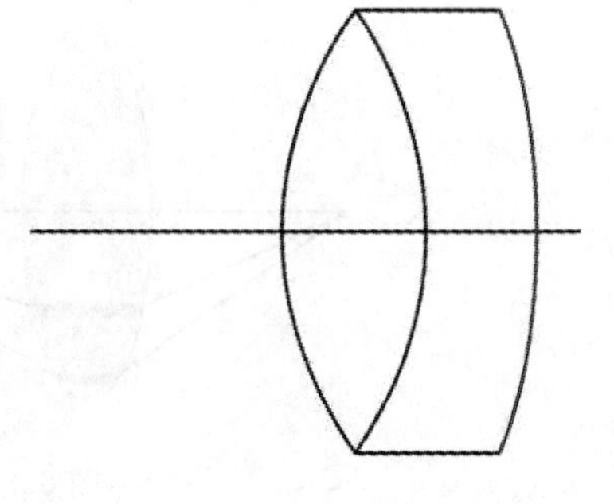

图 6-7　双胶合透镜

(2)正、负透镜组合。从图 6-6 中可以看到，正透镜产生负球差，负透镜产生正球差。单透镜无法自身校正球差，如果采用正、负透镜的组合，则可以减小球差或消除球差，最简单的形式有双胶合透镜，如图 6-7 所示。

(3)采用非球面透镜(如菲涅耳螺纹透镜)。

6.2 彗　差

6.2.1　彗差的形成

当物点位于共轴光学系统的光轴上时，光轴就是整个光束的对称轴，球差也对称于光轴。当物点位于光轴之外时，如图 6-8 所示，光轴不再是系统的对称轴，如物点 B 发出的光束不再存在对称轴线，而只存在一个对称面，这个对称面就是通过物点 B 和光轴的平面，称为子午面。从物点 B 发出的通过入瞳中心 z 的光线是主光线，因此，子午面也就是由主光线和光轴决定的平面。通过主光线和子午面垂直的平面称为弧矢面。如图 6-9 所示，对单折射球面而言，轴外物点 B 可以看作辅助光轴上的一个轴上点，B 点发出通过入瞳上、下边缘和中心的三条子午光线 a、b 和 z，过轴外物点 B 和折射球面球心 C 作辅助光轴(在图中用虚线表示)。对辅助光轴 BC 而言，a、b 和 z 三条光线相当于从轴上物点 B 发出的三条不同孔径角的光线，由于折射球面存在球差，球差随孔径角的变化而变化，所以这三条光线经球面后将交于辅助光轴上不同的点，三条光线不能交于一点，即经过折射球面前对主光线对称的 a、b 光线，经球面折射后，a'、b' 对主光线 z' 失去了对称性。a'、b' 光线的交点到主光线 z' 的垂直距离称为子午彗差。

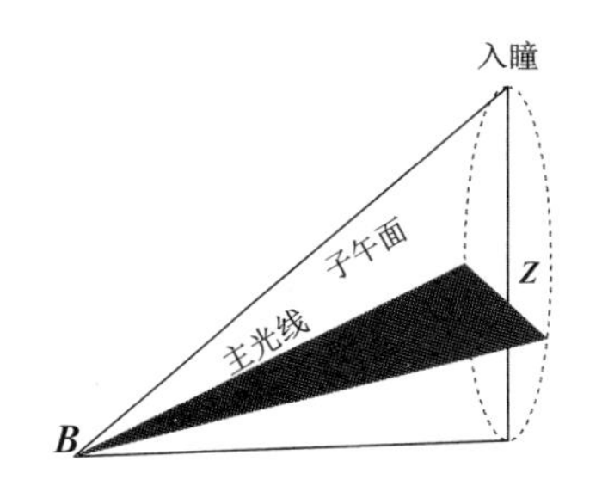

图 6-8　轴外点宽光束成像

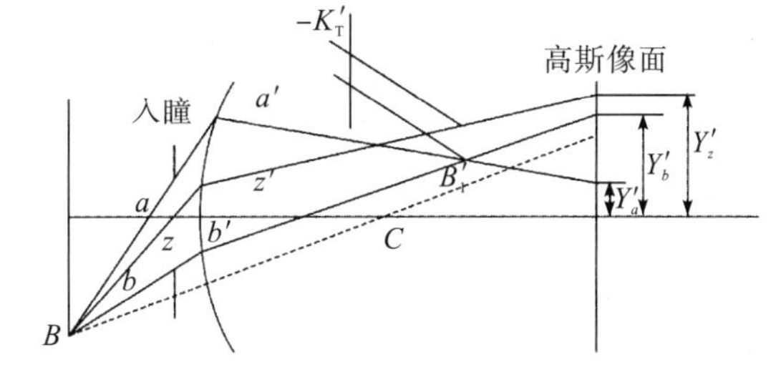

图 6-9　子午慧差

再看弧矢面的情况，图 6-10 所示为物点 B 以弧矢光线成像的立体图。弧矢面内有一对前、后光线 c、d，入射前相对于主光线是对称的，同时也对称于子午面；出射后，折射光线 c'、d' 依然对称于子午面，但不再对称于主光线。因此，交点虽然在子午面内，却不交于主光线上。这是因为弧矢光线与主光线的折射情况不同，主光线在子午面内折射，而弧矢光线不在子午面内折射，所以它们虽相交在子午面内，但并没有交在主光线上。这就使得这对光线出射后不再关于主光线对称，它们的交点到主光线的垂直距离称为弧矢彗差，用 K'_s 表示。

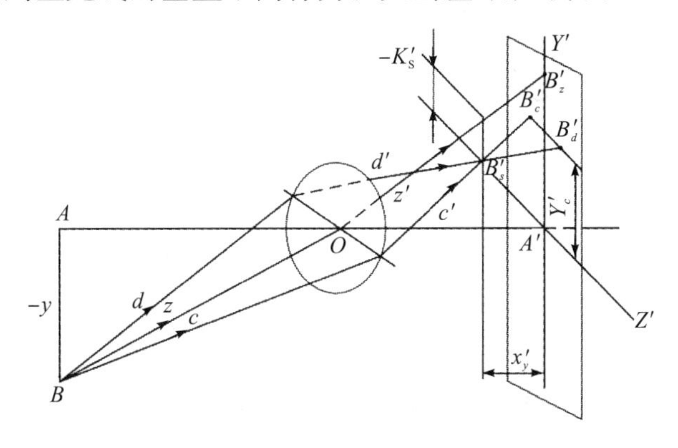

图 6-10　弧矢慧差

球差是光轴上物点以宽光束成像时所产生的像差，当物点从轴上移到轴外时，轴外物点以宽光束成像时产生的像差称为彗差。彗差是由轴外物点以宽光束成像时折射光线失对称而产生的，因此，彗差是轴外物点所产生的一种单色像差。

由于彗差的存在，轴外物点的像成为一弥散斑，而且弥散斑不再对主光线对称，主光线偏到了弥散斑的一边，即轴外物点在理想像面上形成的像点是如同彗星状的光斑。图 6-11 所示为纯彗差时的弥散斑几何图形。靠近主光线的细光束交于主光线形成一亮点，而远离主光线的不同孔径的光线束形成的像点是远离主光线的不同圆环。在主光线和像面的交点处积聚的能量最多，也最亮，其他位置的能量渐次下降，逐渐变暗，所以整个弥散斑成了一个以主光线和像面交点为顶点的锥形弥散斑，其形状好像拖着尾巴的彗星，因此得名“彗差”。

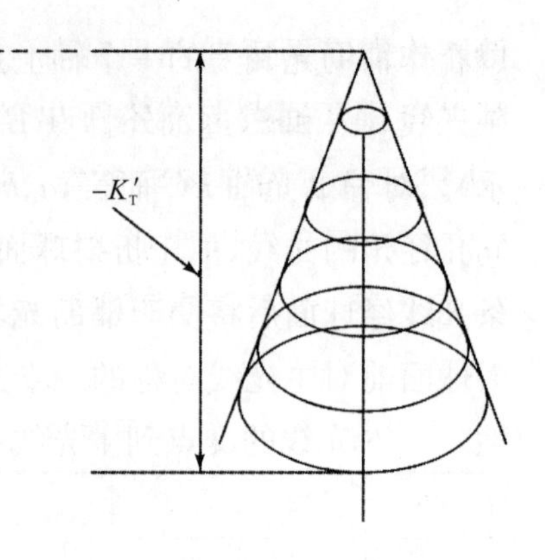

图 6-11　有慧差的弥散斑

6.2.2　彗差的计算

对于光轴上的物点，它发出的光束是关于光轴对称分布的，不需要分子午面和弧矢面进行讨论，但对于轴外物点发出的光束在子午面和弧矢面内的分布情况则不一样，所以要分析轴外物点的成像情况，必须按子午面和弧矢面分别进行讨论。

下面以单折射球面为例来计算两种彗差。在图 6-9 中，折射光线 a'、b' 的交点 B_1' 相对于主光线在垂直光轴方向上偏离的距离称为子午彗差，用 K_T' 来表示。K_T' 的符号以主光线为界，交点在主光线之上为正，在主光线之下为负，图 6-9 中为负值，该值的大小反映了光束在子午面内的失对称的程度。

为了计算上的方便，把光线 a'、b' 延伸至像面，上下光线对应的交点高度取为它们在像面上的各自交点的高度 Y_a' 和 Y_b' 的平均值，主光线在像面上的高度用 Y_z' 表示，则子午彗差的数学定义为 K'_T，可表示为式(6-5)。

$$K'_T = \frac{1}{2}(Y'_a + Y'_b) - Y'_z \tag{6-5}$$

在弧矢面内，弧矢面前、后光线 c'、d' 的交点 B'_S 到主光线的垂轴距离称为弧矢彗差，记为 K'_S。K'_S 的符号同样以主光线为界，B'_S 在主光线之上为正，在主光线之下为负。为了计算上的方便，弧矢彗差也是在理想像面上进行度量，折射光线 c'、d' 在理想像面上的高度相等，即 $Y_c' = Y_d'$，以 Y_z' 表示主光线 z' 在理想像面上的高度，则弧矢彗差为

$$K'_S = Y'_c - Y'_z = Y'_d - Y'_z \tag{6-6}$$

6.2.3　彗差的校正

彗差是由于轴外点以宽光束成像时，其主光线与球面对称轴不重合而由折射

球面的球差引起的。根据慧差产生的原因,校正慧差有以下几种方法:

(1)因彗差和孔径有关,所以适当减小光阑直径,选择孔径较小的光束成像,可以在一定程度上减小彗差。

(2)如果将入瞳设在球心处,则通过入瞳中心的主光线与辅助光轴重合,此时轴外点同轴上点一样,入射、出射的上下光线均对称于辅助光轴,此时球面不产生彗差,如图6-12所示。入瞳离球心越远,失对称现象会越严重,彗差也就越大。因此,设计光学系统时,常通过将光阑设置在合适的位置来减小彗差,如光学设计中的同心原则,使透镜各面尽量弯向孔径光阑,就是为了使主光线偏离辅助光轴的程度尽可能减小,以减小彗差。

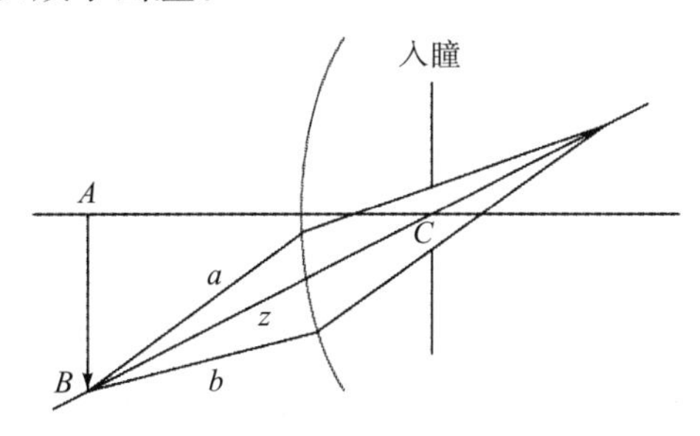

图6-12 入瞳设在球心处不产生彗差

(3)从彗差的定义可以看出彗差是垂轴像差,所以当系统结构完全对称时,孔径光阑位于系统中央的对称式光学系统,当物像垂轴放大率$\beta=-1$时,光学系统的所有垂轴像差自动校正,因为此时对称于孔径光阑的前部和后部光学系统所产生的彗差大小相等,符号相反,相互补偿。

6.3 细光束像散

6.3.1 细光束像散的产生

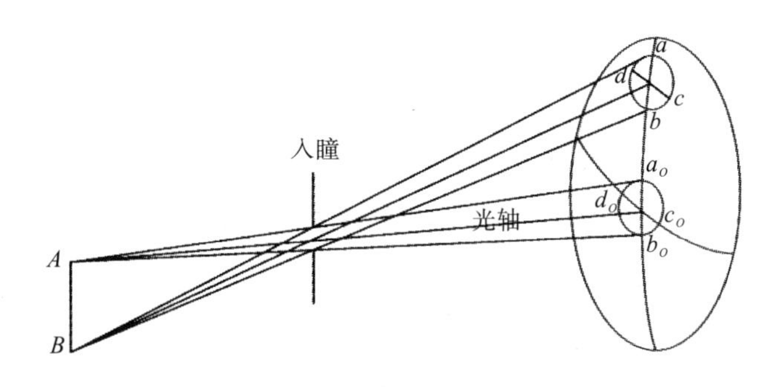

图6-13 轴外细光束成像

像散也是一种轴外像差，与彗差不同，它是描述无限细光束成像缺陷的一种像差。当轴外物点发出的细光束通过入瞳进入系统时，宽光束上下光线之间的失对称现象将被忽略，慧差也不会对细光束有大的影响。但是，光束各截面之间仍然存在着失对称现象，且随着视场的增大而增大。从图 6-13 中可以看到，轴外 B 点发出细光束与球面相交的曲面轮廓显然已不是一个回转对称的形状，它在不同截面方向上有不同的相交长度，并在子午和弧矢这两个相互垂直的截面上表现出最大的长度差。正是这个差别使得轴外的一个物点以细光束成像时，被聚焦为子午和弧矢两个像，这种像差称为细光束像散。

6.3.2 细光束像散的度量

如图 6-13 所示，轴外物点 B 发出的细光束交于折射球面的上方，考察相交的小区域 $abcd$，在子午面上的光线以 ab 曲线段相交于球面，具有最大的长度，而在弧矢面上的光线以 cd 曲线段相交于球面，具有最小的长度。长度的差异使子午面和弧矢面上的光线在折射球面上的入射角不同，子午光线因入射角大而偏折得厉害，因此先于弧矢光线会聚，从而形成了先后会聚的两个极限位置。

在图 6-14 中，用 t' 表示子午细光束的像距，用 s' 表示弧矢细光束的像距，子午像点到弧矢像点都位于主光线上，通常将子午像距 t' 投影到光轴上得到 l'_t，将弧矢像距 s' 投影到光轴上得到 l'_s，子午像点和弧矢像点投影之间的距离即为像散，用符号 x'_{ts} 来表示，即

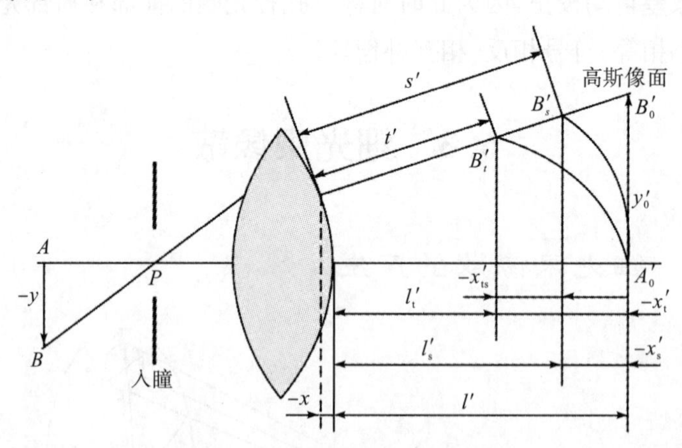

图 6-14 细光束成像时的像散

$$x'_{ts}=l'_t-l'_s \tag{6-7}$$

像散的存在使轴外物点细光束成像时分别在子午像面和弧矢像面上各有一次聚集，分别形成子午像和弧矢像。若将光束中每根光线按子午方位和弧矢方位分解，则其中子午分量将光束聚集在子午像面上，形成垂直于子午面的短焦线 T'，而弧矢分量将光束聚集在弧矢像面上，形成位于子午面内的短焦线 S'，在两

次聚集之间是连续的由线元→椭圆→圆→椭圆→线元的弥散斑变化，如图 6-15 所示。此时，如果用一个像屏来进行接收，令屏沿光轴前后移动，就会发现成像光束的像面形状变化很大。当像屏位于不同位置时，有时是很亮的短线，有时是椭圆，有时是圆，并且能量差异也很大。当是短线时，能量最为集中，而为其他形状时，能量相对弥散。垂直于子午面的短线为子午焦线，垂直于弧矢面的短线为弧矢焦线，二者之间的距离就是像散。

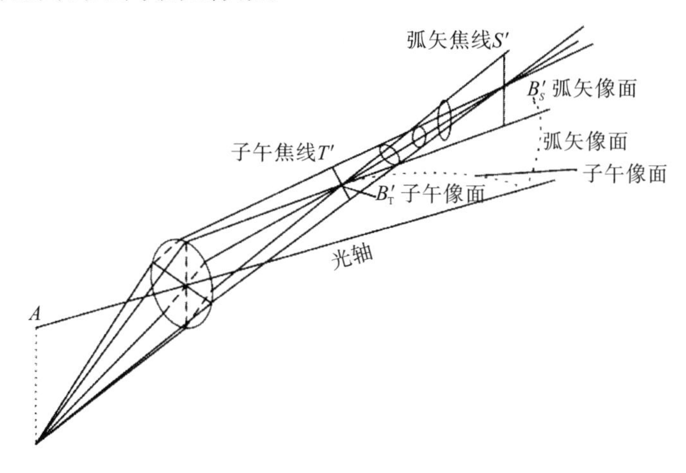

图 6-15　子午像点和弧矢像点

6.3.3　细光束像散对成像质量的影响及校正

1. 细光束像散对成像质量的影响

假设被成像的物体是一个正方形网格[如图 6-16(a)所示]，则经系统后，在子午像面上，水平方向上的网格线分量聚焦得很清晰，而垂直方向上的网格线分量看上去是模糊的，如图 6-16(c)所示。在弧矢像面上，垂直方向上的网格线分量被清晰聚焦，而水平方向上的网格线分量则显得模糊，如图 6-16(b)所示。因此，在有像散的情况下，接收器在像方找不到同时能让各个方向都清晰成像的像面位置。像散是物点偏离光轴时反映出来的一种像差，随着视场增大而迅速增大。因此，大视场的轴外点即使以细光束成像，也不会像轴上点那样成完善像，像散的存在使轴外像点变得模糊。

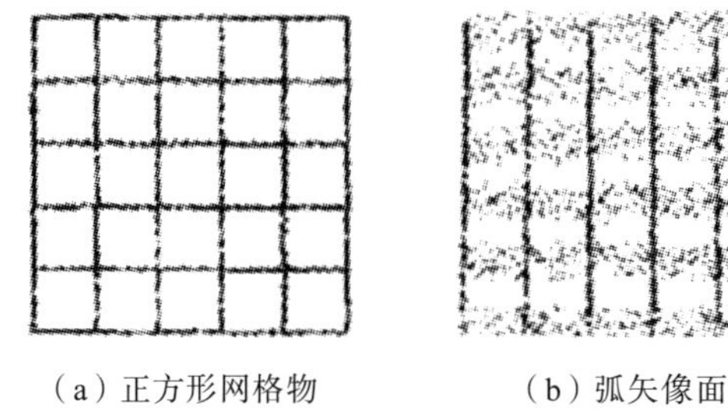
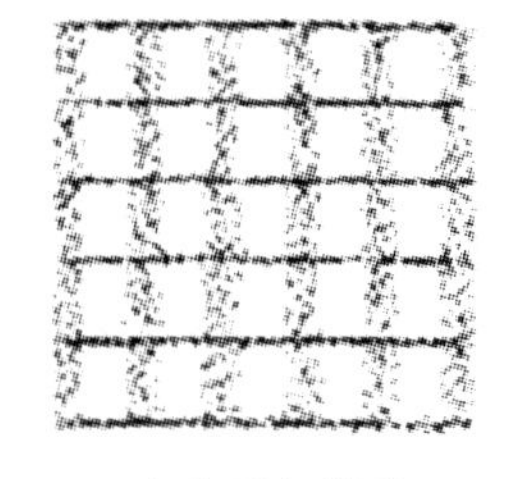

(a) 正方形网格物　(b) 弧矢像面　(c) 子午像面

图 6-16　子午像面到弧矢像面之间像元的变化

2. 细光束像散的校正

同彗差校正一样，如果将入瞳置于球面的球心处，那么，轴外点也同轴上点一样，整个细光束将对称于通过轴外物点的辅助光轴，光束的各个截面将具有相同的相交长度，折射后能够聚于同一点，此时像散必为 0。因此，移动光阑位置会对系统的像散产生重要的影响。一般来讲，折射球面的球心与光阑位于顶点的同一侧，主光线接近光阑中心，子午像和弧矢像的失对称程度较小，像散也较小。同彗差一样，光学系统若采用同心原则，球面弯向光阑比球心背向光阑引起的像散要小。

6.4 细光束场曲

6.4.1 细光束场曲的产生

在理想光学系统中，物面垂直于光轴，则像面也垂直于光轴。但在实际光学系统中成像时，由于像散的存在，垂轴平面物体成像并不能得到一个垂轴的平面像。在 6.3 节的讨论中，我们已经得出，像散的大小随视场而变，即物面上离光轴不同远近的各点在成像时，像散值各不相同，且子午像点和弧矢像点的位置也随视场而变化。因此，与物面上各点相对应的子午像点形成子午像面，与物面上各点相对应的弧矢像点形成弧矢像面，子午像面和弧矢像面均为曲面，即垂轴平面物体成像后形成子午像面和弧矢像面两个曲面。因轴上点无像散，两个曲面均相切于高斯像面的中心点，如图 6-14 所示。弯曲的像面偏离高斯像面的沿轴距离称为像面弯曲，简称“场曲”。

6.4.2 细光束场曲的计算

对于场曲，用弯曲像面与高斯像面的轴向距离来度量。对应地，子午像面为子午场曲，弧矢像面为弧矢场曲(如图 6-14 所示)。子午场曲和弧矢场曲分别用 x'_t 和 x'_s 表示，数学形式分别表示为

$$x'_t = l'_t - l' \tag{6-8}$$

$$x'_s = l'_s - l' \tag{6-9}$$

细光束场曲是关于视场的函数，所以当光学系统的视场角为零时，不存在场曲。由以上分析可知：像散和场曲是光学系统的两种不同的像差，两者既有联系，又有区别。由于像散的存在，必然会使像面发生弯曲；当像散为零时，子午像面和弧矢像面重合，但像面仍然不是平的，而是相切于高斯像面中的二次抛物面。

6.5　畸　变

理想光学系统的一对垂直于光轴的物像共轭平面的垂轴放大率 β 是常数，这保证了光学系统所成的像与物具有相似性。但实际光学系统只有在近轴区才具有这一性质，所以像与物的相似性必然遭到破坏，这种像相对于物的变形像差称为畸变。

6.5.1　绝对畸变和相对畸变

1. 绝对畸变

如图 6-17 所示，轴外物点 B 经过光学系统成像时，不管是宽光束还是细光束，都存在像差，即使是主光线，由于光线的入射角较大，它仍不能和理想的近轴光相一致。最终会导致主光线和高斯像面交点的高度不等于理想像高。我们把主光线在高斯像面的交点与高斯像点的高度差定义为系统的畸变。

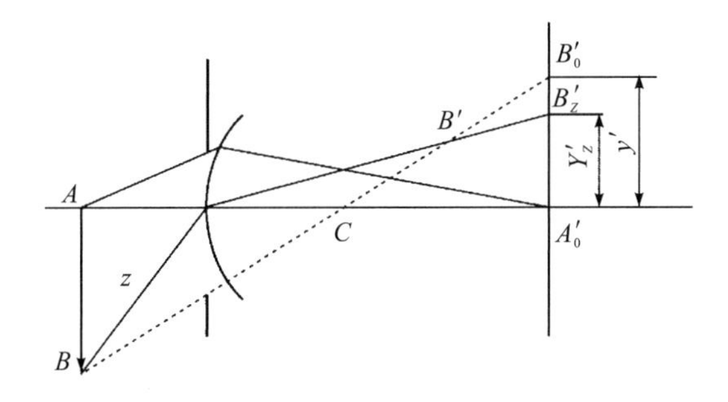

图 6-17　主光线畸变

不同视场的主光线通过光学系统后与高斯像面的交点高度 Y'_z 不等于理想像高 y'，主光线像点的高度与理想像点的高度之差称为系统的绝对畸变，也称为线畸变，用 $\delta Y'_z$ 表示。

$$\delta Y'_z = Y'_z - y' \tag{6-10}$$

2. 相对畸变

在光学设计中，常用相对畸变 q 来表示畸变的程度，相对畸变是指绝对畸变与理想像高之比，通常用百分比来表示，公式为

$$q = \frac{\delta Y'_z}{y'} \times 100\% = \frac{\bar{\beta} - \beta}{\beta} \times 100\% \tag{6-11}$$

式(6-11)中，$\bar{\beta}$ 为某视场的实际垂轴放大率，β 为光学系统的理想垂轴放大率。相对畸变代表直线像的弯曲度(线的长度除以弯曲半径)。可以证明相对畸变的 2 倍等于线像的弯曲度。当弯曲度小于 4%时，人眼感觉不出像的变形。

6.5.2 正畸变和负畸变

1. 正畸变(枕形畸变)

畸变是关于视场的函数,不同视场的实际垂轴放大率不同,如果光学系统的垂轴放大率随视场的增大而增大,则实际像高大于理想像高,这种畸变称为正畸变,如图 6-18 所示。如果物体为垂直于光轴的网格状平面物体,如图 6-18(a)所示,当经过具有正畸变的光学系统成像时,所成的像如图 6-18(b)所示,其形状似枕头,因此,这种畸变又称为枕形畸变。

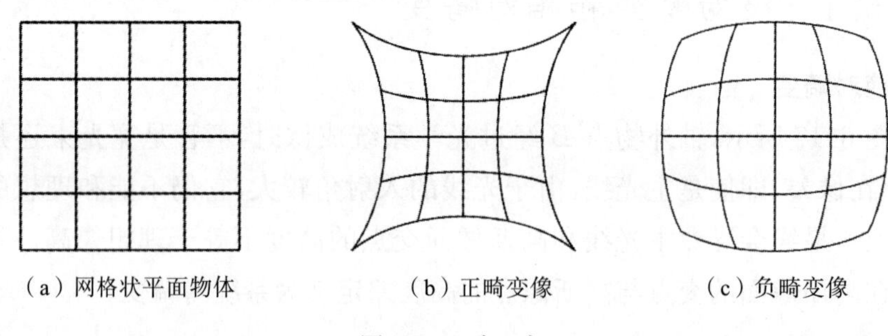

(a) 网格状平面物体 (b) 正畸变像 (c) 负畸变像

图 6-18 畸 变

2. 负畸变(桶形畸变)

如果光学系统的垂轴放大率随视场的增大而减小,则实际像高小于理想像高,这种畸变称为负畸变。垂直于光轴的网格状平面物体经过具有负畸变的光学系统成像时,所成的像如图 6-18(c)所示,其形状形似桶口,因此,这种畸变又称为桶形畸变。

6.5.3 畸变的校正

对于一些需要对像的大小进行精确测量的仪器(如照相制版物镜、航测摄影物镜等),畸变的存在会带来较大的测量误差,降低测量精度,因此必须严格校正。畸变反映的是主光线的像差,主光线的位置与光阑的位置有关,所以畸变与光阑的位置有关。如图 6-19所示,当孔径光阑位置发生改变时,轴外物点 B 的主光线与高斯像面交点的高度不同。当孔径光阑位于 a 处时,主光线为 1 和 $1'$,主光线与高斯像面交点的高度为 y'_1;当孔径光阑位于 b 处时,主光线为 2 和 $2'$,主光线与高斯像面交点的高度为 y'_2;当孔径光阑位于 c 处时,主光线为 3 和 $3'$,主光线与高斯像面交点的高度为 y'_3。即对于同一物点 B,当光阑位置变化时,光学系统的垂轴放大率随之变

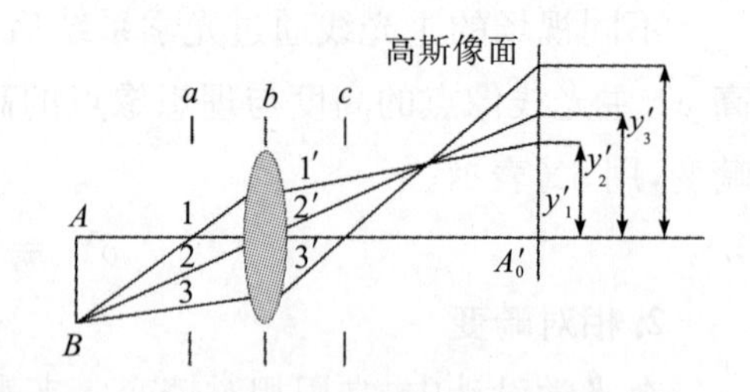

图 6-19 光阑位于不同位置时对成像的影响

化，所以可以通过调整光阑的位置来校正光学系统的畸变。下面分别讨论几种情况下畸变的校正。

(1)对于单个折射球面，如果将光阑设在球心处，如图 6-20 所示，主光线与辅轴重合且通过球心，因此，主光线与高斯像面的交点 B_z' 与理想像点 B_a' 重合，不产生畸变。

(2)对于单个薄透镜或薄透镜组，当其本身是孔径光阑，如图 6-21 所示，主光线通过薄透镜的主点(也是节点)时，沿理想光线出射，在高斯像面上实际像与理想像重合，不产生畸变。所以可以通过改变光阑位置使入瞳与光学系统的节点重合的方法来校正畸变。

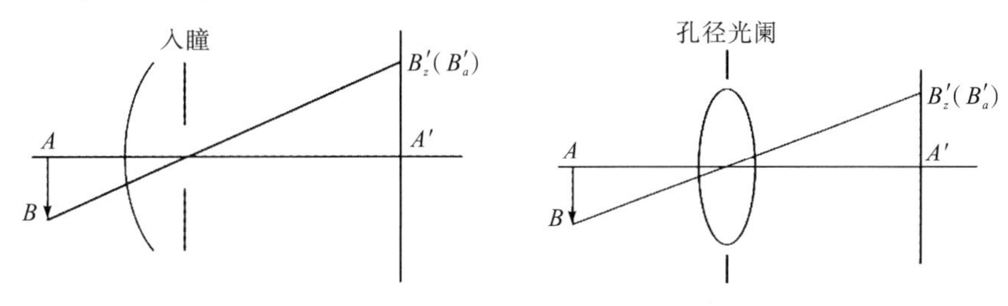

图 6-20　光阑设在球心处　　图 6-21　光阑设在透镜上

(3)采用 $\beta=-1$ 的对称光学系统校正畸变。如图 6-19 所示，当孔径光阑位于透镜的前方时，B 点的成像位置低于理想像点，产生负畸变；当孔径光阑位于透镜的后方时，B 点的成像位置高于理想像点，产生正畸变。因此，可以将孔径光阑置于两透镜之间，组成结构完全对称的光学系统，此时前一透镜产生正畸变，后一透镜产生负畸变。当光学系统的 $\beta=-1$ 时，前后透镜产生的畸变大小相等，符号相反，畸变得到校正。实际上，凡是采用对称式结构的光学系统以 $\beta=-1$ 成像时，所有的垂轴像差都能自动消除，彗差和畸变都属于此类像差。对于非对称结构的光学系统而言，要完全消除畸变是很难的。

一般而言，如果一个光学系统未经校正的话，五种单色像差都存在，但在特定的条件下，也可能只有一种或几种像差特别明显。①物点在光轴上时，不存在其他像差，只存在球差，光束越宽，球差越大；②物点到光轴距离不大时，像差以球差和彗差为主；③物点离光轴较远且以细光束成像时，像散最明显；④当物面较大时，场曲和畸变较显著。

6.6 色 差

6.6.1 色差的产生原因及分类

1. 色差的产生原因

前面讨论的五种像差(球差、慧差、像散、场曲和畸变)都是基于单色光产生的,因此称为单色像差。然而大多数光学系统都是以复色光(如白光)成像,复色光由不同波长的单色光组成,而光学材料对不同波长的单色光有不同的折射率,波长越短,折射率越大。因此,当白光经过光学系统时,各谱线将形成各自的像点,导致一个物点对应许多不同波长的像点位置和放大率,各色光的成像位置、成像大小都会产生差异,这种差异称为色差。

2. 色差的分类

色差可以分为位置色差和倍率色差两种,位置色差又称为轴向色差,指轴上物点以不同波长的光线成像时光线会聚点位置的差异;倍率色差又称垂轴色差,指轴外物点以不同波长的光线成像时成像的高度的差异。

色差描述的是两种不同波长的光线成像点的差异,对任意两个波长的谱线都可以计算色差,但通常情况下是根据接收器的光谱响应范围来选择计算色差的光谱谱线。例如,人眼或普通感光材料作为接收器一般用于可见光成像,通常选择可见光谱范围两端的F谱线(紫光)和C谱线(红光)来计算色差,用它们之间的像点差异来说明白光光学系统的色差。

6.6.2 位置色差

1. 位置色差的计算

如图6-22所示,轴上物点 A 以白光照射成像时,由于色差的存在,同一孔径角下不同光线经过光学系统后,在光轴上的交点不同,蓝光(F光)波长最短,折射率最大,与光轴的交点离透镜最近,红光(C光)最远,黄光(D光)居中。对于目视光学系统,通常用F光和C光两种波长光线的像平面之间的距离来表示位置色差,用 $\Delta L'_{FC}$ 表示,即

$$\Delta L'_{FC} = L'_F - L'_C \tag{6-12}$$

在近轴区，F 光和 C 光的位置色差 $\Delta l'_{FC}$ 可表示为

$$\Delta l'_{FC} = l'_F - l'_C \tag{6-13}$$

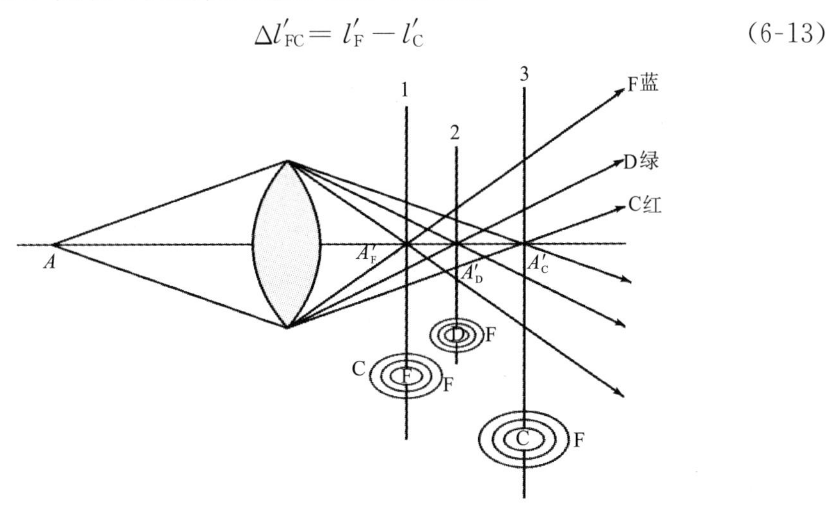

图 6-22　轴上点的位置色差

光学系统在近轴区域的位置色差也称为初级位置色差。需要说明的是，以复色光成像的物体即使在近轴区域，也没法获得复色光的清晰像，如果用一接收屏进行接收，当它位于不同的色光位置时，就会出现不同颜色的彩色弥散斑。如图 6-22所示，当接收屏放在 A'_F 点时，将看到像点是一个中心为蓝色、外圈为红色的彩色弥散斑；当接收屏放在 A'_C 点时，得到的是中心为红色、外圈为蓝色的彩色弥散斑。

2. 位置色差的校正

不同孔径角的光线具有不同的色差值，所以校正色差只能对某一孔径带进行，一般对 0.707 带的光线校正色差，0.707 带的光线校正色差后，其余带仍存在剩余色差。图 6-23 所示为 0.707 带的光线校正了色差时的色差曲线，从图中可以看出，边缘带光线的色差 $\Delta L'_{FC}$ 和近轴色差 $\Delta l'_{FC}$ 并不相等，它们的差称为色球差，用 $\delta L'_{FC}$ 表示，即

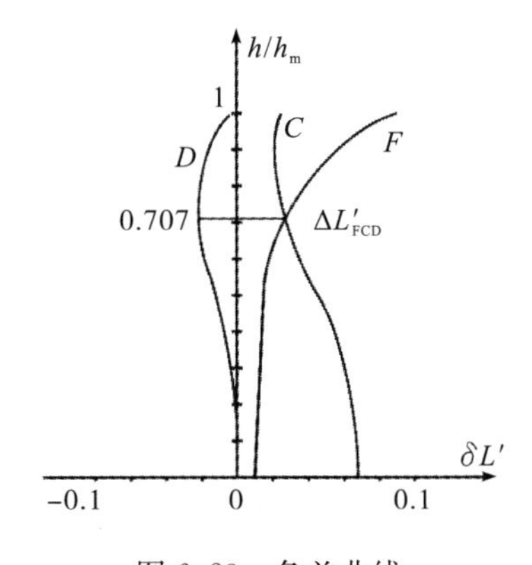

图 6-23　色差曲线

$$\delta L'_{FC} = \Delta L'_{FC} - \Delta l'_{FC} = (L'_F - L'_C) - (l'_F - l'_C)$$
$$= (L'_F - l'_F) - (L'_C - l'_C) = \delta L'_F - \delta L'_C \tag{6-14}$$

色球差为高级像差。从图 6-23 可以知道，在 0.707 带对 F 光和 C 光校正了色差，但两色光的交点与 D 光的球差曲线并不相交，两色光的交点到 D 光的轴向距离称为二级光谱，用 $\Delta L'_{FCD}$ 表示，根据定义可得

$$\Delta L'_{FCD} = L'_{F0.707} - L'_{D0.707} = L'_{C0.707} - L'_{D0.707} \tag{6-15}$$

二级光谱的校正非常困难，所以一般光学系统不要求校正二级光谱，但对于高倍显微镜、天文望远镜等要求较高的仪器，应进行校正。二级光谱与光学系统的结构参数几乎无关，可近似表示为

$$\Delta L'_{FCD} = 0.00052 f' \tag{6-16}$$

3. 薄透镜的位置色差

由前面的分析可知：即使在近轴区，也存在色差，所以色差对光学系统的成像质量有着重要的影响。下面来分析薄透镜系统的初级位置色差及其校正方法。

对于单个透镜，对高斯公式两边分别微分，可得

$$-\frac{dl'}{l'^2} + \frac{dl}{l^2} = d\varphi \tag{6-17}$$

式(6-17)中，$dl' = l'_F - l'_C$ 为像点的初级位置色差，$dl = l_F - l_C$ 为物点的位置色差。因为物体本身不存在色差，所以 $dl = l_F - l_C = 0$，代入式(6-17)可得

$$dl' = -l'^2 d\varphi \tag{6-18}$$

由式(6-18)可知，光学系统初级位置色差是由光焦度的变化引起的。薄透镜的光焦度可表示为

$$\varphi = (n-1)(\rho_1 - \rho_2)$$

对上式两边微分，得

$$d\varphi = (\rho_1 - \rho_2) dn \tag{6-19}$$

式(6-19)中，$dn = n_F - n_C$ 为 F 谱线与 C 谱线的折射率差，称为介质的平均色散。即光学材料对不同色光的折射率不同，使得透镜对不同色光的光焦度不同。引入表征光学玻璃材料色散的常数 ν，称为平均色散系数或阿贝常数，可表示为

$$\nu = \frac{n_d - 1}{n_F - n_C} \tag{6-20}$$

引入阿贝常数 ν 后，式(6-19)可表示为

$$d\varphi = (n_d - 1)(\rho_1 - \rho_2)\frac{n_F - n_C}{n_d - 1} = \frac{\varphi}{\nu} \tag{6-21}$$

将式(6-21)代入式(6-18)，得到薄透镜初级位置色差的表达式为

$$dl' = -l'^2 \frac{\varphi}{\nu} \tag{6-22}$$

由式(6-22)可知，当薄透镜为正透镜时，$\varphi>0$，$\mathrm{d}l'<0$，产生负色差；当薄透镜为负透镜时，$\varphi<0$，$\mathrm{d}l'>0$，产生正色差，即单透镜必然产生色差。

4. 正、负透镜校正色差

从以上的分析中可知：单透镜色差的大小与光焦度 φ 成正比，与阿贝数 ν 成反比，与结构形状无关，单透镜无法校正色差，如果将具有正、负色差的两个单透镜进行组合，则可能消色差。对于双胶合透镜组，满足消色差的条件为

$$\left.\begin{aligned} h^2\left(\frac{\varphi_1}{\nu_1}+\frac{\varphi_2}{\nu_2}\right)=0 \\ \varphi_1+\varphi_2=\varphi \end{aligned}\right\} \tag{6-23}$$

由式(6-23)可求得满足总光焦度 φ 时，正、负透镜的光焦度分配应为

$$\begin{aligned} \varphi_1 &= \frac{\nu_1\varphi}{(\nu_1-\nu_2)} \\ \varphi_2 &= -\frac{\nu_2\varphi}{(\nu_1-\nu_2)} \end{aligned} \tag{6-24}$$

6.6.3　倍率色差

1. 倍率色差及其计算

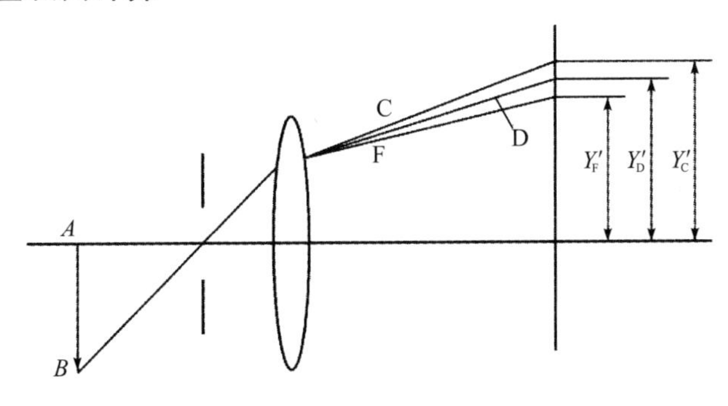

图 6-24　倍率色差

由于同一材料对不同色光有不同的折射率，对于轴外物点，不同色光的垂轴放大率也不相等，F 光与 C 光的主光线在高斯像面上(通常取 D 光的高斯像面上)的像点高度不同，其高度之差称为倍率色差，又称为垂轴色差，如图 6-24 所示，表示为

$$\Delta Y'_{FC}=Y'_F-Y'_C \tag{6-25}$$

在近轴区也存在倍率色差，可表示为

$$\Delta y'_{FC}=y'_F-y'_C \tag{6-26}$$

由于倍率色差的存在，轴外点各种色光的像不重合，像的清晰度遭到破坏，所以对于一定视场的光学系统，一定要对系统的倍率色差进行校正。

2. 倍率色差的校正

如图 6-24 所示，当孔径光阑位于正透镜之前时，F 光比 C 光偏折得更厉害，

产生负的倍率色差；相反，当孔径光阑位于正透镜之后时，则产生正的倍率色差；当孔径光阑与透镜组重合时，主光线通过孔径光阑的中心，不产生倍率色差。

对于密接薄透镜组，当系统的位置色差得到校正时，倍率色差同时也得到校正；对于有一定间隔的两个或多个薄透镜组，只有对各个薄透镜分别校正了位置色差，才能同时校正系统的倍率色差。

由于倍率色差是一种垂轴像差，在以下几种情况下不会产生倍率色差：①光阑位于球面球心；②物体位于球面顶点；③垂轴放大率 $\beta=-1$ 的对称式光学系统。

习题 6

6-1 在几何像差(球差、慧差、像散、像面弯曲、畸变、位置色差和倍率色差)中，总是产生圆形弥散斑的有__________和__________；使不同大小的视场具有不同成像放大率的像差是__________；对轴外点成像产生的像差是__________。

6-2 在七种基本像差中，影响轴上像点质量的有________和________两种像差；不改变成像清晰度，只是使像点位置发生变化的像差是__________。

6-3 在简单光学系统中，不存在像差的是__________。

6-4 单正透镜产生______球差，单负透镜产生______球差。

6-5 在五种初级单色像差中，当视场很小时，需要考虑的是__________。

6-6 拍摄人像艺术照，为突出主要人物，使背景模糊，应使用对准距离____，焦距____，F 数____的照相光学系统。(填“大”或“小”)

6-7 在目视光学系统中，一般对哪两种光校正色差？对哪种光校正单色像差？

6-8 设计一个齐明透镜，第一个球面半径 $r_1=-95$ mm，物点位于第一面曲率中心处，第二个球面满足齐明条件，假设该透镜的厚度 $d=6$ mm，折射率 $n=1.5$，透镜位于空气中，求：

(1)该透镜第二面的半径；

(2)该齐明透镜的垂轴放大率。

6-9 图 6-25 所示为一个光学系统的色差曲线图，求以下像差：(1)$\delta L'_{m}$；(2)$\delta L'_{0.707}$；(3)$\Delta L'_{FC}$；(4)$\Delta l'_{FC}$；(5)$\delta L'_{FC0.707}$；(6)色球差 $\delta L'_{FC}$；(7)$\Delta L'_{FCD}$。

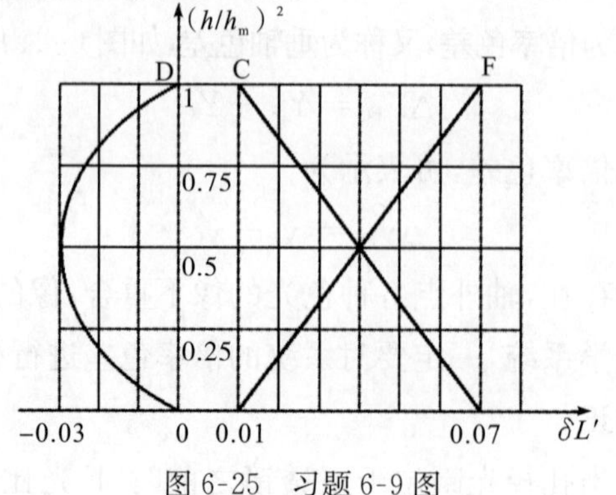

图 6-25 习题 6-9 图

6-10 在七种几何像差中，哪些与孔径有关？哪些与视场有关？哪些与光源有关？当各像差单独存在时，它们的表现形式如何？

6-11 已知一个望远镜由 2 个薄透镜胶合而成，其正透镜用 K9 玻璃($n_d=1.5163$，$\nu_d=64.1$)，负透镜用 ZF6 玻璃($n_d=1.755$，$\nu_d=27.5$)。其合成焦距 $f'=100$ mm，试求在近轴区域位置色差得到校正时正、负透镜的焦距。

6-12 若物点在第一面顶点，第二面符合齐明条件，已知透镜的折射率 $n=1.52$，透镜的厚度 $d=3$ mm，求：

(1)该齐明透镜第二面的半径；

(2)该齐明透镜的垂轴放大率；

(3)该齐明透镜的角放大率。

6-13 设计一个消色差的双胶合透镜组，负透镜在前，正透镜在后，最后一面为平面。负透镜为火石玻璃，其折射率和阿贝常数分别为 $n_d=1.7200$ 和 $\nu_d=29.03$，正透镜为冕牌玻璃，其折射率和阿贝常数分别为 $n_d'=1.523$ 和 $\nu_d'=58.76$，透镜组的焦距 $f'=50$ mm，求正、负透镜的焦距和曲率半径。

6-14 像散是如何产生的？有一个平面物体，经过消除像散的光学系统后，在像平面上能否得到清晰像？若不能，请说明原因。

6-15 已知折射球面的一对齐明点相距 30 mm，球面两边介质的折射率分别为 $n=1.5$ 和 $n'=1$，求：

(1)此折射球面的曲率半径；

(2)齐明点的位置；

(3)在此情况下，折射球面的放大率；

(4)将其组成一个无球差的透镜，若透镜的厚度 $d=5$ mm，求出此透镜的结构参数；

(5)如将此透镜用于一个系统的像方会聚光束中，其光束孔径角 $u=0.25$，则经此透镜后光束的孔径角。

6-16 设计一个双胶合消色差望远物镜，采用正、负透镜胶合，材料分别为冕牌玻璃 K9($n_d=1.5163$，$\nu_d=64.1$)和火石玻璃 F2($n_d=1.6128$，$\nu_d=36.9$)，若正透镜半径 $r_1=-r_2$，求：

(1)正负透镜的焦距；

(2)三个球面的曲率半径。

第7章　典型光学系统

光学系统是由单个或多个光学元件组合而成的。目前，在国民生产和生活中得到广泛使用的典型光学系统主要分为两大类，一类是成实像的光学系统，如幻灯机、照相机等；另一类是成虚像的光学系统，如望远镜、显微镜、放大镜等。本章主要介绍这些光学系统的构成、工作原理、主要光学参数、设计要求和成像特性等。

7.1　人眼光学系统

需要用眼睛来进行观察和测量的光学系统称为目视光学系统，目视光学系统通常需要配合人眼使用，以提高人眼的视觉能力，很多光学仪器都属于目视光学系统。眼睛本身是一个完整的光学系统，同时又作为目视光学系统的接收器，可以看作成像光学系统的一部分，所以了解眼睛的结构以及光学特性对目视光学系统的设计非常重要。

7.1.1　眼睛的结构

人的眼睛本身相当于一个光学成像系统，外表大体呈球形，直径约为 25 mm，其内部构造如图 7-1 所示。下面分别介绍各部分的构造和作用。

(1)角膜和巩膜。角膜是由角质构成的透明球面，厚度约为 0.55 mm，折射率为 1.38，外界光线首先通过角膜进入眼睛。巩膜俗称“眼白”，有维持眼球形状和保护眼内组织的作用。

(2)前室。角膜后面的一部分空间叫作前室。前室中充满了折射率为 1.34 的透明液体，称为水状液。

(3)水晶体。水晶体是由多层薄膜构成的一个双凸透镜。水晶体的中间较硬，外层较软，借助于水晶体周围肌肉的作用，可以使水晶体的前表面半径发生变化，实现眼睛焦距的改变，从而使不同距离的物体都能成像在眼睛的视网膜上。

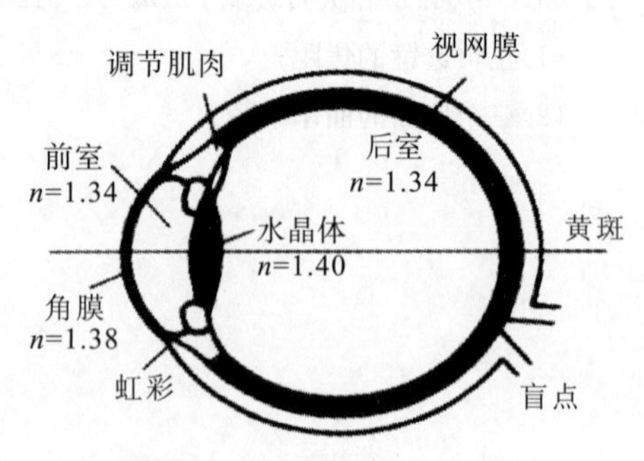

图 7-1　眼睛的结构

(4)虹彩。虹彩位于水晶体前，其中央有一个圆孔，通过改变圆孔的大小可以改变进入眼睛的光束口径，这个圆孔称为瞳孔。随着被观察物体的亮暗程度不同，瞳孔能相应地改变自身直径的大小，自动控制进入眼球的光通量（与照相机的光圈作用类似）。

(5)后室。水晶体后面的空间称为后室，里面充满了一种与蛋白质类似的透明液体，称为玻璃液，玻璃液的折射率为 1.34。

(6)视网膜。后室的内壁为一层由视神经细胞和神经纤维构成的膜，称为视网膜，它是眼睛的感光部分。视网膜上有一个视觉最灵敏的区域，叫作黄斑，成像在黄斑上的目标才能够被人眼清晰地看到。视网膜上还有一个区域，它是神经纤维的出口，区域内没有感光细胞，当目标成像在盲点区域时，不能产生视觉。

(7)脉络膜：视网膜的外面包围着一层黑色膜，对透过视网膜的光线有吸收作用，把后室变成一个暗室。

为了计算和分析的方便，可把标准眼近似地简化为一个折射球面的模型，称为简约眼，其参数见表 7-1。

表 7-1　眼睛的简化模型

折射面的曲率半径	5.56 mm	物方焦距	−16.7 mm
像方折射率	1.333	像方焦距	22.26 mm
视网膜的曲率半径	9.7 mm		

7.1.2　眼睛的调节和适应

1. 眼睛的调节

眼睛这个成像系统具有两种调节功能：改变眼睛光学系统的焦距和放缩瞳孔，即视度调节和瞳孔调节。

(1)视度调节。眼睛成像系统通过睫状肌的伸缩来实现对任意距离的物体自动调焦的过程，称为眼睛的视度调节。眼睛的调节能力是指眼睛能清晰调焦的极限距离。眼睛在完全放松的情况下，能看清楚最远的点称为远点，远点到眼睛的距离称为远点距，用 l_r 表示；眼睛处于最紧张状态时，能看清最近的点称为近点，近点到眼睛的距离称为近点距，用 l_p 表示；远点距 l_r 和近点距 l_p 的倒数分别称为远点和近点的视度，分别用 R 和 P 表示，单位为屈光度(D)，即

$$R=\frac{1}{l_r},P=\frac{1}{l_p} \tag{7-1}$$

眼睛的视度调节能力被定义为远点的视度 R 与近点的视度 P 之差，也称为调节能力或调节范围，用 A 表示，其单位也是屈光度(D)。A 越大，表示视度调节能力越强，或者说眼睛能看清晰的目标范围越大。

$$A=R-P \tag{7-2}$$

不同的人的近点距和远点距是不同的，而且随年龄的增加而变化。正常眼睛

的远点距为$-\infty$，即远点视度为0；随着年龄的增大，睫状肌的伸缩调节能力不断衰退，近点距逐渐增大，使调节范围变小。表7-2给出了在统计数据下眼睛的调节能力随年龄变化的情况。从表中给出的数据可见，青少年时期的近点距很小，视度调节范围A比较大，随着年龄的增加，近点距变大，视度调节范围A变小。45岁以后，近点距已在明视距离250 mm之外，近处视物逐渐看不清，所以称45岁以后的眼睛为老年性远视眼或老花眼。

表7-2 眼睛的调节能力随年龄变化的情况

年龄/岁	10	15	20	25	30	35	40	45	60
l_r/m	∞	∞	∞	∞	∞	∞	∞	∞	∞
R/D	0	0	0	0	0	0	0	0	0
l_p/m	−0.071	−0.083	−0.100	−0.118	−0.143	−0.182	−0.222	−0.286	−0.400
P/D	−14	−12	−10	−8.5	−7	−5.5	−4.5	−3.5	−2.5
A/D	14	12	10	8.5	7	5.5	4.5	3.5	2.5

除了远点和近点之外，人眼近距离工作时还有一个习惯距离，称为明视距离，一般用D表示。明视距离是指正常视力的眼睛在正常照明(50 lx)下的习惯工作距离，通常取250 mm。需要特别强调，明视距离并不是近点距离。

(2)瞳孔调节。瞳孔调节是指人眼随光照强度的变化而自动调节瞳孔大小的一种本能反应。人眼瞳孔的大小决定了进入视网膜的光通量，瞳孔的调节范围为2～8 mm。白天光线较强时，瞳孔自动缩小到2 mm左右；夜晚光线较暗时，眼睛的灵敏度提高，瞳孔又可以自动扩大到8 mm。通过瞳孔的自动调节，人眼所能感受的光亮度的变化范围很大，其比值可达$10^{12}:1$，在良好的能见度环境状态下，黑夜中的人眼能看见30 km处的烛光。

2. 眼睛的适应

眼睛的适应是指当环境照明条件发生改变时，人眼产生状态变化(如瞳孔调节、灵敏度变化等)的过程。眼睛的适应可分为对暗适应和对亮适应两种，从光亮处到黑暗处时发生对暗适应，从黑暗处到光亮处时发生对亮适应。

(1)对暗适应。从光亮处到黑暗处时，人眼的瞳孔将增大，眼睛的敏感度也将大大提高，使眼睛逐步能够感受到十分微弱的光能。对暗适应过程一般时间较长，如人们刚进入电影院放映厅时，开始什么也看不见，随着瞳孔的增大，眼睛敏感度的提高，进入眼睛的光能量增加，人眼逐渐能看清周围的环境。此时即认为完成了对暗适应，人在暗处逗留的时间越长，眼睛对暗环境的适应越好，其敏感度就越好。

(2)对亮适应。同样，从黑暗处到光亮处时，通常会产生眩目现象，这表明瞳孔的缩小及对亮适应也需要一定的时间，但相比对暗适应，对亮适应的过程要快得多，一般几分钟即可完成。

7.1.3 眼睛的缺陷和矫正

1. 近视眼及其矫正

正常眼睛不管是看近处物体还是看远处物体，通过眼睛这个成像系统的自动调焦过程都能让像成在视网膜上，如图 7-2(a)和(b)所示，其远点在无限远处。

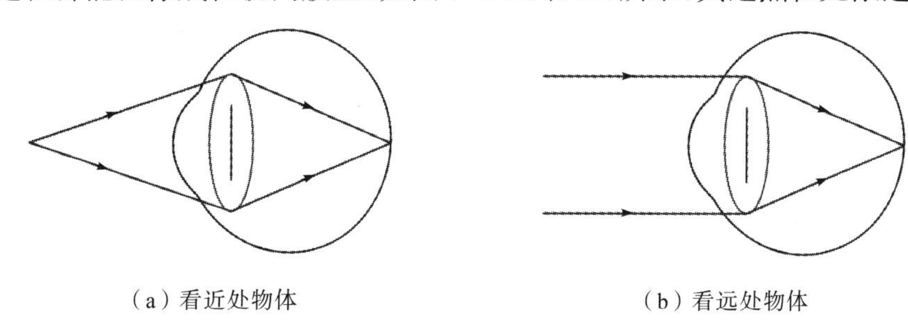

(a) 看近处物体　　(b) 看远处物体

图 7-2　正常眼睛看物体时像都成在视网膜上

如果眼睛有视力缺陷，眼睛的远点在眼前有限距离处，或者说无限远处的物体成像在视网膜的前方，有这种视力缺陷的眼睛称为近视眼，如图 7-3(a)所示。要使近视眼能看清楚无限远处的点，必须在近视眼前放一块凹透镜，如图 7-3(b)所示，让凹透镜的像方焦点与近视眼的远点重合，即 $f'=l_r$。

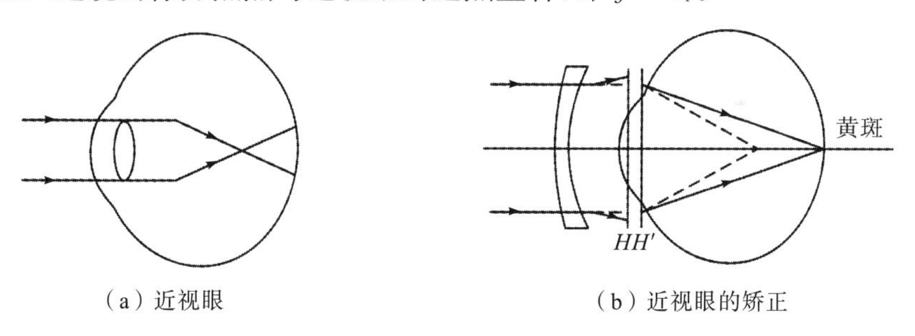

(a) 近视眼　　(b) 近视眼的矫正

图 7-3　近视眼及近视眼的矫正

近视眼远点距 l_r(单位为 m)的倒数表示近视眼的近视程度，称为视度，单位为屈光度(D)。一般眼镜店和医院把 1 D 叫作 100 度。

2. 远视眼及其矫正

如果眼睛的远点在眼后有限距离处，或者说无限远处的物体成像在视网膜的后方，有这种视力缺陷的眼睛称为远视眼，如图 7-4(a)所示。50 岁以后的远视眼也称为老花眼，要使远视眼能看清楚无限远处的点，必须在远视眼前放一块凸透镜，如图 7-4(b)所示，让凸透镜的像方焦点与远视眼的远点重合，即 $f'=l_r$。

同样，远视眼远点距 l_r(单位为 m)的倒数表示远视眼的远视程度，也称为视度，单位为屈光度(D)。

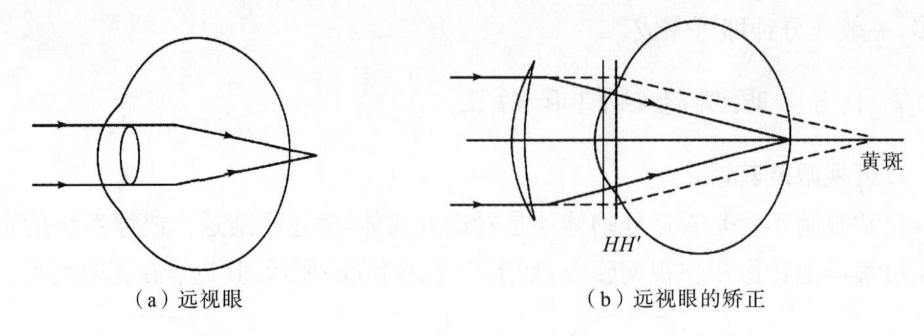

图 7-4 远视眼及远视眼的矫正

3. 散光眼及其矫正

如果眼睛水晶体两表面不对称，使细光束的子午面和弧矢面两个主截面的光线不交于一点，物体不能同时在视网膜上清晰成像，犹如有像散、像差时的成像效果，有这种视力缺陷的眼睛称为散光眼。散光眼两个主截面的远点距不相同，即视度 $R_1 \neq R_2$，其差称为散光眼的散光度，用 A_{ST} 表示。

$$A_{ST} = R_1 - R_2 \tag{7-3}$$

散光眼一般用圆柱面透镜或双心圆柱面透镜进行矫正。

例 7-1 某名同学是近视眼，他的远点距离为 -0.25，试问需配的眼镜为多少度？

解
$$SD = \frac{1}{l_r} = \frac{1}{-0.25} = -4\ \mathrm{D}$$

所以需要配一副 400 度的近视眼镜。

7.1.4 眼睛的分辨率

眼睛能够分辨开两个相邻点的能力，称为眼睛的分辨率。两相邻点刚刚能被眼睛分辨开时，两相邻点对眼睛物方节点所张的角度，称为极限分辨角，用 φ 表示。眼睛的分辨率与极限分辨角成反比。

假设把眼睛成像系统看作理想光学系统(忽略人眼的像差)，根据物理光学中的衍射理论，由衍射艾里斑半径所决定的极限分辨角为

$$\varphi = \frac{1.22\lambda}{D} \tag{7-4}$$

式(7-4)中，λ 为成像光波的波长，D 为瞳孔的直径。如果分辨角 φ 用秒($''$)作单位，对波长 λ 为 550 nm 的光谱，人眼的极限分辨角为

$$\varphi = \frac{1.22 \times 5.5 \times 10^{-4}}{D} \times 206265 \approx \frac{140}{D}('') \tag{7-5}$$

白天当瞳孔直径为 2 mm 时，人眼的分辨角约为 $70''$，在良好的照明条件下，一般取眼睛的极限分辨角为 $\varphi_{\min} = 60''$。

7.2　放大镜

7.2.1　视觉放大率

人眼感觉的物体大小取决于在人眼视网膜上所成像的大小，眼睛成像系统的焦距可认为是不变的，所以像的大小也取决于物体对人眼所张视角的大小。当物体对人眼所张的视角小于人眼的极限分辨角 $1'$时，人眼无法分辨物体。将物体移近时，物体对人眼所张的视角变大。当物体移至人眼的近点，所张视角仍不能达到人眼的极限分辨角 $1'$时，就需借助目视光学系统进行观察。典型的目视光学系统包括放大镜、显微镜和望远镜等。物体通过目视光学系统后，所成像对人眼所张的视角大于人眼直接观察物体时物体对人眼所张的视角，这就是目视光学系统的基本工作原理。

目视光学系统的放大率与理想光学系统中所讨论的垂轴放大率 β、横向放大率 α 以及角放大率 γ 是不一样的，这几个放大率均属于客观放大率，它们针对的是理想光学系统的任意一对共轭物像，当共轭关系确定后，放大率就确定了。用眼睛通过目视光学系统观察物体时，有意义的是最后在视网膜上所成像的大小。目视光学系统的放大率称为视觉放大率，其定义为：用目视光学系统观察物体时视网膜上的像高 y_i' 与用人眼直接观察物体时视网膜上的像高 y_e'之比，用 Γ 表示，即

$$\Gamma = \frac{y_i'}{y_e'} \tag{7-6}$$

设人眼后节点到视网膜的距离为 l'，则式(7-6)可写为

$$\Gamma = \frac{y_i'}{y_e'} = \frac{l'\tan\omega'}{l'\tan\omega} = \frac{\tan\omega'}{\tan\omega} \tag{7-7}$$

式(7-7)中，ω'为物体经目视光学系统所成的像对人眼所张的视角，ω 为人眼直接观察物体时物体对人眼所张的视角。因此，视觉放大率是带有主观因素的，即用人眼来“测量”像的大小变化，是用人眼来判断物体放大的效果，所以也称为主观放大率。

7.2.2　放大镜的视觉放大率

下面利用式(7-7)来计算放大镜的视觉放大率，图 7-5 所示为用放大镜观察物体时的成像原理图。

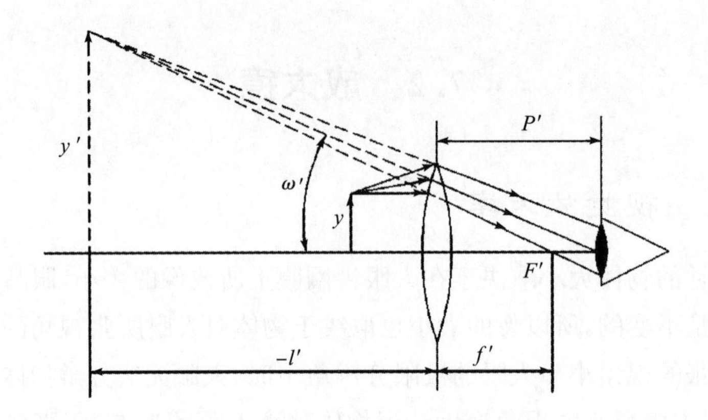

图 7-5 放大镜成像原理图

人眼直接观察物体时，一般把物体放在明视距离 D 处，$D=250$ mm，所以

$$\tan\omega=\frac{y}{D} \tag{7-8}$$

由图 7-5 可知，人眼通过放大镜观察物体时，物体经放大镜所成的虚像对人眼所张的视角满足

$$\tan\omega'=\frac{y'}{P'-l'} \tag{7-9}$$

式(7-9)中，P' 为人眼到放大镜的距离，l' 为物体经放大镜所成虚像的像距。

把式(7-8)和式(7-9)代入目视光学系统的视觉放大率计算公式[式(7-7)]可得

$$\Gamma=\frac{y'D}{y(P'-l')} \tag{7-10}$$

利用第 3 章的垂轴放大率公式可得

$$y'=-\frac{x'}{f'}y=\frac{f'-l'}{f'}y$$

因此，式(7-10)可写成

$$\Gamma=\frac{f'-l'}{P'-l'}\times\frac{D}{f'} \tag{7-11}$$

式(7-11)表明：放大镜的视觉放大率不是常数，其大小取决于观察条件，即与人眼到放大镜的距离 P' 和放大镜对物体成虚像时像距的大小 l' 均有关。下面讨论几种特殊条件下放大镜的视觉放大率。

(1)当把被观察物体放在放大镜的物方焦点上时，$l'=-\infty$，利用式(7-11)可得这一条件下的视觉放大率为

$$\Gamma_0=\frac{D}{f'}=\frac{250}{f'} \tag{7-12}$$

由式(7-12)可知：当 $l'=-\infty$ 时，视觉放大率与 P' 无关，即人眼在镜后任何位置观察，放大率都为 Γ_0，并且 Γ_0 只与放大镜的焦距 f' 有关。Γ_0 称为放大镜的标称放

大率，是放大镜的一个重要光学参数，通常标注在放大镜的镜筒上。若 Γ_0 已知，则可以求出其相应的焦距 f'。

(2)正常视力的眼睛一般把观察点调焦到明视距离 D 处，即 $P'-l'=D=250$ mm，代入式(7-11)，可得此条件下的视觉放大率为

$$\Gamma=\frac{250}{f'}+1-\frac{P'}{f'} \tag{7-13}$$

式(7-13)适用于小倍率的放大镜，如看书用的放大镜。由式(7-13)可知，放大率与人眼到放大镜的距离 P' 有关，即观察位置不同时，放大率亦不同。如果在放大镜焦点附近观察，即 $P'=f'$，则有

$$\Gamma=\frac{250}{f'} \tag{7-14}$$

(3)若人眼紧靠着放大镜观察，即 $P'\approx 0$，则有

$$\Gamma=-\frac{f'-l'}{f'l'}\times 250=-\frac{250}{l} \tag{7-15}$$

式(7-15)表明：人眼紧靠着放大镜观察时，视觉放大率取决于物体的位置。

7.2.3　放大镜的光束限制和线视场

放大镜的标称放大率 Γ_0 仅由其焦距 f' 决定，焦距越大，则放大率越小。如果放大镜的焦距 $f'=125$ mm，则放大镜的放大率为 2 倍，通常标注为 $2^{\times}$。使用单透镜作为放大镜时，由于像差的存在，不能单单通过减小凸透镜的焦距来获得大的放大率。要获得较大的放大率，通常利用组合透镜来构成放大镜。

放大镜与眼睛组合构成目视光学系统，整个系统有两个光阑：放大镜镜框和眼瞳(眼睛瞳孔)，眼瞳是系统的孔径光阑，又是出瞳。放大镜框是系统的视场光阑，也是出、入射窗，同时，放大镜框还是系统的渐晕光阑。

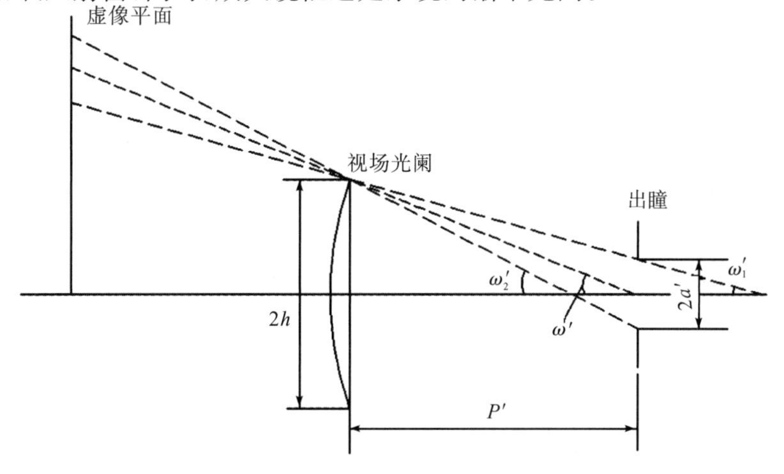

图 7-6　放大镜的光束限制

由图 7-6 可知，当渐晕系数 K 分别为 100%、50%和 0 时，像方视场角分别为

$$\begin{cases} \tan\omega_1' = \dfrac{(h-a')}{P'} \\ \tan\omega' = \dfrac{h}{P'} \\ \tan\omega_2' = \dfrac{(h+a')}{P'} \end{cases} \tag{7-16}$$

因为放大镜是用来观察近距离的小物体的，所以放大镜的视场一般用物方线视场 $2y$ 来表示。如果物面位于放大镜的前焦平面上，如图 7-7 所示，则像成在无限远处，当渐晕系数 $K=50\%$时，对应的线视场为

$$2y = 2f'\tan\omega' \tag{7-17}$$

将式(7-12)中的 f'和式(7-16)中的 $\tan\omega'$代入式(7-17)，可得 50%渐晕时的线视场为

$$2y = \frac{500\ h}{\Gamma_0 P'}\ \mathrm{mm} \tag{7-18}$$

式(7-18)中，Γ_0 为放大镜的标称放大率。从该式可知，放大镜的视觉放大率越大，对应的线视场越小，即提高放大镜的视觉放大率是以牺牲放大镜的线视场为代价的。

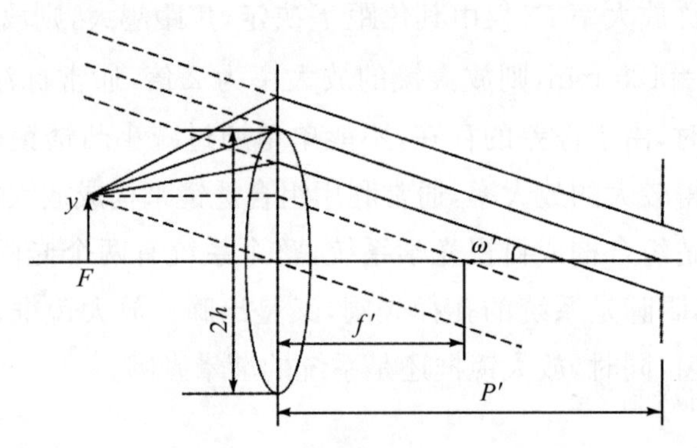

图 7-7　物平面在前焦平面上

例 7-2　有一焦距为 50 mm、口径为 50 mm 的放大镜，眼睛到放大镜的距离为 125 mm。求放大镜成像在明视距离处时的视觉放大率和 50%渐晕时的线视场。

解　放大镜成像在明视距离处时的视觉放大率为

$$\Gamma = \frac{250}{f'} + 1 - \frac{P'}{f'} = \frac{250}{50} + 1 - \frac{125}{50} = 3.5^{\times}$$

50%渐晕时的线视场为

$$2y = 2f'\tan\omega' = 2f'\frac{h}{P'} = 20\ \mathrm{mm}$$

7.3　显微镜系统

为了能够看清楚近距离的微小物体，通常要求目视光学系统有较高的视觉放大率，而放大镜的视觉放大率一般都不大，无法满足要求。为了获得较高的视觉放大率，可以采用复杂的组合光学系统，如显微镜系统。显微镜系统由物镜和目镜组成，物体经物镜放大成像后，其像经目镜再次放大成像供人眼观察。

7.3.1　显微镜的视觉放大率

图 7-8 所示为显微镜成像原理图，图中表示显微镜的二次成像过程，微小物体 AB 放在物镜的物方焦点到 2 倍焦距之间，经物镜成倒立的放大的实像 $A'B'$，实像 $A'B'$ 位于目镜的 1 倍焦距之内，经过目镜后成正立放大的虚像 $A''B''$ 于 250 mm之外到 $-\infty$ 处，利用视觉放大率的计算公式可得显微镜的视觉放大率为

$$\Gamma=\frac{\tan\omega'}{\tan\omega}=\frac{\frac{y'}{f'_e}}{\frac{y}{250}}=\frac{y'}{y}\frac{250}{f'_e}=-\frac{\Delta}{f'_o}\frac{250}{f'_e}=\beta\Gamma_e \tag{7-19}$$

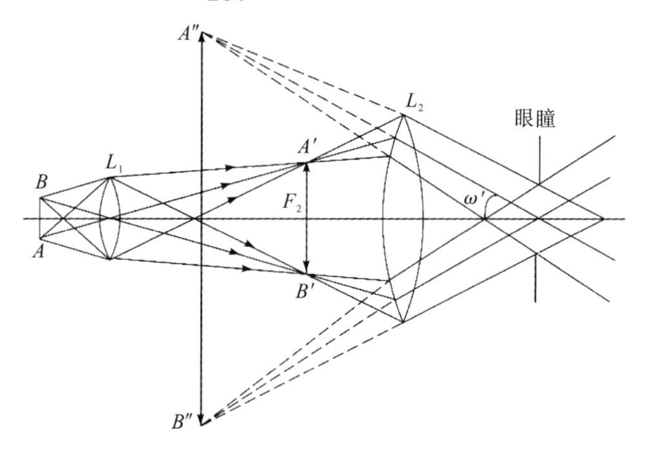

图 7-8　显微镜成像原理图

式(7-19)中，f'_o和 f'_e分别为物镜和目镜的焦距，β 为物镜的垂轴放大率，Γ_e 为目镜的视觉放大率。该式表明显微镜的视觉放大率等于物镜的垂轴放大率 β 和目镜的视觉放大率 Γ_e 之积。

假设把显微镜看成一个组合光学系统，则组合光学系统的焦距 $f'=-\frac{f'_o f'_e}{\Delta}$，所以显微镜的视觉放大率也可以表示为

$$\Gamma=\frac{250}{f'} \tag{7-20}$$

此时，显微镜的视觉放大率计算公式与放大镜的视觉放大率计算公式一致，即显微镜可以看成一个组合放大镜。由于显微镜最终成的是虚像，所以把显微镜当成一个组合系统的话，物体位于组合系统物方焦点以内十分靠近物方焦点处。

物镜和目镜作为显微镜系统的两个独立部分，根据观察条件的不同，可以对它们进行替换，从而方便迅速地获得多种不同倍率的放大率。相比放大镜，显微镜有更高的放大率，同时可以在物镜的中间实像面处设置分划板，还可以实现对物体的瞄准和测量。

为实现不同厂家生产的配件的互换性和通用性，对显微镜作如下要求：

(1)物镜的物像共轭距(即物平面到像平面的距离)都相等，约为 180 mm。我国广泛使用的生物显微镜规定为 195 mm。

(2)物镜齐焦距离的国际标准为 45 mm。物镜齐焦距离是指物镜镜体定位面到物体表面的距离。

(3)目镜的齐焦距离为 10 mm。目镜的齐焦距离是指从目镜筒定位面到物镜像面之间的距离。

(4)机械筒长固定。机械筒长是指物镜定位面(或支撑面)到目镜定位面之间的距离，机械筒长有 160 mm、170 mm 和 190 mm，我国规定为 160 mm。

7.3.2 显微镜的光束限制

1. 显微镜的线视场

线视场是指显微镜所能观察到的物体的最大范围。显微镜的线视场取决于设置在目镜物方焦平面上的视场光阑的大小和物镜的垂轴放大率 β 的大小，如果设置在目镜物方焦平面上的视场光阑的直径为 D，则显微镜的线视场为

$$2y = \frac{D}{\beta} \tag{7-21}$$

分划板可看作目镜焦平面上的物，所以

$$D = 2f'_{\mathrm{e}}\tan\omega' \tag{7-22}$$

式(7-22)中的 f'_{e}用目镜的视觉放大率 Γ_{e} 表示，该式可改写为

$$D = \frac{500\ \tan\omega'}{\Gamma_{\mathrm{e}}} \tag{7-23}$$

将式(7-23)代入式(7-21)，可得显微镜的线视场，亦可以表示为

$$2y = \frac{500\ \tan\omega'}{\beta\Gamma_{\mathrm{e}}} = \frac{500\ \tan\omega'}{\Gamma} \tag{7-24}$$

由式(7-24)可知，显微镜的视觉放大率越大，线视场越小，这一点与放大镜是一样的。

2. 显微镜的孔径光阑与出瞳

一般显微镜的物镜倍率较低，物镜为单透镜组，物镜框本身就是孔径光阑。视觉放大率较大的显微镜的物镜倍率较高，物镜通常由多组透镜构成，最后一组透镜框是孔径光阑。用于测量的显微镜的孔径光阑一般设置在物镜的像方焦平面上。孔径光阑经过目镜所成的像即为出瞳。显微镜物镜和目镜之间的间隔比它们各自的焦距要大得多，因此，在上述三种情况下，孔径光阑经目镜所成像的位置（即出瞳的位置）均在目镜的像方焦点以外靠近像方焦点处，眼睛通常在出瞳位置进行观察，这样可以避免眼瞳与出瞳不重合时，因额外的渐晕而造成视场减小的缺点。

对于显微镜物镜，可以认为接近于理想成像，因此满足正弦成像条件，即

$$ny\sin u = n'y'\sin u' \tag{7-25}$$

由于微小物体经物镜成像在目镜的物方焦点附近，可认为焦像距 $x'=\Delta$，利用 $\beta=\frac{-\Delta}{f_o'}$，式(7-25)可改写为

$$n\sin u = n'\left(-\frac{\Delta}{f_o'}\right)\sin u' \tag{7-26}$$

假设显微镜的出瞳直径为 D'，像方孔径角 u' 可以近似地表示为

$$\sin u' \approx \tan u' = \frac{D'}{2f_e'} \tag{7-27}$$

把式(7-27)代入式(7-26)，并利用式(7-20)可得

$$D' = \frac{500n\sin u}{\Gamma} = \frac{500\ NA}{\Gamma}\ \text{mm} \tag{7-28}$$

式(7-28)表明：显微镜的视觉放大率越大，其出瞳直径越小。显微镜的视觉放大率一般较大，所以其出瞳直径较小，一般小于眼瞳直径，只有在低倍时，才能达到眼瞳直径。

$NA=n\sin u$ 为显微镜的数值孔径，它一般与物镜的垂轴放大率 β 一起刻在物镜的镜框上，是显微镜的重要光学参数。

7.3.3　显微镜的分辨率和有效放大率

1. 显微镜的分辨率

显微镜的分辨率是指显微镜分辨近距离物体细微结构的能力，通常以显微镜能够分辨的物方两点间最短距离 σ 来表示。σ 值越小，说明显微镜的分辨能力越强，分辨率越高。

由于衍射的影响，点物经过光学系统后，得到的不是点像，而是一个衍射斑，

衍射斑的中央亮斑(艾里斑)集中了全部能量的约84%,艾里斑的中心代表像点的中心。按照衍射理论可得艾里斑的半径为

$$a = \frac{0.61\lambda}{n'\sin u'} \tag{7-29}$$

(1)瑞利判据。按照瑞利(Rayleigh)判据:两个相邻像点的中心之间的间隔等于艾里斑的半径时,则能被光学系统分辨。因此,按照瑞利判据,显微镜的分辨率为

$$\sigma = \frac{a}{\beta} = \frac{0.61\lambda}{\beta n'\sin u'} = \frac{0.61\lambda}{n\sin u} = \frac{0.61\lambda}{NA} \tag{7-30}$$

(2)道威判据。按照道威(Doves)判据:两个相邻像点的中心之间的间隔等于艾里斑的半径的0.85时,则能被光学系统分辨。因此,按照道威判据,显微镜的分辨率为

$$\sigma = \frac{0.85a}{\beta} = \frac{0.5\lambda}{NA} \tag{7-31}$$

式(7-30)和式(7-31)中的σ为显微镜物平面上能够分辨的两个物点间的最小距离。实践证明:瑞利判据给出的分辨率标准是比较保守的,所以实际上一般以道威判据给出的分辨率作为目视光学系统的衍射分辨率,也称为目视光学系统的理想分辨率。从式(7-30)和式(7-31)还可以看出:显微镜的分辨率只与成像光波的波长和显微镜物镜的数值孔径有关,与目镜无关。即物镜不能分辨的物体细节,目镜也不能分辨。

2. 显微镜的有效放大率

显微镜物平面上相距为σ的两个物点正好能被显微镜物镜分辨,那能被物镜分辨的两个物点一定能被眼睛区分开吗?当然不一定,要使人眼能够区分开这两个物点,这两个物点经显微镜放大后对人眼张开的视角必须大于人眼的极限分辨角$1'$。

(1)极限有效放大率。当两个物点经显微镜所成的像对人眼所张的视角正好等于眼睛的极限分辨角$1'$时,则在明视距离上对应的两点像之间的线距离σ'为

$$\sigma' = 250 \times 0.00029 \text{ mm} \approx 0.0725 \text{ mm} \tag{7-32}$$

将σ'换算到显微镜的物空间,按道威判据来取σ值,则

$$\frac{0.5\lambda}{NA}\Gamma = 0.0725 \text{ mm}$$

取照明光的平均波长为0.00055 mm,得显微镜的极限有效放大率

$$\Gamma = 264\ NA \tag{7-33}$$

(2)有效放大率。眼睛在极限分辨角状态下容易疲劳,所以通常需要放大到人眼容易分辨的分辨角$2'\sim4'$,即实际放大率应是极限有效放大率的2～4倍,近

似表示为

$$500\ NA \leqslant \Gamma \leqslant 1000\ NA \tag{7-34}$$

满足式(7-34)的视觉放大率称为显微镜的有效放大率。浸液物镜的数值孔径最大可达 1.5,所以显微镜的有效放大率不超过 $1500^{\times}$。当显微镜的视觉放大率低于 500 NA 时,物镜的分辨能力没有被充分利用,人眼不能分辨已被物镜分辨的物体细节;当显微镜的视觉放大率高于 1000 NA 时,不能使被观察的物体细节更清晰,称为无效放大。

通常会在显微镜的物镜镜框上标明显微镜的某些参数。如图 7-9 所示,左边的这个显微镜物镜标注了 40×/0.65 和 160/0.17,它们表示显微镜物镜的参数为:物镜的垂轴放大率 $\beta=-40$,物镜的数值孔径 $NA=0.65$,适合于机械筒长为 160 mm,物镜是对玻璃厚度 $d=0.17$ mm 的玻璃盖板校正像差的。

图 7-9　显微镜物镜

7.3.4　显微镜的照明方法

显微镜成像的目标一般本身不发光,需要用照明系统对目标照明后使其成像,照明系统是显微镜的重要组成部分。按照明方式的不同,显微镜的照明分为亮视场照明和暗视场照明。亮视场照明中,照明光束将物体照亮后直接进入成像系统,使物体成像;暗视场照明中,倾斜入射的照明光束完全不进入成像系统,能进入成像系统的只是被照物体表面的微粒散射或衍射的光线,成像后得到的是暗视场中的那些亮的微粒像。亮视场照明和暗视场照明又都各有反射式和透射式,反射式用于不透明物体的照明,透射式用于透明物体的照明。图 7-10 表示四种不同的照明方法,分别为图 7-10(a)透射光亮视场照明、图 7-10(b)透射光暗视场照明、图 7-10(c)反射光亮视场照明和图 7-10(d)反射光暗视场照明。

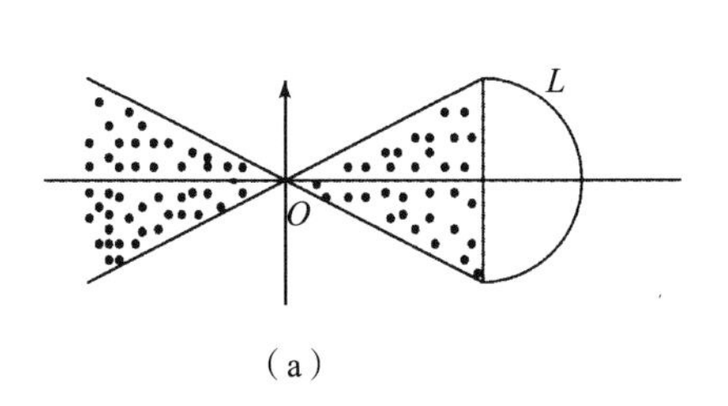

(a)

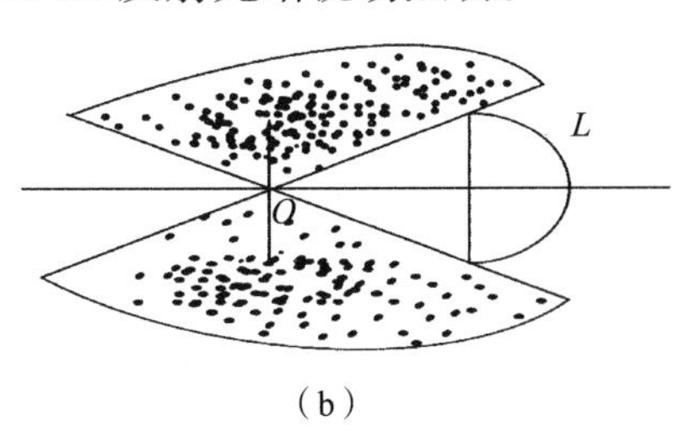

(b)

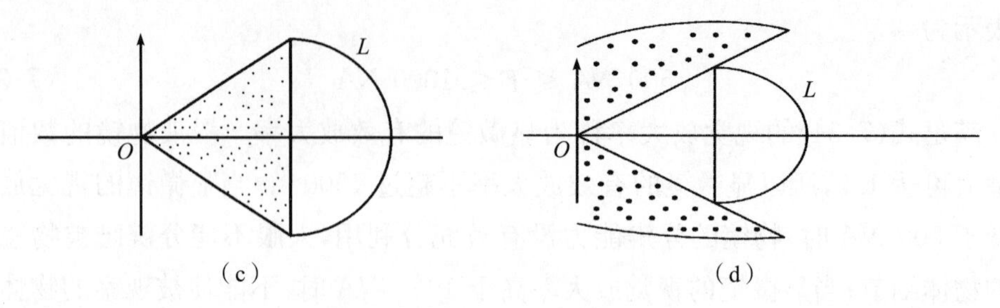

图 7-10　显微镜的四种照明方法

生物显微镜一般为透明标本,常用透射光亮视场照明。其照明方式主要分为两种,即临界照明和柯勒照明。图 7-11 和图 7-12 分别给出这两种照明方式的光路。

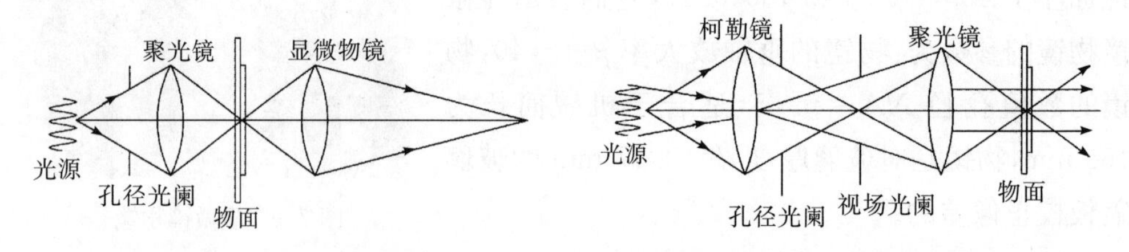

图 7-11　临界照明　　图 7-12　柯勒照明

临界照明通过聚光镜把光源的光直接成像在物平面上,因此,物体可以获得很高的亮度。与此同时,光源表面亮度的不均匀性也会直接反映在物面上,影响显微镜的观察效果。临界照明中聚光镜的出射光瞳和像方视场分别与物镜的入射光瞳和物方视场重合。当物镜的入射光瞳在无限远处时,聚光镜的孔径光阑放在其前焦平面上。

为了消除临界照明中物平面上光照度不均匀的缺点,可以采用柯勒照明的方式。柯勒照明系统由两组透镜构成,柯勒镜(照明系统前组)把照明光源放大成像在聚光镜的前焦平面上,照明系统的视场光阑位于此焦平面,聚光镜(照明系统后组)又把视场光阑成像在无限远处,即照明系统的出窗与显微镜的入瞳重合。照明系统的孔径光阑紧贴在柯勒镜后,被聚光镜成像在物平面上,即照明系统的出瞳与显微镜的入窗重合,决定了被照明的物平面的大小。由于聚光镜的孔径光阑面具有均匀的照明,将其成像在显微镜的物面上时,物体也能获得均匀的照明。柯勒照明系统与显微成像系统的配合有两点很重要,一是瞳窗要衔接,这样既能保证物体的照明范围,又可以充分利用光能;二是照明系统必须提供给被照物体足够的孔径角,从而与成像系统的数值孔径相匹配,以确保成像系统的性能。

例 7-3　如果要求读数显微镜的瞄准精度为 0.001 mm,求显微镜的有效放大率。

解　方法一:按照道威判据,有

$$NA=\frac{0.5\lambda}{\sigma}=\frac{0.5\times 0.00055}{0.001}=0.275$$

所以显微镜的极限放大率为

$$\Gamma=264NA\approx73^{\times}$$

方法二：人眼在明视距离处直接观察 0.001 mm 的物体时所对应的视角为

$$\tan\omega_{e}=\frac{0.001}{250}=4\times10^{-6}$$

经显微镜放大后，所成的像对人眼的视角要达到人眼的极限分辨角 $1'$，可得显微镜的视觉放大率应满足

$$\Gamma=\frac{\tan\omega'}{\tan\omega_{e}}=\frac{\tan1'}{4\times10^{-6}}\approx73^{\times}$$

实际放大率应是极限放大率的 2～4 倍，所以显微镜的实际视觉放大率可以取 $150^{\times}$。

例 7-4　已知显微镜目镜的视觉放大率 $\Gamma_{e}=10^{\times}$，物镜 $\beta=-2.5^{\times}$，物镜的物像共轭距 $L=180$ mm，求：

(1)目镜的焦距；

(2)物镜的焦距、物距及像距；

(3)显微镜的总视觉放大率；

(4)显微镜的总焦距。

解　(1)目镜的焦距为

$$f_{e}'=\frac{250}{\Gamma_{e}}=\frac{250}{10}\ \text{mm}=25\ \text{mm}$$

(2)设物镜的物距、像距分别为 l 和 l'，焦距为 f_{o}'，依题意可得

$$\begin{cases}-l+l'=L=180\\ \beta=\dfrac{l'}{l}=-2.5\\ \dfrac{1}{l'}-\dfrac{1}{l}=\dfrac{1}{f_{o}'}\end{cases}$$

解得：$l=-51.43$ mm，$l'=128.57$ mm，$f_{o}'=36.74$ mm

(3)显微镜的总视觉放大率为

$$\Gamma=\beta\Gamma_{e}=-2.5\times10=-25^{\times}$$

(4)显微镜的总焦距为

$$f'=\frac{250}{\Gamma}=\frac{250}{-25}\ \text{mm}=-10\ \text{mm}$$

7.4 望远镜系统

显微镜是用来观察近距离微小物体的光学仪器，而望远镜是用来观察远距离物体的光学仪器。由于物体距观察者很远，直接观察时，物体对人眼的张角小于人眼的极限分辨角，人眼看不清物体。用望远镜观察时，物体经望远镜所成的像对人眼的张角大于人眼的极限分辨角，人眼才能看清物体，所以望远镜的作用就是将视角放大。

7.4.1 两种望远镜

在第 3 章中已经介绍了望远系统的基本特点，和显微镜类似，它也是由物镜和目镜组成，物镜的像方焦点和目镜的物方焦点重合，即光学间隔 $\Delta=0$，因而望远镜是无焦系统。在整个系统中，物镜为正光组，目镜可以是正光组，也可以是负光组，前者是开普勒望远镜(如图 7-13 所示)，后者是伽利略望远镜(如图 7-14 所示)。如果将物镜和目镜都看作单透镜，则望远镜物镜到目镜的距离(称为筒长)L满足关系

$$f'_o + f'_e = L \tag{7-35}$$

1. 开普勒望远镜

图 7-13 所示为开普勒望远镜的结构示意图，远处的物体经物镜在其像方焦面上成一倒立的实像，故可在中间像的位置处放置一个分划板，用作瞄准或测量。

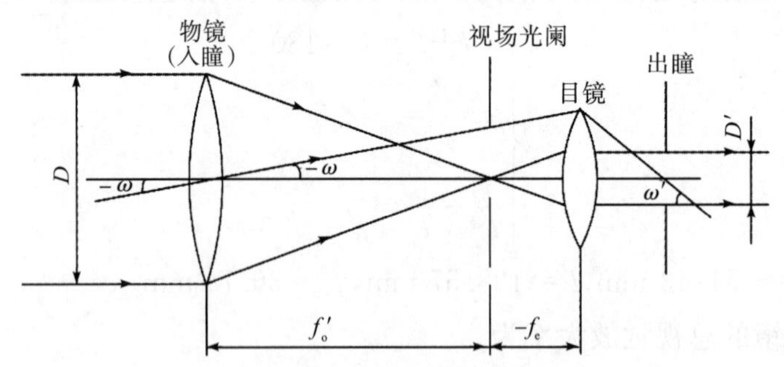

图 7-13　开普勒望远镜

开普勒望远镜的特点是：结构长，筒长为物镜和目镜的焦距之和，成倒立像。为了使像正立，需要在系统中增加正像的光组(透镜组或棱镜组)。这将增加系统的结构尺寸和复杂程度。

由于可同时用于对远距离物体的视觉放大、测量和瞄准，因此，开普勒望远镜在天文、军用、测量等方面应用较广。

2. 伽利略望远镜

图 7-14 所示为伽利略望远镜的结构示意图，远处的物体经物镜所成的像在目镜的虚焦点处，系统不能形成中间实像，因此无法安装分划板，不能应用于测量系统。伽利略望远镜由于结构短(筒长为物镜和目镜的焦距绝对值之差)，成正立像，可以方便用于远距离观察。伽利略望远镜现在常用在照相机中作为取景和测距系统，在激光应用中作为扩束系统。

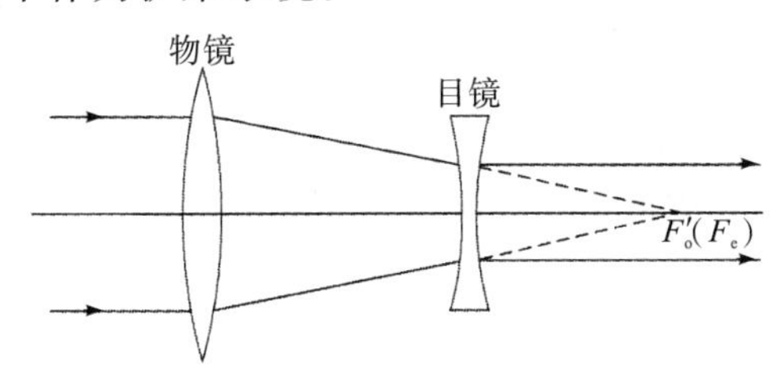

图 7-14　伽利略望远镜

7.4.2　望远镜的视觉放大率

由于望远镜是对无限远处物体成像，同一目标对人眼的张角 ω_e 与对望远镜的张角 ω 相等，即 $\omega_e=\omega$，物体经过望远镜成像在无限远处，像对人眼的张角 ω_i 又等于望远镜的像方视场角 ω'，即 $\omega_i=\omega'$，根据目视光学系统视觉放大率的定义，可得望远镜的视觉放大率为

$$\Gamma=\frac{\tan\omega_i}{\tan\omega_e}=\frac{\tan\omega'}{\tan\omega}=\gamma \tag{7-36}$$

式(7-36)表明：望远镜的视觉放大率等于其角放大率。

由图 7-13 给出的开普勒望远镜的光路图可知，望远镜的视觉放大率也可表示为

$$\Gamma=-\frac{f'_o}{f'_e}=-\frac{D}{D'} \tag{7-37}$$

式(7-37)中，D 和 D' 分别为望远镜入瞳和出瞳的大小。该式表明：望远镜的视觉放大率是光瞳垂轴放大率的倒数，即

$$\Gamma=\frac{1}{\beta} \tag{7-38}$$

由式(7-38)可知，望远镜的视觉放大率与物体的位置无关，仅与望远镜的结构有关。增大物镜的焦距，减小目镜的焦距，可以增大望远镜的视觉放大率。用望远镜观察远处物体时，人眼瞳孔需要和望远镜的出射光瞳重合，因此，目镜的焦距不能过小，不得小于 6 mm。对于开普勒望远镜，视觉放大率 Γ 为负值，即像是倒立的；对于伽利略望远镜，视觉放大率 Γ 为正值，即像是正立的。

式(7-37)表明：$|\Gamma|>1$，所以 $|\beta|<1$，即望远镜的垂轴放大率的绝对值总是小

于 1,望远镜系统对物体成缩小的像。之所以能够让人眼看清远距离的物体,是因为通过望远镜对物体视角进行了放大,而不是尺寸上放大物体。

手持望远镜由于易抖动,放大倍率一般不超过 $10^{\times}$。大地测量仪器中的望远镜的视觉放大率约为 $30^{\times}$。天文望远镜需要很高的放大倍率,所以物镜焦距很长,为了使望远镜结构更紧凑,通常用反射式结构。

7.4.3 望远镜的光束限制

1. 开普勒望远镜

在开普勒望远镜中,物镜框是孔径光阑,也是入瞳,与显微镜一样,出瞳在目镜的像方焦点以外的附近处,便于与人眼重合。为了减小系统的横向尺寸,目镜框充当了渐晕光阑,一般允许有 50%的渐晕。物镜的后焦平面上可放置分划板,分划板框即是望远镜的视场光阑。由图 7-13 可以求出,望远镜的物方视场角 ω 为

$$\tan\omega = \frac{y'}{f'_{o}} \tag{7-39}$$

式(7-39)中,y'是视场光阑,即分划板半径。由于物镜的焦距较长,开普勒望远镜的视场 2ω 一般不超过 $15°$,人眼通过开普勒望远镜观察时,必须使眼瞳位于系统的出瞳处,才能观察到望远镜的全视场。

2. 伽利略望远镜

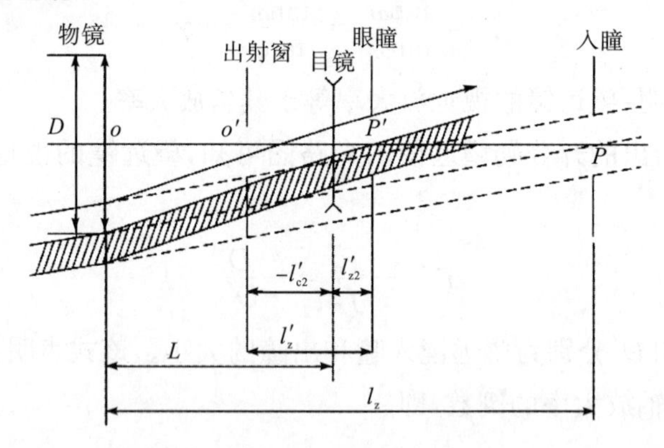

图 7-15 伽利略望远镜的光束限制

伽利略望远镜的光束限制如图 7-15 所示。在伽利略望远镜中,一般将人眼的瞳孔作为孔径光阑,又是出瞳;物镜框为视场光阑,又是入射窗。

由于视场光阑与物面不重合,因此,对大视场有渐晕现象。当视场有 50%渐晕时,其视场角为

$$\tan\omega = \frac{-D}{2l_{z}} = \frac{-D}{2\Gamma(L+\Gamma l'_{z2})} \tag{7-40}$$

式(7-40)中,$L=f'_{o}+f'_{e}$为望远镜的机械筒长,l'_{z2}为眼睛到目镜的距离。

式(7-40)说明:伽利略望远镜的视觉放大率越大,视场越小,因此,伽利略望远镜的视觉放大率一般不宜过大。

7.4.4　望远镜的分辨率和有效放大率

1. 望远镜的分辨率

望远镜系统的分辨率用极限分辨角 φ 表示。根据瑞利判据,分辨角为理想像点的艾里斑半径与物镜的焦距之比,利用式(7-29)可得

$$\varphi=\frac{a}{f'_o}=\frac{0.61\lambda}{n'\sin u' f'_o} \tag{7-41}$$

因为像空间折射率 $n'=1$, $\sin u'=\dfrac{D}{2f'_o}$,取 $\lambda=0.000550$ mm,则式(7-41)可以写成

$$\varphi=\frac{140}{D}('') \tag{7-42}$$

式(7-42)中,D 以 mm 为单位。

按照道威判据,式(7-42)可以写成

$$\varphi=\frac{120}{D}('') \tag{7-43}$$

由式(7-42)和式(7-43)可知,望远镜系统的入瞳直径 D 越大,极限分辨角越小,极限分辨率越高。

2. 望远镜系统的有效放大率

望远镜是目视光学仪器,因而也受人眼的分辨力限制,即两个观察物点通过望远镜成像后,对人眼的视角必须大于人眼的视觉分辨力 60″。因此,除了要重视提高望远镜的分辨率外,还要满足一定的视觉放大率,以符合人眼分辨力的要求。

望远镜系统的视觉放大率确定原则与显微镜系统的视觉放大率确定原则类似,视觉放大率和分辨率的关系应满足

$$\varphi\Gamma=\varphi_{\min} \tag{7-44}$$

$\varphi_{\min}$ 为人眼的极限分辨角,取 60″,将式(7-42)代入式(7-44),可得

$$\Gamma=\frac{\varphi_{\min}}{\varphi}=\frac{D}{2.3} \tag{7-45}$$

由式(7-45)求得的视觉放大率是满足分辨要求的最小视觉放大率,称为极限有效放大率。眼睛在分辨极限条件下(60″)观察物像时会感觉疲劳,故在设计望远镜时,一般比按式(7-45)求得的数值大 2～3 倍来作为工作放大率。若取 2.3 倍,则有

$$\Gamma=D \tag{7-46}$$

由式(7-46)可知,望远镜的放大率与入瞳直径要有合适的匹配关系,视觉放

大率过小，将不能充分利用望远镜的分辨力；视觉放大率过大，则不能改善分辨力，被称为无效放大。

例 7-5 有一开普勒望远镜，视觉放大率为 $6^{\times}$，物方视场角为 $2\omega=8°$，出瞳直径 $D'=5$ mm，物镜、目镜之间的距离 $L=140$ mm，假设孔径光阑与物镜框重合，系统无渐晕，求：

(1)物镜和目镜的焦距；

(2)物镜的口径；

(3)分划板的直径；

(4)目镜的口径；

(5)出瞳距离。

解 (1)由题意得

$$\begin{cases} L=f_o'+f_e'=140 \\ \Gamma=-\dfrac{f_o'}{f_e'}=-6 \end{cases}$$

解得：$f_o'=120$ mm，$f_e'=20$ mm

(2)$D=|\Gamma|D'=6\times5\text{ mm}=30\text{ mm}$

(3)此处分划板是视场光阑，因此

$$\tan\omega=\frac{y'}{f_o'},D_{分}=2|y'|=2f_o'\tan\omega=2\times120\times\tan4°=16.78(\text{mm})$$

(4)目镜无渐晕视场时

$$\tan\omega_1=\frac{0.5\left[D_2-D_1\left(\dfrac{f_e'}{f_o'}\right)\right]}{f_o'+f_e'}$$

如果分划板决定的视场角正好对应目镜从无渐晕到开始发生渐晕的临界情况，即 $\omega=\omega_1$，则

$$\begin{aligned} D_2&=2(f_o'+f_e')\tan\omega+D_1\left(\frac{f_o'}{f_e'}\right) \\ &=2\times(120+20)\times\tan4°+30\times\frac{20}{120}=24.58(\text{mm}) \end{aligned}$$

(5)孔径光阑与物镜框重合，故出瞳就是物镜框对目镜所成的像，出瞳距为

$$l'=\frac{D'}{D}l\approx23.33\text{ mm}$$

7.5　摄影光学系统

摄影光学系统由摄影物镜和接收器件构成。接收器件包括感光胶片、CCD、电子光学变像管或电视摄像管等。目前,在生活生产中广泛使用的摄影光学系统有传统光学照相机、电视摄像机、CCD摄像机、数码照相机、显微照相系统、制版光学系统、航空摄影系统、水下摄影系统、空中侦察系统、测绘光学系统和信息处理系统等。

摄影物镜的作用是把外界景物成像在感光胶片或CCD等接收器上,从而在接收器上获得景物的像。摄影物镜的光学特性由焦距 f'、相对孔径$\frac{D}{f'}$和视场角 2ω 表示。分辨率也是摄影物镜的重要光学参数。

1. 焦距与视场

物镜的焦距决定成像的大小。对于相同目标,焦距越大,所成像的尺寸越大。当拍摄远处物体时,像的大小为

$$y' = -f'\tan\omega \tag{7-47}$$

当拍摄近处物体时,像的大小可表示为

$$y' = y\beta = y\frac{f'}{x} \tag{7-48}$$

由式(7-47)和式(7-48)可知,不管是拍摄远处物体还是近处物体,像的大小均与摄影物镜的焦距 f'成正比,因此,增大物镜的焦距 f',可以获得大比例的像,如航摄镜头的焦距可达数百毫米甚至数米。

摄影物镜的感光元件框是摄影光学系统的视场光阑和出射窗,它决定了摄影光学系统的成像范围,即最大成像尺寸。当接收器的最大横向尺寸 y_{max}确定后,则拍摄远处物体时,最大视场角为

$$\tan\omega_{max} = \frac{y'_{max}}{2f'} \tag{7-49}$$

当拍摄近处物体时,像的大小由物镜的垂轴放大率决定。

$$y = \frac{y'_{max}}{f'}x \tag{7-50}$$

在式(7-49)和式(7-50)中,y'_{max}为底片的对角线长度。由上面两式可知,在接收器的尺寸确定以后,摄影物镜的焦距越小,相应的视场就越大,对应的物镜称为广角物镜;相反,焦距越大,相应的视场就越小,对应的物镜称为远摄物镜。

表7-3给出了一些常见摄影胶片和CCD(CMOS)的尺寸规格。

表 7-3　一些常见摄影胶片和 CCD(CMOS)的尺寸规格

名称	尺寸(长×宽/mm×mm)	名称	尺寸(长×宽/mm×mm)
135 胶片	36×24	(1/6)″CCD(CMOS)	2.4×1.8
120 胶片	60×60	(1/4)″CCD(CMOS)	3.2×2.4
APS 胶片	30×17	(1/3)″CCD(CMOS)	4.8×3.6
16 mm 电影胶片	10.4×7.5	(1/2)″CCD(CMOS)	6.4×4.8
35 mm 电影胶片	22×16	(2/3)″CCD(CMOS)	8.8×6.6
航摄胶片	180×180	(1)″CCD(CMOS)	12.8×9.6
	230×230		

2. 相对孔径与像面照度

摄影系统的像面照度由物镜的相对孔径决定，根据光度学理论，当物体在无限远处时，像面中心的照度 E' 可表示为

$$E' = \frac{1}{4}\tau\pi L\left(\frac{D}{f'}\right)^2 \tag{7-51}$$

式(7-51)中，τ 为摄影系统的透射比，L 为物体的亮度，$\frac{D}{f'}$ 为物镜的相对孔径。该式也说明，像面中心的照度 E' 与物镜的相对孔径的平方成正比。

对于大视场物镜，相比视场中心，视场边缘的照度要小得多，可表示为

$$E'_{\mathrm{M}} = E'\cos^4\omega \tag{7-52}$$

式(7-52)中，ω 为 M 点的像方视场角。

相对孔径的倒数称为光圈数，用 F 表示。由于像面照度与相对孔径的平方成正比，因此，相对孔径按 $\sqrt{2}$ 的等比级数变化，光圈数 F 按 $\frac{1}{\sqrt{2}}$ 的等比级数变化，而像面光照度按 2 的等比级数变化。国家标准规定按表 7-4 来对光圈数进行分档。

表 7-4　光圈数分档情况表

$\frac{D}{f'}$	1∶1.4	1∶2	1∶2.8	1∶4	1∶5.6	1∶8	1∶11	1∶16	1∶22
F	1.4	2	2.8	4	5.6	8	11	16	22

3. 分辨率

摄影系统的分辨率是以像平面上每毫米能够分辨开的线对数来表示的，其大小由物镜的分辨率和接收器的分辨率来决定。假设物镜的分辨率为 N_{L}，接收器的分辨率为 N_{r}，按经验公式，摄影系统的分辨率 N 可表示为

$$\frac{1}{N} = \frac{1}{N_{\mathrm{L}}} + \frac{1}{N_{\mathrm{r}}} \tag{7-53}$$

根据瑞利判据，物镜的理论分辨率为

$$N_{\mathrm{L}} = \frac{1}{\sigma} = \frac{D}{1.22\lambda f'} \tag{7-54}$$

取 $\lambda=0.555\ \mu\mathrm{m}$，则

$$N_{\mathrm{L}} = 1475\frac{D}{f'} = \frac{1475}{F} \tag{7-55}$$

式(7-55)中，F 称为物镜的光圈数。式(7-55)表明：物镜的理论分辨率与相对孔径 $\frac{D}{f'}$ 成正比，与光圈数 F 成反比。

因为摄影物镜存在较大的像差，而且有衍射效应的存在，所以物镜的实际分辨力比理论分辨力要低。此外，被摄目标的对比度也会影响物镜的分辨率，如果用同一摄影物镜对不同对比度的目标(分辨率板)进行测试，其分辨率值是不相同的。基于这种情况，评价摄影物镜像质的科学方法是利用光学传递函数(OTF)。

7.6　投影光学系统

为了便于人眼观察，通常将物体以一定大小倍率成实像于屏幕上，能够完成这一目的的光学系统称为投影光学系统。例如，电影放映机、照相放大机、测量投影仪、微缩胶片阅读仪等都属于投影光学系统。

7.6.1　投影物镜的光学特性

投影物镜是投影光学系统中的关键部件，投影物镜的光学特性主要包括放大率、视场、焦距和相对孔径等。

垂轴放大率是指屏幕尺寸与图片尺寸的比值，即 $\beta=\frac{y'}{y}$。

焦距可表示为

$$f' = \frac{\beta L}{-(\beta-1)^2} = \frac{l'}{1-\beta} \tag{7-56}$$

式(7-56)中，L 为物像共轭距，l' 为像距。

像方视场角 ω' 满足

$$\tan\omega' = \frac{y'}{l'} = \frac{\beta y}{f'(1-\beta)} \tag{7-57}$$

利用光度学理论，令光瞳放大率为 1，则相对孔径为

$$\frac{D}{f'} = \frac{2(1-\beta)}{\sqrt{\frac{E'}{\tau\pi L}}} \tag{7-58}$$

7.6.2 投影光学系统的基本参数

投影光学系统的使用目的不同，其技术要求也不一样。例如，图片投影仪要求照明较强，测量投影仪要求像面无畸变，并且都要求在像面上有足够的亮度。投影光学系统接收屏的像面亮度 L 与接收屏的照度 E' 及屏幕反射比 ρ 有关。实验研究表明，接收屏的亮度根据其不同用途而有不同的要求，例如，电影投影 $L=(25\sim50)\times10^4\ \mathrm{cd/m^2}$，幻灯片投影 $L=(3\sim50)\times10^4\ \mathrm{cd/m^2}$，反射投影 $L=(1\sim5)\times10^4\ \mathrm{cd/m^2}$。

已知屏幕的反射比 ρ 和亮度 L，则可以求得接收屏所需的照度为

$$E'=\frac{\pi L}{\rho} \tag{7-59}$$

在接收屏屏幕表面发生的是漫反射，不同材料表面发生漫反射的反射比 ρ 是不一样的。例如，白色理想的漫射屏 $\rho=1$，碳酸钡制作的屏 $\rho=0.8$，白色的胶纸 $\rho=0.72$。

式(7-59)具有重要的实际应用意义，因为在我们周围的绝大部分物体都是通过反射光发光的，用其亮度来确定其辐射，从而可以确定入射到光屏的光通量 Φ'。设屏的面积为 S，则

$$\Phi'=E'S \tag{7-60}$$

通过选择光源和投影系统相应的参数来保证光通量 Φ'。例如，在电影放映机中，入射到屏幕的光通量 Φ' 是光源光通量 Φ_0 的 $0.01\sim0.05$，即 $\Phi'=0.01\sim0.05\Phi_0$。

如果光源仅给出光通量大小和发光体尺寸 $\mathrm{d}S$，那么对于平面发光的物体，发光强度(法线方向)和亮度为

$$\Phi_0=2\pi L\mathrm{d}S=2\pi I \tag{7-61}$$

或者

$$I=\frac{\Phi_0}{2\pi} \tag{7-62}$$

对于点光源，发光强度为

$$I=\frac{\Phi_0}{4\pi} \tag{7-63}$$

7.6.3 投影物镜的结构型式

投影物镜的基本结构型式属于照相物镜类型，将普通照相物镜进行倒置使用时，即可当作投影系统。

投影物镜的结构型式与仪器的用途和使用要求有关。例如，作为计量仪器用

的投影系统，一般采用物方远心光路，以减少因调焦不准而产生的瞄准误差。当被测件高度差较大时，为能测量零件较低位置处的尺寸或表面缺陷，要求工作距离较大，物镜可以采用长工作距离的远摄物镜型式。读数投影系统就不必采用长工作距离的远摄物镜型式，因为它是对平面分划板瞄准。

放映物镜是用于放映仪器中的一种成像投影系统，它把一张图片成像在较大的屏幕上，其作用相当于倒置的照相物镜。

7.7　目　镜

7.7.1　目镜的光学参数

目镜的作用与放大镜的作用类似，即把物镜所成的像进一步放大，成像在人眼的远点或明视距离处供人眼观察。目镜的主要光学参数有焦距 f'_e、视场角 $2\omega'$、镜目距 P' 和工作距 l_F，下面以望远镜为例来分析目镜的光学参数。

1. 视场角 $2\omega'$

望远镜目镜的视场角 $2\omega'$ 由望远镜的视觉放大率 Γ 和物方视场角 2ω 决定，即

$$\tan\omega' = \Gamma\tan\omega \tag{7-64}$$

一般目镜视场角 ω' 为 40°～50°，广角目镜为 60°～80°，甚至超过 90°，双目仪器的目镜视场角一般不超过 75°。

2. 镜目距 P'

目镜后表面的顶点到出瞳的距离称为镜目距 P'，镜目距与目镜焦距之比称为相对镜目距。物镜为孔径光阑，出瞳位于目镜的后焦面附近靠近焦点的位置，出瞳直径一般为 2～4 mm。为了提高测量仪器的测量精度，测量仪器的出瞳的直径可以小于 2 mm。军用仪器的出瞳直径较大，这是为了满足极其困难情况下的观察条件。

根据牛顿公式可得

$$P' - f'_e = \frac{f'^2_e}{f'_o} = \frac{f'_e}{\Gamma}$$

所以，可以得到镜目距为

$$P' = f'_e + \frac{f'_e}{\Gamma}$$

相对镜目距为

$$\frac{P'}{f'_e} = 1 + \frac{1}{\Gamma} \tag{7-65}$$

式(7-65)表明：当望远镜的视觉放大率 Γ 较大时，镜目距 P' 与目镜的像方焦

距近似相等，以便使不同视场的光束都能进入眼瞳中。目视仪器的使用要求不同，镜目距的大小要求也不一样，但为了方便人眼观察，最短不得小于 6 mm。

3. 工作距 l_F

目镜的工作距 l_F 是指目镜第一面的顶点到其物方焦平面的距离。系统的视场光阑位于目镜的前焦平面上附近。为了满足近视眼和远视眼观察的需要，目镜应有一定的视度调节能力。因此，工作距离要大于视度调节的深度，视度的调节范围一般在±5 D(即±5 屈光度)。

目镜相对于视场光阑(分划板)的移动量 x 为

$$x=\frac{\pm 5 f_{\mathrm{e}}'^{2}}{1000}\ \mathrm{mm} \tag{7-66}$$

综上所述，目镜是一种小孔径、大视场、短焦距的光学系统，目镜的这些光学特性决定了目镜的像差特性。即目镜的轴上点像差不大，很容易使球差和轴上色差满足要求。而轴外像差很严重，五种轴外像差中，慧差、像散、场曲和垂轴色差对目镜的影响较大。但总的来说，目镜对轴外像差的要求不是非常严格。通常，在大视场目镜的使用中，多以扩大视场来搜索目标，然后把目标转移到视场中心来进行观察和瞄准。因此，在搜索目标时，不一定要求非常清晰，对目镜边缘视场的像差可以放宽。

7.7.2 几种典型的目镜

1. 惠更斯目镜

图 7-16 所示为惠更斯目镜的结构示意图。惠更斯目镜由两块平凸透镜组成，透镜 L_1 为场镜，透镜 L_2 为接目镜，两块透镜的焦距分别为 f_1' 和 f_2'，间隔为 d，场镜所成的像平面即为接目镜的物平面(接目镜的物方焦平面)。

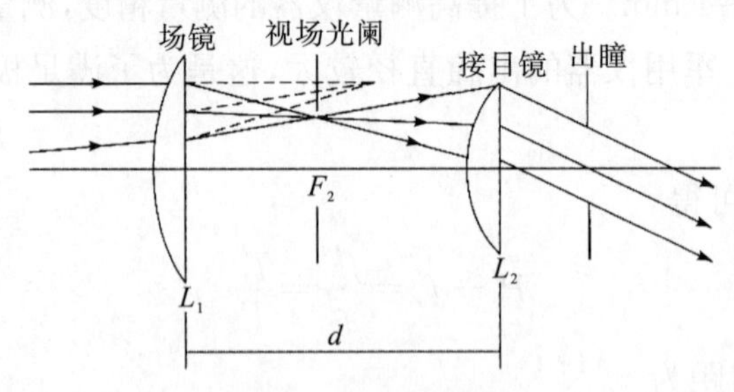

图 7-16 惠更斯目镜

场镜和接目镜的像差是相互补偿的，从目镜中观察到的物体的像和分划板的像不可能都是清晰的，所以惠更斯目镜不宜在视场光阑平面上设置分划板，或者说，惠更斯目镜不宜用在测量仪器中，而常用于观察仪器中。惠更斯目镜的视场角为 $2\omega'=40°\sim50°$，相对镜目距约为 1/3，焦距不小于 15 mm。

2. 冉斯登目镜

冉斯登目镜的结构示意图如图 7-17 所示。冉斯登目镜由两块凸面相对的平凸透镜组成,其间距小于惠更斯目镜两透镜的间隔。

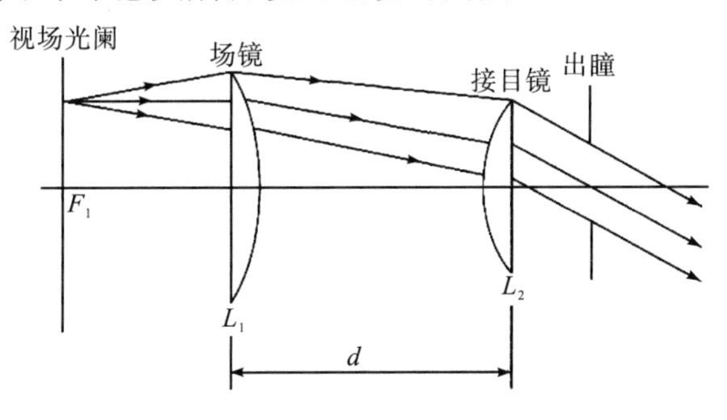

图 7-17　冉斯登目镜

在成像质量上,由于间隔小,因此冉斯登目镜的场曲比惠更斯目镜小。冉斯登目镜的场镜平面朝向物镜,由物镜射出的主光线近似垂直于场镜平面,这有利于校正慧差和像散。

冉斯登目镜的出瞳直径和镜目距都不大,可以放置分划板用于测试仪器中,冉斯登目镜的视场角为 $2\omega'=30°\sim40°$,相对镜目距约为$\frac{1}{4}$。

3. 凯涅尔目镜

凯涅尔目镜的结构示意图如图 7-18 所示。与冉斯登目镜不同的是,其接目镜改成了双胶合透镜,把接目镜改成双胶合透镜后,能在校正慧差和像散的同时,校正好垂轴色差。凯涅尔目镜的成像质量比冉斯登目镜好,视场扩大了,出瞳距也变大了,其视场角为 $2\omega'=40°\sim50°$,相对镜目距约为$\frac{1}{2}$。

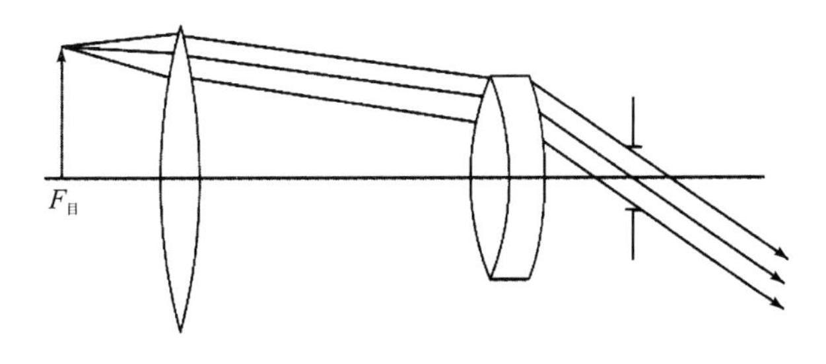

图 7-18　凯涅尔目镜

4. 对称式目镜

对称式目镜是应用非常广泛的中等视场目镜,它的场镜和接目镜均由两个双胶合透镜组成,这两个双胶合透镜结构相同,结构示意图如图 7-19 所示。对称式目镜要求每组双胶合透镜自行校正色差,这样垂轴像差随之校正。这种目镜还能校正慧差和像散。

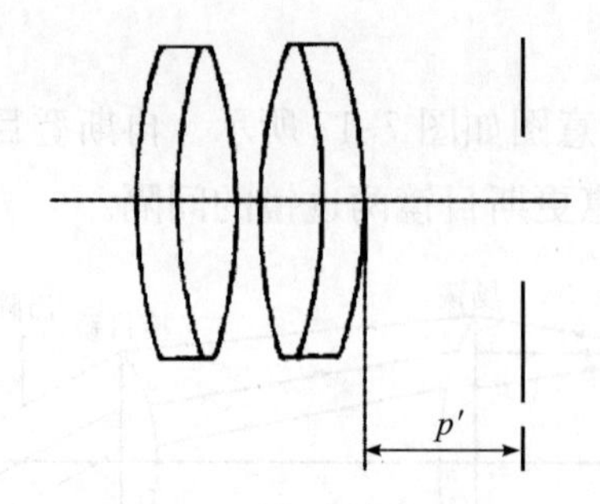

图 7-19　对称式目镜

与前几种目镜相比，对称式目镜结构更紧凑，因此场曲更小。但由于胶合面的半径较小，产生的高级像差大，限制了这种目镜的视场，其视场角为 $2\omega'=40°\sim42°$，相对镜目距为 $\frac{1}{1.3}$。

习题 7

7-1　一个人近视程度是 -3D(屈光度)，调节范围是 8D，求：

(1)其远点距离；

(2)其近点距离；

(3)佩戴 100 度的近视镜，求该镜的焦距；

(4)戴上该近视镜后，看清的远点距离；

(5)戴上该近视镜后，看清的近点距离。

7-2　光焦度等于 10 折光度的放大镜，其焦距是多少？若眼睛到它的距离为 125 mm，物体经过放大镜成像在明视距离处，放大镜的视放大率是多少？

7-3　放大镜焦距 $f'=25$ mm，通光孔径为 18 mm，眼睛距放大镜距离为50 mm，像距离眼睛的明视距离为 250 mm，渐晕系数 $K=50\%$，试求：

(1)视觉放大率；

(2)线视场；

(3)物体的位置。

7-4　一个视觉放大率为 10 倍的放大镜，通光口径为 20 mm，人眼离透镜15 mm，眼瞳直径为 3 mm，试求：

(1)无渐晕时，人眼观察到的线视场；

(2)渐晕系数为 0.5 时，人眼观察到的线视场。

7-5　一生物显微镜物镜的垂轴放大率 $\beta=-4$，数值孔径 $NA=0.2$，物像共轭距离 $L=195$ mm，物镜框为孔径光阑，目镜焦距 $f_e'=25$ mm，求：

(1)显微镜的视觉放大率；

(2)出射光瞳直径；

(3)出射光瞳距离(镜目距)；

(4)斜入射照明时,$\lambda=0.00055$ mm,求显微镜的分辨率;

(5)物镜通光孔径;

(6)设物高 $2y=6$ mm,渐晕系数为 50%,求目镜的通光孔径。

7-6　已知显微镜目镜 $\Gamma_e=15^{\times}$,物镜 $\beta=-3$,共轭距离 $L=180$ mm,求:

(1)目镜的焦距;

(2)物镜的焦距及物、像方截距;

(3)显微镜总视觉放大率;

(4)显微镜的总焦距;

(5)如果把显微镜看成一个组合系统,求其光学间隔。

7-7　有一生物显微镜,物镜数值孔径 $NA=0.3$,物高 $2y=0.6$ mm,照明灯丝面积为 1.2 mm×1.2 mm,灯丝到物面的距离为 100 mm,采用临界照明,求:

(1)聚光镜的焦距;

(2)聚光镜的通光孔径。

7-8　欲分辨 0.000725 mm 的微小物体,使用波长为 $\lambda=0.00055$ mm 的单色光斜入射照明,求:

(1)显微镜视觉放大率的最小值;

(2)数值孔径为多少合适?

7-9　已知开普勒望远镜的视觉放大率 $\Gamma=-6^{\times}$,视场角 $2\omega=6°$。出瞳直径 $D'=4$ mm,出瞳距 $l'_z=13$ mm。设物镜为孔径光阑,求:

(1)物镜的通光口径;

(2)视场光阑的口径;

(3)不渐晕时目镜的通光口径。

7-10　为看清 10 km 处相隔 100 mm 的两个物点,试求:

(1)望远镜至少选用多大的视觉放大率(正常放大率)?

(2)筒长为 465 mm,求物镜和目镜的焦距。

(3)保证人眼的分辨力(60″)能观察到目标,物镜口径应为多少?

(4)物方视场角 $2\omega=2°$,则像方视场角 $2\omega'$是多少?

(5)若视度调节±5 屈光度,则目镜移动多少距离?

7-11　用于观察和测量的读数显微镜,其物镜和目镜放大倍率分别为 3 倍和 10 倍。试求:

(1)显微镜的总放大率,并分析像的正倒。

(2)如果物镜共轭距为 180 mm,物镜的物距和焦距各为多少?

(3)物镜数值孔径为 0.15,求能分辨的最小物体尺寸(工作波长为 550 nm)。

(4)近视 200 度的人使用该仪器(不戴眼镜)时,目镜的位置应怎样调节?

(5)物镜框为孔径光阑时,人眼眼瞳应位于何处?

7-12　设计一个激光扩束器,其扩束比为 $10^{\times}$,筒长为 220 mm,试求:

(1)两子系统的焦距 f'_1和 f'_2。

(2)激光扩束器应校正什么像差?

(3)若用两个薄透镜组成扩束器,求透镜的半径(设 $n=1.6$,$r_2=r_3=\infty$)。

7-13　有一照相物镜,其相对孔径为$\dfrac{D}{f'}=\dfrac{1}{2.8}$,按理论分辨力计算,能分辨多少线对?

第 8 章　现代光学系统

随着光学技术的快速发展，以及新的光源（激光）、低损耗传输媒介（光纤）和高效率接收器件的出现，产生了许多新型的光学系统，包括激光光学系统、光纤光学系统、扫描光学系统和红外光学系统等。本章将简要介绍激光光学系统和光纤光学系统。

8.1　激光光学系统

激光是 20 世纪 60 年代人类重大的科技发明成果，因其具有单色性好、方向性强、亮度高等特性而被广泛应用于工业生产、通信、信息处理、医疗美容、3D 传感、军事、文化教育以及科研等方面。激光产业正从原本一个非常“小众”的市场变得越来越“大众化”，其潜在的发展空间和发展前景非常诱人。

在激光应用中，都需要对激光束进行传输，因此，研究激光束在介质中的传输形式和传输规律，根据不同的需要设计出实用的激光光学系统，是激光技术应用的一个重要问题。本节将介绍高斯光束的特性、高斯光束的传输特性、高斯光束的透镜变换以及激光光束的聚焦和扩束的基本规律。

8.1.1　高斯光束的特性

前面分析理想光学系统对物体成像时，我们认为物体发出的是均匀光束，即它们的等相位面（波阵面）上各点的光强分布都是均匀的，或者说光束波阵面上各点振幅相等。激光这一特殊光源的光束截面内的光强分布不均匀，即光束波阵面上各点振幅不相等，光束波阵面上各点的振幅 A 相对于中心点的距离 r 呈高斯分布，可表示为

$$A(r) = A_0 \exp\left(-\frac{r^2}{\omega^2}\right) \tag{8-1}$$

式(8-1)中，A_0 为光束截面中心点振幅；r 为光束截面半径；ω 为高斯光束的光斑半径。从式(8-1)中可以看出，光束波面上的振幅 A 随 r 呈高斯(Gauss)型函数分布，所以激光束又称为高斯光束。图 8-1 所示为激光束的高斯截面分布曲线，从图中可以看出，

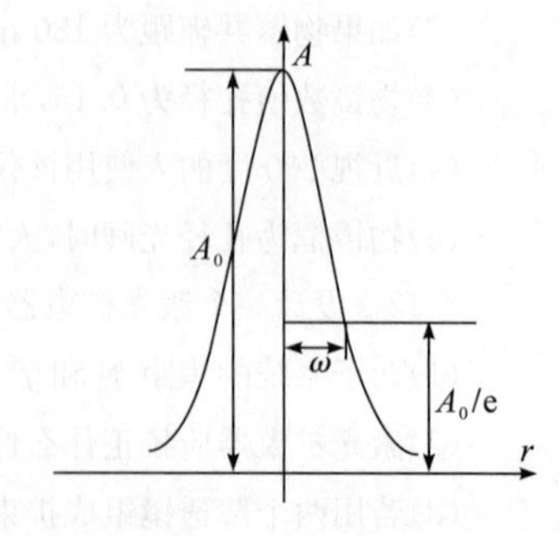

图 8-1　激光束的高斯截面分布

高斯光束的截面中心处(即 $r=0$ 处)振幅最大(A_0),随着 r 的增大,振幅逐渐减小并趋向于 0。此时,振幅下降到高斯光束的截面中心处的$\frac{1}{e}$,我们把该半径$r=\omega$定义为高斯光束的光斑半径,即当 $r=\omega$ 时,高斯光束的振幅为

$$A=\frac{A_0}{e} \tag{8-2}$$

8.1.2　高斯光束的传输特性

1. 高斯光束在空间传输的场分布函数

在均匀透明的介质中,高斯光束沿 z 轴方向传播的光场分布可表示为

$$E=\frac{c}{\omega(z)}\cdot e^{-\frac{r^2}{\omega^2(z)}}\cdot e^{-ik\left[z+\frac{r^2}{2R(z)}+\varphi(z)\right]} \tag{8-3}$$

式(8-3)中,c 为常数因子;$r^2=x^2+y^2$,$k=\frac{2\pi}{\lambda}$为波数,$\omega(z)$、$R(z)$和 $\varphi(z)$是高斯光束传播中的三个重要参数,分别为高斯光束的截面半径、波面曲率半径和位相因子。

2. 高斯光束的截面半径

高斯光束的截面半径 $\omega(z)$随传播距离 z 的变化关系可表示为

$$\omega(z)=\omega_0\left[1+\left(\frac{\lambda z}{\pi\omega_0^2}\right)^2\right]^{\frac{1}{2}} \tag{8-4}$$

由式(8-4)可以看出,$\omega(z)$与光束的传播距离 z、波长 λ 和 ω_0 有关。图 8-2 所示为 $\omega(z)$随 z 变化的关系曲线,其轨迹为一对双曲线,高斯光束在均匀透明的介质中的传播与同心光束或平行光束在均匀透明的介质中的传播不一样。当 $z=0$ 时,$\omega(0)=\omega_0$,是高斯光束的光斑半径的最小值,我们称之为高斯光束的束腰。显然,式(8-4)中 z 的坐标原点就取在高斯光束的束腰处。

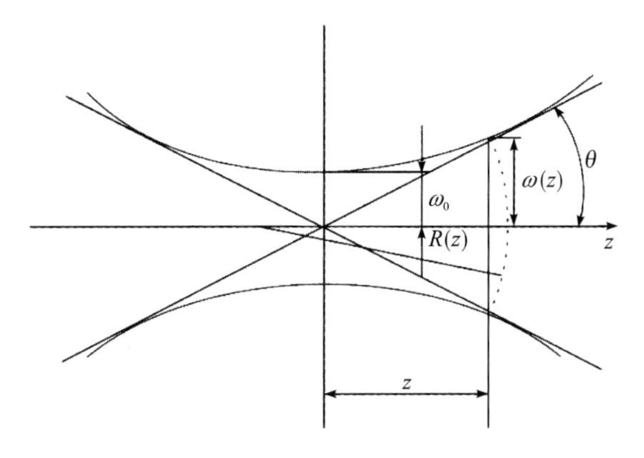

图 8-2　高斯光束的传播

3. 高斯光束的波面曲率半径

高斯光束的波面曲率半径 $R(z)$随传播距离 z 的变化关系可表示为

$$R(z) = z\left[1+\left(\frac{\pi\omega_0^2}{\lambda z}\right)^2\right] \tag{8-5}$$

在式(8-5)中,当 $z=0$ 时,$R(0)=\infty$,即高斯光束在束腰位置,激光束为平面波。下面来分析 $R(z)$随传播距离 z 的变化规律。

把 $R(z)$对 z 求导并令其为 0,即

$$\frac{\mathrm{d}R(z)}{\mathrm{d}z} = 1-\frac{\pi^2\omega_0^4}{\lambda^2 z^2} = 0 \tag{8-6}$$

解式(8-6),可得 $R(z)$取极小值的条件为

$$z = \pm\frac{\pi\omega_0^2}{\lambda} \tag{8-7}$$

把式(8-7)代入式(8-5)中,可得 $R(z)$的极小值为

$$R(z) = \pm 2\frac{\pi\omega_0^2}{\lambda} \tag{8-8}$$

当 $z=\infty$时,$R(z)\to\infty$,高斯光束的波面变成平面波。所以高斯光束在传播的过程中,光束波面的曲率半径由无穷大逐渐变小,达到极小值后又开始变大,最后又变成无穷大。

4. 高斯光束的相位因子

高斯光束的相位因子 $\Phi(z)$随传播距离 z 的变化关系可表示为

$$\Phi(z) = \arctan\frac{\lambda z}{\pi\omega_0^2} \tag{8-9}$$

激光光束的发散角描述了光束的发散程度,从图 8-2 可以看出,高斯光束的发散角用光斑半径分布双曲线的渐近线与 z 轴的夹角 θ 来表示,显然 θ 可用下式进行计算

$$\tan\theta = \lim\frac{\mathrm{d}\omega}{\mathrm{d}z} \tag{8-10}$$

把式(8-4)对 z 求导,并令 $z\to\infty$得

$$\tan\theta = \frac{\lambda}{\pi\omega_0} \tag{8-11}$$

高斯光束的发散角 θ 通常又称为高斯光束的孔径角。

5. 高斯光束传播的复参数表示

从式(8-4)和式(8-5)可以看出,激光束的结构需用两个参数来描述,即光斑半径 $\omega(z)$和波面的曲率半径 $R(z)$。而对于普通光源发出的光波,只需要用一个半径参数就能给出光束的结构。因此,给激光束引入一个复参量 $q(z)$,该复参量的实部和虚部分别对应波面曲率半径 $R(z)$和光斑半径 $\omega(z)$,这样就可以用一个

复参量来唯一地描述一种激光束，即

$$\frac{1}{q(z)}=\frac{1}{R(z)}-i\frac{\lambda}{\pi\omega^2(z)} \tag{8-12}$$

当 $z=0$ 时（束腰位置），$R(0)=\infty$，$\omega(0)=\omega_0$，于是有

$$q(0)=q_0=i\frac{\pi\omega_0^2}{\lambda} \tag{8-13}$$

将式(8-4)、式(8-5)和式(8-13)代入式(8-12)并化简，可得

$$q(z)=q_0+z \tag{8-14}$$

同心球面波沿 z 轴传播时，曲率半径可表示为：$R=R_0+z$。与式(8-13)对比可知，高斯光束的复曲率半径和同心球面波的波面曲率半径 R 的作用是相同的。

8.1.3　高斯光束的透镜变换

在实际应用中，通常需要利用透镜对激光光束进行改造，如聚焦、准直、扩束等。

在理想光学系统中，物像距变换近轴公式为

$$\frac{1}{l'}-\frac{1}{l}=\frac{1}{f'} \tag{8-15}$$

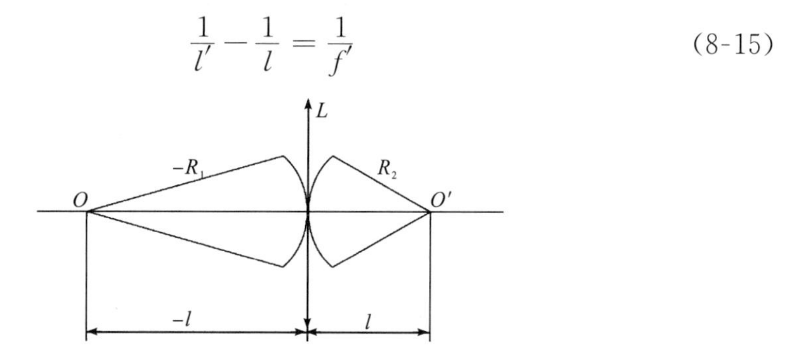

图 8-3　球面波经透镜变换

如图 8-3 所示，发散球面波从光轴上的一点 O 发出，经正透镜 L 后，变成会聚球面波与光轴相交于点 O'。从图中可以看出，到达透镜 L 前的发散球面波的曲率半径为 R_1，离开透镜 L 后汇聚于 O' 点的会聚球面波的曲率半径为 R_2，代入物像距变换近轴公式得

$$\frac{1}{R_2}-\frac{1}{R_1}=\frac{1}{f'} \tag{8-16}$$

式(8-16)说明：发散的球面波经过焦距为 f' 的正透镜变换后，变换成一个会聚球面波，这两个球面波的曲率半径分别为 R_1 和 R_2，一般而言，$R_1\neq R_2$，并且 R_1 和 R_2 之间满足物像距变换近轴公式(8-16)。

由几何光学的理论可以证明，高斯光束经过透镜变换后，其出射光束仍然是高斯光束。下面来讨论决定高斯光束性质的参数通过透镜的变换。

在近轴区域，高斯光束的波面可以看作一个球面波。如图 8-4 所示，传播到透镜 L 之前时，高斯光束的波面曲率半径为 R_1，曲率中心为 C，经过透镜 L 后，高斯光束的出射波面的曲率中心为 C' 点，曲率半径为 R_2，曲率中心 C 和 C' 点是一对物像共轭点，满足式(8-16)。

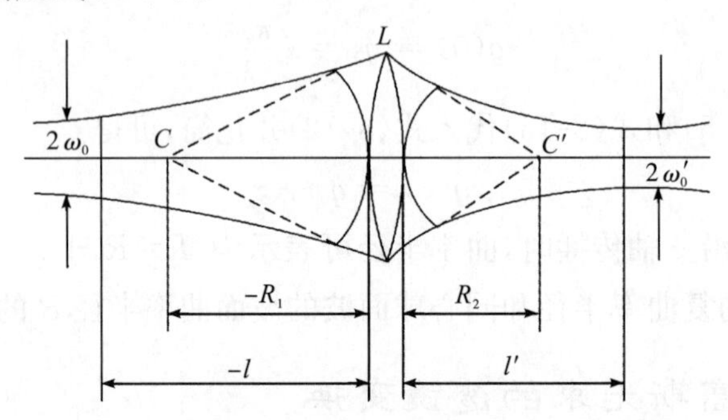

图 8-4 高斯光束经透镜的变换

需要注意的是，由式(8-5)可知，一般情况下，$R(z)\neq z$，只有在 $z\to\infty$ 的情况下才满足 $R(z)=z$，所以图 8-4 中的 l 和 l' 并不满足式(8-15)，即高斯光束在透镜变换前后的束腰位置并不满足物像距变换近轴公式。

由式(8-12)可得

$$\frac{1}{R(z)}=\frac{1}{q(z)}+i\frac{\lambda}{\pi\omega^2(z)} \tag{8-17}$$

把式(8-17)代入式(8-16)，可得

$$\frac{1}{q_2}-\frac{1}{q_1}=\frac{1}{f'} \tag{8-18}$$

式(8-18)说明：描述高斯光束的复参数 q 也满足物像距变换近轴公式。

当透镜为薄透镜时，高斯光束在透镜变换前后具有相同的通光口径，即

$$\omega_2=\omega_1 \tag{8-19}$$

式(8-19)中，ω_1 和 ω_2 分别为高斯光束在透镜变换前后的光束截面半径。

在知道物方高斯光束的束腰半径 ω_0 及束腰到透镜的距离 z 的情况下，能够求得经过透镜变换后的高斯光束的束腰半径 ω_0' 和束腰到透镜的距离 z'。具体的求解过程为：首先用式(8-4)和式(8-5)确定高斯光束在到达透镜之前的波面曲率半径 R_1 和光束截面半径 ω_1；然后利用透镜变换公式(8-18)和式(8-19)，计算得到出射高斯光束的波面曲率半径 R_2 和光束截面半径 ω_2；最后再由式(8-4)和式(8-5)计算变换后的高斯光束的束腰半径 ω_0' 及其位置 z'。

必须强调的是，式(8-16)所描述的物像变换并非是高斯光束的束腰变换，不能简单地将物像方高斯光束的束腰看作一对共轭关系。变换后的束腰位置和束腰半径必须按照上述所给出的方法进行计算。

最终求得变换后的高斯光束的束腰位置 z' 和束腰半径 ω_0' 满足

$$z' = f' \frac{z(f'+z) + \left(\frac{\pi\omega_0^2}{\lambda}\right)^2}{(f'+z)^2 + \left(\frac{\pi\omega_0^2}{\lambda}\right)^2} \tag{8-20}$$

$$\omega_0'^2 = \frac{f'^2\omega_0^2}{(f'+z)^2 + \left(\frac{\pi\omega_0^2}{\lambda}\right)^2} \tag{8-21}$$

(1)当高斯光束的束腰与透镜的距离很大,即$(f'+z) \gg \frac{\pi\omega_0^2}{\lambda}$时,将式(8-21)化简可得

$$z' \approx f' \frac{z}{f'+z} \tag{8-22}$$

式(8-22)两边分别取倒数可得

$$\frac{1}{z'} - \frac{1}{z} = \frac{1}{f'} \tag{8-23}$$

式(8-23)说明:当束腰位置离透镜很远时,高斯光束经透镜变换后的束腰位置可用理想光学系统物像距变换近轴公式进行计算。

式(8-21)可变为

$$\omega_0'^2 = \frac{f'^2\omega_0^2}{(f'+z)^2} \tag{8-24}$$

利用近轴光学成像的牛顿公式,可得高斯光束经透镜变换前后的束腰半径的垂轴放大率为

$$\beta = \frac{\omega_0'}{\omega_0} = \frac{f'}{f'+z} = \frac{z'}{z} \tag{8-25}$$

(2)当高斯光束的束腰位于透镜的物方焦平面上时,即 $z=-f'$,把 $z=-f'$ 代入式(8-20)和式(8-21),可得

$$\begin{cases} z' = f' \\ \omega_0' = \dfrac{\lambda}{\pi\omega_0} f' \end{cases} \tag{8-26}$$

式(8-26)表明:经透镜变换后的高斯光束的束腰位于透镜的像方焦平面上。同时,当高斯光束束腰位于透镜的物方焦点时,经透镜变换后的高斯光束的束腰半径 ω_0'有极大值,出射光束有最大的束腰半径。根据式(8-11)可知,在这种情况下的出射光束有最小的发散角,即光束的准直性最好。

8.1.4 激光光束的聚焦和扩束

1. 激光光束的聚焦

在利用激光进行打孔、切割和焊接等激光加工应用中，通常需要极高的光功率密度。为了获得高的光功率密度，需要利用透镜对激光光束进行聚焦，所以设计优良的激光光束聚焦系统是非常必要的。

对激光光束进行聚焦的目的就是获得更小的束腰半径。由式(8-21)和式(8-25)可知，当激光光束位于透镜物方焦点之前，即$|z|>f'$时，经透镜变换后的激光光束的束腰半径ω_0'随着$|z|$的增大而减小；当$|z|\to\infty$时，$\omega_0'\to 0$。同时，由式(8-23)可得经透镜变换后的激光光束的束腰在$z'=f'$上，即会聚在透镜的像方焦面上。

下面我们来分析经透镜变换后的激光光束的束腰半径的大小，当$|z|\gg f'$时，由式(8-21)可得

$$\frac{1}{\omega'^2_0}=\frac{z^2}{f'^2\omega_0^2}+\frac{\left(\frac{\pi\omega_0}{\lambda}\right)^2}{f'^2}=\frac{\pi^2}{f'^2\lambda^2}\omega_0^2\left[1+\left(\frac{\lambda z}{\pi\omega_0^2}\right)^2\right] \tag{8-27}$$

利用式(8-4)并化简可得

$$\omega_0'=\frac{\lambda}{\pi\omega(z)}f' \tag{8-28}$$

式(8-28)中，$\omega(z)$为激光光束在透镜上的入射高度或透镜的半口径。因此，激光光束的大小与激光光束的束腰位置、透镜的焦距和系统的口径均有关，要获得小的聚焦光斑，可以增大系统的口径和减小透镜的焦距。通常激光聚焦系统应尽量采用短焦距透镜。

2. 激光光束的扩束

在应用激光的某些场合，需要减小光束的发散角，提高激光光束的方向性，从而使能量不会随距离很快散开，在这种情况下，我们需要对高斯光束进行扩束。例如，对于激光测距和激光雷达系统，我们希望光束的发散角越小越好。

由式(8-11)可知，高斯光束的发散角θ可近似表示为

$$\theta=\frac{\lambda}{\pi\omega_0} \tag{8-29}$$

经透镜变换后，激光光束的发散角θ'为

$$\theta'=\frac{\lambda}{\pi\omega_0'} \tag{8-30}$$

把式(8-21)代入式(8-30)，得

$$\theta'=\frac{\lambda}{\pi}\sqrt{\frac{1}{\omega_0^2}\left(1+\frac{z}{f'}\right)^2+\frac{1}{f'^2}\left(\frac{\pi\omega_0}{\lambda}\right)^2} \tag{8-31}$$

式(8-31)表明：无论 z 和 f' 取何值，都不能满足 $\theta'=0$，即激光光束经过单个透镜变换，不可能获得平面波。但当 $z=-f'$ 时，即激光光束的束腰位于透镜的物方焦平面上时，经透镜变换后，光束具有最小的发散角，代入式(8-31)，可得最小发散角为

$$\theta'=\frac{\omega_0}{f'} \tag{8-32}$$

从式(8-32)可以看出，减小 ω_0 和增大透镜的焦距 f' 都可以获得较小的发散角 θ'。通常利用单透镜无法获得方向性极好的激光光束，因此，激光扩束系统一般采用二次透镜变换的方法，其结构原理图如图 8-5 所示。第一次使用短焦距透镜对高斯光束进行压缩，得到较小的光束半径 ω_0'，第二次利用焦距较大的透镜，减小高斯光束的发散角，这样通过两次透镜变换就可以获得束腰半径较大、方向性较好的激光束。由前面的分析可知，第一次透镜变换的目的是减小激光光束的束腰半径，所以第一次透镜变换前激光光束的束腰位置应满足 $|z|\gg f_1'$，经透镜变换后，出射的激光光束束腰位于该透镜的像方焦面处，该位置正好在长焦透镜的物方焦面上。两个透镜实际上组成了一个倒置望远激光扩束系统(先目镜后物镜，$f_1'<f_2'$)，这种形式的扩束系统也称为激光扩束望远镜。如果扩束前激光光束的束腰半径为 ω_0，两次透镜变换扩束后的激光光束的束腰半径为 ω_0''，我们把两次透镜变换后的束腰半径 ω_0'' 与扩束前激光光束的束腰半径 ω_0 的比称为激光扩束系

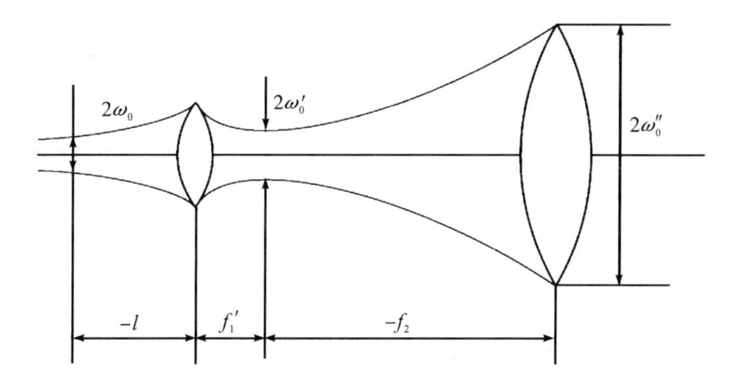

图 8-5　激光扩束系统

统的扩束倍率，用 M 表示，即

$$M=\frac{\omega_0''}{\omega_0} \tag{8-33}$$

因为 $|z|\gg f_1'$，利用式(8-18)和式(8-4)得到经目镜缩小的激光光束的束腰半径为

$$\omega_0'=\frac{\lambda}{\pi\omega(z)}f_1'$$

$$\omega(z)=\omega_0\left[1+\left(\frac{\lambda z}{\pi\omega_0^2}\right)^2\right]^{\frac{1}{2}}$$

再经物镜进行扩束后的激光光束的束腰半径为

$$\omega_0'' = \frac{\lambda f_2'}{\pi \omega_0'} \tag{8-34}$$

所以

$$M = \frac{\omega_0''}{\omega_0} = \frac{f_2'}{f_1'} \cdot \frac{[(\pi\omega_0^2)^2 + (\lambda z)^2]^{\frac{1}{2}}}{\pi\omega_0^2} \tag{8-35}$$

式(8-35)中，$\frac{[(\pi\omega_0^2)^2 + (\lambda z)^2]^{\frac{1}{2}}}{\pi\omega_0^2}$是一个略大于 1 的数，实际计算时常常取值为 1，所以

$$M \approx \frac{f_2'}{f_1'} \tag{8-36}$$

即激光扩束系统的扩束倍率等于物镜的焦距与目镜的焦距之比，激光光束经过扩束以后，激光光束的束腰半径将增大，发散角减小。

8.2 光纤光学系统

光纤(光导纤维的简称)是一种由玻璃或塑料制成的纤维，是光传输的媒介。1966 年，诺贝尔物理学奖获得者高锟首先提出光纤可以用于通信传输的设想。随着光纤损耗的不断降低和各种类型激光器的快速发展，光纤在通信、医学、工业、国防、传感等领域得到了广泛的应用。光纤按折射率分布分类，可分为阶跃折射率光纤和渐变折射率光纤。阶跃折射率光纤的纤芯和包层都是由均匀、透明介质构成的，纤芯的折射率略高于包层，因此，光线在阶跃折射率光纤内的传输是以全反射和直线传播的方式进行的。渐变折射率光纤纤芯的折射率从中心到边缘呈梯度变化，因此，光线在光纤内的传播轨迹呈曲线形式。本节主要介绍光纤的传光原理和光纤传光特性。

8.2.1 阶跃折射率光纤

1. 阶跃折射率光纤的导光原理

阶跃折射率光纤是根据光的全反射原理制成的光学纤维，其剖面如图 8-6 所示。为把光线约束在纤芯层中传播，必须使光线在纤芯和包层的分界面上满足发生全反射的条件：①纤芯折射率 n_1 要大于包层的折射率 n_2；②入射孔径角 θ_0 要小于一个临界值，使得进入光纤的光线到达纤芯和包层的分界面时，入射角 α 大于临界角 α_c。依据折射定律，孔径角 θ_0 与入射角 α 的关系可表示为

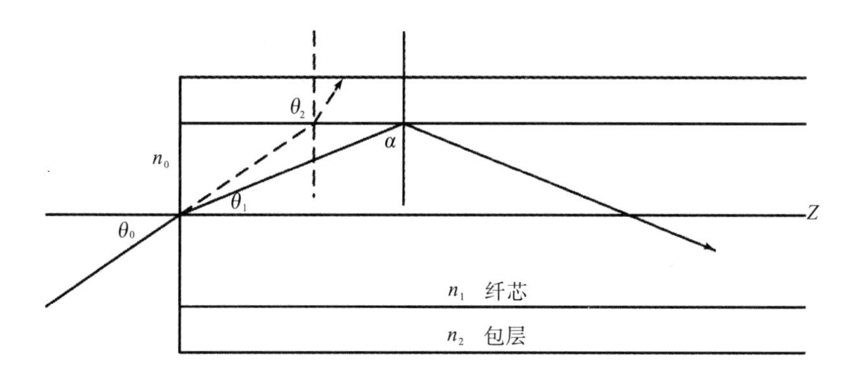

图 8-6　阶跃折射率光纤的导光原理图

$$\sin\theta_0 = \frac{n_1}{n_0}\sin\theta_1 = \frac{n_1}{n_0}\sin(90^\circ - \alpha) = \frac{n_1}{n_0}\cos\alpha = \frac{n_1}{n_0}\sqrt{1-\sin^2\alpha} \tag{8-37}$$

利用全反射的条件

$$\sin\alpha \geqslant \sin\alpha_c = \frac{n_2}{n_1} \tag{8-38}$$

由式(8-37)和式(8-38)可以得到入射孔径角 θ_0 应满足

$$\sin\theta_0 \leqslant \frac{n_1}{n_0}\sqrt{1-\sin^2\alpha_c} = \frac{n_1}{n_0}\sqrt{1-\left(\frac{n_2}{n_1}\right)^2} = \frac{\sqrt{n_1^2-n_2^2}}{n_0} \tag{8-39}$$

即若要光线在纤芯和包层的分界面上发生全反射，则入射在光纤输入端面的光线孔径角 θ_0 应满足式(8-39)，光线孔径角 θ_0 的最大值为

$$\theta_{0m} = \arcsin\frac{\sqrt{n_1^2-n_2^2}}{n_0} = \arcsin\sqrt{n_1^2-n_2^2} \tag{8-40}$$

如果入射在光纤输入端面的光线孔径角 θ_0 大于最大孔径角 θ_{0m}，光线在纤芯和包层的分界面上将发生折射，经过多次折射后光线将从包层折射出来，全部损失掉而不能通过光纤。

2. 阶跃折射率光纤的数值孔径

我们定义 $n_0\sin\theta_{0m}$ 为光纤的数值孔径，用 NA 表示，即

$$NA = n_0\sin\theta_{0m} = \sqrt{n_1^2-n_2^2} \tag{8-41}$$

光纤的数值孔径是光纤的重要参数，它表示光纤接收光能的能力，即能接收多大立体角内的光线。要想使较多的光线通过光纤，必须增大光纤的数值孔径 NA。由式(8-38)可知，要增大数值孔径 NA，必须增大光纤纤芯的折射率 n_1 和包层的折射率 n_2 的差值。

3. 光纤与光源的耦合

半导体激光器发出的激光必须耦合进光纤才能在光纤中进行传输，一般采用的耦合方式有单透镜耦合和双透镜耦合两种。因为光纤纤芯的尺寸和半导体激光器

的发光区都较小(微米数量级),相比单透镜耦合方式,双透镜耦合方式容差较大,设计更灵活,结构形式更利于像差平衡。同时,双透镜耦合时,在中间平行光路中插入光学元件并不影响耦合系统的光学性能。双透镜耦合光路如图 8-7 所示。

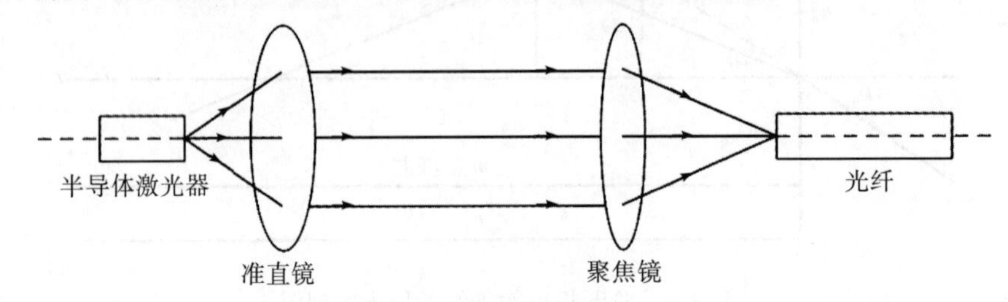

图 8-7　双透镜耦合方式

半导体激光器受其结构限制,通常发光区尺寸很小,发散角较大(数值孔径在快轴方向为 0.3～0.6,而普通单模光纤的数值孔径一般为 0.1～0.2)。因此,对于双透镜耦合光路,首先需要一块短焦距、大数值孔径的非球面透镜(准直镜)对激光光束发散角进行压缩,然后通过一块聚焦镜实现准直后光束与单模光纤的有效匹配。聚焦镜通常为长焦距、小数值孔径透镜。

4. 阶跃折射率光纤的传光特性

阶跃折射率光纤既具有传递光能的特性,又具有可挠性,因此,在医用和工业内窥镜及其他光纤仪器中常利用光纤束作为传光和传像的光学元件。图 8-8 所描述的是光纤子午面内的光线传播情况,如果光纤的直径不变,且光纤不发生弯曲,对于在光纤子午面内传播的光线,当光线在光纤内部发生偶数次反射时,出射光线方向与入射光线方向相同;当发生奇数次反射时,出射光线方向与入射光线方向对称于光轴。如图 8-8(a)所示,出射光线的方向由反射的次数决定,因此,一束平行光束或会聚光束入射到光纤端面时,其出射光束不再是一束平行光束或会聚光束。如图 8-8(a)所示,一束平行光束的出射光线是一锥面平行光束;如图 8-8(b)所示,一束会聚光束的出射光线是一锥面发散光束。

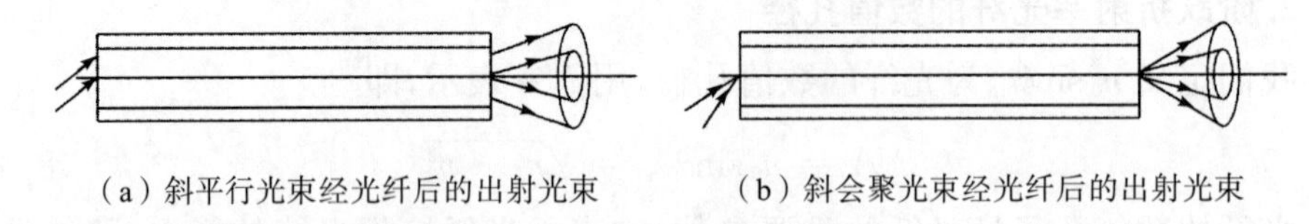

(a) 斜平行光束经光纤后的出射光束　　(b) 斜会聚光束经光纤后的出射光束

图 8-8　光纤的传光特性

如果光纤的直径不均匀,光纤就会在直径不均匀处形成圆锥型光纤,如图8-9所示。当光线从光纤大端入射时,每反射一次,反射角减小圆锥夹角 θ;反之,当光线从光纤小端入射时,每反射一次,反射角增加圆锥夹角 θ。由于光纤直径不均匀,在不均匀处形成不同锥角的圆锥型光纤,反射角和入射角将不断地发生微量变化,最终使出射光线的角度发生变化。

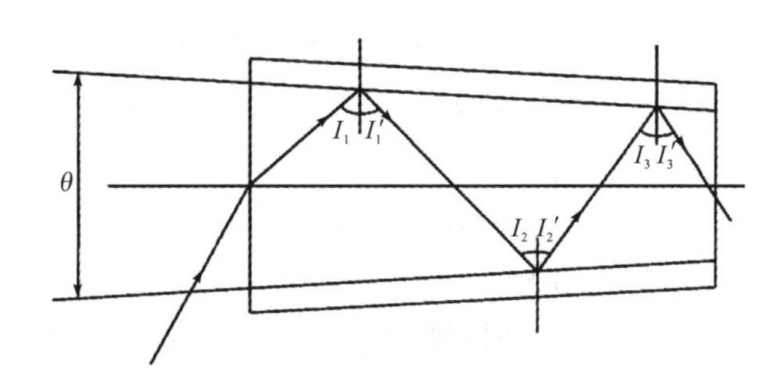

图 8-9　圆锥型光纤反射时反射角发生微量变化

当光纤被弯曲成圆弧状时，如图 8-10 所示，光线经过一段弯曲的光纤传播，在光纤弯曲的外径处反射时，光线的入射角和反射角都将变小，并且弯曲处的曲率半径越小，入射角和反射角越小。当入射角小于临界入射角时，光线将折射到光纤的外包层中。在弯曲的内径处反射时，入射角和反射角都不变，最终导致出射光线的角度随弯曲处的曲率半径发生变化。

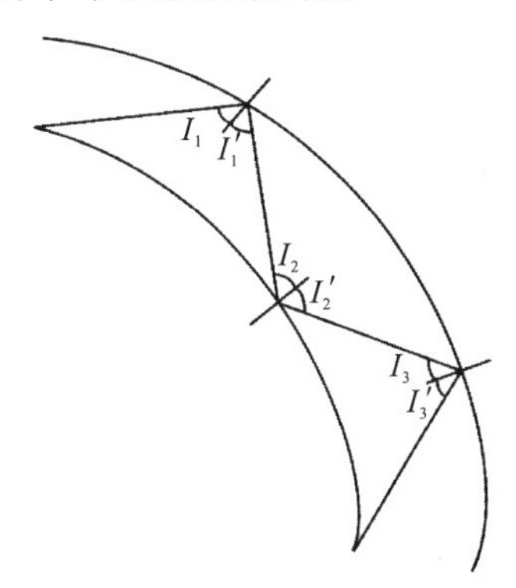

图 8-10　光线在弯曲状光纤中的传播

光纤在制作过程中无法保证直径严格均匀，在使用过程中经常呈弯曲状态，这些不确定的状况使得出射光线束成为充满光纤数值孔径角的发散光束，部分光线可能不满足全反射的条件而溢出光纤，造成光能损失并产生杂散光。

8.2.2　渐变折射率光纤

渐变折射率光纤的特点是光纤横截面内的折射率分布不均匀，光轴处折射率最高，沿截面径向方向的折射率是连续变化的，且相对于光轴成旋转对称变化。渐变折射率光纤的这一特点使得光线在光纤内传播时轨迹不是直线，而是曲线。

1. 渐变折射率光纤的导光原理和数值孔径

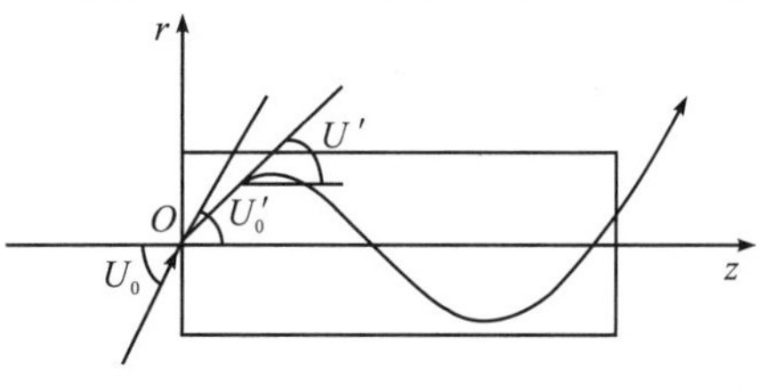

图 8-11　光线在渐变折射率光纤中的传播

图 8-11 给出了子午面内的光线在渐变折射率光纤中传播时的轨迹。在图 8-11

中，z 轴与光纤的光轴重合，r 为光纤的径向坐标。假设有一光线从光纤端面的 O 点入射，孔径角为 U_0，折射曲线在 O 点的切线与 z 轴的夹角为 U_0'，由折射定律可得

$$n_0 \sin U_0 = n(0) \sin U_0' \tag{8-42}$$

式(8-42)中，$n(0)$ 为 $r=0$ 处即光轴上的折射率。

按照以上方法，在径向对渐变折射率光纤连续运用折射定律，可得

$$n(0)\sin(90^\circ - U_0') = n(r)\sin(90^\circ - U')$$

即

$$n(0)\cos U_0' = n(r)\cos U' \tag{8-43}$$

式(8-43)中，U' 为光线传播轨迹曲线上任意一点的切线与 z 轴的夹角。因为折射率 $n(r)$ 随着 r 的增大而减小，由式(8-43)可知，U' 会越来越小。当 $r=a$（a 为纤芯的半径）时，$U'=0$，表示传播光线的轨迹在此处为拐点，曲线开始向下弯曲，在此处满足

$$n(0)\cos U_0' = n(r)\cos U' = n(a) \tag{8-44}$$

式(8-44)中，$n(a)$ 为 $r=a$ 处的折射率。

由式(8-42)可得

$$n_0 \sin U_0 = n(0)\sqrt{1-\cos^2 U_0'} \tag{8-45}$$

把式(8-44)代入式(8-45)，可得

$$n_0 \sin U_0 = \sqrt{n^2(0) - n^2(a)} \tag{8-46}$$

式(8-46)表明：渐变折射率分布的光纤子午光线的数值孔径 $n_0 \sin U_0$ 与光纤轴线的折射率 $n(0)$ 和拐点处的折射率 $n(a)$ 有关。

2. 渐变折射率光纤的自聚焦特性

渐变折射率光纤沿径向 r 方向连续变化，光线传播轨迹曲线为一连续曲线，且在径向和 z 轴所决定的平面上，由图 8-11 可得

$$(\mathrm{d}s)^2 = (\mathrm{d}r)^2 + (\mathrm{d}z)^2,\ \frac{\mathrm{d}z}{\mathrm{d}s} = \cos U' \tag{8-47}$$

由式(8-44)和式(8-47)可得

$$\left(\frac{\mathrm{d}r}{\mathrm{d}z}\right)^2 = \frac{n^2(r)}{n^2(0)\cos^2 U_0'} - 1 \tag{8-48}$$

式(8-48)两边对 z 求微分，得

$$\frac{\mathrm{d}^2 r}{\mathrm{d}z^2} = \frac{1}{2n^2(0)\cos^2 U_0'} \cdot \frac{\mathrm{d}n^2(r)}{\mathrm{d}r} \tag{8-49}$$

式(8-49)是折射率沿径向连续变化的光线方程。此方程的解为渐变折射率光纤的传播轨迹。

在渐变折射率光纤中，沿着半径向外折射率逐渐下降，折射率分布近似满足

$$n^2(r) = n^2(0)(1 - k^2r^2) \tag{8-50}$$

式(8-50)中，k 为常数，将其代入式(8-49)，可得

$$\frac{\mathrm{d}^2 r}{\mathrm{d}z^2} + \frac{k^2}{\cos^2 U_0'} r = 0$$

解该方程得到

$$r(z) = A\sin\left(\frac{k}{\cos U_0'} z + \varphi_0\right) \tag{8-51}$$

式(8-51)中，A、φ_0 由光线的初始方向 U_0' 和初始光线的高度 $r(0)$ 确定。式(8-51)表示，在渐变折射率光纤中，光线传播的轨迹为正弦曲线，由式(8-51)可得正弦曲线的周期为

$$T = 2\pi \frac{\cos U_0'}{k} \tag{8-52}$$

式(8-52)说明：不同初始角 U_0' 下的光线的周期 T 是不同的。但是对于近轴光线，初始角 U_0' 非常小，因此 $\cos U_0' \approx 1$。由式(8-52)可得，在近轴光线的条件下，正弦曲线的周期为常数，即

$$T = \frac{2\pi}{k} \tag{8-53}$$

即在近轴区域，不同入射角的光线具有相同的周期。如果光线从光纤的中心点 O 入射，但入射孔径角不同，振幅也不同，但是由于它们的周期相同，因此这些光线都通过 z 轴上的以下这些点：

$$z = \frac{\pi}{k}, \frac{2\pi}{k}, \frac{3\pi}{k}, \cdots$$

这些点都是近轴光线的会聚点，渐变折射率光纤具有自聚焦的作用，近轴光线每经过半个周期聚焦一次，如图 8-12 所示，所以也称为自聚焦光纤。

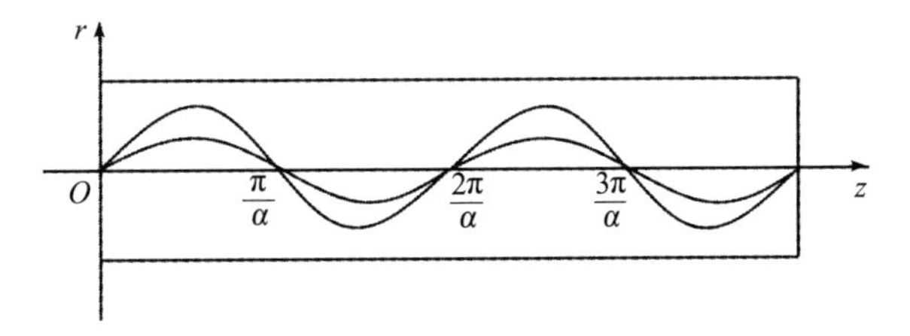

图 8-12　光线在渐变折射率光纤中的传播

习题 8

8-1　已知氦氖激光器输出的激光束束腰半径 $\omega_0 = 0.5$ mm，波长 $\lambda = 632.8$ mm，用倒置的伽利略望远镜对激光进行准直和扩束，伽利略望远镜的焦距 $f_o' = 100$ mm，目镜的焦距 $f_e' = -10$ mm，

束腰到望远镜的距离为 100 mm，试求经伽利略望远镜变换后的激光束束腰大小、位置、激光束的发散角和准直倍率。

8-2　激光束在哪些应用方面需要聚焦？在哪些应用方面需要准直？

8-3　简述在工农业生产中以及我们的日常生活中有哪些地方能用到激光器。

8-4　按照折射率分布的不同，光纤可以分为哪两类？查阅资料找出光纤还有哪些分类方法。

8-5　在阶跃折射率光纤中，已知纤芯的折射率为 n_1，包层的折射率为 n_2，证明：光纤的数值孔径为

$$NA=n_0\sin U_{\max}=\sqrt{n_1^2-n_2^2}$$

（其中，n_0 为空气中的折射率，$n_0=1$，$U_{\max}$为光线在光纤断面上的入射孔径角的最大值）

第 9 章　光的电磁理论

光是自然界中最广泛存在的物质之一，人们对光的本性的认识经历了漫长的岁月。在 17 世纪形成了两种对立的学说，即微粒说和波动说，但在以后很长一段时期内，微粒说一直占统治地位，而波动说发展缓慢。到 19 世纪初期，光的波动说才压倒了微粒说，并得到人们的普遍认可。

19 世纪 70 年代，麦克斯韦(Maxwell)从经典电磁理论出发，总结出了描述电磁现象的麦克斯韦方程组，从理论上证明了电磁波的传播速度与光速相等，并把光学现象和电磁现象联系起来，预言光波就是频率介于某一范围之内的一种电磁波。赫兹(Hertz)第一次通过实验证实了光波的速度与电磁波的传播速度相同，验证了麦克斯韦的预言，逐步形成了光的电磁理论，奠定了整个物理光学的基础，并推动了光学及整个物理学的发展。这种理论的提出被认为是人类在认识光的本性方面的一大进步。正是在这样的意义上，人们才说麦克斯韦把光学和电磁学"统一"起来了。这一发展被认为是 19 世纪科学史上最伟大的综合之一。

当前对电磁波的分类见表 9-1。

表 9-1　电磁波谱

辐射波		频率范围/Hz	波长范围
无线电波		$<10^{9}$	>300 mm
微波		$10^{9}\sim10^{12}$	300 mm～0.3 mm
光波	红外光	$10^{12}\sim4.3\times10^{14}$	300 μm～0.7 μm
	可见光	$4.3\times10^{14}\sim7.5\times10^{14}$	0.7 μm～0.4 μm
	紫外光	$7.5\times10^{14}\sim10^{16}$	0.4 μm～0.03 μm
射线	X 射线	$10^{16}\sim10^{19}$	30 nm～0.03 nm
	γ 射线	$>10^{19}$	<0.03 nm

本章基于光的电磁理论性质，讨论光波的基本特性，光波在均匀介质中传播的基本规律，光波在介质分界面上的反射和折射等。

9.1　光波的电磁理论描述

9.1.1　麦克斯韦方程组

光是电磁波的一种，其本质与电磁波相同。麦克斯韦在前人的电磁学研究成

果的基础上，把普遍电磁现象的基本规律归纳为以下四个方程，称为麦克斯韦方程组，其微分形式为

$$\nabla \cdot \boldsymbol{D} = \rho \tag{9-1}$$

$$\nabla \cdot \boldsymbol{B} = 0 \tag{9-2}$$

$$\nabla \times \boldsymbol{E} = -\frac{\partial \boldsymbol{B}}{\partial t} \tag{9-3}$$

$$\nabla \times \boldsymbol{H} = \boldsymbol{J} + \frac{\partial \boldsymbol{D}}{\partial t} \tag{9-4}$$

式(9-1)至式(9-4)涉及4个场矢量：电场强度矢量 $\boldsymbol{E}$，单位是伏特每米(V/m)；电位移矢量 $\boldsymbol{D}$，单位是库仑每平方米(C/m^2)；磁感应强度矢量 $\boldsymbol{B}$，单位是特斯拉(T)；磁场强度矢量 $\boldsymbol{H}$，单位是安培每米(A/m)。一般情况下，这些矢量既是空间坐标的函数，又是时间的函数。电场和磁场之间联系紧密，其中，$\boldsymbol{E}$ 和 $\boldsymbol{B}$ 是电磁场的基本构成量，$\boldsymbol{D}$ 和 $\boldsymbol{H}$ 是描述电磁场与物质之间相互作用的辅助量。在线性介质中，$\boldsymbol{D}$ 与 $\boldsymbol{E}$ 成正比，$\boldsymbol{H}$ 与 $\boldsymbol{B}$ 成正比。ρ 表示封闭曲面内的电荷密度；$\boldsymbol{J}$ 为积分闭合回路上的传导电流密度；$\frac{\partial \boldsymbol{D}}{\partial t}$ 为位移电流密度。

∇ 为哈密顿算符，在直角坐标系下的表达式为

$$\nabla = \boldsymbol{i}\frac{\partial}{\partial x} + \boldsymbol{j}\frac{\partial}{\partial y} + \boldsymbol{k}\frac{\partial}{\partial z} \tag{9-5}$$

麦克斯韦方程组概括了静电场和稳恒电流磁场的性质以及时变场情况下电场和磁场之间的联系，其中：

式(9-1)称为电场的高斯定律，表示电场可以是有源场，此时电场线必是起始于正电荷，终止于负电荷。

式(9-2)称为磁通连续定律，穿入和穿出任一闭合面的磁场线的数目相等，故磁场是个无源场，磁场线永远是闭合的，穿过任一闭合面的磁通量恒等于零。

式(9-3)称为法拉第电磁感应定律，指变化的磁场会激发感应电场，这是一个涡旋场，其电场线是闭合的，不同于闭合面内有电荷时的情况。

式(9-4)是安培全电流定律，指传导电流能产生磁场，同时位移电流也能产生磁场。

由麦克斯韦方程组可知，随时间变化的电场在周围空间激发一个涡旋的磁场，随时间变化的磁场在周围空间激发一个涡旋的电场，它们互相激发，交替产生，在空间形成统一的电磁场，交变电磁场在空间以一定的速度由近及远地传播，就形成了电磁波。

9.1.2 物质方程

在各向同性的均匀介质中，$\boldsymbol{D}$、$\boldsymbol{E}$、$\boldsymbol{B}$、$\boldsymbol{H}$、$\boldsymbol{J}$ 各矢量之间的对应关系可以概括为

如下简单的形式：

$$\boldsymbol{J} = \sigma \boldsymbol{E} \tag{9-6}$$

$$\boldsymbol{D} = \varepsilon \boldsymbol{E} \tag{9-7}$$

$$\boldsymbol{B} = \mu \boldsymbol{H} \tag{9-8}$$

式(9-6)至式(9-8)称为物质方程。式中，σ 是电导率；ε 和 μ 分别为介质的介电常数(或电容率)和磁导率。在各向同性均匀介质中，ε、μ 是常数，$\sigma=0$。在真空中，$\varepsilon=\varepsilon_0=8.8542\times10^{12}\,\mathrm{C^2/N\cdot m^2}$，$\mu=\mu_0=4\pi\times10^{-7}\,\mathrm{N/A^2}$，对于非磁性物质，$\mu=\mu_0$。

当电磁波在真空中传播时，由电磁理论可知，其传播速度为

$$c = \frac{1}{\sqrt{\varepsilon_0 \mu_0}} \tag{9-9}$$

将 ε_0、μ_0 的值代入式(9-9)，得电磁波在真空中的传播速度 $c=2.99794\times10^8$ m/s，这一数值与实验测定的光在真空中的传播速度相同。在介质中，引入相对介电常数 ε_r 和相对磁导率 μ_r，则

$$\varepsilon_r = \frac{\varepsilon}{\varepsilon_0} \qquad \mu_r = \frac{\mu}{\mu_0} \tag{9-10}$$

可得电磁波在介质中的传播速度为

$$v = \frac{1}{\sqrt{\varepsilon \mu}} = \frac{c}{\sqrt{\varepsilon_r \mu_r}} \tag{9-11}$$

将电磁波在真空中的速度 c 与在介质中的速度 v 的比值 n 定义为介质对电磁波的折射率，有

$$n = \frac{c}{v} = \sqrt{\varepsilon_r \mu_r} \tag{9-12}$$

式(9-12)给出了介质的光学常数 n 与相对介电常数 ε_r 和相对磁导率 μ_r 的关系，同时可知，折射率可作为对介质对电磁波传播的阻碍程度的一种描述。

9.1.3　边界条件

由麦克斯韦方程组可以导出时变电磁场在两介质分界面的连续条件是：在没有传导电流和自由电荷的介质中，磁感应强度 $\boldsymbol{B}$ 和电位移 $\boldsymbol{D}$ 的法向分量在界面上连续，而电场强度 $\boldsymbol{E}$ 和磁场强度 $\boldsymbol{H}$ 的切向分量在界面上连续，可以表示为

$$\left.\begin{aligned} \boldsymbol{e}_n \cdot (\boldsymbol{B}_1 - \boldsymbol{B}_2) &= 0 \\ \boldsymbol{e}_n \cdot (\boldsymbol{D}_1 - \boldsymbol{D}_2) &= 0 \\ \boldsymbol{e}_n \times (\boldsymbol{H}_1 - \boldsymbol{H}_2) &= 0 \\ \boldsymbol{e}_n \times (\boldsymbol{E}_1 - \boldsymbol{E}_2) &= 0 \end{aligned}\right\} \tag{9-13}$$

或者写成分量形式为

$$\left.\begin{aligned} B_{1n} &= B_{2n} \\ D_{1n} &= D_{2n} \\ H_{1t} &= H_{2t} \\ E_{1t} &= E_{2t} \end{aligned}\right\} \tag{9-14}$$

有了这一连续条件，就可以建立两种介质界面两边场量的联系，来具体解释电磁波传播时产生的一些现象，如反射、折射等。

9.1.4 电磁波动方程

下面从麦克斯韦方程组出发，结合物质方程，证明电磁场的传播具有波动性。为简单起见，讨论无源空间无限大各向同性均匀线性介质的情况。所谓"无源空间"，是指介质中不含自由电荷和传导电流，这时 $\rho=0$，$\boldsymbol{J}=0$。所谓"各向同性均匀线性介质"，是指 ε、μ 是标量且为常数。此时麦克斯韦方程组式(9-1)和式(9-4)可简化为

$$\nabla \cdot \boldsymbol{E} = 0 \tag{9-15}$$

$$\nabla \times \boldsymbol{B} = \varepsilon\mu \frac{\partial \boldsymbol{E}}{\partial t} \tag{9-16}$$

对式(9-3)两端取旋度，并将式(9-16)代入，可得

$$\nabla \times (\nabla \times \boldsymbol{E}) = -\nabla \times \left(\frac{\partial \boldsymbol{B}}{\partial t}\right) = -\frac{\partial}{\partial t}(\nabla \times \boldsymbol{B}) = -\varepsilon\mu \frac{\partial^2 \boldsymbol{E}}{\partial t^2} \tag{9-17}$$

利用场论公式(见附录)可知

$$\nabla \times (\nabla \times \boldsymbol{E}) = \nabla(\nabla \cdot \boldsymbol{E}) - (\nabla \cdot \nabla)\boldsymbol{E} = -\nabla^2 \boldsymbol{E} \tag{9-18}$$

利用式(9-11)可得电场强度 $\boldsymbol{E}$ 所满足的波动方程为

$$\nabla^2 \boldsymbol{E} - \frac{1}{v^2}\frac{\partial^2 \boldsymbol{E}}{\partial t^2} = 0 \tag{9-19}$$

按同样的方法对式(9-16)两端取旋度，并将式(9-2)代入，可得磁感应强度 $\boldsymbol{B}$ 所满足的波动方程为

$$\nabla^2 \boldsymbol{B} - \frac{1}{v^2}\frac{\partial^2 \boldsymbol{B}}{\partial t^2} = 0 \tag{9-20}$$

式(9-19)和式(9-20)这两个波动方程表明：时变电磁场是以速度 v 传播的电磁波。显然，上述波动方程是一个矢量方程，每个方程都可以分解为三个标量方程组，如场矢量 $\boldsymbol{E}$ 可以分解为 E_x、E_y、E_z。相应地，只有将 $\boldsymbol{E}$ 的三个分量都解出后，才能获得电矢量 $\boldsymbol{E}$。如果在某些特殊情况下，$\boldsymbol{E}$ 不需要考虑方向，则可以转化为标量场方程来处理。如在讨论干涉和衍射时，一般不考虑光的振动方向，只需要知道大小，就可以用标量波来表示；而对于光的偏振，需要考虑光的振动方向，则光波只能用矢量波来表示。

根据具体情况对上述波动方程求解，可以获得波动方程的通解。令 $\boldsymbol{E}_1$ 和 $\boldsymbol{E}_2$（$\boldsymbol{B}_1$ 和 $\boldsymbol{B}_2$）为两个分别以$\frac{z}{v}-t$ 和$\frac{z}{v}+t$ 为自变量的任意函数，各代表以相同速度 v 沿 z 轴正、负方向传播的平面电磁波。选取沿 z 轴正方向行进的形式有：

$$\boldsymbol{E}=\boldsymbol{E}_1\left(\frac{z}{v}-t\right) \tag{9-21}$$

$$\boldsymbol{B}=\boldsymbol{B}_1\left(\frac{z}{v}-t\right) \tag{9-22}$$

式(9-21)和式(9-22)表示：有源点的振动经过一定的时间推迟才传播到场点，电磁场是逐点传播的。结合具体的光的波动情况，可以获得具体的光波的表达式。

9.1.5　平面单色光波解

1. 一维平面单色光波

取最简单的简谐波作为波动方程的特解，对应频率为 ω 的平面简谐电磁波有

$$\boldsymbol{E}=\boldsymbol{A}\cos\left[\omega\left(\frac{z}{v}-t\right)\right] \tag{9-23}$$

$$\boldsymbol{B}=\boldsymbol{A}'\cos\left[\omega\left(\frac{z}{v}-t\right)\right] \tag{9-24}$$

对于光波来说，上述两式就是平面单色波的波动公式。式中，$\boldsymbol{A}$ 和 $\boldsymbol{A}'$ 分别是电场强度和磁感应强度的振幅矢量，表示平面波的偏振方向和大小；v 是平面波在介质中的传播速度；ω 是角频率；$\left[\omega\left(\frac{z}{v}-t\right)\right]$称为相位，一般用 φ 表示，平面单色波是时间和空间坐标的函数，表示平面单色光波在不同时刻空间各点的振动状态。光在介质中传播时，不同的光程之间存在一个光程差，一般用 Δ 表示，而这时相对应地存在一个相位差：

$$\Delta\varphi=2\pi\frac{\Delta}{\lambda} \tag{9-25}$$

2. 描述单色光波的物理量

(1)周期(T)、频率(ν)和圆频率(ω)。理想的平面单色光波是在时间上无限延续、在空间上无限延伸的光波动，具有时间、空间周期性。时间周期性用周期(T)、频率(ν)和圆频率(ω)表征，三者之间有如下关系：

$$\omega=2\pi\nu=\frac{2\pi}{T} \tag{9-26}$$

(2)波长(λ)、空间频率(f)和空间圆频率(k)。空间周期性用波长(λ)、空间频率(f)和空间圆频率(k)表征，三者之间有如下关系：

$$k = \frac{2\pi}{\lambda} = 2\pi f \tag{9-27}$$

(3)相速度。时间周期性和空间周期性之间的关系由相速度相联系：

$$v = \frac{\omega}{k} = \lambda\nu \tag{9-28}$$

3. 一维平面单色光波的另两种形式

利用式(9-26)和式(9-28)，一维平面单色光波式(9-23)还可以写成下面两种形式：

$$\boldsymbol{E} = \boldsymbol{A}\cos\left[2\pi\left(\frac{z}{\lambda} - \frac{t}{T}\right)\right] \tag{9-29}$$

$$\boldsymbol{E} = \boldsymbol{A}\cos(kz - \omega t) \tag{9-30}$$

4. 三维平面单色光波

上面的平面单色光波表达式所描述的光波是一个具有单一频率、在时间上无限延续、在空间上沿 z 轴正方向行进的光波。如果要考虑沿任意方向传播的平面单色光波，可以用空间圆频率 k 的矢量形式波矢量 $\boldsymbol{k}$ 来表示。如图 9-1 所示，沿空间任一方向 k 传播的平面波在垂直于传播方向的任一平面上场强相同，且由该平面与坐标原点的垂直距离 s 决定，则平面上任一点 P 的矢径 $\boldsymbol{r}$ 在 $\boldsymbol{k}$ 方向上的投影都等于 s，因此 $\boldsymbol{k}\cdot\boldsymbol{r}=ks$，于是有

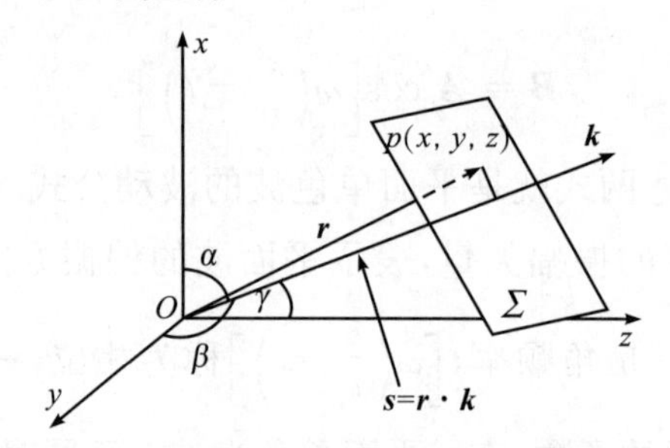

图 9-1 任一方向传播的平面波

$$\boldsymbol{E} = \boldsymbol{A}\cos(\boldsymbol{k}\cdot\boldsymbol{r} - \omega t) \tag{9-31}$$

式(9-31)就是沿 $\boldsymbol{k}$ 方向传播的平面波波方程，平面波的波面是 $\boldsymbol{k}\cdot\boldsymbol{r}$ 为常数的平面。设 $\boldsymbol{k}$ 的方向余弦为 $\cos\alpha$、$\cos\beta$、$\cos\gamma$，平面上任意 P 点的坐标为 x、y、z，则

$$\boldsymbol{k}\cdot\boldsymbol{r} = k(x\cos\alpha + y\cos\beta + z\cos\lambda) \tag{9-32}$$

式(9-31)可以写成

$$\boldsymbol{E} = \boldsymbol{A}\cos[k(x\cos\alpha + y\cos\beta + z\cos\lambda) - \omega t] \tag{9-33}$$

5. 平面单色光波复数形式

将式(9-33)写成复数形式，即

$$\boldsymbol{E} = \boldsymbol{A}\exp[\mathrm{i}(\boldsymbol{k}\cdot\boldsymbol{r} - \omega t)] \tag{9-34}$$

式(9-33)是式(9-34)的实数部分。这种代替完全是形式上的，其目的是使分析和计算简化。

把式(9-34)的振幅和空间相位因子的乘积记为

$$\widetilde{\boldsymbol{E}} = \boldsymbol{A}\exp(\mathrm{i}\boldsymbol{k}\cdot\boldsymbol{r}) \tag{9-35}$$

$\widetilde{\boldsymbol{E}}$ 被称为复振幅，表示某一时刻光波的空间分布。只关心其场振动的空间分布时(例如光的干涉和衍射等问题中)，常常用复振幅表示一个简谐光波。

9.1.6　平面波的性质

电场和磁场波动方程的平面单色光波的解是相互关联的，它们是互相激发的，它们之间的关系可利用麦克斯韦方程组进行讨论。

1. 平面波是横波

对式(9-34)取散度，得

$$\nabla\cdot\boldsymbol{E} = \mathrm{i}\boldsymbol{k}\cdot\boldsymbol{E} = 0 \tag{9-36}$$

同理，可得

$$\nabla\cdot\boldsymbol{B} = \mathrm{i}\boldsymbol{k}\cdot\boldsymbol{B} = 0 \tag{9-37}$$

式(9-36)和式(9-37)表明：平面电磁波的电矢量与磁矢量的振动方向均与波传播方向垂直，所以电磁波是横波。

2. 电矢量与磁矢量相互垂直

将式(9-34)代入麦克斯韦方程组的式(9-3)，并利用式(9-16)可得 $\boldsymbol{E}$ 和 $\boldsymbol{B}$ 之间满足下列关系：

$$\mathrm{i}\omega\boldsymbol{B} = \mathrm{i}k(\boldsymbol{k}_0\times\boldsymbol{E}) \tag{9-38}$$

式(9-38)中，$\boldsymbol{k}_0$ 是 $\boldsymbol{k}$ 的单位矢量。进一步化简，可得 $\boldsymbol{E}$、$\boldsymbol{B}$、$\boldsymbol{k}_0$ 之间的关系为

$$\boldsymbol{B} = \frac{1}{v}(\boldsymbol{k}_0\times\boldsymbol{E}) = \sqrt{\varepsilon\mu}(\boldsymbol{k}_0\times\boldsymbol{E}) \tag{9-39}$$

式(9-39)表明：$\boldsymbol{E}$ 和 $\boldsymbol{B}$ 互相垂直，又分别垂直于波的传播方向，所以 $\boldsymbol{E}$、$\boldsymbol{B}$、$\boldsymbol{k}$ 互成右手螺旋关系，如图 9-2 所示。

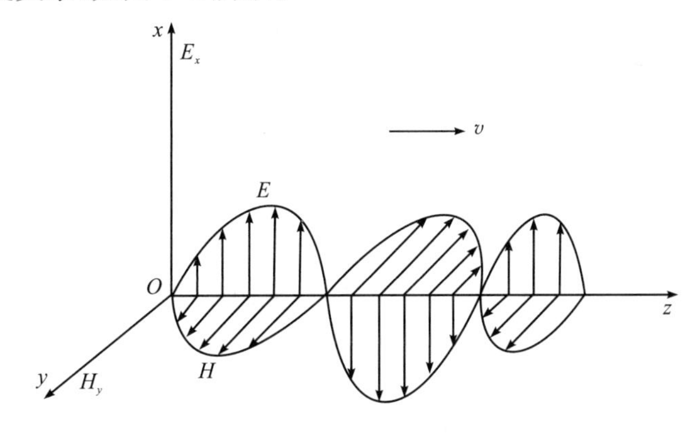

图 9-2　$\boldsymbol{E}$、$\boldsymbol{B}$、$\boldsymbol{k}$ 互成右手螺旋关系

3. $\boldsymbol{E}$、$\boldsymbol{B}$ 同相位

对式(9-39)作进一步的运算,可得

$$\frac{\boldsymbol{E}}{\boldsymbol{B}}=\frac{1}{\sqrt{\varepsilon\mu}}=v \tag{9-40}$$

式(9-40)表示 $\boldsymbol{E}$ 和 $\boldsymbol{B}$ 的复振幅比为一正实数,说明 $\boldsymbol{E}$ 和 $\boldsymbol{B}$ 的振动始终同相位,它们在空间某一点对时间的依赖关系相同,同时达到最大值,同时达到最小值。

平面简谐光波是光波的基本形式,其他复杂的光波都可以用平面简谐光波的叠加来描述。

例 9-1 平面简谐电磁波可以表示为 $E_x=2\cos\left[2\pi\times10^{14}\left(\frac{z}{c}-t\right)+\frac{\pi}{3}\right]$(V/m),$E_y=0$,$E_z=0$,求:

(1)该电磁波的周期、波长、振幅和原点的初相位;

(2)波的传播方向和电矢量的振动方向;

(3)相应的磁场 B 的表达式。

解 (1)$T=\frac{2\pi}{\omega}=\frac{2\pi}{2\pi\times10^{14}}=10^{-14}$(s)

$\lambda=cT=3\times10^{8}\times10^{-14}=3\times10^{-6}$(m)

$A=2$ V/m

$\varphi_0=\frac{\pi}{3}$

(2)由电磁波的表达式可知,波沿 z 轴正方向传播,电矢量的振动方向为 x 轴。

(3)$\boldsymbol{E}$、$\boldsymbol{B}$ 同相位,传播方向相同,振动方向垂直,$\frac{E}{B}=\frac{1}{\sqrt{\varepsilon\mu}}=c$,所以相应的磁场 $\boldsymbol{B}$ 的表达式为

$$B_x=0,B_y=0.67\times10^{-8}\cos\left[2\pi\times10^{14}\left(\frac{z}{c}-t\right)+\frac{\pi}{3}\right](\text{V/m}),B_z=0$$

例 9-2 平面简谐电磁波在真空中沿 x 方向传播,其电矢量的振动方向在 xy 平面。电磁波的频率为 10 MHz,振幅 $A=0.6$ V/m,求:

(1)该电磁波的周期和波长;

(2)写出 E 和 B 的表达式。

解 (1)$T=\frac{1}{\nu}=\frac{1}{10^{7}}=10^{-7}$(s),$\lambda=cT=3\times10^{8}\times10^{-7}=30$(m)

(2)$\omega=\frac{2\pi}{T}=2\pi\times10^{7}$ rad/s

$E_x=E_z=0,E_y=0.6\cos\left[2\pi\times10^{7}\left(\frac{x}{c}-t\right)\right]$(V/m)

$$B_x=B_y=0, B_z=0.2\times10^{-8}\cos\left[2\pi\times10^7\left(\frac{x}{c}-t\right)\right](\mathrm{V/m})$$

例 9-3　只有一个振动方向的一束光在玻璃中传播时，表达式为 $E_x=0.1\cos\pi\times10^{15}\left(t-\frac{z}{0.65c}\right)$。求该光在真空中的频率、波长和玻璃的折射率。

解　由该光的表达式可知

$$\omega=\pi\times10^{15}\,\mathrm{rad/s}$$

可得频率为

$$\nu=\frac{\omega}{2\pi}=5\times10^{14}\,\mathrm{Hz}$$

该光在真空中的波长为

$$\lambda=\frac{c}{\nu}=\frac{3\times10^8}{5\times10^{14}}=6\times10^{-7}(\mathrm{m})$$

由该光的表达式可知，该光在玻璃中的传播速度为

$$v=0.65c$$

所以该玻璃的折射率为

$$n=\frac{c}{v}=1.538$$

9.1.7　球面波和柱面波

等相位面为球面的光波称为球面波，各向同性均匀介质中，点光源发出的光波就是球面波（如图 9-3 所示）。球面简谐波的波动方程可表示为

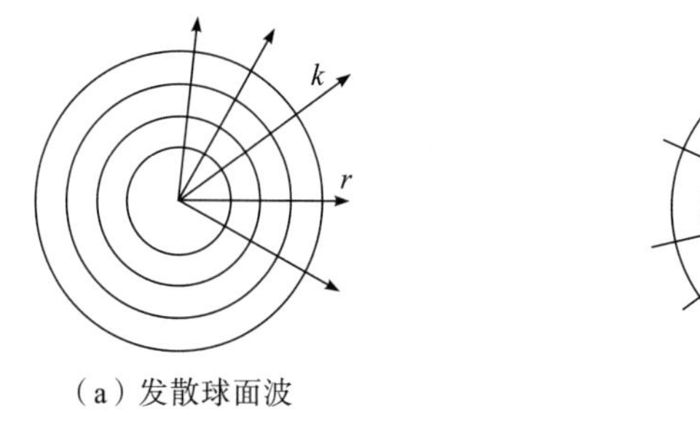

（a）发散球面波　　（b）会聚球面波

图 9-3　球面波

$$E=\frac{A}{r}\exp[\mathrm{i}(kr\pm\omega t)] \tag{9-41}$$

式(9-41)表明：球面波的振幅与离开原点的距离 r 成反比，等位面是 r 为常数的球面。其中，“−”表示由源点向外的发散球面波，“+”表示会聚的球面波。

随着考察点逐渐远离点光源，等相位面的曲率半径逐渐增大，最后接近于平面，此时球面波可近似作为平面波处理。

柱面波是具有无限长圆柱形波面（等相面）的波。在光学中，用一平面波照射

一细长狭缝，可获得接近于圆柱形的柱面波，如图 9-4 所示。柱面波的场强分布只与离开光源(狭缝)的距离 r 和时间 t 有关，可求得柱面波的波动公式为

$$E=\frac{A}{\sqrt{r}}\exp[\mathrm{i}(kr\pm\omega t)] \tag{9-42}$$

式(9-42)表明：柱面波的振幅与$\sqrt{r}$成反比，其中"－"表示向外发散的柱面波，"＋"表示会聚的柱面波。

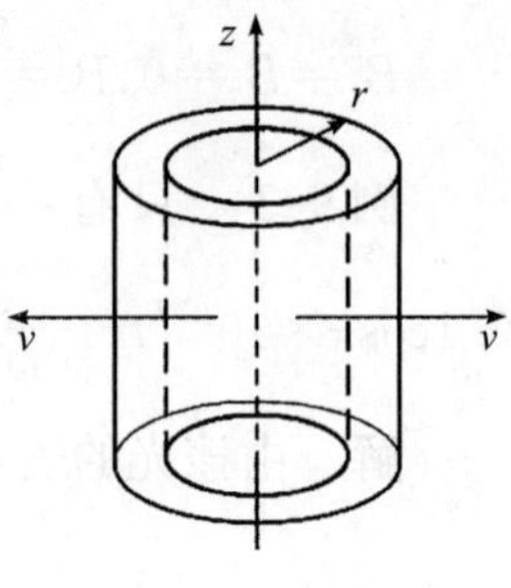

图 9-4 柱面波

9.1.8 电磁场的能量密度和能流密度

1. 能量密度

电磁场的能量密度是指单位体积内的电磁场能量，能量密度描述的是电磁场的储能性质，通常用 w 来表示。

$$w=\frac{1}{2}(\boldsymbol{E}\cdot\boldsymbol{D}+\boldsymbol{H}\cdot\boldsymbol{B})=\frac{1}{2}(\varepsilon E^2+\mu B^2) \tag{9-43}$$

式(9-43)中，括号里面第一项表示电场的贡献，第二项表示磁场的贡献，ε、μ 为介质的介电常数和磁导率。

2. 能流密度

电磁波的传播过程也是电磁场能量的传播过程，为了描述电磁场能量的传播，我们可以引入能流密度或坡印亭矢量 $\boldsymbol{S}$。在各向同性的均匀介质中，能流密度是指单位时间内垂直通过单位横截面积的电磁场能量，即

$$S=wv=\frac{1}{2}\left(\varepsilon E^2+\frac{1}{\mu}B^2\right)v \tag{9-44}$$

因为电磁场能量的传播方向与波的传播方向相同，因此坡印亭矢量 $\boldsymbol{S}$ 写成矢量形式为

$$\boldsymbol{S}=\boldsymbol{E}\times\boldsymbol{H} \tag{9-45}$$

在各向同性的均匀介质中，电场 $\boldsymbol{E}$ 和磁场 $\boldsymbol{H}$ 的大小关系为$\sqrt{\varepsilon}E=\sqrt{\mu}H$。

对于一维平面简谐电磁波，其电场强度可表示为 $E(z,t)=A\cos(kz-\omega t+\varphi)$，其磁场强度为

$$\boldsymbol{H}(z,t)=\sqrt{\frac{\varepsilon}{\mu}}\boldsymbol{A}\cos(kz-\omega t+\varphi) \tag{9-46}$$

因此，坡印亭矢量 $\boldsymbol{S}$ 的大小为

$$S=\sqrt{\frac{\varepsilon}{\mu}}A^2\cos^2(kz-\omega t+\varphi) \tag{9-47}$$

3. 光强

对于光波场而言，其频率高达 $10^{14}\sim10^{15}$ Hz，$\boldsymbol{E}$ 和 $\boldsymbol{H}$ 随时间快速变化，相应地，$\boldsymbol{S}$

随时间也快速变化，人眼或光探测器无法跟得上或检测到 $\boldsymbol{S}$ 的瞬时值。因此，实际观测到的是 $\boldsymbol{S}$ 在某一段时间内的平均值，这个平均值称为光强，用 I 表示。坡印亭矢量 $\boldsymbol{S}$ 的大小随时间按周期变化，所以其在一个周期 T 的平均值即为光强。

$$I = \langle S \rangle = \frac{1}{T}\int_0^T S\mathrm{d}t \tag{9-48}$$

将式(9-47)代入式(9-48)，得

$$I = \langle S \rangle = \frac{1}{2}\sqrt{\frac{\varepsilon}{\mu}}A^2 \tag{9-49}$$

式(9-49)表明：光波的光强 I 正比于 A^2。在同种介质中，多数情况下我们只关心光强的相对分布，因此，可以不考虑式(9-49)中的比例系数，光强以相对强度表示，即

$$I = A^2 \tag{9-50}$$

但在不同的介质中，则需加上比例系数，因为此时比例系数与介质的介电常数 ε 和磁导率 μ 有关。

9.2　光的反射和折射的波动描述

光在两种介质分界面上遵循反射定律和折射定律。这两个定律很好地解决了光在两种介质分界面上发生反射和折射时光的传播方向问题，但是没有解决光的振幅(能量)、相位、偏振等特征的变化问题。本节将在几何光学的反射和折射定理基础之上，运用菲涅耳公式进一步研究反射光和透射光与入射光之间的振幅、相位和偏振等关系。

9.2.1　光在两电介质分界面上的反射和折射

光的反射定律和折射定律给出了光在两种介质分界面上分别发生反射和折射时反射光和折射光的方向，但没有给出反射光和折射光的能量分配、相位变化、偏振情况等。最早菲涅耳把光看成弹性波，导出了反射光和折射光的相对振幅，在光的电磁理论建立以后，又从电磁场理论角度导出相关的关系式，形成了菲涅耳公式。

设两种不同介质的无限大界面如图 9-5 所示，两边介质的折射率分别为 n_1 和 n_2，对应介质的介电常数和磁导率分别为 ε_1，μ_1 和 ε_2，μ_2。界面法线与入射光线组成的平面称为光波入射面。电场矢量的方向与入射光线组成的平面为光波的振动面，振动面相对于入射面的夹角用方位角 α 表示。对于任一方位振动的光矢量 $\boldsymbol{E}$，都可以分解成互相垂直的两个分量：①平行于入射面振动的分量为光矢量的 p 分量，记作 $\boldsymbol{E}_\mathrm{p}$；②垂直于入射面振动的分量为光矢量的 s 分量，记作 $\boldsymbol{E}_\mathrm{s}$。这

样，对于任一光矢量，只要分别讨论两个分量的变化情况就可以了。

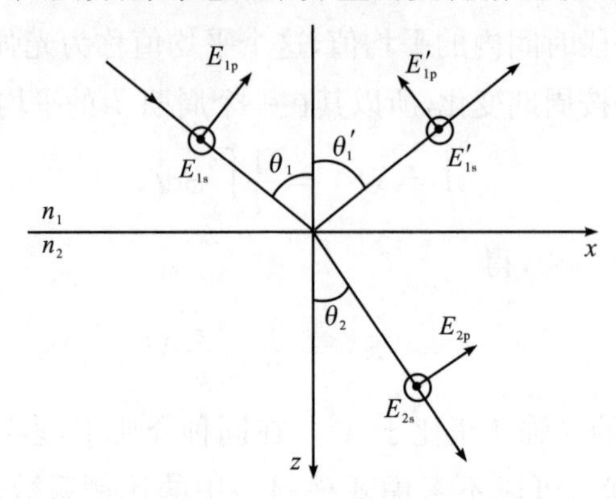

图 9-5　光在两种不同介质的无限大分界面上的反射和折射

设一单色平面光波入射在界面上，反射光波、折射光波也均为平面光波。设入射光波、反射光波和折射光波的波矢量分别为 $\boldsymbol{k}_1$、$\boldsymbol{k}'_1$ 和 $\boldsymbol{k}_2$，相应的入射角、反射角和折射角分别为 θ_1、θ'_1 和 θ_2。入射光波、反射光波和折射光波的角频率分别为 ω_1、ω'_1 和 ω_2。将入射波 $\boldsymbol{E}_1$ 分解成 $\boldsymbol{E}_{1s}$ 和 $\boldsymbol{E}_{1p}$ 两个分量。$\boldsymbol{E}_{1s}$ 和 $\boldsymbol{E}_{1p}$ 分别垂直于和平行于入射面振动，设只考虑 s 分量的情况，则入射波、反射波和折射波可分别表示为

$$\left.\begin{aligned} \boldsymbol{E}_{1s} &= \boldsymbol{A}_{1s}\exp[\mathrm{i}(\boldsymbol{k}_1 \cdot \boldsymbol{r} - \omega_1 t)] \\ \boldsymbol{E}'_{1s} &= \boldsymbol{A}'_{1s}\exp[\mathrm{i}(\boldsymbol{k}'_1 \cdot \boldsymbol{r} - \omega'_1 t)] \\ \boldsymbol{E}_{2s} &= \boldsymbol{A}_{2s}\exp[\mathrm{i}(\boldsymbol{k}_2 \cdot \boldsymbol{r} - \omega_2 t)] \end{aligned}\right\} \tag{9-51}$$

根据电磁场的边界条件，当界面上无传导电流和自由电荷分布时，电场强度矢量应满足下述连续条件：

$$\boldsymbol{e_n} \times (\boldsymbol{E}_1 + \boldsymbol{E}'_1) = \boldsymbol{e_n} \times \boldsymbol{E}_2 \tag{9-52}$$

将式(9-52)中的矢量符号去掉，可得

$$\boldsymbol{E}_{1s} + \boldsymbol{E}'_{1s} = \boldsymbol{E}_{2s} \tag{9-53}$$

将式(9-51)代入式(9-53)，可得

$$\boldsymbol{A}_{1s}\exp[\mathrm{i}(\boldsymbol{k}_1 \cdot \boldsymbol{r} - \omega_1 t)] + \boldsymbol{A}'_{1s}\exp[\mathrm{i}(\boldsymbol{k}'_1 \cdot \boldsymbol{r} - \omega'_1 t)] = \boldsymbol{A}_{2s}\exp[\mathrm{i}(\boldsymbol{k}_2 \cdot \boldsymbol{r} - \omega_2 t)] \tag{9-54}$$

式(9-54)对任意时刻 t 和分界面上的任意位置矢量 $\boldsymbol{r}$ 都成立，因此，式(9-54)中对变量 $\boldsymbol{r}$、t 的函数关系必须相等，于是有

$$\omega_1 = \omega'_1 = \omega_2 \tag{9-55}$$

$$\boldsymbol{A}_{1s} + \boldsymbol{A}'_{1s} = \boldsymbol{A}_{2s} \tag{9-56}$$

式(9-55)表明：反射光波、折射光波的频率与入射光波的频率相等，这是线性介质表现出来的性质。在界面上，还要满足以下关系

$$\boldsymbol{k}_1 \cdot \boldsymbol{r} = \boldsymbol{k}'_1 \cdot \boldsymbol{r} = \boldsymbol{k}_2 \cdot \boldsymbol{r} \tag{9-57}$$

考虑到界面上 $z=0$，可得

$$k_1 \sin\theta_1 = k_1' \sin\theta_1' = k_2 \sin\theta_2 \tag{9-58}$$

将 $k_1 = k_1' = \frac{\omega}{v_1}$ 和 $k_2 = \frac{\omega}{v_2}$ 代入式(9-58)，可得光的反射定律

$$\theta_1 = \theta_1' \tag{9-59}$$

和光的折射定律

$$\frac{\sin\theta_1}{v_1} = \frac{\sin\theta_2}{v_2} \text{ 或 } \frac{\sin\theta_1}{\sin\theta_2} = \frac{v_1}{v_2} = \frac{n_2}{n_1} \tag{9-60}$$

9.2.2　菲涅耳公式

对于入射平面光波 $\boldsymbol{E}_1$，分成两个互相垂直的分量 s 波和 p 波，其反射光波和折射光波的振幅和相位关系是不相同的。图 9-5 给出了入射光波、反射光波和折射光波中 s 波和 p 波的振动方向，p 波、s 波的振动方向与波的传播方向正好满足右手定则。其中，s 波的正方向为垂直于纸面(入射面)向外，与入射光波、反射光波和折射光波相应的 $\boldsymbol{H}_s$、$\boldsymbol{H}_p$ 的方向由 $\boldsymbol{E}$、$\boldsymbol{B}$、$\boldsymbol{k}_0$ 满足右手螺旋关系给出。

定义 s 分量的反射系数和透射系数分别为

$$r_s = \frac{A_{1s}'}{A_{1s}} \tag{9-61}$$

$$t_s = \frac{A_{2s}}{A_{1s}} \tag{9-62}$$

定义 p 分量的反射系数和透射系数分别为

$$r_p = \frac{A_{1p}'}{A_{1p}} \tag{9-63}$$

$$t_p = \frac{A_{2p}}{A_{1p}} \tag{9-64}$$

下面来求这些系数的表达式。先来讨论 s 波，其入射光波、反射光波和折射光波的 s 波 E 分量和 H 分量的振动方向如图 9-6 所示。

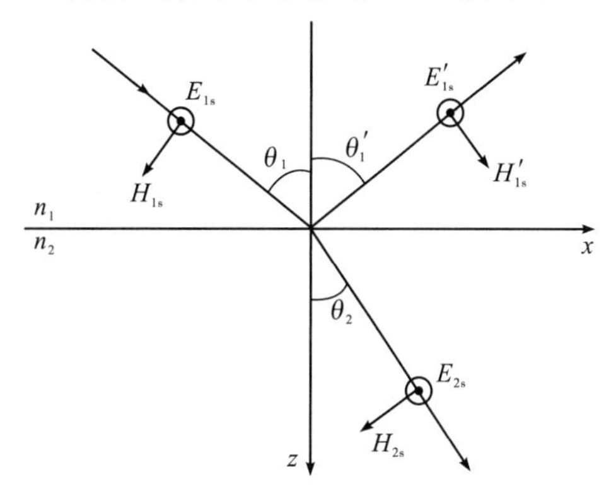

图 9-6　s 波 E 分量和 H 分量的振动方向

对于 s 波，由电磁场连续条件可得

$$\boldsymbol{H}_{1s}(-\cos\theta_1)+\boldsymbol{H}'_{1s}\cos\theta_1=\boldsymbol{H}_{2s}(-\cos\theta_2) \tag{9-65}$$

当两介质的折射率为 n_1、n_2 时，由耦合电磁场的电场和磁场关系 $\sqrt{\mu}H=\sqrt{\varepsilon}E$，式(9-65)可改写为

$$\frac{n_1}{\mu_1}(\boldsymbol{E}_{1s}-\boldsymbol{E}'_{1s})\cos\theta_1=\frac{n_2}{\mu_2}\boldsymbol{E}_{2s}\cos\theta_2 \tag{9-66}$$

这样由式(9-53)、式(9-56)和式(9-66)，并考虑 $\mu_1=\mu_2$，利用式(9-60)可得

$$r_s=\frac{A'_{1s}}{A_{1s}}=-\frac{\sin(\theta_1-\theta_2)}{\sin(\theta_1+\theta_2)}=\frac{n_1\cos\theta_1-n_2\cos\theta_2}{n_1\cos\theta_1+n_2\cos\theta_2} \tag{9-67}$$

$$t_s=\frac{A_{2s}}{A_{1s}}=\frac{2\cos\theta_1\sin\theta_2}{\sin(\theta_1+\theta_2)}=\frac{2n_1\cos\theta_1}{n_1\cos\theta_1+n_2\cos\theta_2} \tag{9-68}$$

r_s、t_s 为 s 波的振幅反射系数和振幅透射系数，并且它们之间满足关系：

$$1+r_s=t_s \tag{9-69}$$

同样，根据电磁波在分界面上的连续条件，p 波的振幅反射系数和振幅透射系数为

$$r_p=\frac{A'_{1p}}{A_{1p}}=\frac{\tan(\theta_1-\theta_2)}{\tan(\theta_1+\theta_2)}=\frac{n_2\cos\theta_1-n_1\cos\theta_2}{n_2\cos\theta_1+n_1\cos\theta_2} \tag{9-70}$$

$$t_p=\frac{A_{2p}}{A_{1p}}=\frac{2\sin\theta_2\cos\theta_1}{\sin(\theta_1+\theta_2)\cos(\theta_1-\theta_2)}=\frac{2n_1\cos\theta_1}{n_2\cos\theta_1+n_1\cos\theta_2} \tag{9-71}$$

r_p、t_p 为 p 波的振幅反射系数和振幅透射系数，并且它们之间满足关系：

$$1+r_p=\frac{n_2}{n_1}t_p \tag{9-72}$$

式(9-67)、式(9-68)、式(9-70)和式(9-71)统称为菲涅耳公式。

如果垂直入射，即 $\theta_1=0$，定义相对折射率 $n=\frac{n_2}{n_1}$，菲涅耳公式变为

$$r_s=\frac{A'_{1s}}{A_{1s}}=-\frac{n-1}{n+1} \tag{9-73}$$

$$t_s=\frac{A_{2s}}{A_{1s}}=\frac{2}{n+1} \tag{9-74}$$

$$r_p=\frac{A'_{1p}}{A_{1p}}=\frac{n-1}{n+1} \tag{9-75}$$

$$t_p=\frac{A_{2s}}{A_{1p}}=\frac{2}{n+1} \tag{9-76}$$

9.2.3 反射波和透射波的性质

本节以菲涅耳公式为基础，具体讨论两种情况下[即光从光疏介质入射到光密介质($n_1<n_2$)和光从光密介质入射到光疏介质($n_1>n_2$)]反射波和透射波的振

幅、相位、光强度以及偏振等特性。

1. 振幅特性

假设光从光疏介质入射到光密介质(如从空气 $n_1=1$ 射向玻璃 $n_2=1.5$),把数据带入菲涅耳公式,可得到反射波或透射波与入射波的振幅系数随入射角的变化关系。以振幅反射(或透射)系数 r(或 t)为纵坐标,以入射角 θ_1 为横坐标,利用菲涅耳公式计算出结果,画出 r_s、r_p、t_s 和 t_p 随入射角 θ_1 的变化关系,如图 9-7(a)所示。按同样的方法可以得到当光从光密介质入射到光疏介质(如从玻璃 $n_1=1.5$射向空气 $n_2=1$)时,r_s、r_p、t_s 和 t_p 随入射角 θ_1 的变化关系曲线如图 9-7(b)所示。

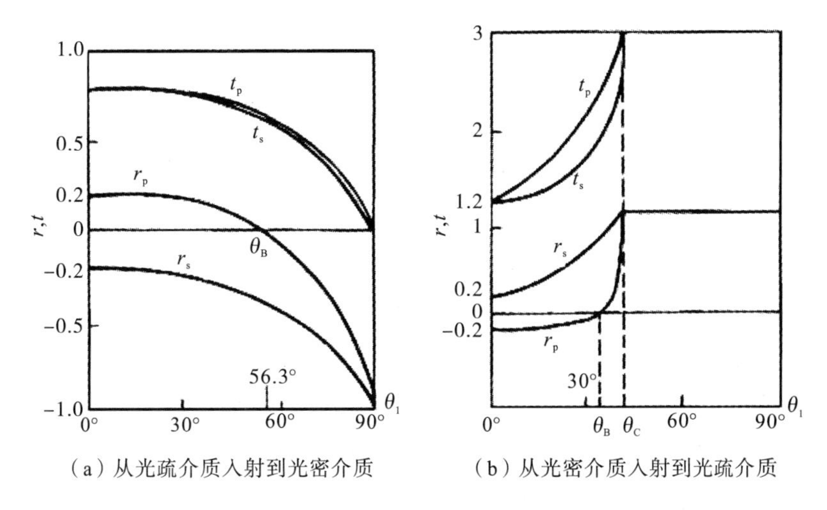

(a) 从光疏介质入射到光密介质　　(b) 从光密介质入射到光疏介质

图 9-7　反射波和折射波振幅系数曲线

当光从光疏介质入射到光密介质时:

(1)从图 9-7(a)可以看到,对于透射波,无论是 s 分量还是 p 分量,其振幅系数都随 θ_1 的增大而单调减小。当正入射($\theta_1=0°$)时,$|r_s|$、$|r_p|$、t_s、t_p 都不为 0,表示垂直入射时,无论是 s 分量还是 p 分量,同时存在反射波和折射波,t_s、t_p 具有最大值;当掠入射($\theta_1=90°$)时,$|r_s|=|r_p|=1$,t_s、t_p 减小到 0,表示掠入射时,没有折射光。

(2)当光波以角度 θ_B 入射时,$r_p=0$,$r_s\neq0$,表示反射光中没有 p 波,只有 s 波,反射光成为线偏振光,其振动方向垂直于入射面,此入射角称为布儒斯特角,用 θ_B 表示。

$$\theta_B=\arctan\left(\frac{n_2}{n_1}\right) \tag{9-77}$$

式(9-77)称为布儒斯特定律,因此,利用反射现象也可以从自然光中获得线偏振光。

当光从光密介质入射到光疏介质时:

(1)从图 9-7(b)可以看到,对于透射波,无论是 s 分量还是 p 分量,其振幅系数都随 θ_1 的增大而单调增大。当正入射($\theta=0°$)时,$|r_s|$、$|r_p|$、t_s、t_p 都不为 0,表示垂直入射时,无论是 s 分量还是 p 分量,同时存在反射波和折射波,当入射角 θ_1 增大到某一值 θ_c 时,t_s、t_p 降为 0;$r_s=r_p=1$,表示此时入射波发生了全反射,没有折射波。θ_c 称为全反射角。

$$\theta_c = \arcsin\left(\frac{n_2}{n_1}\right) \tag{9-78}$$

(2)与光从光疏介质入射到光密介质时的情况类似,当光波以角度 θ_B 入射时,$r_p=0$,$r_s\neq0$,反射光成为振动方向垂直于入射面的线偏振光。

2. 相位特性

当光波在电介质表面反射和透射时,r_s、r_p、t_s 和 t_p 一般为实数,且振幅系数随着 θ_1 的变化会出现正值或负值的变化。当振幅系数为正值时,表明两个场同相位,相应的相位变化为 $\delta=0$;当振幅系数为负值时,表明两个场反相位,相应的相位变化为 $\delta=\pi$。

(1)透射波与入射波的相位关系比较简单,由图 9-7 可知,不管是光从光疏介质入射到光密介质,还是光从光密介质入射到光疏介质,无论 θ_1 取何值,t_s、t_p 都是正值,表明透射波和入射波的相位总是相同,没有发生相位改变。

(2)当光从光疏介质入射到光密介质时,如图 9-7(a)所示,r_s 均小于 0,说明 E'_{1s}的取向与规定的正向相反,表明反射时 s 波在界面上发生了 π 的相位变化。对于 p 分量,当 $\theta_1<\theta_B$ 时,r_p 为正,说明 $\boldsymbol{E}'_{1p}$相位没有发生变化;当 $\theta_1=\theta_B$ 时,$r_p=0$,反射光中没有 p 波;当 $\theta_1>\theta_B$ 时,r_p 为负,说明 $\boldsymbol{E}'_{1p}$ 相位发生了 π 的相位变化。

(3)当光从光密介质入射到光疏介质时,从图 9-7(b)可以看到,对于 s 波,当 $\theta_1\leqslant\theta_c$ 时,$r_s>0$,相位没有发生改变;对于 p 波,当 $\theta_1<\theta_B$ 时,$r_s<0$,相位发生了 π 改变;当 $\theta_B<\theta_1\leqslant\theta_c$ 时,$r_s>0$,相位没有发生改变;对于 $\theta_1>\theta_c$,情况较复杂,在这里不作讨论。

3. 半波损失

在正入射($\theta_1=0$)时,规定 $\boldsymbol{E}$ 的正方向如图 9-8(a)所示,由菲涅耳公式(9-73)和(9-75)可知,p 波和 s 波的振幅反射系数大小相同,符号相反。反射光的光矢量产生 π 的相位改变,如图 9-8(b)所示。产生 π 的相位改变,相当于反射时损失了半个波长,称为半波损失。因为相位差与光程差之间存在如下关系:$\delta=k\Delta=\frac{2\pi}{\lambda}\Delta$,当 $\delta=\pi$ 时,Δ 相应地等于$\frac{\lambda}{2}$。光从光密介质入射到光疏介质时,在正入射的情况下,$r_s>0$,$r_p<0$,反射光没有半波损失,如图 9-8(c)所示。

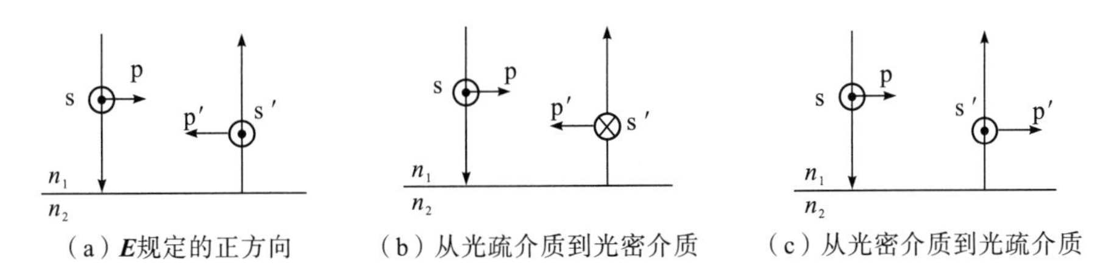

图 9-8　正入射下反射波相位的变化情况

对于掠入射(θ_1 趋于 90°)情况，当光从光疏介质入射到光密介质时，由菲涅耳公式可以知道，$r_s \to -1$，$r_p \to -1$，入射光和反射光的 s 分量和 p 分量方向如图 9-9(b)所示，反射光的光矢量产生 π 的相位改变。

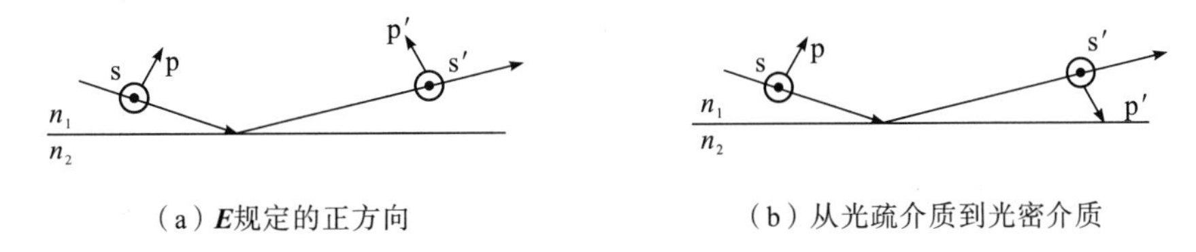

图 9-9　掠入射下反射波相位的变化情况

在一般斜入射的情况下，讨论反射波、透射波相对于入射波的相位变化意义不大。但在干涉中，当研究薄膜上下表面反射的两束光由于反射过程的相位变化而引起附加光程差时，可以根据菲涅耳公式分析后判断是否存在附加光程差。

4. 反射率和透射率

(1)反射率和透射率的定义。为了反映反射波和透射波中能量的分配情况，定义了反射率 ρ 和透射率 τ 两个物理量。设入射波单位时间入射到界面上的平均辐射能为 W_1，单位时间同一界面上反射波和透射波从入射波获得的平均辐射能分别为 W_1' 和 W_2，则将反射率 ρ 定义为

$$\rho = \frac{W_1'}{W_1} \tag{9-79}$$

将透射率 τ 定义为

$$\tau = \frac{W_2}{W_1} \tag{9-80}$$

设入射波、反射波和透射波的光强分别为 I_1、I_1' 和 I_2，入射角和折射角分别为 θ_1 和 θ_2，如图 9-10 所示，则单位时间入射到界面上单位面积的能量为

$$W_1 = I_1\cos\theta_1 = \frac{1}{2}\sqrt{\frac{\varepsilon_1}{\mu_1}}A_1^2\cos\theta_1 \tag{9-81}$$

$$W_1' = I_1'\cos\theta_1 = \frac{1}{2}\sqrt{\frac{\varepsilon_1}{\mu_1}}A_1'^2\cos\theta_1 \tag{9-82}$$

$$W_2 = I_2\cos\theta_2 = \frac{1}{2}\sqrt{\frac{\varepsilon_2}{\mu_2}}A_2^2\cos\theta_1 \tag{9-83}$$

把 W_1、W_1'、W_2 代入式(9-79)和式(9-80)得

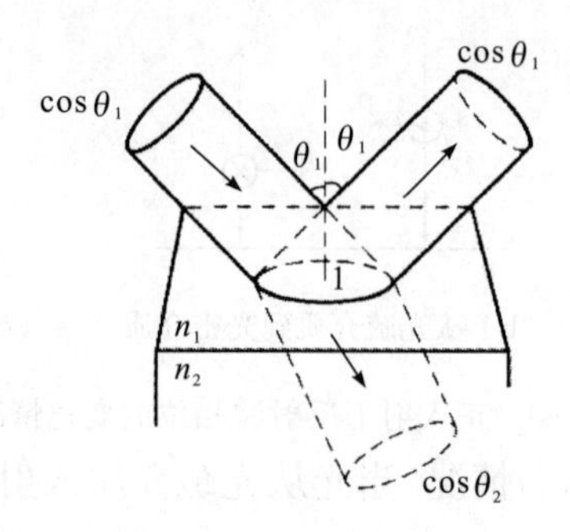

图 9-10　入射波、反射波和折射波能量截面图

$$\rho=\frac{W_1'}{W_1}=\frac{I_1'\cos\theta_1}{I_1\cos\theta_1}=\frac{I_1'}{I_1}=\left(\frac{A_1'}{A_1}\right)^2=r^2 \tag{9-84}$$

$$\tau=\frac{W_2}{W_1}=\frac{I_2\cos\theta_2}{I_1\cos\theta_1}=\frac{n_2\cos\theta_2}{n_1\cos\theta_1}\left(\frac{A_2}{A_1}\right)^2=\frac{n_2\cos\theta_2}{n_1\cos\theta_1}t^2 \tag{9-85}$$

在不考虑介质的吸收和散射的情况下，由能量守恒定律可得，ρ 和 τ 之间应满足以下关系：

$$\rho+\tau=1 \tag{9-86}$$

（2）s 波和 p 波的反射率和透射率。将菲涅耳公式(9-67)、式(9-68)、式(9-70)和式(9-71)代入式(9-84)和式(9-85)，可得 s 波和 p 波的反射率和透射率。

$$\rho_s=r_s^2=\frac{\sin^2(\theta_1-\theta_2)}{\sin^2(\theta_1+\theta_2)} \tag{9-87}$$

$$\tau_s=\frac{n_2\cos\theta_2}{n_1\cos\theta_1}t_s^2=\frac{n_2\cos\theta_2}{n_1\cos\theta_1}\frac{4\sin^2\theta_2\cos^2\theta_1}{\sin^2(\theta_1+\theta_2)} \tag{9-88}$$

$$\rho_p=r_p^2=\frac{\tan^2(\theta_1-\theta_2)}{\tan^2(\theta_1+\theta_2)} \tag{9-89}$$

$$\tau_p=\frac{n_2\cos\theta_2}{n_1\cos\theta_1}t_p^2=\frac{n_2\cos\theta_2}{n_1\cos\theta}\frac{4\sin^2\theta_2\cos^2\theta_1}{\sin^2(\theta_1+\theta_2)\cos^2(\theta_1-\theta_2)} \tag{9-90}$$

在不考虑介质的吸收和散射的情况下，s 波、p 波由能量守恒定律得

$$\rho_s+\tau_s=1,\rho_p+\tau_p=1 \tag{9-91}$$

5. 倏逝波

按照电磁场传播的连续条件，即使发生全反射，光波也不是绝对地在界面上被全部反射回第一介质，第二种介质中也应该有透射波的存在。实验也证实，光波是在透入第二介质约波长量级的深度，沿着界面经过波长量级的距离后再重新返回第一介质，沿着反射光的方向射出。这个沿第二介质表面流动的电磁波称为倏逝波。

取 xz 平面为入射面，根据前面的讨论，在界面上 $z=0$ 时，空间相位因子必须分别相等，即

$$\exp(\mathrm{i}k_{1x}x)=\exp(\mathrm{i}k_{1x}'x)=\exp(\mathrm{i}k_{2x}x) \tag{9-92}$$

要满足式(9-92)，则需

$$k_{1x}=k_{2x}\Rightarrow k_1\sin\theta_1=k_2\sin\theta_2 \tag{9-93}$$

因此，折射光的波矢量在分界面 z 上的分量为

$$k_{2z}=\sqrt{k_2^2-k_{2x}^2}=\sqrt{\left(\frac{n_2}{n_1}\right)^2k_1^2-k_{1x}^2}=k_1\sqrt{\left(\frac{n_2}{n_1}\right)^2-\sin^2\theta_1} \tag{9-94}$$

当发生全反射时，入射角满足 $\sin\theta_1>\dfrac{n_2}{n_1}$，因此

$$k_{2z}=\mathrm{i}k_1\sqrt{\sin^2\theta_1-\left(\frac{n_2}{n_1}\right)^2}=\mathrm{i}\beta \tag{9-95}$$

这时，透射波可表示为

$$\begin{aligned}\boldsymbol{E}_2&=\boldsymbol{A}_2\exp[\mathrm{i}(\boldsymbol{k}_2\cdot\boldsymbol{r}-\omega t)]=\boldsymbol{A}_2\exp[\mathrm{i}(k_{2x}x+k_{2z}z-\omega t)]\\&=A_2\exp(-\beta z)\exp[\mathrm{i}(k_1x\sin\theta_1-\omega t)]\end{aligned} \tag{9-96}$$

式(9-96)表明：透射波是一个沿 x 方向传播、振幅在 z 方向作指数衰减的波，这个波就是倏逝波，如图 9-11 所示。

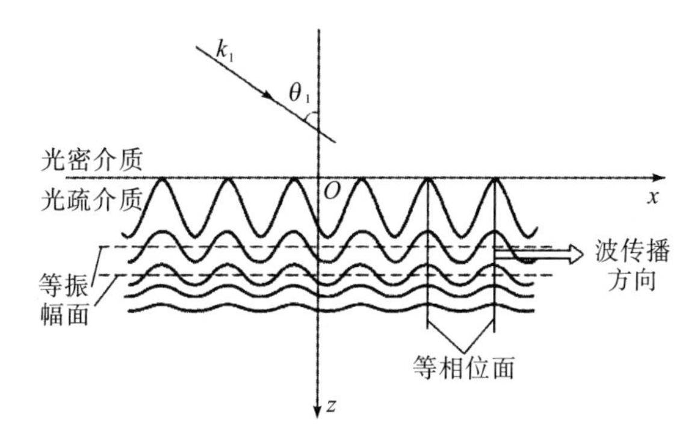

图 9-11　倏逝波

通常定义当振幅衰减到最大值的$\dfrac{1}{\mathrm{e}}$时所对应的距离为其衰减深度(也称为穿透深度)。于是，由 $\beta z=1$ 得到

$$z_{\mathrm{d}}=\frac{1}{\beta}=\left[k_1\sqrt{\sin^2\theta_1-\left(\frac{n_2}{n_1}\right)^2}\right]^{-1} \tag{9-97}$$

由此可见，z_{d} 为波长量级。由于倏逝波在衰减的同时还沿 z 方向行进，所以全反射波对入射波在 x 轴方向有了位移，这种现象称为古斯-汉森(Goos-Hanchen)效应，在光波导和精密测量中有着重要的应用。

例 9-4　电矢量垂直于入射面的一束线偏振光以 45°入射到折射率为 1.5 的玻璃中，试求振幅反射和透射系数。

解　利用折射定律

$$\frac{\sin\theta_1}{\sin\theta_2}=\frac{n_2}{n_1}$$

代入数据，可求得折射角为：$\theta_2 = 28.13°$。

利用菲涅耳公式可得

$$t_s = \frac{A_{2s}}{A_{1s}} = \frac{2\cos\theta_1 \sin\theta_2}{\sin(\theta_1 + \theta_2)} = \frac{2\cos45° \sin28.13°}{\sin(45° + 28.13°)} = 0.6967$$

$$r_s = \frac{A'_{1s}}{A_{1s}} = -\frac{\sin(\theta_1 - \theta_2)}{\sin(\theta_1 + \theta_2)} = -\frac{\sin16.87°}{\sin73.13°} = -0.3032$$

例 9-5 试证明在给定的两种介质分界面上，外反射和内反射的布儒斯特角之和为 90°。

证明 假设两种介质 1、2 的折射率分别为 n_1 和 n_2，从介质 1 入射到介质 2 时的布儒斯特角为 θ_{B1}，从介质 2 入射到介质 1 时的布儒斯特角为 θ_{B2}。

$$\because \quad \tan(\theta_{B1} + \theta_{B2}) = \frac{\tan\theta_{B1} + \tan\theta_{B2}}{1 - \tan\theta_{B1}\tan\theta_{B2}}$$

$$\tan\theta_{B1} = \frac{n_2}{n_1} \qquad \tan\theta_{B2} = \frac{n_1}{n_2}$$

$$\therefore \quad 1 - \tan\theta_{B1}\tan\theta_{B2} \to 0$$

$$\therefore \quad \tan(\theta_{B1} + \theta_{B2}) \to \infty$$

$$\therefore \quad \theta_{B1} + \theta_{B2} = \frac{\pi}{2}$$

得证。

例 9-6 一束自然光从空气入射到折射率为 $n' = 1.5$ 的玻璃中，试求垂直入射时的透射率。

解 相对折射率为

$$n = \frac{n'}{1} = 1.5$$

代入垂直入射时的振幅反射系数得

$$r_s = \frac{A'_{1s}}{A_{1s}} = -\frac{n-1}{n+1} = -0.2$$

$$r_p = \frac{A'_{1p}}{A_{1p}} = \frac{n-1}{n+1} = \frac{1.5-1}{1.5+1} = 0.2$$

$$\rho_s = r_s^2 = 0.04$$

$$\rho_p = r_p^2 = 0.04$$

所以，s 波的透射率为

$$\tau_s = 1 - \rho_s = 0.96$$

p 波的透射率为

$$\tau_p = 1 - \rho_p = 0.96$$

9.3　光波的叠加

9.3.1　光波的叠加原理

1. 光波的独立传播定律

当两个或多个光波在空间相遇时，在光强不十分大的情况下，它们分开后每个光波仍然保持原有特性继续传播，即分开后频率、波长、振动方向、传播方向等所有光学参数都不发生变化。这就是光波的独立传播定律。

2. 光波的叠加原理

如果有几列光波在空间某点相遇，在相遇点 P 的电场矢量分别为 $\boldsymbol{E}_{1(P,t)}$、$\boldsymbol{E}_{2(P,t)}, \cdots, \boldsymbol{E}_{n(P,t)}$，则 P 点的振动就是这几列光波在这点的电场矢量的振动的合成，P 点的振动可表示为

$$\boldsymbol{E}_{(P,t)} = \boldsymbol{E}_{1(P,t)} + \boldsymbol{E}_{2(P,t)} + \cdots + \boldsymbol{E}_{n(P,t)} \tag{9-98}$$

光在真空或介质中传播时，只要光强不是太大，都满足光波的叠加原理，但是当光强非常大时，会出现违背光波叠加原理的现象，这种现象称为“非线性效应”，研究光的非线性效应的科学，称为非线性光学或强光光学。

9.3.2　频率相同、振动方向相同的单色光波的叠加

假设有 n 个频率相同、振动方向相同的光波，它们的复振幅分别表示为 $\widetilde{\boldsymbol{E}}_{1(\boldsymbol{r})}$，$\widetilde{\boldsymbol{E}}_{2(\boldsymbol{r})}, \widetilde{\boldsymbol{E}}_{3(\boldsymbol{r})}, \cdots, \widetilde{\boldsymbol{E}}_{n(\boldsymbol{r})}$，当它们在空间某处相遇时，相遇处的总光场可表示为

$$\widetilde{\boldsymbol{E}}_{(\boldsymbol{r})} = \widetilde{\boldsymbol{E}}_{1(\boldsymbol{r})} + \widetilde{\boldsymbol{E}}_{2(\boldsymbol{r})} + \cdots + \widetilde{\boldsymbol{E}}_{n(\boldsymbol{r})} = \sum_{j=1}^{n} \widetilde{\boldsymbol{E}}_{j(\boldsymbol{r})} = \sum_{j=1}^{n} \boldsymbol{A}_j \exp(\mathrm{i}\alpha_j) \tag{9-99}$$

式(9-99)中，$\boldsymbol{A}_j$ 和 α_j 为每个叠加分量的振幅和空间相位。

1. 代数加法

如图 9-12 所示，频率相同、振动方向相同的两列单色光波在空间 P 点相遇，求 P 点的合成光波的相对光强。

两列光波传播到 P 点的振动方程分别为

$$E_1 = A_1\cos(k_1 r_1 - \omega t), E_2 = A_2\cos(k_2 r_2 - \omega t)$$

令 $k_1 r_1 = \alpha_1, k_2 r_2 = \alpha_2$，则

$$E = E_1 + E_2 = A_1\cos(\alpha_1 - \omega t) + A_2\cos(\alpha_2 - \omega t) \tag{9-100}$$

因此，可得合成光波的合振动为

$$E = A\cos(\alpha - \omega t) \tag{9-101}$$

其中

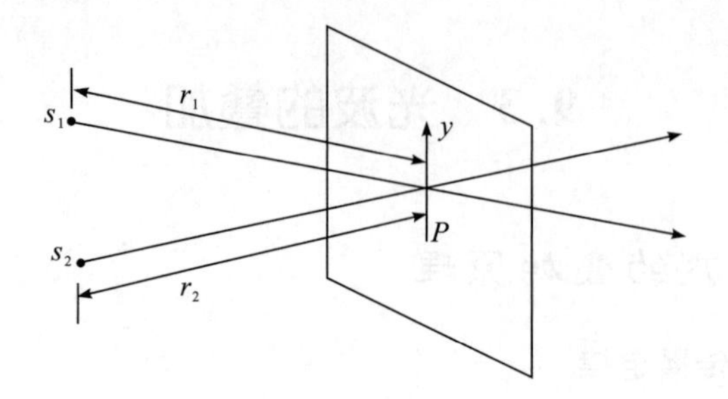

图 9-12　同频率、同振动方向光波的叠加

$$A^2 = A_1^2 + A_2^2 + 2A_2A_2\cos(\alpha_1 - \alpha_2) \tag{9-102}$$

$$\tan\alpha = \frac{A_1\sin\alpha_1 + A_2\sin\alpha_2}{A_1\cos\alpha_1 + A_2\cos\alpha_2} \tag{9-103}$$

合成光波的相对光强为

$$I = A^2 = A_1^2 + A_2^2 + 2A_1A_2\cos(\alpha_1 - \alpha_2) \tag{9-104}$$

合成光波的相对光强取决于 $\delta=\alpha_1-\alpha_2$，即

$$\delta = \alpha_1 - \alpha_2 = k_1r_1 - k_2r_2 = \frac{2\pi}{\lambda}(n_1r_1 - n_2r_2) \tag{9-105}$$

$n_1r_1-n_2r_2$ 称为这两列光波的光程差，用 Δ 表示，因此

$$\delta = \frac{2\pi}{\lambda}\Delta \qquad \Delta = n_1r_1 - n_2r_2 \tag{9-106}$$

讨论：

(1)当 δ 满足什么条件，合成光波的光强最大或最小。

由式(9-104)可得

$$\delta=\begin{cases}\pm 2m\pi & I=I_{\max}=(A_1+A_2)^2 \\ \pm(2m+1)\pi & I=I_{\min}=(A_1-A_2)^2\end{cases} \qquad m=0,1,2\cdots \tag{9-107}$$

(2)当 Δ 满足什么条件，合成光波的光强最大或最小。

利用 δ 和 Δ 之间的关系，可得

$$\Delta=\begin{cases}\pm m\lambda & I=I_{\max}=(A_1+A_2)^2 \\ \pm(2m+1)\dfrac{\lambda}{2} & I=I_{\min}=(A_1-A_2)^2\end{cases} \qquad m=0,1,2\cdots \tag{9-108}$$

2. 复数法

这两列单色光波用复数分别表示为

$$E_1=A_1\exp[\mathrm{i}(\alpha_1-\omega t)],E_2=A_2\exp[\mathrm{i}(\alpha_2-\omega t)]$$

因此，可得合成光波的合振动为

$$\begin{aligned}E&= E_1 + E_2 = A_1\exp[\mathrm{i}(\alpha_1-\omega t)] + A_2\exp[\mathrm{i}(\alpha_2-\omega t)] \\ &= [A_1\exp(\mathrm{i}\alpha_1) + A_2\exp(\mathrm{i}\alpha_2)]\exp(-\mathrm{i}\omega t)\end{aligned} \tag{9-109}$$

令 $A\exp(\mathrm{i}\alpha)=A_1\exp(\mathrm{i}\alpha_1)+A_2\exp(\mathrm{i}\alpha_2)$，则

$$E = A\exp(\mathrm{i}\alpha)\exp(-\mathrm{i}\omega t) = A\exp[\mathrm{i}(\alpha - \omega t)] \tag{9-110}$$

所以

$$A^2 = [A\exp(\mathrm{i}\alpha)] \cdot [A\exp(\mathrm{i}\alpha)]^* \tag{9-111}$$

合成光波的相对光强为

$$I = A^2 = A_1^2 + A_2^2 + 2A_1A_2\cos(\alpha_1 - \alpha_2)$$

因为

$$\begin{aligned} A\exp(\mathrm{i}\alpha) &= A_1\exp(\mathrm{i}\alpha_1) + A_2\exp(\mathrm{i}\alpha_2) \\ &= A_1\cos\alpha_1 + A_2\cos\alpha_2 + \mathrm{i}(A_1\sin\alpha_1 + A_2\sin\alpha_2) \end{aligned}$$

所以

$$\tan\alpha = \frac{A_1\sin\alpha_1 + A_2\sin\alpha_2}{A_1\cos\alpha_1 + A_2\cos\alpha_2}$$

利用复数法得到的结论与利用代数法得到的结论是一样的。

3. 旋转矢量法

两列单色光波在 P 点的振动用旋转矢量法表示，如图 9-13 所示，它们的振幅分别为 A_1 和 A_2，与初始转轴的夹角分别为 α_1 和 α_2。以这两个矢量为邻边作平行四边形，对角线的长度为合光波的振幅，对角线与初始转轴的夹角为合光波的初相位。当这两个矢量以角速度 ω 沿逆时针方向旋转时，合光波矢量也以角速度 ω 沿逆时针方向旋转。

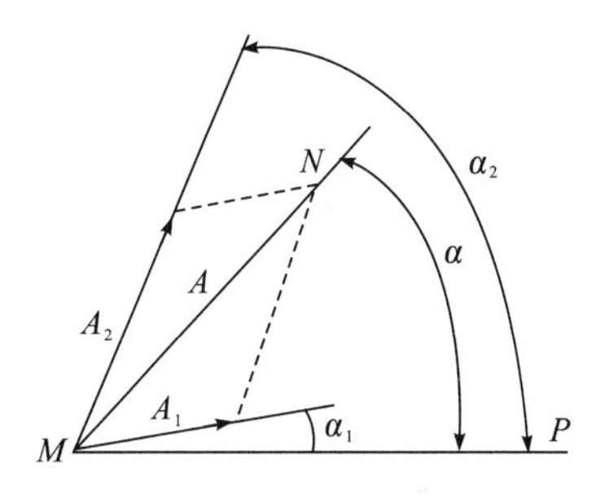

图 9-13　用旋转矢量法进行光波的叠加

合光波的振幅和初相位都可以利用图 9-13 中的几何关系来确定。

4. 驻波

两个频率相同、振动方向相同而传播方向相反的单色光波的叠加将形成驻波，垂直入射的光波和它的反射光波之间将形成驻波。

$$E = E_1 + E_2 = A\cos(kz + \omega t) + A\cos(kz - \omega t + \delta) \tag{9-112}$$

式(9-112)中，δ 是反射时的相位差。

叠加的结果为

$$E = E_1 + E_2 = 2A\cos\left(kz + \frac{\delta}{2}\right)\cos\left(\omega t - \frac{\delta}{2}\right) \tag{9-113}$$

式(9-113)表示：z 方向上每一点的振动仍是频率为 ω 的简谐振动，振动的振幅随 z 的变化而变化。

驻波的振幅为

$$A' = \left|2A\cos\left(kz + \frac{\delta}{2}\right)\right| \tag{9-114}$$

在式(9-114)中,A'取最大值的位置称为波腹,$A'=0$ 的位置称为波节。由式(9-114)可以得出结论：

$$\begin{cases} \text{波腹的位置}:kz+\dfrac{\delta}{2}=m\pi \\ \text{波节的位置}:kz+\dfrac{\delta}{2}=\left(m+\dfrac{1}{2}\right)\pi \end{cases} \quad m=0,1,2,\cdots \tag{9-115}$$

利用式(9-115)可得相邻波腹或波节的间距为

$$\Delta z=\frac{\lambda}{2} \tag{9-116}$$

9.3.3 频率不同、振动方向相同的单色光波的叠加

现有两个振幅、振动方向和传播方向都相同,但频率不同却非常接近的两个单色光波进行叠加,下面来讨论这两个光波叠加的结果。如图 9-14 所示,这两个频率不同的单色光波可表示为

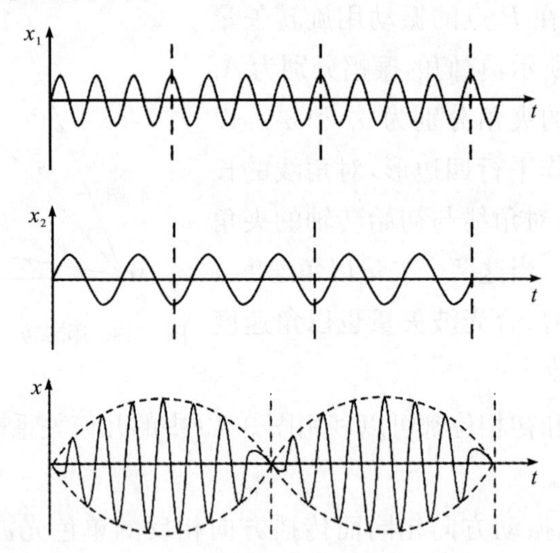

图 9-14 频率不同的单色光波的叠加

$$E_1=A\cos(k_1z-\omega_1t),E_2=A\cos(k_2z-\omega_2t) \tag{9-117}$$

按照波的叠加原理,合成光波可表示为

$$E=E_1+E_2=2A\cos(k_mz-\omega_mt)\cos(\bar{k}z-\bar{\omega}t) \tag{9-118}$$

其中

$$\bar{\omega}=\frac{(\omega_1+\omega_2)}{2},\bar{k}=\frac{(k_1+k_2)}{2} \qquad \omega_m=\frac{(\omega_1-\omega_2)}{2},k_m=\frac{(k_1-k_2)}{2}$$

式(9-118)表明:合成光波的振动是一个平均频率为 $\bar{\omega}$ 但振幅受 ω_m 低频调制的复色平面波。合成光波的振幅为

$$A'=2A\cos(k_mz-\omega_mt) \tag{9-119}$$

合成光波的强度为

$$I = A'^2 = 4A^2\cos^2(k_m z - \omega_m t) \tag{9-120}$$

对于频率相同、振动方向相互垂直的两列光波的叠加本章暂不作介绍，这方面内容将在第 12 章进行详细讨论。

习题 9

9-1　一个平面电磁波可以表示为 $E_x=0, E_y=2\cos\left[\pi(3\times10^6 z-9\times10^{14}t)+\frac{\pi}{2}\right]$ (V/m)，$E_z=0$，求：

(1)该电磁波的波速、波长、频率、振幅和原点的初相位；

(2)波的传播方向和电矢量的振动方向；

(3)相应的磁感应强度 B 的表达式。

9-2　已知平面波 $E=10\exp\{i[(2x+3y+10y)-16\times10^8 t]\}$(V/m)，写出其传播方向上的单位矢量 $\boldsymbol{k}_0$ 的表达式。

9-3　一束光在某种介质中传播时，其电场强度的表达式为：$\boldsymbol{E}=(2\sqrt{3}\boldsymbol{x}_0-2\boldsymbol{y}_0)\cos[2\pi\times10^6(x+\sqrt{3}y-4\times10^8 t)]$，$\boldsymbol{x}_0, \boldsymbol{y}_0, \boldsymbol{z}_0$ 分别是直角坐标系(x,y,z)中 x,y,z 轴方向的单位矢量。求：

(1)该光波波矢与坐标轴夹角，并画图示意出该光波的传播方向和偏振方向(标出相应的角度值)；

(2)该电磁波的频率、波长和振幅；

(3)该介质的折射率。

9-4　一种玻璃的折射率为 1.52，试求光由空气入射到玻璃和由玻璃入射到空气的布儒斯特角。

9-5　一束光以 60°角从空气入射到玻璃的界面，试求电矢量垂直于入射面和平行于入射面的反射系数(设玻璃折射率 $n=1.6$)。

9-6　太阳光(自然光)以 60°角入射到窗玻璃($n=1.52$)上，试求太阳光的透射率。

9-7　电矢量方向与入射面成 45°角的一束线偏振光入射到两介质的界面上，两介质的折射率分别为 $n_1=1, n_2=1.5$，问：

(1)入射角 $\theta=50°$时，反射光电矢量的方位角(与入射面所成的角)为多少?

(2)若 $\theta=60°$，则反射光的方位角又为多少?

9-8　一束自然光从折射率为 $n=1.5$ 的玻璃入射到空气中，试求垂直入射和以 60°角入射时的透射率。

9-9　证明布儒斯特角恒小于全反射临界角。

9-10　一方形玻璃缸($n_1=1.5$)中盛有折射率 $n_2=1.3$ 的水，则自然光以 45°入射至玻璃壁时，能透入水中的光强为入射光强的百分之几?

9-11　光束入射到平行平面玻璃板上，如果在上表面反射时发生全偏振，试证明折射光在下表面反射时亦发生全偏振。

9-12　两束振动方向相同、频率相同的单色光波可分别表示为 $E_1=A_1\cos(\alpha_1-\omega t)$ (V/m)和 $E_2=A_2\cos(\alpha_2-\omega t)$ (V/m)，若 $A_1=3$ V/m，$A_2=6$ V/m，$\alpha_1=0$，$\alpha_2=\frac{\pi}{2}$，$\omega=2\pi\times10^{15}$ rad/s，求合成光波的表达式。

第10章 光的干涉

光的干涉现象进一步证明了光的波动性。如果两列或多列频率相同的光波在同一空间传播相遇，在叠加区域内，产生的光强分布不等于由各个光波单独造成的光强分布之和，而出现光场强度在空间作相当稳定的明暗相间条纹分布，或者表现为当干涉装置的某一参量随时间变化时，在某一固定点处接收到的光强按一定规律作强弱交替的变化，这种现象称为光的干涉现象。

光的干涉现象的发现，在历史上对光的波动说的推进起到了不可磨灭的作用。1801年，英国著名物理学家托马斯·杨(Thomas Young)提出干涉原理并首先做出双狭缝干涉实验，同时还对薄膜形成的彩色作了解释。1811年，英国物理学家D. F. J. 阿喇戈首先研究了偏振光的干涉现象。现在，光的干涉已经广泛地应用于精密测量、天文观测、光弹性应力分析、光学精密加工中的自动控制等许多领域。

本章主要讨论产生干涉的条件，获得相干条件的两种方法及实验，干涉条纹的可见度及影响因素，典型的干涉装置及其应用等。

10.1 光源及光波干涉的条件

10.1.1 光源

1. 光源的发光机理

(1)普通光源的发光机理。原子中大量的原子(分子)受外来激励而处于激发状态。处于激发状态的原子是不稳定的，它要自发地向低能级状态跃迁，并同时向外辐射电磁波。当这种电磁波的波长在可见光范围内时，即为可见光。原子的每一次跃迁时间很短(10^{-8}s)。由于一次发光的持续时间极短，因此，每个原子每一次发光只能发出频率一定、振动方向一定而长度有限的一个波列。

由于原子发光的无规则性，同一个原子先后发出的波列之间以及不同原子发出的波列之间都没有固定的相位关系，且振动方向与频率也不尽相同，因此，两个独立的普通光源发出的光不是相干光，因而不能产生干涉现象。

(2)激光的发光机理。激光的产生是与受激辐射过程相对应的，粒子从高能级向低能级跃迁，并非只能以自发辐射的方式进行，也可以在外界因素的诱发下向低能级跃迁，在跃迁的过程中同样向外辐射光子，由于这一过程是被“激”出来的，所以称为受激辐射。

受激辐射的特点是：必须有外来光子的诱发，并且外来光子的频率满足关系式(10-1)时，处于高能级E'的粒子才会在外来光子的诱发下向低能级E_0跃迁，同时辐射出一个频率、振动方向和传播方向均与诱发光子完全相同的光子。因此受激辐射发出的激光是相干光，能产生干涉现象。

$$\nu=\frac{E'-E_0}{h} \tag{10-1}$$

式(10-1)中，E'、E_0分别是原子(或分子)处于高能级和低能级时的能量，h为普朗克常量，其值为6.63×10^{-34} J·s。

2. 可见光的颜色和光谱

电磁波谱中人眼可以感知的部分称为可见光，可见光的波长(或者说频率范围)没有精确的范围，而且因人而异；一般人的眼睛可以感知的电磁波的频率为$3.9\times10^{14}\sim7.7\times10^{14}$ Hz，波长为390～760 nm。

频率不同的可见光，引起人眼的颜色感觉不同，可见光由红、橙、黄、绿、青、蓝、紫等七色光组成，可见光的颜色与频率、波长的对照见表10-1。

表10-1 光的颜色与频率、波长对照表

光的颜色	频率范围/Hz	波长范围/nm
红	$3.9\times10^{14}\sim4.7\times10^{14}$	760～622
橙	$4.7\times10^{14}\sim5.0\times10^{14}$	622～597
黄	$5.0\times10^{14}\sim5.5\times10^{14}$	597～577
绿	$5.5\times10^{14}\sim6.3\times10^{14}$	577～492
青	$6.3\times10^{14}\sim6.7\times10^{14}$	492～450
蓝	$6.7\times10^{14}\sim6.9\times10^{14}$	450～435
紫	$6.9\times10^{14}\sim7.7\times10^{14}$	435～390

10.1.2 光波干涉的条件

光波场矢量服从矢量叠加原理，光的干涉现象就是光波场矢量叠加的结果，但并非任意两个光波相遇时都会发生干涉现象，能够产生干涉现象的光波必须满足某些条件，这些条件称为光波的干涉条件。下面以两列频率相同、振动方向相同的单色光波的叠加为例来讨论光波干涉的条件。

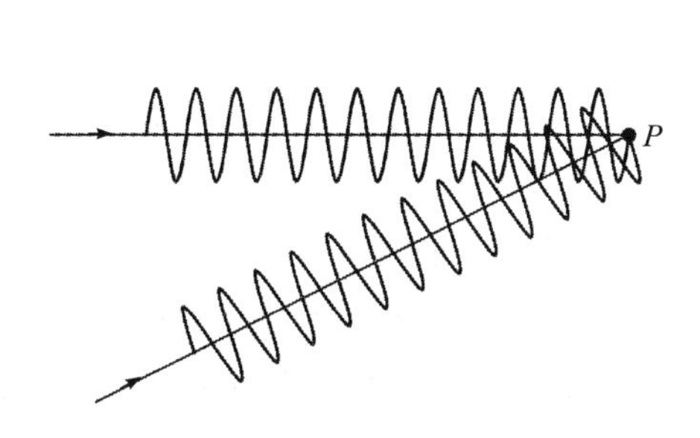

图 10-1　两列单色光波的叠加

如图 10-1 所示，两列单色光波在空间某一点 P 相遇。两光波各自在 P 点产生的光振动可以写为

$$\boldsymbol{E}_1 = \boldsymbol{A}_1\cos(\boldsymbol{k}_1 \cdot \boldsymbol{r} - \omega_1 t + \delta_1),\boldsymbol{E}_2 = \boldsymbol{A}_2\cos(\boldsymbol{k}_2 \cdot \boldsymbol{r} - \omega_2 t + \delta_2) \quad (10\text{-}2)$$

利用光波叠加原理，这两列光波在空间 P 点相遇时，P 点的合振动为

$$\boldsymbol{E} = \boldsymbol{E}_1 + \boldsymbol{E}_2 \quad (10\text{-}3)$$

在第 9 章中已经知道，空间某点的光强是该点光振幅平方对时间的平均值，所以相遇时 P 点的光强为

$$\begin{aligned} I &= \langle (\boldsymbol{E}_1 + \boldsymbol{E}_2) \cdot (\boldsymbol{E}_1 + \boldsymbol{E}_2) \rangle \\ &= \boldsymbol{A}_1^2 + \boldsymbol{A}_2^2 + 2\boldsymbol{A}_1 \cdot \boldsymbol{A}_2\cos\delta = I_1 + I_2 + 2\boldsymbol{A}_1 \cdot \boldsymbol{A}_2\cos\delta \end{aligned} \quad (10\text{-}4)$$

从式(10-4)可以看到，两列光波在空间某点 P 相遇时，P 点的光强不是简单地等于原来两个光波在 P 点产生的光强之和，而是在此基础上加上一项，这一项称为干涉项，用 I_{12} 表示，即

$$I_{12} = 2\boldsymbol{A}_1 \cdot \boldsymbol{A}_2\cos\delta \quad (10\text{-}5)$$

其中，相位差为

$$\delta = (\boldsymbol{k}_1 - \boldsymbol{k}_2) \cdot \boldsymbol{r} - (\omega_1 - \omega_2)t + (\delta_1 - \delta_2) \quad (10\text{-}6)$$

由式(10-5)和式(10-6)可以知道，干涉项一方面与两光波的振动方向有关，另一方面与两列光波在 P 点的相位差 δ 有关。下面通过研究干涉项来得到光波干涉的条件。

1. 振动方向相同

从式(10-5)可以知道，干涉项 I_{12} 与两光波的振动方向有关。

(1)当两列光波相互垂直时，$\boldsymbol{A}_1 \cdot \boldsymbol{A}_2 = 0$，干涉项消失，两列光波不产生干涉现象。

(2)当两列光波的振动方向一致时，矢量积就变成标量积，即 $\boldsymbol{A}_1 \cdot \boldsymbol{A}_2 = A_1A_2$，两列光波产生干涉现象，并且两列光波产生的干涉条纹最清晰。

(3)当两光波的振动方向有一夹角 θ 时，干涉项 $I_{12} = 2A_1A_2\cos\theta\cos\delta$，即这两个振动的平行分量产生干涉，而其垂直分量不产生干涉，并会在观察面上形成背景光，影响干涉条纹的清晰度。

通过以上分析可以得出结论：要产生清晰的干涉条纹，必须使两列光波的振动方向基本相同。

2. 频率相同

分析式(10-5)和式(10-6),若 $\omega_1 \neq \omega_2$,那么干涉项 I_{12} 会随着时间的改变而变化。由于光波频率很高,两光波的频率差将会导致相位差 δ 随时间作迅速的变化,所以 $\cos\delta$ 的时间平均值为零,从而使干涉项 I_{12} 为零,两光波不产生干涉现象。

3. 初相位差恒定

对空间某一确定的点,如果 δ 保持恒定,则该点的光强稳定,要使 δ 保持恒定,则要求在观察时间内两列光波的初相位差$(\delta_1 - \delta_2)$恒定;如果$(\delta_1 - \delta_2)$不保持恒定,在观察时间内 δ 将多次经历 0 到 2π 的一切数值,而使 $I_{12}=0$,无法得到稳定的干涉条纹。

综上所述,两列光波能够产生干涉的必要条件是振动方向相同、频率相同和初相位差恒定。能够同时满足这三个条件的光波称为相干光波,相应的光源称为相干光源。

10.2 杨氏双缝干涉实验

10.2.1 普通光源产生干涉现象的两种方法

两个普通的独立光源发出的光波是无法满足产生干涉现象的三个必要条件的,不能产生干涉,因此,普通光源是非相干光源。那用什么方法可以从普通光源获得相干光波呢?我们通常可以借助干涉装置,将普通光源的同一个原子或分子产生的同一列光波分解开来,从而获得两个或多个相干光波。干涉装置采用的方法可以分两种:一种为分波阵面法,即将一束光波的波面分成几部分进行干涉,典型的实验是杨氏双缝干涉实验;另一种为分振幅法,即利用透明薄膜上、下两个表

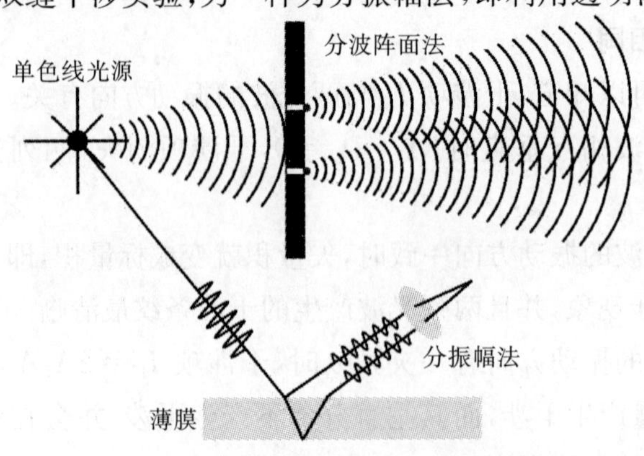

图 10-2 分波阵面法和分振幅法

面对入射光的反射和折射，可在反射方向和透射方向获得相干光束，典型的实验是薄膜干涉。分波阵面法和分振幅法的示意图如图 10-2 所示。

10.2.2　杨氏双缝干涉实验

1. 杨氏双缝干涉实验装置

杨氏双缝干涉实验是用分波阵面法产生干涉的最著名的实验，杨氏双缝干涉实验的装置如图 10-3 所示。在一个普通单色光源前面放一个开有单缝 S 的屏，单缝 S 与 z 轴垂直，作为一个单色线光源。S 的后面再放一个开有双缝 S_1 和 S_2（相距为 d）的屏，双缝 S_1 和 S_2 与单缝 S 平行，也与 z 轴垂直，在双缝后面距离双缝 $D(D\gg d)$处垂直于 z 轴放置像屏（或接收屏），由线光源 S 发出的光波照射到对称放置的双缝 S_1 和 S_2，由 S_1 和 S_2 发出的光波均来源于同一光源 S，因此满足光波相干的三个条件：振动方向相同、频率相同和初相位差恒定。因为 S_1 和 S_2 到 S 的距离相等，可认为 S_1 和 S_2 具有相同的初相位。

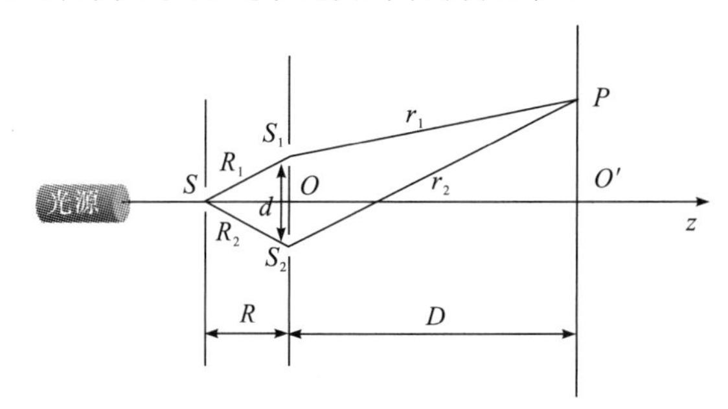

图 10-3　杨氏双缝干涉实验装置

2. 杨氏双缝干涉实验分析

下面来分析干涉图样的强度分布。选取如图 10-4 所示的坐标，双缝 S_1 和 S_2 相对于 S 对称放置，因此，可认为从 S_1 和 S_2 发出的光波初相位相同，初相位差等于 0。

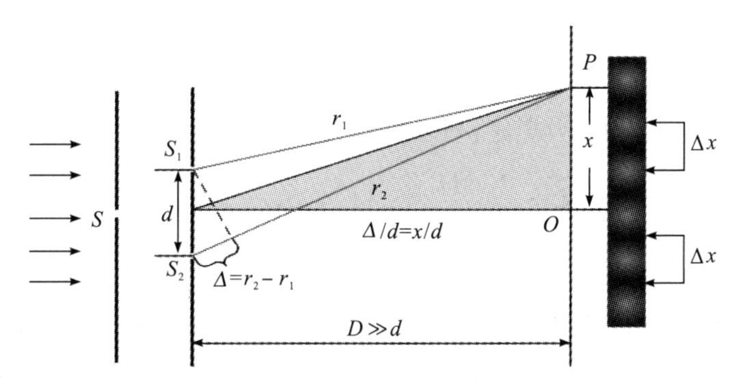

图 10-4　杨氏双缝干涉实验分析

从 S_1 和 S_2 发出的光波在空气中经过不同的光程到达像屏上某点 P，P 点的

光程差为

$$\Delta = n_2 r_2 - n_1 r_1 = r_2 - r_1 \tag{10-7}$$

相应的相位差为

$$\delta = \frac{2\pi}{\lambda}\Delta = \frac{2\pi}{\lambda}(r_2 - r_1) \tag{10-8}$$

一般可认为从 S_1 和 S_2 发出的光波在 P 点的光强相等，即 $I_1 = I_2 = I_0$，于是 P 点的光强为

$$I = I_1 + I_2 + 2\sqrt{I_1 I_2}\cos\delta = 4I_0^2\cos^2\frac{\delta}{2} = 4I_0^2\cos\left[\frac{\pi(r_2 - r_1)}{\lambda}\right] \tag{10-9}$$

在图 10-4 中，利用直角三角形的关系可得

$$r_1^2 = \left(x - \frac{d}{2}\right)^2 + D^2 \tag{10-10}$$

$$r_2^2 = \left(x + \frac{d}{2}\right)^2 + D^2 \tag{10-11}$$

式(10-11)与式(10-10)相减，可得

$$r_2^2 - r_1^2 = 2xd, r_2 - r_1 = \frac{2xd}{r_2 + r_1} \tag{10-12}$$

实验中满足条件：$d \ll D$ 和 $x \ll D$，因此 $r_1 \approx D, r_2 \approx D$，即

$$r_1 + r_2 \approx 2D$$

P 点的光程差可写成

$$\Delta = r_2 - r_1 \approx \frac{xd}{D} \tag{10-13}$$

将式(10-13)代入式(10-9)，得 P 点的光强为

$$I = 4I_0\cos^2\left(\frac{\pi xd}{\lambda D}\right) \tag{10-14}$$

式(10-14)表明：x 相同的点具有相同的光强，形成同一级干涉条纹。

(1)分析式(10-14)可以知道，当 x 满足条件

$$x = \frac{k\lambda D}{d} \qquad (k = 0, \pm 1, \pm 2, \cdots) \tag{10-15}$$

屏上有最大光强 $I = 4I_0$，为亮纹；当 x 满足条件

$$x = \left(k + \frac{1}{2}\right)\frac{\lambda D}{d} \qquad (k = 0, \pm 1, \pm 2, \cdots) \tag{10-16}$$

屏上有最小光强 $I = 0$，为暗纹。

通过分析可以得出结论：杨氏双缝干涉图样是由一系列平行等距的明暗直条纹组成的，条纹与双缝平行（如图 10-4 所示），条纹的分布按余弦平方规律变化（如图 10-5 所示）。

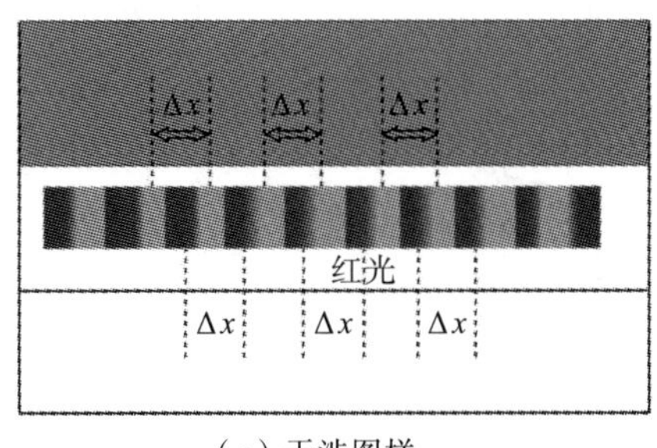

（a）干涉图样

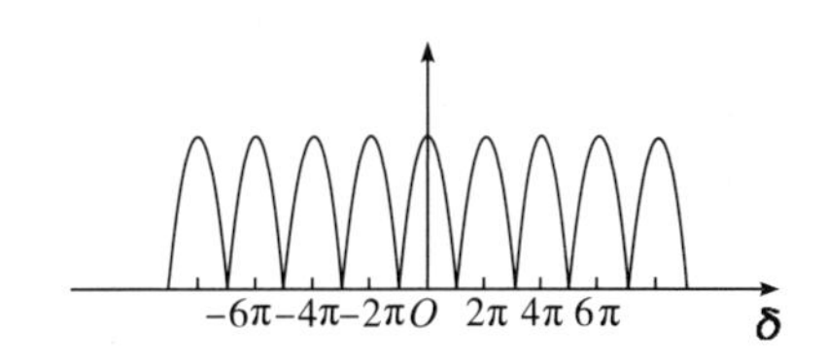

（b）干涉条纹的余弦强度分布

图 10-5　杨氏双缝干涉条纹

(2)条纹间距。我们把相邻的两条明条纹或暗条纹中心的距离称为条纹间距，用 Δx 表示，由式(10-15)和式(10-16)可得条纹间距为

$$\Delta x=\frac{\lambda D}{d}\text{ 或 }\Delta x=\frac{\lambda}{\left(\frac{d}{D}\right)} \tag{10-17}$$

一般地，称到达像屏(接收屏)上某点的两条相干光线之间的夹角为相干光线的会聚角，用 ω 表示。在杨氏双缝干涉装置中，因为 $d \ll D, x \ll D$，所以 $\omega=\frac{d}{D}$，于是

$$\Delta x=\frac{\lambda}{\omega} \tag{10-18}$$

式(10-18)表明：条纹的间距正比于相干光的波长，反比于相干光束的会聚角；用同一套杨氏双缝干涉装置做实验，对不同波长的光，干涉条纹的间距是不一样的，波长越长，干涉条纹的间距越大。如果用白光做实验，在干涉条纹的中央处光程差为零，所有颜色的光都是干涉加强，所以合成后仍为白色。偏离中央后，紫光的条纹间距最小，红光的条纹间距最大，从内到外形成从紫色到红色的彩色条纹。

例 10-1　已知双缝间距为 $d=1$ mm，离观察屏的距离为 $D=1$ m，用钠光灯做光源，它发出两种波长的单色光 $\lambda_1=589.0$ nm 和 $\lambda_2=589.6$ nm，则两种单色光的第 10 级亮条纹之间的距离是多少？

解　杨氏双缝实验中，亮条纹位置满足的条件为

$$x=\frac{k\lambda D}{d}\quad(k=0,\pm 1,\pm 2,\cdots)$$

$$x_1=\frac{10\lambda_1 D}{d},x_2=\frac{10\lambda_2 D}{d}$$

两种单色光的第 10 级亮条纹之间的距离为

$$\Delta x=x_2-x_1=\frac{10(\lambda_2-\lambda_1)D}{d}=\frac{10\times 0.6\times 10^{-6}\times 10^{3}}{1}\text{mm}=6\times 10^{-3}\text{ mm}$$

例 10-2　在杨氏双缝实验中，双缝距离为 $d=1$ mm，观察屏离双缝的距离为

D=0.5 m。当用一块折射率 n=1.58 的透明介质贴在其中一个缝的后面时(如图 10-6 所示),发现屏上的条纹系统移动 x=0.5 cm,试确定试件的厚度。

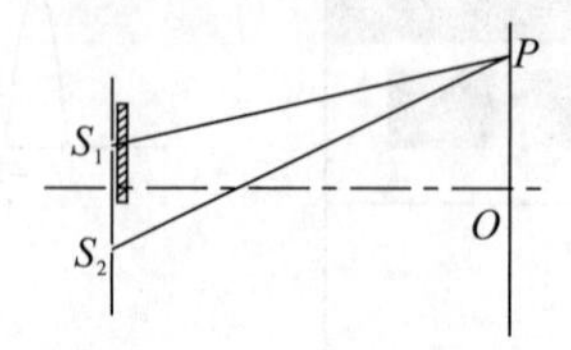

图 10-6 例 10-2 图

解 屏上的条纹系统移动 0.5 cm,如图 10-6 所示,可认为 0 级明纹向上移动了0.5 cm到 P 点,不贴透明介质时

$$\Delta = r_2 - r_1 = \frac{\mathrm{d}x}{D} = \frac{1\times 5}{500}\ \mathrm{mm} = 0.01\ \mathrm{mm}$$

贴透明介质后,P 点光程差为

$$\Delta' = r_2 - (r_1 - z + nz) = 0$$

$$z = \frac{r_2 - r_1}{n-1} = 0.01724\ \mathrm{mm}$$

例 10-3 在杨氏双缝实验中,将一长为 l=25 mm 的充满空气的玻璃容器置于一小孔前,在观察屏上得到稳定的干涉条纹,之后将容器中的空气抽出,注入某种实验气体,发现条纹系统移动了 21 根条纹。已知单色光源的波长 λ=656.3 nm,空气的折射率 n=1.000276,求实验气体的折射率 n'。

解 依题意可得

$$\Delta = (n' - n)l = 21\lambda$$

$$n' = \frac{21\lambda}{l} + n = 1.000827$$

10.3 干涉条纹的可见度

10.3.1 干涉条纹的可见度

干涉场某点附近条纹的可见度定义为

$$K = \frac{(I_{\max} - I_{\min})}{(I_{\max} + I_{\min})} \tag{10-19}$$

可见度 K 表征了干涉光场中某处干涉条纹的清晰程度,式(10-19)中,$I_{\max}$、$I_{\min}$分别表示所观察位置附近的最大光强和最小光强。由干涉的强度分布公式(10-9)化简可得

$$I = (I_1 + I_2)\left(1 + \frac{2\sqrt{I_1 I_2}}{I_1 + I_2}\cos\delta\right) \tag{10-20}$$

所以

$$I_{max}=I_1+I_2+2\sqrt{I_1I_2}, I_{min}=I_1+I_2-2\sqrt{I_1I_2} \tag{10-21}$$

代入 K 的定义式，可求得

$$K=\frac{I_{max}-I_{min}}{I_{max}+I_{min}}=\frac{2\sqrt{I_1I_2}}{I_1+I_2} \tag{10-22}$$

式(10-20)用可见度表示为

$$I=(I_1+I_2)(1+K\cos\delta) \tag{10-23}$$

由干涉条纹可见度的定义式可知，干涉条纹的可见度范围为 $0\leqslant K\leqslant 1$。

(1) $K=1$ 时，$I_{min}=0$，干涉条纹最清晰。

(2) 当 $K=0$ 时，$I_{max}=I_{min}$，干涉条纹的清晰度最低，干涉条纹消失，可以认为叠加的光波不相干。

(3) 当 $0<K<1$ 时，可以观察到干涉条纹，当 K 值越接近于 0 时，I_{max}、I_{min} 的值越接近，条纹越模糊。

下面来讨论影响可见度的因素。

10.3.2　影响干涉条纹可见度的因素

1. 两相干光束振幅比的影响

由式(10-22)可得

$$K=\frac{2\sqrt{I_1I_2}}{I_1+I_2}=\frac{2A_1A_2}{A_1^2+A_2^2}=\frac{2\left(\dfrac{A_1}{A_2}\right)}{1+\left(\dfrac{A_1}{A_2}\right)^2} \tag{10-24}$$

式(10-24)表明：两相干光振幅比对干涉条纹的可见度有影响。

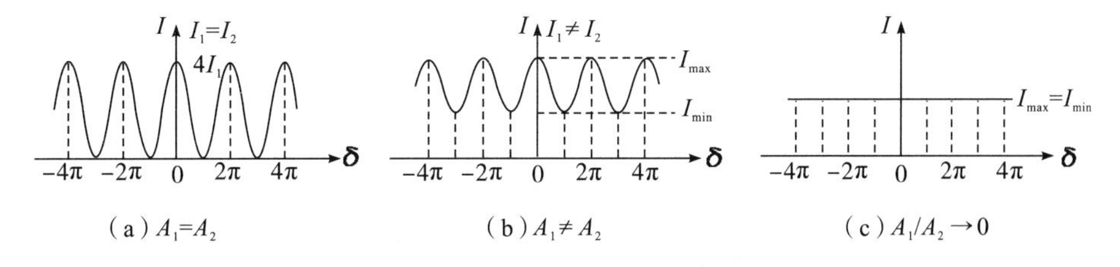

图 10-7　干涉条纹可见度与振幅比的关系

(1) 当 $A_1=A_2$ 时，$K=1$，干涉条纹清晰可见，如图 10-7(a)所示。

(2) 当 $A_1\neq A_2$ 时，$K<1$。两光波振幅差越大，K 越小，条纹的清晰度下降，如图 10-7(b)所示。

(3) 当 $\dfrac{A_1}{A_2}\to 0$ 时，$K=0$。在这种情况下，完全看不到干涉条纹，如图 10-7(c)所示。

因此，在设计干涉系统时，为了获得最大的条纹可见度，应尽可能地使 $K=1$。

2. 光源大小的影响

前面讨论的干涉情况是理想光源，即不考虑光源的大小，而实际光源总是有一定的大小，可以将它看作由无数位于不同位置的点光源组成的，通常称为扩展光源。每一个点光源在通过干涉系统后都会形成各自的一套余弦分布的干涉条纹，屏幕上的总光强是各组干涉条纹的非相干叠加，叠加后就可能导致可见度降低。下面以杨氏双缝干涉实验为例，讨论扩展光源 S 的宽度对条纹对比度的影响。

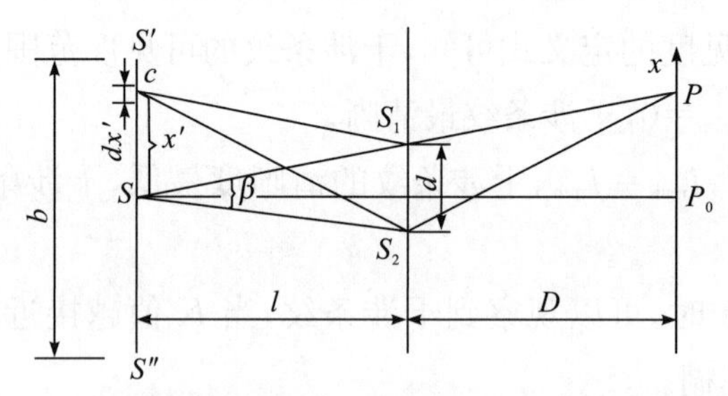

图 10-8 光源宽度对干涉条纹可见度的影响

设想将沿垂轴方向的扩展线光源分成许多强度相等、宽度为 dx' 的元光源，如图 10-8 所示。每个元光源的光强为 $I_0 dx'$（I_0 为单位宽度上的光强），则宽度为 b 的扩展光源 $S'S''$ 上 c 点处的元光源 $I_0 dx'$，在观察屏上的 P 点形成干涉条纹的强度为

$$dI = 2I_0 dx'[1+\cos k(\Delta'+\Delta)] \tag{10-25}$$

其中，Δ' 和 Δ 分别是从 c 点到 P 点的一对相干光在干涉系统左右方的光程差。由式(10-13)可知，在干涉系统右方，光程差为 $\Delta \approx \frac{xd}{D}$。

用类似的方法可以得到在干涉系统左方的光程差为

$$\Delta' \approx \frac{x'd}{l} \text{ 或 } \Delta' = \beta x' \tag{10-26}$$

其中 $\beta = \frac{d}{l}$，β 称为干涉孔径角，即与干涉场某点相对应的两条相干光束从实际光源发出时的夹角。所以，宽度为 b 的整个光源在平面 P 点处的光强为

$$I = \int_{-\frac{b}{2}}^{\frac{b}{2}} 2I_0\left[1+\cos\frac{2\pi}{\lambda}\left(\frac{d}{l}x'+\frac{d}{D}x\right)\right]dx' = 2I_0 b + 2I_0 \frac{\sin\frac{\pi b\beta}{\lambda}}{\frac{\pi b\beta}{\lambda}}\cos\left(\frac{2\pi}{\lambda}\frac{d}{D}x\right)$$

$$= 2I_0 b\left[1+\frac{\sin\frac{\pi b\beta}{\lambda}}{\frac{\pi b\beta}{\lambda}}\cos\left(\frac{2\pi}{\lambda}\frac{d}{D}x\right)\right] \tag{10-27}$$

将式(10-27)的光强公式与式(10-23)的光强公式对比可得，干涉条纹的可见度为

$$K=\frac{\sin\frac{\pi b\beta}{\lambda}}{\frac{\pi b\beta}{\lambda}}=\frac{\lambda}{\pi b\beta}\sin\frac{\pi b\beta}{\lambda}\tag{10-28}$$

图 10-9 所示为干涉条纹可见度 K 随光源宽度 b 的变化关系图，第一个 $K=0$ 值对应的光源宽度为 $\frac{\lambda}{\beta}$，我们把条纹可见度为 0 的光源宽度称为光源的临界宽度，记为 b_0，关系式 $b_0=\frac{\lambda}{\beta}$ 是求解干涉系统中光源的临界宽度的普遍公式。实际工作中，为了能够较清晰地观察到干涉条纹，通常取该值的 $\frac{1}{4}$ 作为光源的允许宽度 b_p，这时的条纹可见度为 $K=0.9$，有

$$b_p=\frac{b_0}{4}=\frac{\lambda}{4\beta}\tag{10-29}$$

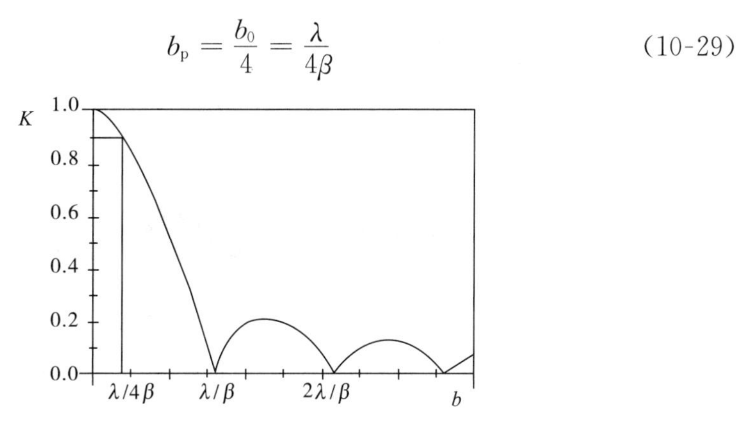

图 10-9　干涉条纹可见度 K 随光源宽度 b 的变化关系图

3. 光源的非单色性

(1)理想单色光和准单色光。理想单色光是只发出单一频率(或单一波长)的光波，这种光波在时空上是无限延伸的。而实际光源往往都存在一定的谱线宽度，谱线宽度(简称“谱宽”)是指强度下降到中心波长强度一半时的波长范围，通常用 $\Delta\lambda$ 表示，如图 10-10 所示。谱线宽度 $\Delta\lambda$ 范围内对应的频率范围称为频宽，用 $\Delta\nu$ 表示。在真空中，波长与频率的关系为

$$\lambda=\frac{c}{\nu}\tag{10-30}$$

将式(10-30)两边微分，可得谱宽 $\Delta\lambda$ 和频宽之间满足关系：

$$\Delta\lambda=-\frac{c}{\nu^2}\Delta\nu\tag{10-31}$$

式(10-31)中，谱宽 $\Delta\lambda$ 和频宽 $\Delta\nu$ 的符号相反，即 $\Delta\lambda>0$，则 $\Delta\nu<0$，如果 $\Delta\lambda$ 和 $\Delta\nu$ 分别表示谱宽和频宽的大小，则式(10-31)可表示为

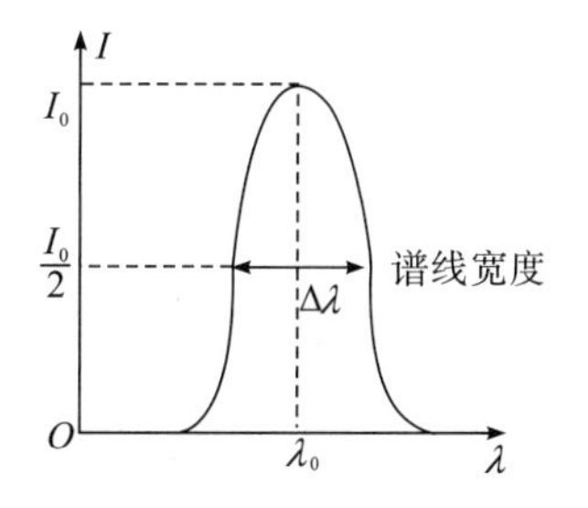

图 10-10　准单色光及其谱线宽度

$$\Delta\lambda = \frac{c}{\nu^2}\Delta\nu \text{ 或 } \frac{\Delta\lambda}{\lambda} = \frac{\Delta\nu}{\nu} \tag{10-32}$$

(2)光源的非单色性对条纹可见度的影响。不同波长的光，其条纹间距不同，因此，除了在零级位置重合外，其他级次的位置都将错开，使得整个干涉场的可见度下降，从而出现彩色条纹。当 $\lambda+\frac{\Delta\lambda}{2}$ 光波的第 j 级次与 $\lambda-\frac{\Delta\lambda}{2}$ 光波的第 $j+1$ 级次干涉条纹重合时，高级次条纹光波消失，将出现一片亮光场，如图 10-11 所示。

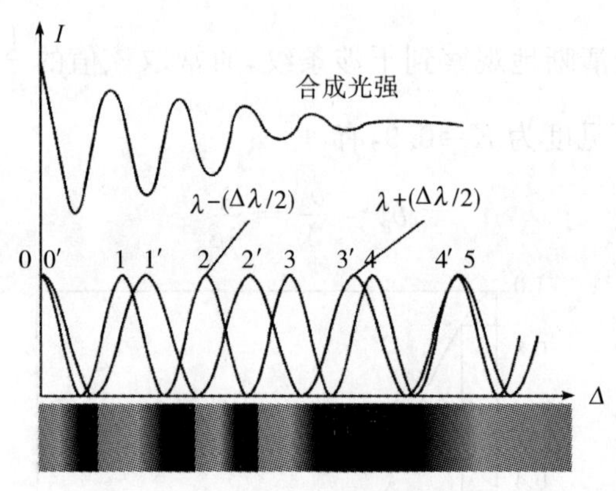

图 10-11 光源的非单色性对条纹的影响

当 $\lambda+\frac{\Delta\lambda}{2}$ 光波的第 j 级次与 $\lambda-\frac{\Delta\lambda}{2}$ 光波的第 $j+1$ 级次干涉条纹重合时，应满足

$$j\left(\lambda+\frac{\Delta\lambda}{2}\right) = (j+1)\left(\lambda-\frac{\Delta\lambda}{2}\right) \tag{10-33}$$

由式(10-33)可解得干涉条纹的最大干涉级次为

$$j \approx \frac{\lambda}{\Delta\lambda} \tag{10-34}$$

对应的光程差为

$$\Delta_{\max} = j\left(\lambda+\frac{\Delta\lambda}{2}\right) \approx \frac{\lambda^2}{\Delta\lambda} \tag{10-35}$$

$\Delta_{\max}$ 是两列波产生干涉所允许的最大光程差，也称为相干长度。光源的单色性越好，即谱线宽度 $\Delta\lambda$ 越小，相干长度就越大。

10.3.3 光源的空间相干性和时间相干性

1. 光源的空间相干性

由 $b_0=\frac{\lambda}{\beta}$ 可知，光源大小与干涉孔径角 β 成反比。或者说，如果光源大小给定，就限制着一个相干空间。如图 10-12 所示，对于大小为 b 的光源，对应着一定

的干涉孔径角 β，在 β 限定的空间范围内，任意取两点 S_1 和 S_2，作为扩展光源照明的两个次级点光源，发出的光波是相干的；如果两个次级点光源在干涉孔径角限制的空间之外，如图 10-12 中的 S_1' 和 S_2'，则由这两个次级点光源发出的光是不相干的。

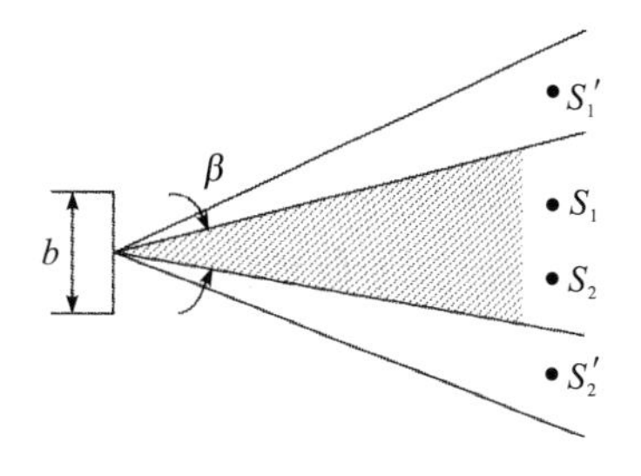

图 10-12　光源的空间相干性

2. 光源的时间相干性

准单色光能够发生干涉存在一个最大光程差 Δ_{max}（相干长度），表明光波具有时间相干性，光波经过相干长度所需要的时间称为相干时间，用 Δt 表示。相干时间、相干长度以及光波的谱线宽度之间应该满足关系

$$\Delta_{max} = c(\Delta t) = \frac{\lambda^2}{\Delta\lambda} \tag{10-36}$$

将式(10-32)代入式(10-36)，可得

$$(\Delta t)(\Delta\nu) = 1 \tag{10-37}$$

式(10-37)表明：频宽 $\Delta\nu$ 越小，Δt 越大，光波的时间相干性越好。所以谱宽 $\Delta\lambda$ 越小，频宽 $\Delta\nu$ 越小，相干长度 L 越大，相干时间 Δt 越大，表达的含义是一样的，都说明光源的单色性好。

对于普通光源而言，其空间相干性和时间相干性均较差，激光是很好的相干光源，特别是单纵模激光。表 10-2 分别给出了 He-Ne 激光、高压汞灯、白光的谱线宽度和相干长度的数量级。从表中可以看出，激光的相干性远优于其他光源。

表 10-2　几种光源的谱线宽度和相干长度

光源	平均波长 $\bar{\lambda}$/nm	谱线宽度 $\Delta\lambda$/nm	相干长度 L/m
He-Ne 激光	633	$10^{-3}\sim10^{-4}$	$>10^2$
高压汞灯	546	1	$<10^{-4}$
白光	550	300	$<10^{-6}$

例 10-4　已知 He-Ne 激光的波长 $\lambda=632.8$ nm，谱线宽度 $\Delta\lambda=2\times10^{-8}$nm，求其频率宽度 $\Delta\nu$ 和相干长度 L。

解　He-Ne 激光的频率为

$$\nu=\frac{c}{\lambda}=\frac{3\times10^8}{632.8\times10^{-9}}\ \text{Hz}=4.74\times10^{14}\ \text{Hz}$$

由公式$\frac{\Delta\lambda}{\lambda}=\frac{\Delta\nu}{\nu}$得

$$\Delta\nu=\frac{\Delta\lambda}{\lambda}\cdot\nu=\frac{2\times10^{-8}}{632.8}\times4.74\times10^{14}\ \text{Hz}=1.4984\times10^4\ \text{Hz}$$

相干长度为

$$L=\frac{\lambda^2}{\Delta\lambda}=\frac{632.8\times632.8}{2\times10^{-8}}\ \text{nm}=2.00218\times10^{13}\ \text{nm}=2.00218\times10^{4}\ \text{m}$$

例 10-5 直径为 0.1 mm 的一段钨丝用作杨氏双缝干涉实验的光源($\lambda=550$ nm),为使横向相干长度大于 1 mm,双孔与灯应相距多远?

解 由公式 $b_0=\frac{\lambda l}{d}$可知,要使 $d>1$ mm,则

$$l<\frac{b_0 d}{\lambda}$$

代入数据得

$$\frac{b_0 d}{\lambda_2}=\frac{0.1\times1}{5.5\times10^{-4}}\ \text{mm}=1.818\times10^{2}\ \text{mm}$$

即 $l<1.818\times10^2$ mm,双孔与灯的距离要小于 1.818×10^2 mm。

例 10-6 如图 10-13 所示,设星体为相干光源,利用空间相干性可以测量遥远的猎户座 α 星体的角直径 φ(指星体边缘与观察者连线的夹角)。

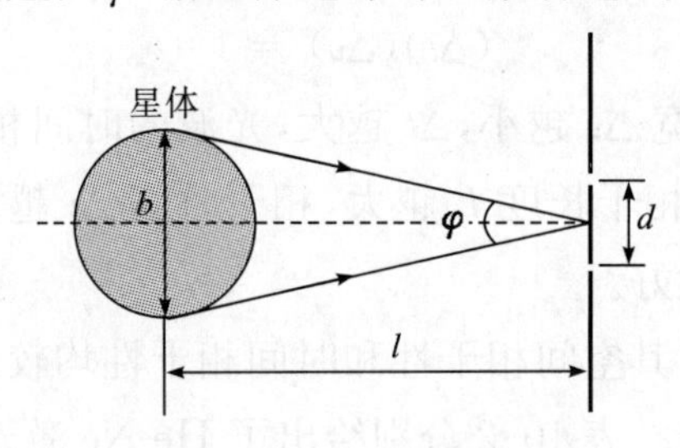

图 10-13 测 α 星体的角直径

解 设观察双缝距离为 d,调节双缝之间的距离,当 $d=d_{\max}$时,干涉条纹正好消失。

由于

$$d_{\max}=\frac{\lambda l}{b}=\frac{\lambda}{\varphi}$$

所以

$$\varphi=\frac{\lambda}{d_{\max}}$$

猎户座 α 星体的波长 $\lambda=570$ nm(橙色),1920 年 12 月测得 $d_{\max}\approx3.07$ m。

所以

$$\varphi=\frac{\lambda}{d_{\max}}=\frac{570\times10^{-9}}{3.07}\approx1.86\times10^{-7}\ \text{rad}\approx0.038''$$

10.4 分振幅双光束干涉

杨氏双缝干涉实验属于分波阵面干涉,由于受光源空间相干性的限制只能使

用有限大小的光源，光源线度的限制使得干涉条纹的亮度降低，而某些时候干涉条纹的亮度降低往往不能满足干涉系统对条纹亮度的要求。本节将介绍另外一种获得干涉的方法——分振幅干涉。分振幅干涉是指利用平板的两个表面对入射光分别进行反射和折射，将入射光分成两列光波，这两列光波满足相干光波的条件，当它们在空间相遇时，会产生干涉，干涉条纹的可见度与光源的大小无关。因此，可以使用扩展光源而不降低干涉条纹的可见度，解决了分波阵面干涉中干涉条纹的亮度与可见度的矛盾。

干涉可分为非定域干涉和定域干涉，相应地，干涉条纹也分为非定域干涉条纹和定域干涉条纹。两个单色相干点光源发出的光，在空间任意一点相遇，其光程差是确定的，因而会形成一定的强度分布，并能观察到清晰的干涉条纹，这种干涉称为非定域干涉，前面介绍的分波阵面干涉就属于非定域干涉。非定域条纹是实条纹，称为非定域干涉条纹。在扩展光源的情况下，光源不同点发出的两束相干光在空间某一点相遇时，具有不同的光程差，当这些光程差的变化大于四分之一波长的区域时，条纹的可见度下降，观察不到清晰的干涉条纹；光程差的变化小于四分之一波长的区域时，可以观察到清晰的干涉条纹，能够观察到清晰干涉条纹的区域称为定域区，这类干涉称为定域干涉，相应的干涉条纹称为定域干涉条纹。

分振幅干涉包括等倾干涉（如平行平板干涉装置）和等厚干涉（如楔形板干涉装置和牛顿环干涉装置）。

10.4.1　平行平板双光束等倾干涉

如图 10-14 所示，当入射角为 i 的光线照射到平板上时，一部分的光被平板上表面反射，另一部分的光经上表面折射后，到下表面再反射，这两束光是相干光束，经过透镜会聚，在 P 点叠加，产生干涉，称为平行平板双光束等倾干涉。

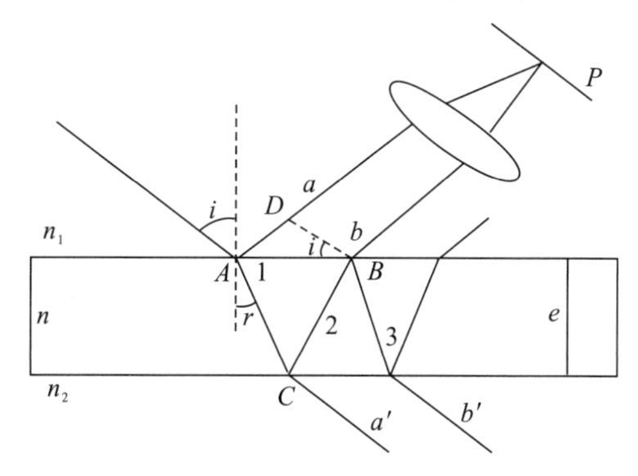

图 10-14　平行平板的双光束等倾干涉

P 点处干涉条纹的强度分布可表示为

$$I(P) = 2I_0[1 + \cos(k\Delta)] \tag{10-38}$$

式(10-38)中,I_0 为两相干光束的光强,Δ 为两相干光束在 P 点相遇时的光程差。

由于在平行平板的干涉时,入射角 i 接近于 0,根据菲涅耳公式,在接近垂直入射的条件下,上表面反射光的能量约为入射光的 4%,经下表面反射后再由上表面折射出来的光的能量约为入射光的 3.7%,因此,可以认为这两束光的光强近似相等,都为 I_0。

假设平板介质的折射率为 n,并且 $n_1<n, n>n_2$,在图 10-14 中,利用几何关系可求出两相干光束的光程差 Δ 为

$$\Delta = n(AC + CB) - n_1 AD + \frac{\lambda}{2} \tag{10-39}$$

式(10-39)中,$\frac{\lambda}{2}$ 是由于上表面反射而产生的“半波损失”,$AC=CB=\frac{e}{\cos r}$,$AD=AB\sin i=2e\tan r\sin i$,$n_1\sin i=n\sin r$,利用这些关系,光程差可以简化为

$$\Delta = 2ne\cos r + \frac{\lambda}{2} \tag{10-40}$$

因此,可以得出

$$\Delta = \begin{cases} m\lambda & P\text{ 点为亮纹} \\ \left(m+\frac{1}{2}\right)\lambda & P\text{ 点为暗纹} \end{cases} \quad (\text{其中 } m = 0,1,2,3,\cdots) \tag{10-41}$$

由式(10-40)可知,在平行平板干涉中,折射角 r 相同的光束的光程差相等,根据折射定律,折射角 r 相同的光束入射角也相等,也就是说,倾角相同的入射光构成同一级干涉条纹,故称平行平板的干涉为等倾干涉。在等倾干涉中,扩展光源上不同点发出的光线,只要其倾角相同,光程差也相同,在观察屏上就会形成同一级的干涉条纹,即不同点发出的光线在观察屏上形成的干涉条纹相互之间没有位移,因此不会降低干涉条纹的可见度,但因为使用了扩展光源,从而大大增加干涉条纹的亮度。

产生等倾干涉圆条纹的实验装置如图 10-15 所示。$S_1S_2S_3$ 为一个扩展光源,当然也可以是一个点光源,M 为一个与水平面成 45°角放置的半反半透分光镜,G 为水平放置于空气中的玻璃平板,L 为一透镜,F 为放置于透镜后焦面上的观察屏,观察屏与玻璃平板平行。扩展光源发出的光从左面入射到半反半透分光镜 M,由分光镜反射的光束经平板上、下表面反射后沿相同方向行进,穿过分光镜 M 后,经透镜 L 会聚到置于透镜后焦面的观察屏 F 上,形成干涉条纹。

等倾干涉条纹是一组同心圆环,圆心位于透镜的焦点。下面通过计算等倾条纹的角半径和角间距来分析等倾条纹的特点。

由式(10-40)和式(10-41)可知,光程差越大,对应的干涉级次越高。所以在等倾圆条纹的中心($r=0$)处具有最高干涉级,由内而外条纹的级次是减小的。

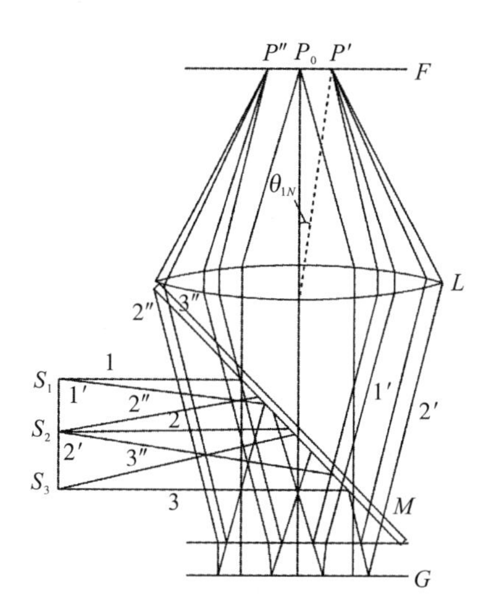

图 10-15　产生等倾干涉圆条纹的实验装置

设条纹中心的干涉级为 m_0，则

$$2ne+\frac{\lambda}{2}=m_0\lambda \tag{10-42}$$

m_0 不一定是整数(即中心不一定是最亮点)，把它写成

$$m_0=m_1+q$$

式(10-42)中，m_1 是最靠近中心的亮条纹的整数干涉级，q 是小于 1 的分数，从中心向外数，第 N 个亮条纹的干涉级次可表示为 $m_1-(N-1)$，其角半径记为 θ_{1N}(条纹半径对透镜中心的张角)，与其对应的 θ_{2N}满足

$$2ne\cos\theta_{2N}+\frac{\lambda}{2}=[m_1-(N-1)]\lambda \tag{10-43}$$

式(10-42)与式(10-43)相减，得

$$2ne(1-\cos\theta_{2N})=[(N-1)+q]\lambda \tag{10-44}$$

由于 θ_{1N}和 θ_{2N}都很小，折射定律 $n'\sin\theta_{1N}=n\sin\theta_{2N}$可写为 $n'\theta_{1N}=n\theta_{2N}$，所以

$$1-\cos\theta_{2N}\approx\frac{\theta_{2N}^2}{2}\approx\frac{1}{2}\left(\frac{n'\theta_{1N}}{n}\right)^2 \tag{10-45}$$

由式(10-44)与式(10-45)可求得

$$\theta_{1N}\approx\frac{1}{n'}\sqrt{\frac{n\lambda}{e}}\ \sqrt{N-1+q} \tag{10-46}$$

式(10-46)表明：平板厚度越大，条纹角半径 θ_{1N}越小。

对式(10-43)两边微分可得

$$-2ne\sin\theta_{2N}\mathrm{d}\theta_{2N}=\lambda\mathrm{d}m \tag{10-47}$$

在式(10-47)中，令 $\mathrm{d}m=1$，对应的 $\mathrm{d}\theta_{2N}$记作 $\Delta\theta_{2N}$，应用折射定律，同时作小角度近似，得到条纹的角间距(相邻条纹对透镜中心的张角之差)为

$$\Delta\theta_{1N} = \frac{n\lambda}{2n'^2\theta_{1N}e} \tag{10-48}$$

由式(10-48)可知，$\Delta\theta_{1N}$与θ_{1N}成反比，即从中心往外，干涉条纹越来越密，呈里疏外密分布；同时，$\Delta\theta_{1N}$与平板的厚度e成反比，即平板越厚，干涉条纹越密。

在透射方向，透射光也能产生等倾干涉(如图10-14中a'和b')，在透射方向的两束光的光程差为$\Delta=2ne\cos r$，与反射方向的两束光a和b相比，光程差相差$\frac{\lambda}{2}$。所以，在反射方向的两束光干涉加强产生亮条纹时，透射方向的两束光干涉减弱产生暗条纹，即反射方向和透射方向的两束光的等倾条纹是互补的。

10.4.2 双光束等厚干涉

楔形平板产生的双光束等厚干涉如图10-16所示。扩展光源上的一点S发出的一束光SA经楔形平板的上、下表面折射和反射后，与另一束光SB在B点相遇并产生干涉。

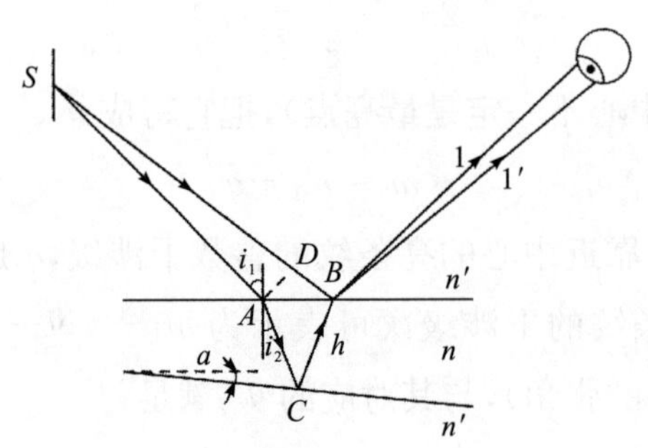

图10-16 楔形平板产生的双光束等厚干涉

两束相干光在到达B点时的光程差为

$$\Delta = n(AC + CB) - n'DB + \frac{\lambda}{2} \tag{10-49}$$

其中，$AC=CB=\frac{h}{\cos i_2}$，$DB=AB\sin i_1=2h\tan i_2\sin i_1$，$n'\sin i_1=n\sin i_2$，利用这些关系，光程差可简化为

$$\Delta = 2nh\cos i_2 + \frac{\lambda}{2} \tag{10-50}$$

当扩展光源垂直入射时，即$i_2=0$，则光程差为

$$\Delta = 2nh + \frac{\lambda}{2} \tag{10-51}$$

此时光程差的变化只取决于楔形平板厚度h的变化，所以这种干涉称为等厚干涉。

当光程差满足

$$\Delta = 2nh + \frac{\lambda}{2} = m\lambda \quad (m = 1,2,3,\cdots) \tag{10-52}$$

时，得到的是亮条纹。

当光程差满足

$$\Delta = 2nh + \frac{\lambda}{2} = \left(m + \frac{1}{2}\right)\lambda \qquad (m = 0,1,2,3,\cdots) \tag{10-53}$$

时，得到的是暗条纹。

由式(10-52)和式(10-53)可知，随着厚度 h 的增大，干涉级次 m 也增大。

这样，从 m 级亮条纹(或暗条纹)过渡到 $m+1$ 级亮条纹(或暗条纹)，对应的光程差改变了 λ，对应的楔形平板厚度的变化为

$$\Delta h = \frac{\lambda}{2n} \tag{10-54}$$

此时等厚条纹的定域面在楔形平板上表面附近。对于折射率均匀的楔形平板，其干涉条纹为平行于楔棱的等间距干涉条纹(如图 10-17 所示)，其条纹间距就可以表示成

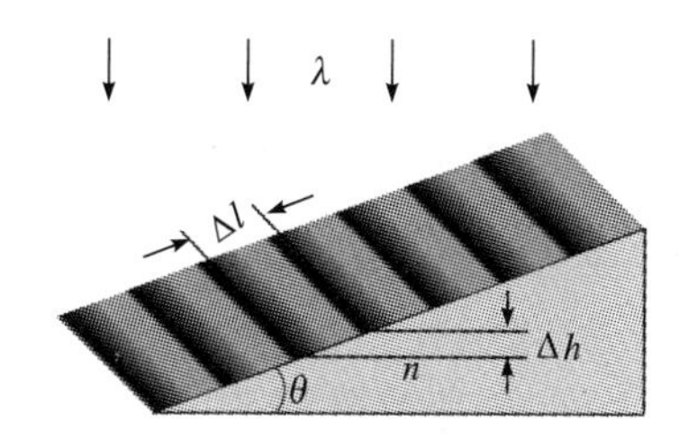

图 10-17　楔形平板的等厚干涉条纹

$$\Delta l = \frac{\Delta h}{\sin\theta} = \frac{\lambda}{2n\sin\theta} \tag{10-55}$$

其中，θ 为楔形平板的楔角，因为 $\theta \to 0$，所以式(10-55)可改写为

$$\Delta l = \frac{\lambda}{2n\,\theta} \tag{10-56}$$

等厚条纹在生产技术中有着广泛的应用，如牛顿环干涉仪。利用对其产生的干涉条纹的测量，可以测量平凸透镜的曲率半径。

例 10-7　在玻璃平板上($n_3=1.5$)有一层折射率 $n_2=1.4$、厚度 $e=250$ mm的油膜，放在阳光下观察，问：

(1)哪些波长的可见光在反射光中产生相长干涉？

(2)哪些波长的可见光在透射光中产生相长干涉？

(3)欲使反射光中 $\lambda=550$ nm 的光产生相消干涉，油膜的厚度至少为多少？

解　(1)反射光中产生相长干涉的条件为

$$\Delta=2n_2e=m\lambda \quad (m=1,2,\cdots)$$

令 $m=1$，得 $\lambda_1=700$ nm，令 $m=2$，得 $\lambda_2=350$ nm。所以反射光中波长为 700 nm 的可见光产生相长干涉。

(2)透射光中产生相长干涉，即反射光中产生相消干涉，条件为

$$\Delta=2n_2e=\left(m+\frac{1}{2}\right)\lambda \qquad (m=0,1,2,\cdots)$$

令 $m=0$，得 $\lambda_1'=1400$ nm，令 $m=1$，得 $\lambda_2'=467$ mm，令 $m=2$，得 $\lambda_3'=280$ nm。所以透射光中波长为 467 mm 的可见光产生相长干涉。

(3)反射光中产生相消干涉的条件为

$$\Delta=2n_2e=\left(m+\frac{1}{2}\right)\lambda \qquad (m=0,1,2,\cdots)$$

所以油膜的厚度应满足

$$e=\frac{\left(m+\frac{1}{2}\right)\lambda}{2n_2} \qquad (m=0,1,\cdots)$$

当 $m=0$ 时，油膜的厚度最小，最小厚度为

$$e_{\min}=\frac{\lambda}{4n_2}=98.2\ \text{nm}$$

例 10-8 如图 10-18 所示，用两块平板玻璃形成空气楔形板，空气的折射率 $n_2=1$，测得条纹的间距 $\Delta l=3$ mm。

(1)求楔形板的楔角 θ；

(2)在两块平板玻璃之间充满折射率为 n_2' 的油后，测得条纹间距 $\Delta l'=2.1$ mm，求油的折射率 n_2'。所用照射光为波长 $\lambda=632.8$ nm 的氦氖激光。

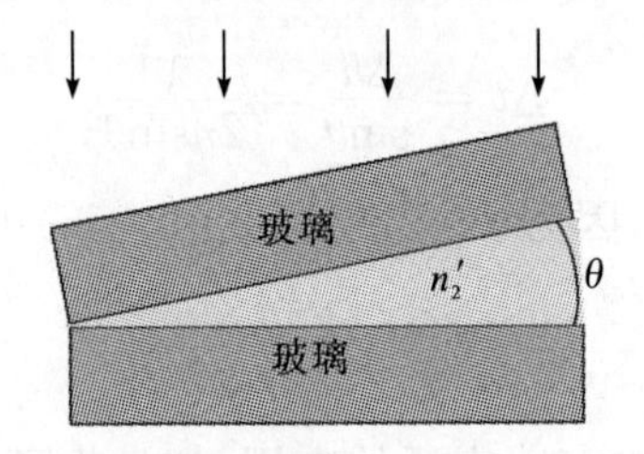

图 10-18 例 10-8 图

解 (1)利用公式

$$\Delta e=\Delta l\sin\theta=\frac{\lambda}{2n_2}$$

得

$$\theta\approx\sin\theta=\frac{\lambda}{2n_2\Delta l}=1.055\times10^{-4}\ \text{rad}$$

(2)由题意得

$$\begin{cases}\Delta l=\dfrac{\lambda}{2n_2\sin\theta}\\[2ex]\Delta l'=\dfrac{\lambda}{2n_2'\sin\theta}\end{cases}$$

联立以上两式，可得

$$n_2'=1.43$$

10.5 典型双光束干涉系统及其应用

10.5.1 牛顿环干涉仪

如图 10-19(a)所示，在一块平板玻璃上放置一曲率半径 R 很大的平凸透镜，并用夹具固定好，构成一个牛顿环仪，在玻璃平面和透镜凸表面之间形成空气薄层，空气薄层的厚度由零逐渐增大。以单色光垂直照射牛顿环仪，会形成一组圆环形干涉条纹，圆环形干涉条纹以接触点为圆心，里疏外密，如图 10-19(b)所示，这组干涉条纹称为牛顿环。其形状与等倾圆条纹相似，但不同的是牛顿环属于等厚干涉条纹，中心为暗斑，光程差最小，为 0 级暗纹，从中心往外干涉级次增大，这与等倾圆条纹恰好相反。

假设由中心向外数第 N 个暗环的半径为 r_k，则利用图 10-19(a)中的几何关系可得

$$r_k^2 = R^2-(R-d_k)^2 = 2Rd_k-d_k^2 \tag{10-57}$$

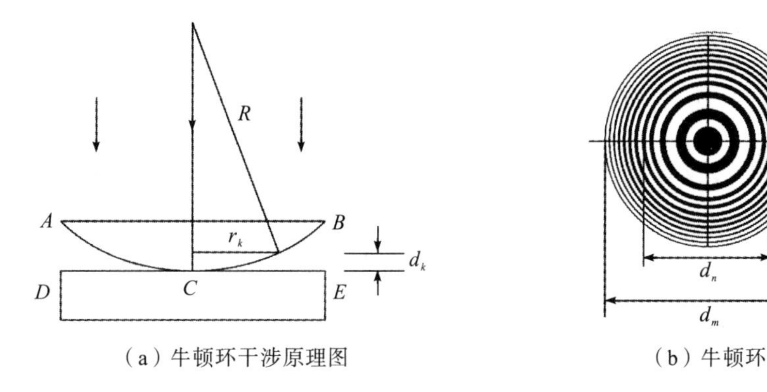

(a) 牛顿环干涉原理图　　(b) 牛顿环

图 10-19 牛顿环干涉

由于透镜凸表面的曲率半径 R 远大于空气层厚度 d_k，因此，第 k 级暗环对应的空气层厚度 d_k 可表示为

$$d_k = \frac{r_k^2}{2R} \tag{10-58}$$

根据暗环产生的条件，第 k 级暗环应该满足

$$2d_k+\frac{\lambda}{2} = \left(k+\frac{1}{2}\right)\lambda \tag{10-59}$$

利用式(10-58)和式(10-59)可求得

$$R = \frac{r_k^2}{k\lambda} \tag{10-60}$$

由式(10-60)可知,如果测出第 k 级暗环的半径 r_k,在知道照射单色光波长的情况下,就可以求出透镜的曲率半径 R。但是暗纹的半径很难测准确,所以,实际中通常把测量暗环的半径转换成测量暗环的直径来测量平凸透镜的曲率半径,即把 $r_k=\frac{D_k}{2}$(D_k 为第 k 级暗环的直径)代入式(10-60),得

$$R=\frac{D_k^2}{4k\lambda} \tag{10-61}$$

第 k 级暗环的直径 D_k 相比第 k 级暗环的半径 r_k 测量起来会更准确。

例 10-9 若用波长为 589 nm 的钠灯作光源,测得空气牛顿环第 k 级暗环的直径为 8 mm,第 $k+5$ 级暗环的直径为 12 mm,求平凸透镜的曲率半径 R 和级数 k。

解 利用公式(10-61)可得

$$\begin{cases} R=\dfrac{D_k^2}{4k\lambda} \\ R=\dfrac{D_{k+5}^2}{4(k+5)\lambda} \end{cases}$$

把 $D_k=8$ mm,$D_{k+5}=12$ mm,$\lambda=589$ nm 代入以上两式并联立求解,可得

$$\begin{cases} k=4 \\ R=6.69\times10^3 \text{ mm} \end{cases}$$

10.5.2 迈克尔逊干涉仪

迈克尔逊干涉仪是利用分振幅法产生双光束以实现干涉的一种精密光学仪器,由美国物理学家迈克尔逊和莫雷合作设计制造,通过调整该干涉仪,可以产生等厚干涉条纹,也可以产生等倾干涉条纹。迈克尔逊干涉仪主要用于测量微小角度和微小位移,也可以用来测量透明介质的折射率。

1. 迈克尔逊干涉仪的工作原理

图 10-20 所示为迈克尔逊干涉仪结构示意图,M_1 和 M_2 是镀银的平面反射镜,M_1 和 M_2 可以相互垂直安装,也可以倾斜安装,垂直安装时可以获得等倾干涉条纹,倾斜安装时可以获得等厚干涉条纹。其中,M_1 可以借助精密螺纹丝杆固定的导轨上前后移动,而 M_2 固定在仪器基座上。G_1 和 G_2 是两块厚度和折射率完全相同的平行平板,其中 G_1 为分光板,它的背面涂有半透半反膜,G_2 是补偿板。同时,G_1

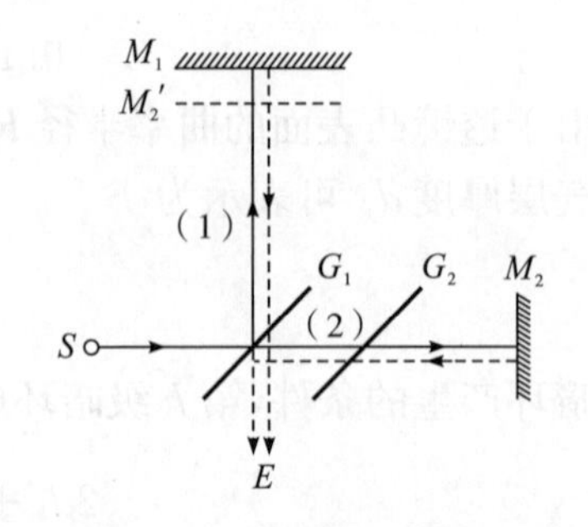

图 10-20 迈克尔逊干涉仪结构示意图

和 G_2 分别与 M_2 成 45°角。由光源 S 发出的光经 G_1 后，一部分光线(1)被反射，然后再经 M_1 反射，通过 G_1 到达观察系统；而另一部分光线(2)则透过 G_1 的半透半反膜，再经补偿板 G_2，由平面镜 M_2 反射回来，通过 G_2，最后被 G_1 反射到达观察系统。到达观察系统的这两束光是由同一束光线分解而来的，满足相干光的条件，所以通过观察系统可以观察到干涉条纹。

2. 等倾干涉测量微小位移

如果 M_1 和 M_2 相互垂直，即 M_2 经 G_1 的分光面形成的虚像 M_2' 与 M_1 平行，M_1 与 M_2' 之间形成一个虚平板，调节它们之间的距离，就可以得到等倾干涉条纹。当前后移动 M_1 镜，则虚平板的厚度随之改变。当虚平板的厚度每增加(或减少)一定值，圆环中心处就会“涌出”(或“湮灭”)一个环条纹，环条纹间距相应地随之减小(或增大)，视场中呈现的环条纹个数增加(或减少)。因此，由同心环条纹是“涌出”或“湮灭”可以判断出 M_1 的移动方向。

假设同心环条纹“涌出”或“湮灭”的个数为 N，M_1 镜的移动量(或虚平板厚度的改变量)为 Δh，则 N、Δh 以及入射单色光的波长 λ 三者之间满足关系

$$\Delta h = \frac{N\lambda}{2} \tag{10-62}$$

即对于已知波长 λ 的光源，根据条纹“涌出”或“湮灭”的数目可以进行波长量级精度的位移测量；如果知道了 M_1 镜的移动量和条纹“涌出”或“湮灭”的数目，也可以计算出未知光源的波长。

3. 等厚干涉测量微小角度

固定反射镜 M_2，调整反射镜 M_1，使 M_1 和 M_2' 组成夹角为 θ 的虚楔板，经 G_1 的分光面上反射的光线垂直地入射在虚楔板上，经其前后表面反射后，形成等厚干涉条纹。因为光程差为 $\Delta=2h\cos\theta$，条纹定域在空气楔表面或附近，若 h 很小，则条纹为直线且平行于 M_1 与 M_2' 的交线；若 h 变大，则条纹变为弧线，且条纹弯曲凸向 M_1 与 M_2' 的交线，离交线越远，条纹越弯曲。在 M_1 和 M_2' 的交线附近可以看到一组平行且等间距分布的直条纹，条纹间距为

$$\Delta l = \frac{\lambda}{2\sin\theta} \tag{10-63}$$

在 M_1 与 M_2' 的交线处得到零级干涉条纹，通过调整反射镜 M_1，改变虚楔板的夹角 θ，即可得到不同间距的等厚条纹。同样，可以通过测得等厚干涉条纹的间距来确定反射镜 M_1 角度变化的大小。

4. 白光干涉及其应用

白光的相干性极差，其相干长度为微米数量级，只有当 M_1 和 M_2' 构成的虚楔板极薄时，才能看到干涉条纹。用白光作光源时，调整 M_1，使其和 M_2' 的交线位于视场中央，在交线处，两相干光的光程差为 0，各种不同波长的光在此位置都满足

亮纹条件。所以可以观察到一条白色条纹出现在视场中央，在白条纹的两侧对称呈现着少数几条彩色条纹。

用白光作光源，干涉仪中必须设置补偿板 G_2。倘若不然，光束(1)将三次经过玻璃板 G_1，而光束(2)只经过一次。因此，当两相干光束在观察屏相遇时，经过玻璃层的厚度不等，光程差太大，当超过光源的相干长度时，就看不到干涉条纹。只有通过设置补偿板 G_2，才能保证两相干光束在相遇处的光程基本相等。

利用白光干涉可以很精确地测量透明薄片的厚度或折射率，先通过白光干涉使 M_1 和 M_2' 处于零光程差的位置，即在视场中央可观察到一条白色条纹，然后，将透明薄片置于分光镜 G_1 和反射镜 M_1 之间，并使薄片平行于 M_1 镜，此时，两束光的光程差为

$$\Delta = 2t(n - n_0) \tag{10-64}$$

式(10-64)中，n，n_0 分别为薄片和空气的折射率，t 为薄片的厚度。放上薄片后，白光干涉条纹将消失，此时若将 M_1 向分光镜 G_1（或背向分光镜 G_1）移动一定距离 Δd，则白光干涉条纹再一次出现，而且满足 $2\Delta d = \Delta \pm l_0$，所以可以得到

$$\Delta d = (n - n_0)t \pm \frac{l_0}{2} \tag{10-65}$$

式(10-65)中，l_0 为白光的相干长度，可以直接通过实验测出来，所以通过白光干涉可以在已知透明薄片厚度的情况下测出其折射率，或者在已知透明薄片折射率的情况下测出其厚度。

5. 钠光灯的双谱线干涉

钠光灯是一种气体光源，含有两根波长非常接近的谱线 λ_1 和 λ_2，这两根谱线的强度可以认为是相等的。当 M_1 和 M_2 不完全垂直，使 M_1 和 M_2 通过分光镜所成的像 M_2' 有一夹角 θ 时，观察屏上将出现等厚干涉条纹。设光束的入射角为 α，则分光镜分出的两束光到达观察屏时的光程差为

$$\Delta = 2d\cos\alpha \approx 2d - \alpha^2 d \tag{10-66}$$

d 为 M_1 与 M_2' 之间的距离。如果移动 M_1 镜，使它们之间的距离由 d 变为 $d + \Delta d$，由于在观察屏上只观察到光场中很小的一个区域，可认为 α 是不变的，故光程差的增量为

$$\Delta' = 2\Delta d \tag{10-67}$$

下面来分析钠光灯双线结构的入射光产生的干涉条纹。双线结构的两波长分别为 λ_1 和 $\lambda_2 = \lambda_1 + \Delta\lambda$，设第一次在光场中 A 点看到清晰的干涉条纹时，λ_1 谱线的第 m_1 级亮条纹中心正好和 λ_2 谱线的第 m_2 级亮条纹中心重合，则此时 A 点附近两束光的光程差为

$$\Delta'' = m_1\lambda_1 = m_2\lambda_2 \tag{10-68}$$

若移动 M_1 镜，则 λ_1 和 λ_2 谱线的干涉条纹会沿垂直于条纹的方向移动，且移动速度不一样，于是两套条纹逐渐分开，条纹逐渐变模糊。当条纹再一次变清晰时，λ_1 和 λ_2 谱线的干涉条纹刚好错开一级，此时

$$\Delta'' + 2\Delta d = (m_1 + \Delta m)\lambda_1 = (m_2 + \Delta m - 1)\lambda_2 \tag{10-69}$$

由式(10-68)和式(10-69)可解得

$$\Delta m = \frac{\lambda_2}{\Delta\lambda} \tag{10-70}$$

所以

$$\Delta\lambda = \frac{\lambda_1\lambda_2}{2\Delta d} = \frac{(\bar{\lambda})^2 - \left(\frac{\Delta\lambda}{2}\right)^2}{2\Delta d} \approx \frac{(\bar{\lambda})^2}{2\Delta d} \tag{10-71}$$

这里 $\Delta m=\frac{\lambda_2}{\Delta\lambda}$有可能不是整数，即最清晰的亮条纹可能不再出现在 A 点，而出现在 A 点旁边，这导致两次最清晰亮条纹对应的光程差变化量与 $2\Delta d$ 有一点偏差。用这种方法可以测出钠光灯双谱线的波长差 $\Delta\lambda$。

例 10-10　用钠光(波长为 589.3 nm)观察迈克尔逊干涉条纹，先看到干涉场中有 12 圈亮环，且中心是亮的；移动平面镜 M_1 后，看到中心湮灭了 10 环，而此时干涉场中还剩有 5 圈亮环，试求：

(1)M_1 移动的距离；

(2)开始时中心亮斑的干涉级和相应的等效空气膜厚度；

(3)M_1 移动后，从中心向外数第 5 圈亮环的干涉级。

解　(1)在相同视场(角范围)之内，条纹数目变小，条纹变疏，说明膜厚变薄，条纹向里湮灭了 10 环，因而位移绝对值为

$$\Delta h = N\times\frac{\lambda}{2} = 2.947\ \mu\text{m}$$

(2)中心级次的绝对数 k 取决于膜层厚度 h，所以 M_1 移动前，应满足

$$2h = k\lambda,\ 2h\cos\theta = (k-12)\lambda$$

M_1 镜移动后，应满足

$$2(h-\Delta h) = (k-10)\lambda,\ 2(h-\Delta h)\cos\theta = (k-15)\lambda$$

联立以上几式，可解得 $k\approx17$；相应的空气层的厚度为

$$h = k\times\frac{\lambda}{2} = 5.01\ \mu\text{m}$$

(3)M_1 镜移动后中心亮纹的级数为 7，所以向外第五圈亮纹的级数为 2。

10.5.3　菲索干涉仪

菲索干涉仪是用于检测光学零件的表面质量的一种干涉仪器，其检测原理是

基于光的等厚干涉。根据被检物体的不同，常可分为平面干涉仪和球面干涉仪。

1. 激光平面干涉仪

图 10-21 为菲索平面干涉仪的结构示意图，从光源 S 发出的光，经分光板 M 入射到标准平晶 G_1 及被检物体 G_2 上。标准平晶的上表面为斜面，使得在这个平面上反射光能够偏出视场。从标准平面及待测物体反射的光返回经过 M 进入观察系统 O，可测量平板的平面度。如果移开标准平晶 G_1，可测量平板楔角或平行平板的平行度。如果观察到的干涉条纹是一组相互平行的直线条纹，就表明被检验的表面是平整的；如果干涉条纹发生弯曲，如图 10-22 所示，就表明被测表面有缺陷。

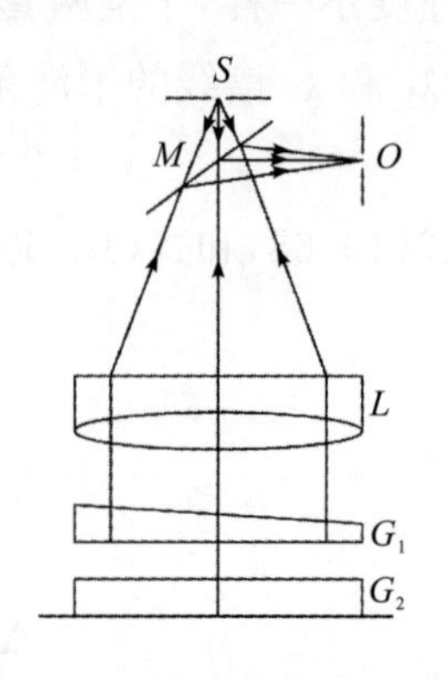

图 10-21　菲索平面干涉仪

图 10-22 中，被检测表面的平面度为

$$\Delta h=\frac{H}{e}\cdot\frac{\lambda}{2} \tag{10-72}$$

式(10-72)中，H 为被测表面凹陷引起的条纹偏离，e 为条纹间距。

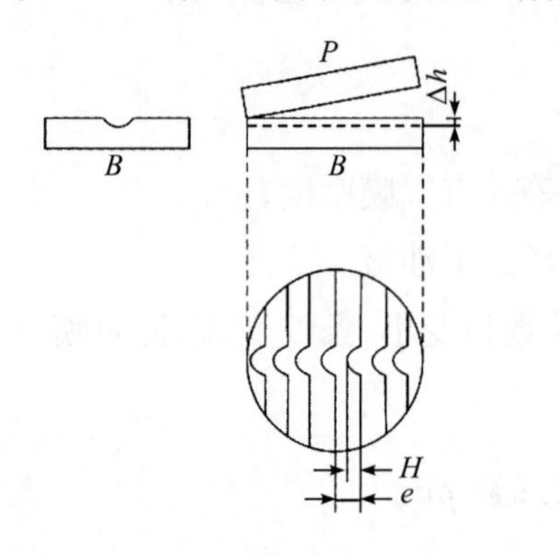

图 10-22　等厚干涉条纹检查表面的平面度

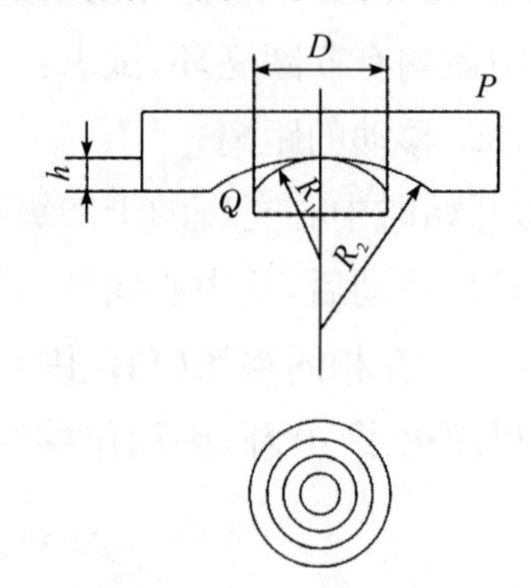

图 10-23　用激光球面干涉仪检测球面零件

2. 激光球面干涉仪

把激光平面干涉仪中的标准平晶换成球面标准件，可以测量球面的球面度及其局部误差缺陷，图 10-23 为用激光球面干涉仪检测球面零件的示意图。如果被测表面是一个凸球面，可以把被测凸球面与一个标准凹球面紧密接触，通过分析它们之间的空气层上下表面反射形成的牛顿环来检测被测元件。若被测球面和标准球面完全相同，上下表面形成的空气层厚度相同，则观察不到干涉条纹，视场中呈现均匀的光场；若观察到同心干涉圆条纹，则说明被测球面没有局部缺陷，但与标准球面的曲率半径有误差。若两表面的曲率之差为 $\Delta\kappa=\frac{1}{R_1}-\frac{1}{R_2}$，其中 R_1 为被测元件的半径，R_2 为标准球面样板的曲率半径。由几何关系可得两表面所夹

空气层的最大厚度为

$$h=\frac{D^2}{8}\left(\frac{1}{R_1}-\frac{1}{R_2}\right)=\frac{D^2}{8}\Delta\kappa \tag{10-73}$$

式(10-73)中，D 为待测球面的口径。若在 D 的范围内观察到 N 个圆环干涉条纹(光学零件图中称 N 为光圈)，由 $h=N\frac{\lambda}{2}$，则有

$$N=\frac{D^2}{4\lambda}\Delta\kappa \tag{10-74}$$

式(10-74)给出了曲率允许误差 $\Delta\kappa$ 与允许光圈 N 之间的关系。

10.5.4　泰曼-格林干涉仪

泰曼-格林干涉仪是迈克尔逊干涉仪的一种变型，图 10-24 为泰曼-格林干涉仪原理图。单色激光光源 S 位于透镜 L_1 的前焦点上，光束经 L_1 准直后，被分束器 A 分成两束光，到达反射镜 M_1 和 M_2 并被反射，两束反射光再次经 A 透射和反射，经透镜 L_2 会聚，将观察屏放在透镜 L_2 的焦点位置观察，也可以不加透镜直接观察，可以获得清晰、明亮的等间距干涉条纹。

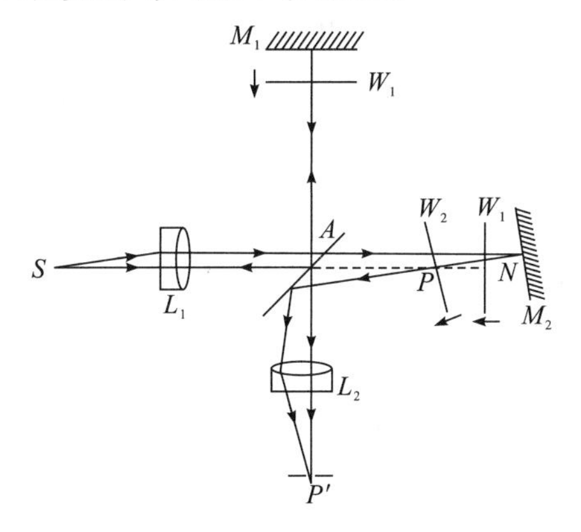

图 10-24　泰曼-格林干涉仪原理图

如果作出反射镜 M_1 经分束器 A 的半反射面所成的虚像 M_1'，则相当于 M_2 和 M'_1 构成了一个空气楔平板，泰曼-格林干涉仪就等效于平面干涉仪，因此，可以获得等厚干涉条纹，所不同的是，两束光通过光路完全被分开。

泰曼-格林干涉仪通常用于平板、棱镜和透镜等光学元件质量的检测，也可以用于检测室内微小振动和空气流动，检测系统内温度的变化。

10.5.5　马赫-曾德干涉仪

图 10-25 为马赫-曾德干涉仪原理图，马赫-曾德干涉仪也是基于分振幅法获得双光束干涉的仪器。图中 P_1 和 P_2 为两块平行玻璃板，P_1 为分束器，P_2 为合束器，M_1 和 M_2 为两块平面反射镜，通常这四个反射面是平行放置的。将单色激

光源置于透镜 L_1 的焦点处，经准直后的光束进入干涉仪。首先经分束器 P_1 的半反半透膜 A_1 分为两束，其中一束被平面反射镜 M_1 反射后，再经过合束器 P_2 的 A_2 面反射进入观察系统，另一束被平面反射镜 M_2 反射后再透过合束器 P_2 进入观察系统。在透镜 L_2 的焦面附近，可以观察到这两束光的干涉图样。如果在一路干涉光束中放入一个标准相位物体 T_1，在另一路干涉光束中放入待检测相位物体 T_2，这两个相位物体形成不同的波前，在观察系统中就能得到它们形成的等厚干涉条纹，所以这种干涉仪可用于测量相位物体引起的相位变化。

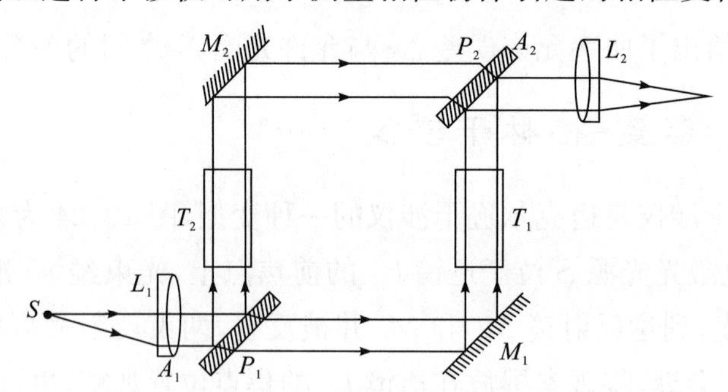

图 10-25　马赫-曾德干涉仪原理图

马赫-曾德干涉仪的用途很广，可以用它来研究空气气流的折射率变化，从而分析气流的密度变化；另外，在全息技术、光纤光学和集成光学的研究中也有着非常重要的用途。

10.6　多光束干涉及其应用

10.6.1　平行平板多光束干涉

1. 平行平板多光束干涉透射光和反射光的光强分布

平行平板的双光束干涉现象实际上是在表面反射率较低的情况下的一种近似。当平板表面镀上高反射膜后，将产生多光束干涉，多光束干涉较之双光束干涉干涉条纹更加明锐，在高精度的检测工作中得到广泛的应用。

表 10-3 给出了反射率 $R=0.9$，且膜层无吸收的两面镀膜平板上前 5 束光的强度。设入射光的强度为 1。

表 10-3　反射率 $R=0.9$ 的平板上各束反射光和透射光的强度

	1	2	3	4	5
反射光	0.9	0.009	0.0073	0.00577	0.0046
透射光	0.01	0.0081	0.00656	0.00529	0.00431

从表 10-3 可以发现，除了反射光束 1 以外，其余各光束的光强比较接近，因

此，应按照多光束的叠加来计算干涉场的强度分布。

图 10-26 为平行平板多光束干涉原理图，采用扩展光源照明时，其定域面在无限远处，或在图示透镜的后焦面上。

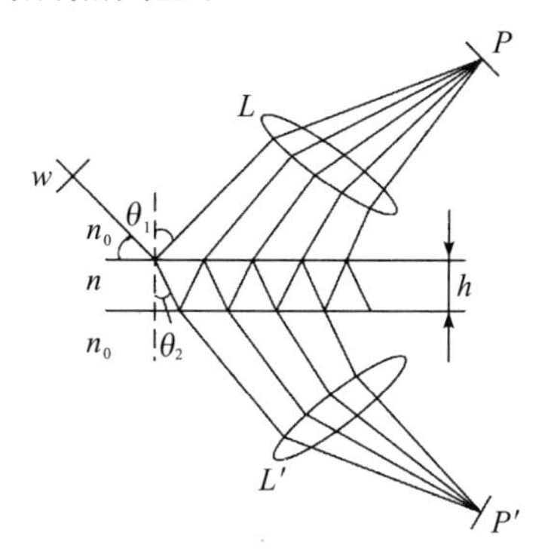

图 10-26　平行平板多光束干涉原理图

下面来讨论透射方向的干涉场 P' 的强度。设照明光波长为 λ，平行平板的厚度为 h，折射率为 n，放入折射率为 n_0 的介质中，光束从折射率为 n_0 的介质进入平行平板时的振幅反射系数和振幅透射系数分别为 r 和 t，光束从平板内反射和由平板向折射率为 n_0 的介质折射时的振幅反射系数和振幅透射系数分别为 r' 和 t'，在透射方向，相邻两束光的相位差为

$$\delta = \frac{4\pi}{\lambda} nh\cos\theta_2 \tag{10-75}$$

假设入射光的振幅为 A，则各束透射光的复振幅可表示为

$$\left.\begin{aligned} A_1 &= Att' \\ A_2 &= Att'r'^2 e^{-i\delta} \\ A_3 &= Att'r'^4 e^{-i2\delta} \\ &\cdots \\ A_k &= Att'r'^{2(k-1)} e^{-i(k-1)\delta} \end{aligned}\right\} \tag{10-76}$$

这样，透射光束经过叠加，可得合成波在 P' 点的复振幅为

$$A_{P'} = \sum_{k=1} A_k = \frac{tt'}{1 - r'^2 e^{-i\delta}} A = \frac{\tau}{1 - \rho e^{-i\delta}} A \tag{10-77}$$

透射光的光强为

$$I_t = A_{P'} \cdot A_{P'}^* = \frac{\tau^2}{(1-R)^2 + 4R\sin^2\left(\dfrac{\delta}{2}\right)} I = \frac{(1-R)^2}{(1-R)^2 + 4R\sin^2\left(\dfrac{\delta}{2}\right)} I \tag{10-78}$$

其中，I 为入射光的光强。

令

$$F=\frac{4R}{(1-R)^2} \tag{10-79}$$

F 称为条纹的精细度系数，则式(10-78)可表示为

$$I_t=\frac{I}{1+F\sin^2\left(\frac{\delta}{2}\right)} \tag{10-80}$$

按同样的方法，可得反射光强为

$$I_r=\frac{F\sin^2\left(\frac{\delta}{2}\right)}{1+F\sin^2\left(\frac{\delta}{2}\right)} \tag{10-81}$$

2. 平行平板多光束干涉干涉条纹的特征

由式(10-80)和式(10-81)可知，多光束干涉时，当 R 不同时，透射光和反射光的干涉条纹的强度分布不同，如图 10-27 所示。

(1)当 R 一定时，光强的分布仅仅取决于相位差 δ，满足以下结果：

$$\delta=\begin{cases}2m\pi, m=0,\pm1,\pm2,\cdots,\text{透射光强最大}, I_{\max}=I,\text{亮纹}\\(2m+1)\pi, m=0,\pm1,\pm2,\cdots,\text{透射光强最小}, I_{\min}=\dfrac{I}{1+F},\text{暗纹}\end{cases} \tag{10-82}$$

而且透射光的光强和反射光的光强还满足 $I_t+I_r=1$，即透射光的光强和反射光的光强分布正好互补。如果透射光的干涉条纹为亮纹，则对应的反射光的干涉条纹为暗纹。

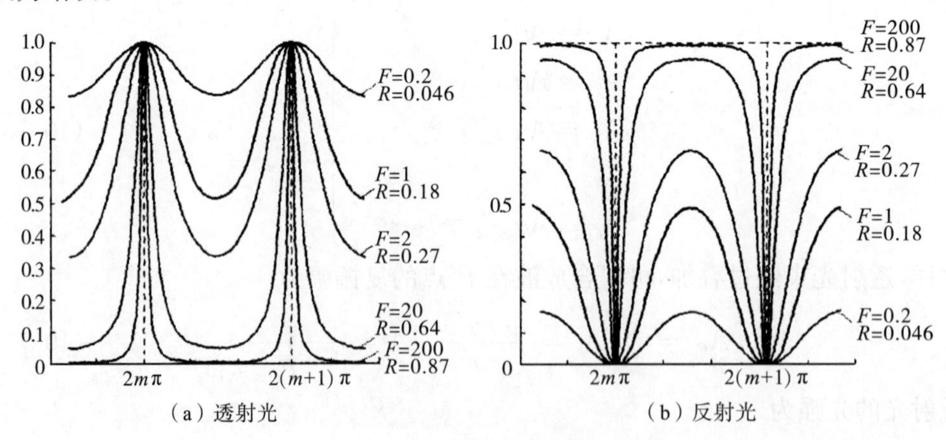

图 10-27 透射光和反射光的干涉条纹的强度分布

(2)由图 10-27 可知，随着反射比 R 的增大，亮纹变得更加细锐。当 $R\to1$ 时，得到背景全暗的极细锐清晰亮纹，这就是多光束干涉很重要的一个特征。

(3)干涉条纹锐度和精细度。为了描述多光束干涉条纹极为细锐的特征，引入条纹锐度和精细度的概念。

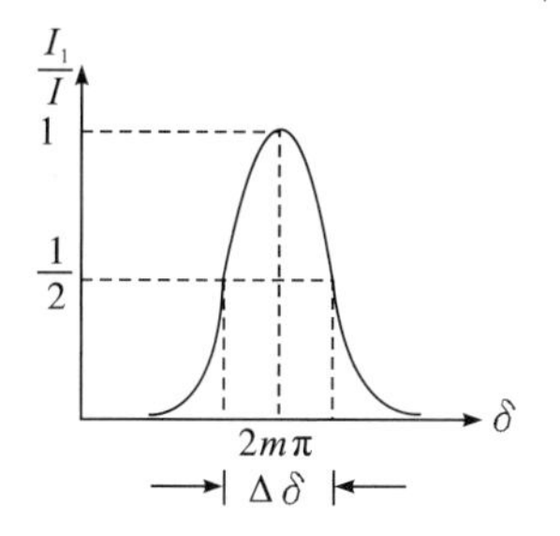

图 10-28　条纹半宽度

我们把干涉条纹的相位半宽度定义为条纹锐度，用$\Delta\delta$表示。在多光束干涉中，将相位半宽度定义为两个半强度点对应的相位差范围。如图 10-28 所示，对于第 m 级条纹，两个半强度点对应的相位分别为 $\delta=2m\pi+\frac{\Delta\delta}{2}$和$\delta=2m\pi-\frac{\Delta\delta}{2}$，将它们代入式(10-80)，可得

$$\frac{1}{1+F\sin^2\frac{\Delta\delta}{4}}=\frac{1}{2} \tag{10-83}$$

由式(10-83)解得干涉条纹的锐度为

$$\Delta\delta=\frac{4}{\sqrt{F}}=\frac{2(1-R)}{\sqrt{R}} \tag{10-84}$$

把相邻亮纹的相位差 2π 与干涉条纹锐度 $\Delta\delta$ 的比值定义为干涉条纹的精细度，一般用 s 表示，即

$$s=\frac{2\pi}{\Delta\delta}=\frac{\pi\sqrt{F}}{2}=\frac{\pi\sqrt{R}}{1-R} \tag{10-85}$$

由式(10-84)可知，R 越大，干涉条纹锐度 $\Delta\delta$ 越小，干涉条纹精细度 s 越大，条纹越细锐，当 $R\to1$ 时，干涉条纹有非常高的精细度，这在光学精密测量中有着非常广泛的应用。

10.6.2　多光束干涉仪

最典型的多光束干涉仪是法布里-帕罗干涉仪(F-P 干涉仪)，它是利用多光束干涉原理产生十分细锐条纹的重要仪器。它通过在平板的两个表面镀金属膜或多层电介质反射膜使反射比达到 90%以上来实现多光束干涉。

1. 法布里-帕罗干涉仪的结构及原理

图 10-29 为法布里-帕罗干涉仪的结构及原理图，仪器主要由两块平行的平面玻璃板(或石英板)G_1 和 G_2 构成。其中两块玻璃板相对的内表面都镀有一层具有很高反射率的高反膜，为了获得细锐条纹，对反射面的平面度也要求很高，要达到$\frac{1}{100}\sim\frac{1}{20}$波长。法布里-帕罗干涉仪的两块玻璃板(或石英板)通常做成楔形，这种结构可以将未镀膜表面产生的反射光反射出去，减少它们的干扰。由扩展光源 S 发出的光线经过透镜 L_1 如变为平行光束，透射光在透镜 L_2 的焦平面上形成等倾干涉条纹。

如果干涉仪中两平板之间的距离是可调的，固定其中一块板，然后在精密导轨上前后移动另一块板，从而改变两板之间的距离 h，这种类型的仪器称为 F-P

干涉仪，常用于对光谱线的精细结构进行研究。如果干涉仪中两平板之间有一个膨胀系数很小的隔离圈，以确保两平板之间的距离不变并严格平行，这种类型的仪器称为 F-P 标准具，通常用于测量某一波段内两条光谱线之间相差很小的波长差。

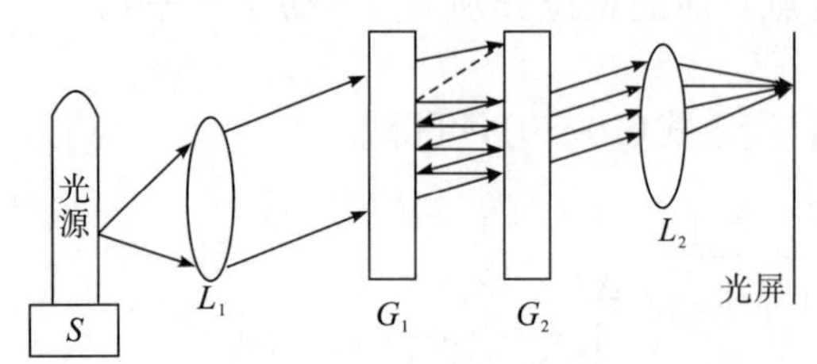

图 10-29 法布里-帕罗干涉仪的结构及原理图

当干涉仪两平板的内表面镀金属膜时，光在金属表面反射时会产生相位变化 φ，同时金属对光线还有吸收作用，因此，这两者的影响也必须考虑进去。假设金属的吸收比为 α，此时，式(10-75)和式(10-80)变为

$$\delta = \frac{4\pi}{\lambda}h\cos\theta_2 + 2\varphi \tag{10-86}$$

$$I_t = \left(1 - \frac{\alpha}{1-R}\right)^2 \frac{I}{1 + F\sin^2\left(\frac{\delta}{2}\right)} \tag{10-87}$$

从式(10-87)可以得出，与无吸收时相比，透射光的峰值位置没有发生变化，但强度减弱了。

2. F-P 标准具的测量原理

设照明所用的扩展光源包含两条谱线 λ_1 和 λ_1，两条谱线有一个小的波长差 $\Delta\lambda = \lambda_2 - \lambda_1$，通过 F-P 干涉仪后，每一个波长将会产生一组干涉条纹，如图 10-30 所示。实线对应波长 λ_2，虚线对应波长 λ_1，考察靠近条纹中心 P 的某一点，由式(10-86)得到它们的干涉级差为

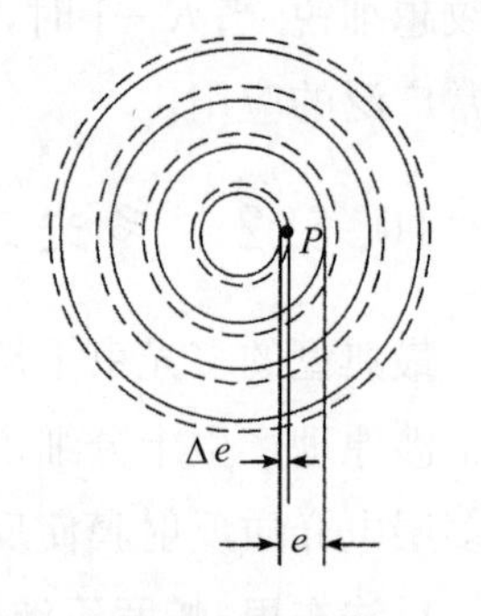

图 10-30 F-P 标准具得到的两组条纹

$$\Delta m = m_1 - m_2 = \left(\frac{2h}{\lambda_1} + \frac{\varphi}{\pi}\right) - \left(\frac{2h}{\lambda_2} + \frac{\varphi}{\pi}\right) = \frac{2h(\lambda_2 - \lambda_1)}{\lambda_1\lambda_2} \tag{10-88}$$

由于

$$\Delta m = \frac{\Delta e}{e} \tag{10-89}$$

所以通过测量两组条纹的位移 Δe 和同组条纹的间距，可得两条谱线的波长差为

$$\Delta\lambda = \lambda_2 - \lambda_1 = \left(\frac{\Delta e}{e}\right)\frac{\bar{\lambda}^2}{2h} \tag{10-90}$$

在式(10-90)中，$\bar{\lambda}$ 是 λ_1 和 λ_2 的平均波长，可以通过分辨本领较低的仪器

测出。

3. F-P 标准具的自由光谱范围

在测量两条谱线的波长差 $\Delta\lambda$ 时，当 Δe 趋近于 e 时，两组干涉条纹正好重叠（越一个级次），若继续增大两束光的波长差，则无法判断条纹是否越级。因此，应用 F-P 标准具测量两条谱线的波长差时，存在一个最大的波长差可测量范围 $\Delta\lambda$，称为 F-P 干涉仪的自由光谱区，对应的值为

$$\Delta\lambda=\frac{\bar{\lambda}^2}{2h} \tag{10-91}$$

F-P 干涉仪两平板之间为空气，因此，F-P 干涉仪的自由光谱区的大小取决于干涉仪两内表面所形成的空气层的厚度 h。当 h 越小时，自由光谱区越大。一般 F-P 干涉仪的 h 比较大，所以通常情况下其自由光谱区较小。

4. F-P 干涉仪的分辨本领

描述 F-P 干涉仪（标准具）分光特性的另一项重要指标是 F-P 干涉仪（标准具）能够分辨的最小波长差 $(\Delta\lambda)_m$，也称作标准具的分辨极限。

图 10-31 中显示了中为波长为 λ 和波长为 $\lambda+\Delta\lambda$ 的光波产生的同一级次的干涉条纹。根据瑞利判据：当两列干涉条纹的干涉极大值之间的距离大于条纹半宽度 $\Delta\delta$ 时，就认为这两列干涉条纹是可以被分辨的。此时，两列条纹的合强度满足以下关系：$I_F=0.81I_G$，F 点和 G 点的位置如图 10-31 所示。

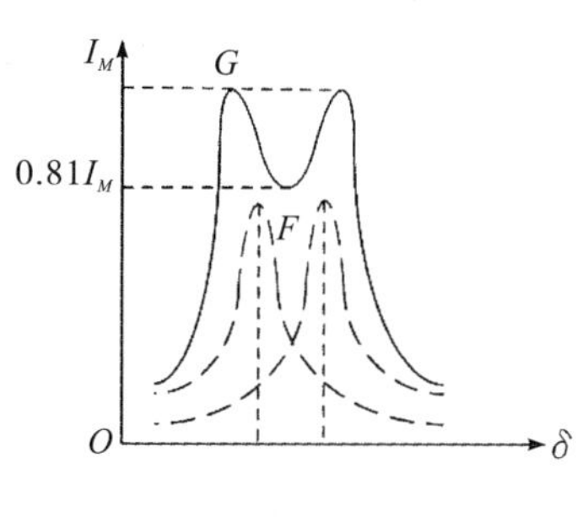

图 10-31　瑞利判据

如果不计标准具的吸收，λ 和 $\lambda+\Delta\lambda$ 两个很靠近条纹的合强度为

$$I'=\frac{I}{1+F\sin^2\dfrac{\delta_1}{2}}+\frac{I}{1+F\sin^2\dfrac{\delta_2}{2}} \tag{10-92}$$

式(10-92)中，δ_1 和 δ_2 是干涉场上同一点处波长为 λ 和 $\lambda+\Delta\lambda$ 的两波长条纹对应的 δ 值，令 $\delta_1-\delta_2=\varepsilon$，则合强度曲线 G 点（合强度最大）处，$\delta_1=2m\pi$，$\delta_2=2m\pi-\varepsilon$，在 F 点处 $\delta_1=2m\pi+\dfrac{\varepsilon}{2}$，$\delta_2=2m\pi-\dfrac{\varepsilon}{2}$，把以上两组相位值代入式(10-92)，可分别求得 I_G 和 I_F，利用瑞利判据 $I_F=0.81I_G$，可得出

$$\varepsilon=\frac{4.15}{\sqrt{F}}=\frac{2.07\pi}{s} \tag{10-93}$$

对于波长为 λ 的光波，它在 G 点的相位差为

$$\delta=\frac{4\pi}{\lambda}nh\cos\theta_2=2m\pi \tag{10-94}$$

对于波长为 $\lambda+\Delta\lambda$ 的光波，它对应的沿同一方向的 m 级次干涉条纹的相位差为

$$\delta' = \frac{4\pi}{\lambda + \Delta\lambda} nh\cos\theta_2 \tag{10-95}$$

因此，这两组干涉条纹之间的相位差为

$$\Delta\delta' = \frac{4\pi}{\lambda} nh\cos\theta_2 - \frac{4\pi}{\lambda + \Delta\lambda} nh\cos\theta_2 = \frac{4\pi}{\lambda} nh\cos\theta_2 \left(\frac{1}{\lambda} - \frac{1}{\lambda + \Delta\lambda}\right) = 2m\pi \frac{\Delta\lambda}{\lambda} \tag{10-96}$$

波长为 λ 和波长为 $\lambda + \Delta\lambda$ 的干涉条纹刚好能分辨开时，应满足

$$\Delta\delta' = \varepsilon = \frac{2.07\pi}{s} \tag{10-97}$$

此时，F-P 干涉仪(标准具)能够分辨的最小波长差为 $(\Delta\lambda)_m$，显然，$(\Delta\lambda)_m$ 越小，干涉仪器的分辨能力就越强。定义仪器的分辨本领为 A，则

$$A = \frac{\lambda}{(\Delta\lambda)_m} = 2m\pi \frac{s}{2.07\pi} = 0.97ms \tag{10-98}$$

式(10-96)表明：F-P 干涉仪的干涉级次 m 越高，分辨本领越高；F-P 干涉仪的精细度 s 越高，分辨本领也越高。

定义 $N=0.97s$ 为有效光束数，此时分辨本领可写为

$$A = 0.94ms = mN \tag{10-99}$$

习题 10

10-1　在杨氏干涉实验中，双缝间距为 1 mm，双缝离观察屏 1.5 m，用钠光灯作光源，它发出两种波长的单色光，$\lambda_1=589$ nm 和 $\lambda_2=589.6$ nm，则两种单色光的第 5 级亮条纹间的间距为多少？

10-2　在杨氏干涉实验中，用氦氖激光器发出的激光束($\lambda=632.8$ nm)垂直照射两小孔。两小孔的距离为 1 mm。问：

(1)在离小孔 100 cm 远的观察屏上得到的干涉条纹间距是多少？

(2)若将整个干涉装置浸在水中(水的折射率 $n=1.33$)，条纹间距又是多少？

(3)在空气中观察时，条纹间距是光波长的多少倍？

(4)在空气中观察时，第 5 级明条纹中心到 0 级明条纹中心的距离是多少？

10-3　在杨氏干涉实验中，波长为 600 nm 的光源垂直照射双缝，在观察屏上形成角间距为 0.02 的暗条纹，在傍轴近似条件下，求：

(1)双缝的间距；

(2)若将整个装置浸入折射率为 1.33 的水中，此时暗条纹的角间距。

10-4　一波长为 550 nm 的单色光垂直入射到间距为 0.2 mm 的双缝上，求：

(1)离双缝 2 m 远处的观察屏上干涉条纹的间距。

(2)若双缝间距增加到 1 mm，则条纹间距变为多少？

10-5　在杨氏干涉实验中，准单色光的波长宽度为 0.05 nm，平均波长为500 nm。问：在其中一小孔处贴上多厚的玻璃片，可使观察屏中心点附近的条纹正好消失？(设玻璃的折射率 $n=1.54$)

10-6 在杨氏干涉实验中，线光源宽度为 2 mm，双缝到光源的距离为 1 m，为了使屏幕上获得干涉条纹，双缝之间的距离最大为多少？(假设光源波长为 500 nm)

10-7 在杨氏干涉实验中，两小孔的间距为 0.5 mm，小孔与观察屏的距离为 1 m，测得两侧第 10 级亮纹中心之间的距离为 2 cm，求照明光源的波长。

10-8 试求白光(频率从 384×10^{12} Hz 到 769×10^{12} Hz)的相干长度和相干时间，并求中心波长为 632.8 nm，波长宽度 $\Delta\lambda=2\times10^{-3}$ nm 的氦氖激光的相干长度。

10-9 在折射率为 1.56 的玻璃衬底表面涂上一层折射率为 1.38 的透明薄膜，假设用波长为 632.8 nm 的平行光垂直入射到薄膜表面，求：

(1)薄膜至少多厚才能使反射光强度最小？

(2)此时光强反射率是多少？

10-10 用等厚干涉条纹测量玻璃楔板的楔角时，在长达 5 cm 的范围内共有 15 个亮纹，玻璃楔板的折射率 $n=1.52$，所用光波波长 $\lambda=600$ nm，求楔角。

10-11 试求能产生红光(700 nm)的二级反射干涉条纹的肥皂膜厚度。已知肥皂膜折射率为 $n=1.33$，且平行光的入射角为 30°。

10-12 利用牛顿环观察等厚干涉条纹，证明球面曲率半径 R 满足：$R=\frac{r^2}{k\lambda}$。其中 k 为暗纹的级数，r 为第 k 级暗纹的暗纹半径，λ 为照明光波长。

10-13 用迈克尔逊干涉仪测量单色光波长。调整仪器，能观察到单色光照明下产生的等倾圆条纹。如果把反射镜 M_1 平移 0.03172 mm，观察到圆条纹向中心收缩并消失 100 个，试计算单色光波长。

10-14 在迈克尔逊干涉仪的一臂中垂直插入一折射率为 1.434 的玻璃片，在波长为 589 nm 的单色光照射下发现有 30 个条纹发生移动，试求玻璃片的厚度。

10-15 直径为 1 mm 的一段钙丝用作杨氏干涉实验的光源，为使横向相干宽度大于 1 mm，双孔必须与灯相距多远？(设钙丝灯光源的波长 $\lambda=550$ nm)

10-16 在迈克尔逊干涉仪的一个臂中引入 100 mm 长、充一个大气压空气的玻璃管，用波长为 $\lambda=550$ nm 的单色光照射。如果将玻璃管内逐渐抽成真空，发现有 100 条干涉条纹移动，求空气的折射率。

10-17 将一个波长稍小于 600 nm 的光波与一个波长为 600 nm 的光波在 F-P 干涉上比较，当 F-P 干涉仪两镜面间距改变 1.5 mm 时，两光波的条纹就重合一次，试求未知光波的波长。

10-18 照明迈克尔逊干涉仪的光源发出波长为 λ_1 和 λ_2 的两个单色光波，$\lambda_2=\lambda_1+\Delta\lambda$，且 $\Delta\lambda\ll\lambda_1$，当平面镜 M_1 移动时，干涉条纹出现周期性的消失和再现，也就是使条纹的可见度作周期性变化，求：

(1)条纹可见度随光程差的变化规律；

(2)连续两次条纹消失时，平面镜 M_1 移动的距离 Δd；

(3)对于钠灯，设 $\lambda_1=589$ nm 和 $\lambda_2=589.6$ nm 均为单色光，求 Δd。

10-19 在玻璃基片($n_G=1.6$)上镀两层光学厚度为 $1/4\lambda$ 的薄膜，设第一层的折射率为 1.35，为达到在正入射条件下对该波长全增透的目的，求第二层膜的折射率。

第11章　光的衍射

衍射现象是波共有的传播行为,当波在传播过程中遇到障碍物(或小孔)时,将绕过障碍物(或小孔)边缘传播的现象称为波的衍射现象。日常生活中声波的衍射、水波的衍射、广播段无线电波的衍射是随时随地发生的,容易被人察觉。光也是一种波,所以光也具有衍射现象。当一束光通过狭缝、细丝、刀口、直边、小孔、圆屏等障碍物时,在不同距离的屏幕上会出现一幅幅不同的衍射图样,在按直线传播定律所划定的几何阴影区内,同时也在几何照明区内出现明、暗相间的衍射条纹。这种现象称为光的衍射现象。

尽管光可以产生衍射现象,但是可见光的衍射现象却不易为人们所察觉,这是因为可见光的波长很短,其范围为 390～760 nm,一般的障碍物或孔、缝的尺寸都远远大于可见光的波长,在这种情况下,光波通常呈现的是直线传播。只有在遇到与光波长相同数量级的障碍物或孔、缝时,光的衍射现象才变得比较明显。光的衍射效应使得障碍物后空间的光强分布与几何光学给出的光强分布不同,与光波自由传播时的光强分布也不同,衍射光强有了一种重新分布。

光的衍射现象是光具有波动性的主要标志之一,怎么解释光的衍射现象呢?对于光的衍射现象的解释需要利用波动光学。利用波动光学对光的衍射现象的解释最成功的是菲涅耳,他以惠更斯原理和干涉原理为基础,用新的定量形式建立了惠更斯-菲涅耳原理,完善了光的衍射理论。

本章将在惠更斯-菲涅耳原理的基础上讨论两种最基本的衍射现象,即菲涅耳衍射和夫琅禾费衍射。

11.1　光波衍射的基本理论

11.1.1　惠更斯-菲涅耳原理

1. 惠更斯原理

要解释光的衍射现象,需要回答两个问题:第一个问题是光在传播时遇到障碍物时为什么会偏离直线传播;第二个问题是如何解释屏幕上出现明暗相间的条纹分布。

对于第一个问题,惠更斯曾经提出了一种假设:在波传播的任意时刻,波面上的每一点都可以看作发射球面次波的波源,在随后的某一时刻,其波阵面是这些次波波面的包络面，波阵面的法线方向就是波的传播方向。

按照惠更斯原理，平面光波入射到单缝上时(如图 11-1 所示)，单缝处露出的波面上的各点都是发射球面次波的波源，它们发出的球面次波的包迹面即为新的波阵面。如图 11-1 所示，新的波阵面已经绕过单缝的边缘，在单缝的几何阴影区进行传播，即光波的传播偏离了直线方向。如果在单缝后面的适当距离放上接收屏，接收屏上几何阴影区各点条纹不一定为零，即发生衍射现象。

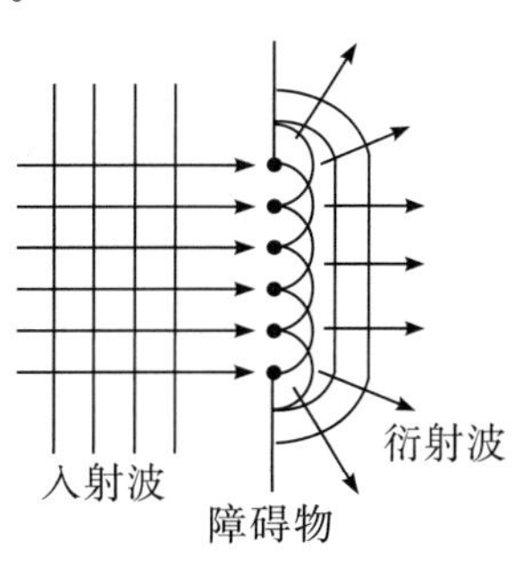

图 11-1 惠更斯作图法

所以，惠更斯原理主要解释了光在传播时遇到障碍物时偏离直线传播的问题。但是，它不能解释屏幕上出现明暗相间的条纹分布的原因和规律。

2. 惠更斯-菲涅耳原理

菲涅耳认为，惠更斯原理中提到的同一波阵面上的这些发射球面次波的波源，满足相干光源的条件，因此它们是相干的，下一时刻的波面就是这些次波波源发出的子波干涉的结果。这种将子波相干叠加的原理与惠更斯原理相结合来分析光的衍射现象的思想称为惠更斯-菲涅耳原理。利用惠更斯-菲涅耳原理可以很好地解释光的衍射现象。

如图 11-2 所示，假设有一单色点光源位于 P_0 点，Σ 为点光源 P_0 在半径 r_0 处的波面，下面推导空间中任一点 P 点的复振幅分布。

P 点的复振幅可以看成是波面 Σ 上各点发出的子波在 P 点相干叠加的结果。设单色点光源 P_0 在波面 Σ 上任一点产生的复振幅为

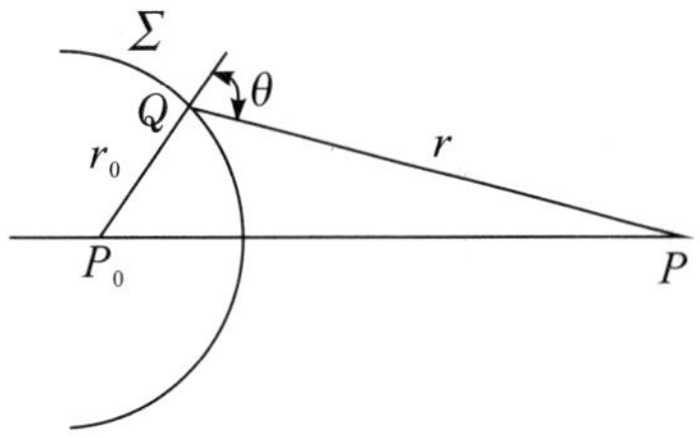

图 11-2 惠更斯-菲涅耳原理

$$\widetilde{E}_Q = \frac{A}{r_0}\exp(\mathrm{i}kr_0) \tag{11-1}$$

式(11-1)中，A 是离点光源单位距离处的振幅，r_0 为波面 Σ 的半径，在 Q 点处取一个面元 $\mathrm{d}\sigma$，则 Q 点处面元 $\mathrm{d}\sigma$ 在 P 点处产生的复振幅为

$$\mathrm{d}\widetilde{E}(P) = CK(\theta)\frac{A\exp(\mathrm{i}kr_0)}{r_0}\frac{\exp(\mathrm{i}kr)}{r}\mathrm{d}\sigma \tag{11-2}$$

式(11-2)中，$K(\theta)$为倾斜因子，表示子波在 P 点的振幅随面元法线与 QP 的夹角 θ 的变化系数(θ 称为衍射角)。当 $\theta=0°$时，$K(0)$取最大值，随着 θ 的增加，$K(\theta)$不断减小；当 $\theta=90°$时，$K(90°)=0$，C 为常数。根据惠更斯-菲涅耳原理，P 点产生的复振幅总和为

$$\widetilde{E}(P) = \frac{CA\exp(\mathrm{i}kr_0)}{r_0}\iint_{\Sigma}\frac{\exp(\mathrm{i}kr)}{r}K(\theta)\mathrm{d}\sigma \tag{11-3}$$

式(11-3)为惠更斯-菲涅耳原理的数学表达式。从式(11-3)可以看出,空间中任一点 P 的复振幅分布是波面Σ上发出的所有子波在 P 点相干叠加的结果,但是每个子波对该点的贡献与衍射角 θ 有关的。所以说衍射问题实质上也是一个干涉问题,它是波面Σ上无数个次波源发出的子波的干涉。要求 P 点的复振幅,只要将式(11-3)中的积分求出来,然后进一步求出 P 点的强度。

更普遍的情况是,假设将波面选取为 P_0 和 P 点之间的任意一个曲面或平面,设该波面的复振幅分布 $\widetilde{E}(Q)$,则利用惠更斯-菲涅耳原理,P 点产生的复振幅总和为

$$\widetilde{E}(P)=C\iint_{\Sigma}\widetilde{E}(Q)\frac{\exp(\mathrm{i}kr)}{r}K(\theta)\mathrm{d}\sigma \tag{11-4}$$

式(11-4)可以看成惠更斯-菲涅耳原理的推广。

11.1.2 菲涅耳-基尔霍夫衍射公式

利用公式(11-4)对一些简单形状孔径的衍射图样的光强分布进行计算时,得到的结果与实际结果比较符合。但是菲涅耳理论本身并不严格,首先倾斜因子 $K(\theta)$的引入缺乏理论依据,同时它也没有给出倾斜因子 $K(\theta)$和常数 C 的具体表达式。基尔霍夫从波动微分方程出发,得出了满足惠更斯-菲涅耳原理的较完善的数学表达式,该数学表达式称为菲涅耳-基尔霍夫衍射公式。该公式证明了菲涅耳的假设基本正确,同时弥补了菲涅耳理论的不足,也给出了倾斜因子 $K(\theta)$和常数 C 的具体表达式。这里直接给出菲涅耳-基尔霍夫衍射公式:

$$\widetilde{E}(P)=\frac{A}{\mathrm{i}\lambda}\iint_{\Sigma}\frac{\exp(\mathrm{i}kl)}{l}\frac{\exp(\mathrm{i}rk)}{r}\left[\frac{\cos(n,r)-\cos(n,l)}{2}\right]\mathrm{d}\sigma \tag{11-5}$$

公式(11-5)表示单色点光源 S 发出的球面波照射到孔径Σ上,孔径Σ上的次波源发出的子波在 P 点进行相干叠加后合振动的复振幅,如图 11-3 所示。公式(11-5)分别给出了倾斜因子 $K(\theta)$和常数 C 的具体形式,它们分别为

$$C=\frac{1}{\mathrm{i}\lambda},K(\theta)=\frac{\cos(n,r)-\cos(n,l)}{2},\widetilde{E}(Q)=\frac{A\exp(\mathrm{i}kl)}{l} \tag{11-6}$$

式(11-6)中,l 是点光源 S 到孔径Σ上任意一点 Q 的距离,r 是 Q 点到 P 点的距离,(n,l)和(n,r)分别为孔径Σ的法线与 l 和 r 方向的夹角,以上各参量都在图 11-3 中进行了标注。倾斜因子 $K(\theta)$同时与孔径Σ的法线与 l 和 r 方向的夹角有关,说明子波的振幅在各个方向上是不同的,其值的大小在 0 和 1 之间。

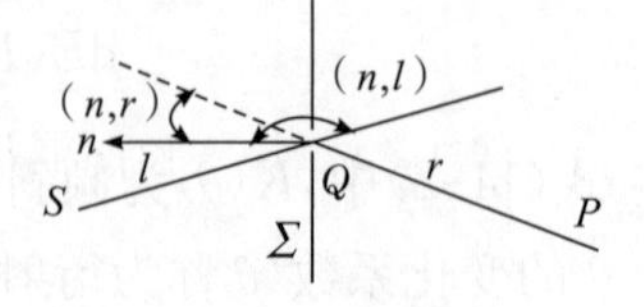

图 11-3 球面光波在孔径Σ上的衍射

11.1.3　菲涅耳-基尔霍夫衍射公式的近似

利用公式(11-5)进行衍射问题的计算时，由于被积函数比较复杂，很难求出积分，因此，通常需要根据具体情况对其作某些近似处理。如果点光源到孔径的距离足够远，入射光波可以看成垂直于孔径入射的平面光波，如图 11-4 所示。此时，$\cos(n,l)=-1$，$\cos(n,r)=\cos\theta$，在这种情况下，倾斜因子可表示为

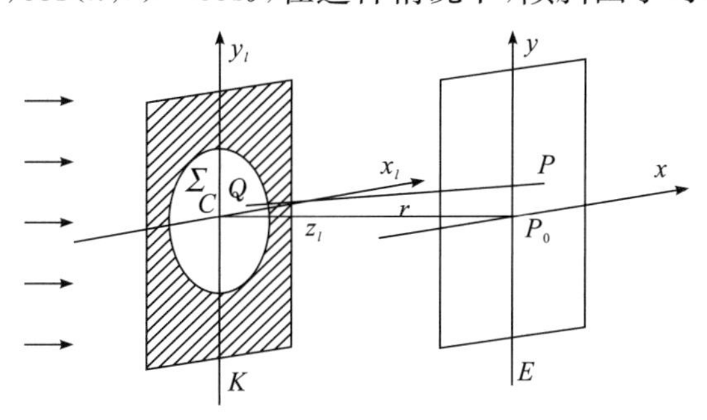

图 11-4　平面光波在孔径Σ上的衍射

$$K(\theta)=\frac{1+\cos\theta}{2} \tag{11-7}$$

对于平面光波，l 可看成是不变的，$\frac{\exp(\mathrm{i}kl)}{l}$可认为是常数，在观察屏观察的范围均远小于观察屏到孔径的距离时，$\cos\theta\approx1$，因此倾斜因子 $K(\theta)=1$，可以把其当成常数。同时，在旁轴近似的条件下，$\frac{\exp(\mathrm{i}kr)}{r}$项中的分母 $r\approx z_1$（z_1 为观察屏到孔径的距离），它代表了振幅的变化；但指数项中 r 不能作近似处理，因为它包含了相位的变化。对衍射问题作上述近似后，在图 11-4 所示的坐标系中，即在孔径平面和观察平面分别取直角坐标(x_1,y_1)和(x,y)，菲涅耳-基尔霍夫衍射公式可简化为

$$\widetilde{E}(P)=\frac{1}{\mathrm{i}\lambda z_1}\iint_{\Sigma}\widetilde{E}(x_1,y_1)\exp\left(\mathrm{i}k\sqrt{(x-x_1)^2+(y-y_1)^2+z_1^2}\right)\mathrm{d}\sigma \tag{11-8}$$

式(11-8)中，$\widetilde{E}(x_1,y_1)$为孔径Σ上各点的复振幅分布。

11.1.4　两种衍射及其计算公式

1. 菲涅耳衍射及其计算公式

下面对公式(11-8)作进一步的分析，首先对指数项中的 r 作二项式展开，可得

$$r=z_1\left\{1+\frac{1}{2}\left[\frac{(x-x_1)^2+(y-y_1)^2}{z_1^2}\right]-\frac{1}{8}\left[\frac{(x-x_1)^2+(y-y_1)^2}{z_1^2}\right]^2+\cdots\right\}$$

当 z_1 足够大，使上式第三项以后各项对相位 kr 的影响远小于 π 时，即

$$\frac{1}{8z_1^3}[(x-x_1)^2+(y-y_1)^2]^2 \ll \pi \tag{11-9}$$

此时，把第三项及后面各项忽略，只取前两项来表示 r，即

$$\begin{aligned} r &= z_1\left\{1+\frac{1}{2}\left[\frac{(x-x_1)^2+(y-y_1)^2}{z_1^2}\right]\right\} \\ &= z_1+\frac{x^2+y^2}{2z_1}-\frac{xx_1+yy_1}{z_1}+\frac{x_1^2+y_1^2}{2z_1} \end{aligned} \tag{11-10}$$

这一近似称为近场近似，也称为菲涅耳近似，z_1 满足这一近似的区域称为近场区，在观察屏的近场区观察到的衍射现象称为菲涅耳衍射现象。

将式(11-10)代入式(11-8)，把 $d\sigma$ 写成 dx_1dy_1，可得菲涅耳近似下菲涅耳衍射的计算公式

$$\widetilde{E}(x,y)=\frac{\exp(ikz_1)}{i\lambda z_1}\iint_{\Sigma}\widetilde{E}(x_1,y_1)\exp\frac{ik}{2z_1}[(x-x_1)^2+(y-y_1)^2]dx_1dy_1 \tag{11-11}$$

式(11-11)中的积分域是孔径Σ，由于在Σ之外，复振幅 $\widetilde{E}(x_1,y_1)=0$，因此，式(11-11)对整个 x_1y_1 平面的积分可写成

$$\widetilde{E}(x,y)=\frac{\exp(ikz_1)}{i\lambda z_1}\int_{-\infty}^{+\infty}\widetilde{E}(x_1,y_1)\exp\frac{ik}{2z_1}[(x-x_1)^2+(y-y_1)^2]dx_1dy_1 \tag{11-12}$$

满足近场近似条件的 z_1 是很容易得到的，所以在实验室里可以直接观察到菲涅耳衍射现象。

2. 夫琅禾费衍射及其计算公式

在式(11-10)中，第二项和第四项分别取决于观察屏上的考察范围和衍射孔径的线度相对于 z_1 的大小，当 z_1 足够大，使第四项对相位 kr 的影响远小于 π 时，即

$$k\frac{(x_1^2+y_1^2)}{2z_1} \ll \pi \tag{11-13}$$

当 z_1 满足式(11-13)时，第四项可以忽略。但第二项不能忽略，因为随着 z_1 的增大，衍射范围也变大。在这种情况下，式(11-10)可进一步近似为

$$r \approx z_1+\frac{x^2+y^2}{2z_1}-\frac{xx_1+yy_1}{z_1} \tag{11-14}$$

这一近似称为远场近似，也称为夫琅禾费近似，z_1 满足这一近似的区域称为远场区，在观察屏的远场区观察到的衍射现象称为夫琅禾费衍射现象。

将式(11-14)代入式(11-2)，把 $d\sigma$ 写成 dx_1dy_1，可得夫琅禾费近似下夫琅禾费衍射的计算公式

$$\widetilde{E}(x,y)=\frac{\exp(ikz_1)}{i\lambda z_1}\exp\left[\frac{ik}{2z_1}(x^2+y^2)\right]\iint_{\Sigma}\widetilde{E}(x_1,y_1)\exp\left[-\frac{ik}{z_1}(xx_1+yy_1)\right]dx_1dy_1 \tag{11-15}$$

同样,在孔径Σ之外,复振幅 $\widetilde{E}(x_1,y_1)=0$,所以式(11-15)可以改写成

$$\widetilde{E}(x,y)=\frac{\exp(\mathrm{i}kz_1)}{\mathrm{i}\lambda z_1}\exp\left[\frac{\mathrm{i}k}{2z_1}(x^2+y^2)\right]\int_{-\infty}^{+\infty}\widetilde{E}(x_1,y_1)\exp\left[-\frac{\mathrm{i}k}{z_1}(xx_1+yy_1)\right]\mathrm{d}x_1\mathrm{d}y_1 \tag{11-16}$$

对比两种衍射可以发现,夫琅禾费衍射对 z_1 的要求比菲涅耳衍射要严格得多,或者说,满足夫琅禾费衍射的衍射区也一定满足菲涅耳衍射的衍射区。

11.2　菲涅耳衍射

对于菲涅耳衍射,可以采用菲涅耳衍射公式(11-12)或式(11-8)来计算衍射图样,但仍然比较复杂,因此,也可以采用一些定性或半定量的方法来分析和解释其衍射图样的特征,其中菲涅耳半波带法是常用的一种方法。

11.2.1　菲涅耳半波带法

用菲涅耳半波带法处理衍射问题可以大大简化求解过程。下面以平面单色光垂直照射圆孔衍射屏的情况来讨论菲涅耳半波带法。如图 11-5 所示,波长为 λ 的单色平面波垂直照明半径为 a 的圆孔Σ,下面利用菲涅耳衍射来分析轴线上 P_0 点的光强。对轴上与开孔屏距离为 z_1 的 P_0 点,为了求圆孔波面Σ在点的复振幅的大小,可以用下面的方法将圆孔划分为一系列的环带。以 P_0 点为中心,以 $z_1,z_1+\frac{\lambda}{2},z_1+\frac{2}{2}\lambda,\cdots,z_1+\frac{j}{2}\lambda$ 为半径分别做一系列球面,这些球面将圆孔波面Σ划分为一系列的环带,相邻环带的相应边缘(或者相应点)到 P_0 点的光程差相差半个波长,这样的环带称为菲涅耳半波带,简称“波带”。要求出 P_0 点的光场,则需知道各半波带到 P_0 点的振幅和相位,各个半波带发出的子波在该 P_0 点产生相干叠加,就可以得出 P_0 点的光场。

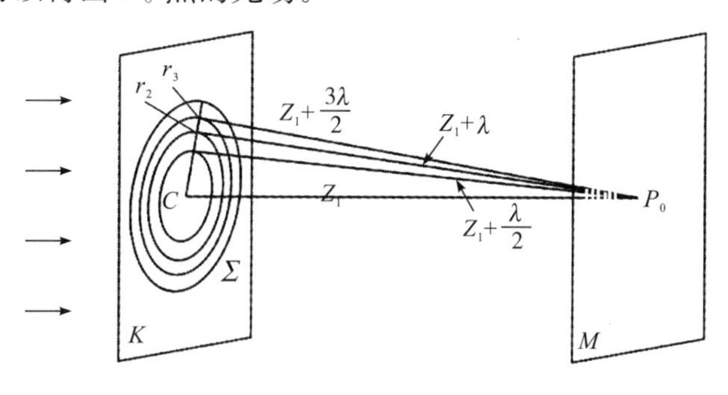

图 11-5　菲涅耳半波带法

先分析各半波带在 P_0 点产生的振幅大小。由于照明开孔是均匀的单色平面波,因此,各半波带在 P_0 点产生的振幅大小与此半波带的面积成正比。如果第 j

带圆的半径为 a_j，则应满足以下关系

$$r_j^2 + z_1^2 = \left(z_1 + \frac{1}{2}j\lambda\right)^2 \tag{11-17}$$

将式(11-17)展开并化简，得第 j 带圆的半径 r_j 为

$$r_j = \sqrt{j\lambda z_1 + \frac{j^2\lambda^2}{4}} = \sqrt{j\lambda z_1}\left[1 + \frac{j\lambda}{4z_1}\right]^{\frac{1}{2}} \tag{11-18}$$

当 $z_1 \gg j\lambda$ 时，取

$$r_j = \sqrt{j\lambda z_1} \tag{11-19}$$

所以求出第 j 个半波带的面积为

$$A_j \approx \pi r_j^2 - \pi r_{j-1}^2 \approx \pi\lambda z_1 \tag{11-20}$$

式(11-20)说明：各个波带的面积近似相等，各波带在 P_0 点产生的振幅只与各波带到 P_0 点的距离 r_j 和倾斜因子有关。随着 j 的增加，r_j 和倾角都增大，所以各波带在 P_0 点的振幅随着 j 的增大而减小，但是减小的速度变慢，可认为相邻波带在 P_0 点的振幅相等。

再来分析各半波带在 P_0 点的相位关系。一个半波带上的某点和其相邻半波带上的对应点发出的子波到 P_0 点的相位差为 π，光程差为半个波长，相邻半波带在 P_0 点产生的复振幅一正一负，所以 P_0 点的复振幅为

$$\tilde{E} = |\tilde{E}_1| - |\tilde{E}_2| + |\tilde{E}_3| - |\tilde{E}_4| + \cdots - (-1)^n |\tilde{E}_n| \tag{11-21}$$

并且

$$|\tilde{E}_2| = \frac{|\tilde{E}_1|}{2} + \frac{|\tilde{E}_3|}{2},\ |\tilde{E}_4| = \frac{|\tilde{E}_3|}{2} + \frac{|\tilde{E}_5|}{2},\cdots \tag{11-22}$$

因此，式(11-21)可化简为

$$\tilde{E} = \frac{|\tilde{E}_1|}{2} - (-1)^n \frac{|\tilde{E}_n|}{2} \tag{11-23}$$

由式(11-23)可以知道，P_0 点的振幅（或光强）与圆孔所包含的半波带的个数 n 有关。可以得出

$$n = \begin{cases} \text{奇数}, \tilde{E} = \dfrac{|\tilde{E}_1|}{2} + \dfrac{|\tilde{E}_n|}{2}, & P_0\ \text{点光强较大} \\ \text{偶数}, \tilde{E} = \dfrac{|\tilde{E}_1|}{2} - \dfrac{|\tilde{E}_n|}{2}, & P_0\ \text{点光强较小} \end{cases} \quad n\ \text{为半波带的个数} \tag{11-24}$$

如果逐渐放大或缩小圆孔，相当于圆孔波面 Σ 分割的半波带数逐渐增大或减小，n 出现奇数和偶数的交替变化，P_0 点将呈现明暗交替的变化。与此同时，对于大小一定的圆孔和确定波长的光波，圆孔波面 Σ 分割的半波带数 n 还取决于 P_0

点到衍射屏的距离 z_1。因此,当把观察屏前后移动时,n 也会出现奇偶数的交替变化,P_0 点也将呈现明暗交替的变化。

当圆孔变得非常大,或不存在圆孔衍射屏时,则可认为圆孔分成了 n 个半波带($n\to\infty$),$|\widetilde{E}_n|\to 0$(由 r_n 和倾角 θ 增加所致),由式(11-23)可得 P_0 点处的复振幅为

$$\widetilde{E}_\infty=\frac{\widetilde{E}_1}{2} \tag{11-25}$$

在这种情况下,P_0 点的复振幅等于第一波带产生的复振幅的一半,光强等于第一波带产生光强的 1/4。

由此可见,当圆孔很大时,相应地,圆孔分成的半波带的个数很多时,圆孔的大小不再影响 P_0 点的光强,这时与光的直线传播定律得出的结论一致。

前面探讨的是观察屏轴上点 P_0 的光强,对于轴外点的光强同样也可以用菲涅耳半波带法进行分析。对于观察屏上轴外某点 P,按同样的方法以 P 为中心,分别以 $z_1,z_1+\frac{1}{2}\lambda,z_1+\frac{2}{2}\lambda,\cdots$为半径在孔径$\Sigma$分割波带,分割出来的波带如图 11-6所示,显然,分割出来的波带的形状和面积都不一样。随着考察点逐渐离开观察屏中心向轴外移动,以 P 点为中心切割形成的波带将呈现偶数和奇数的交替变化,相应地,P 点的光强也将呈现小→大→小……的交替变化。由于整个装置是轴对称的,因此,观察屏上与 P 点距离相同的点将形成同一级衍射条纹。圆孔的菲涅耳衍射条纹是一组明暗交替变化的同心圆环,其中心点 P_0 可能是亮点,也可能是暗点。

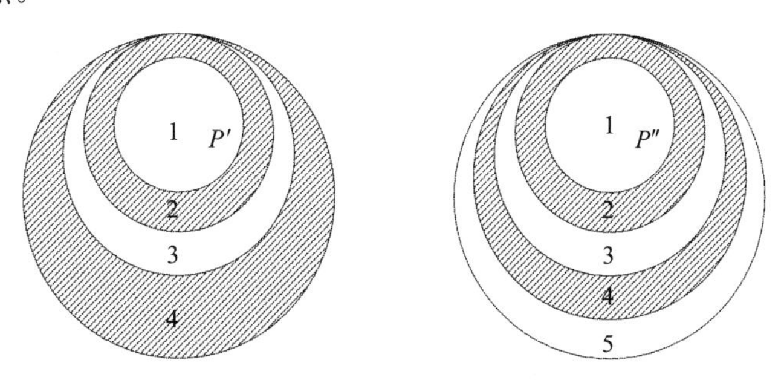

图 11-6　观察屏上轴外点分割的波带

11.2.2　菲涅耳圆屏衍射

用一个不透明的小圆屏代替图 11-5 中的小圆孔,该装置即为菲涅耳圆屏衍射装置。同样利用菲涅耳半波带法可以对观察屏上的衍射图样分布进行解释。先来看观察屏上轴上点 P_0 的光强。以 P_0 点为中心,分别作出以$r_0+\frac{1}{2}\lambda,r_0+\frac{2}{2}\lambda,\cdots$

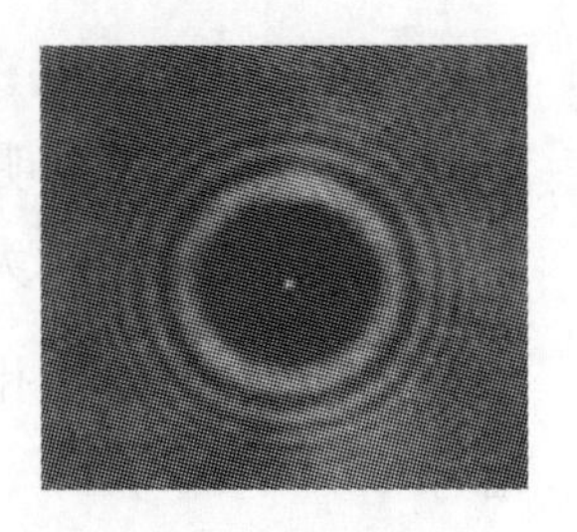
图 11-7　泊松亮斑

为半径(r_0 为 P_0 点到衍射屏边缘的距离)的波带。利用式(11-25)可得,全部波带在 P_0 点产生的复振幅应为第一波带在 P_0 点产生的复振幅的一半,而光强等于第一波带在 P_0 点产生的光强的 1/4。所以,P_0 点必为亮斑(泊松亮斑)。轴外点的复振幅和光强可采用与圆孔衍射类似的方法得出。圆屏的菲涅耳衍射图样是中心为亮斑、周围为明暗相间的圆环条纹。

作为反对光波动学说的学者之一,西莫恩·德尼·泊松提出,如果菲涅耳关于波动学说的结论是正确的,那么当光射向一个球的时候,将会在球后面阴影区域的中心找到亮斑。后来通过设计实验发现了位于阴影区域中心的亮斑(泊松亮斑)。这也是圆球衍射的由来。如果将圆球改成圆屏,同样可以得到明暗相间的圆环衍射条纹,因此,也将这一现象称为圆屏衍射,在圆屏阴影中心得到的亮斑称为泊松亮斑,如图 11-7 所示。

11.2.3　菲涅耳波带片

假设设计一种特殊的光阑,它由许多同心的半波带圆环组成,相邻的半波带依次设计为透光和拦光,如果将奇数带全部挡掉,只让偶数带透光,或者将偶数带全部挡掉,只让奇数带透光,则这种特殊的光阑称为菲涅耳波带片。

从圆孔衍射的结论可知,各通光波带在 P_0 点产生的光波依次相差相位 2π,相干叠加使 P_0 点的振幅和光强大大增强。例如包含 10 个波带的光阑,让 5 个奇数波带通光,而 5 个偶数波带拦光,则 P_0 点的振幅为

$$|\widetilde{E}|=|\widetilde{E}_1|+|\widetilde{E}_3|+|\widetilde{E}_5|+|\widetilde{E}_7|+|\widetilde{E}_9|\approx 5|\widetilde{E}_1|=10|\widetilde{E}_\infty|$$

其中,$|\widetilde{E}_\infty|$ 为波面无穷大即不存在光阑时 P_0 点的振幅,P_0 点的光强为

$$I\approx(10|\widetilde{E}_\infty|)^2=100I_\infty$$

P_0 点的光强约为不存在光阑时光强的 100 倍。这种特殊的光阑像一个普通的透镜一样具有聚光作用,所以菲涅耳波带片又称为菲涅耳透镜。图 11-8(a)和

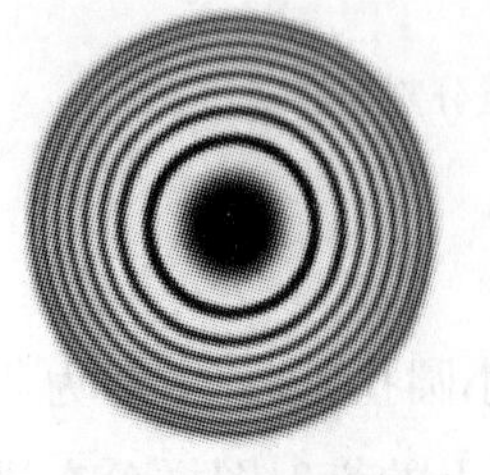
(a) 奇数半波带被挡光

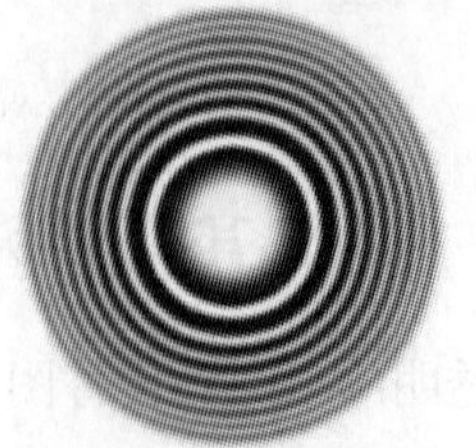
(b) 偶数半波带被挡光

图 11-8　菲涅耳波带片

图 11-8(b)分别为奇数带和偶数带被挡住(涂黑)的两块菲涅耳波带片。

菲涅耳透镜的制作除了可以采用遮挡奇数或偶数波带的方法之外，还能利用相位补偿的方法来实现。即通过增加或减小奇数带的厚度使奇数带的相位增加或减小 π，这样无论是通过奇数波带的光还是通过偶数波带的光，在 P_0 点都产生相长干涉，相比遮挡奇数或偶数波带的方法，这种方法对光能的利用率提高了 50%。这种菲涅耳透镜利用了相位补偿的方法，因此也称为相位型菲涅耳透镜。

11.3　典型孔径的夫琅禾费衍射

11.3.1　夫琅禾费衍射公式

当观察距离 z_1 满足式(11-13)时，可以观察到夫琅禾费衍射现象，但通常需要把观察屏放置在离衍射孔径很远的地方，即夫琅禾费衍射属于远场衍射，在实验中一般采用图 11-9 所示的系统作为夫琅禾费衍射实验装置。将单色点光源 S 放在第一个透镜 L_1 的焦点上，S 发出的光波经 L_1 准直后垂直地投射到孔径 Σ 上。第二个透镜 L_2 的前表面紧贴孔径 Σ，在 L_2 的焦平面上可以观察到孔径 Σ 的夫琅禾费衍射。

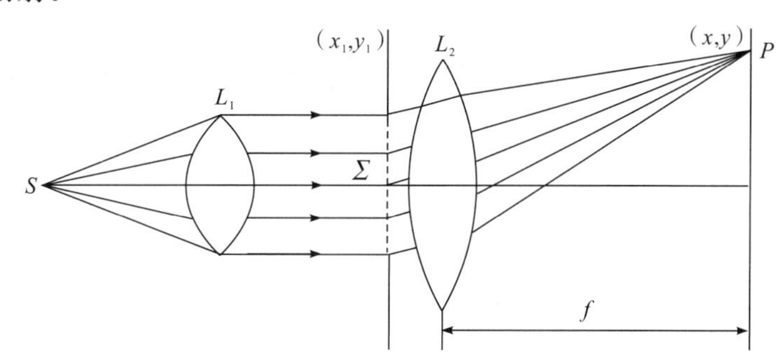

图 11-9　夫琅禾费衍射实验装置

如果仍然沿用图 11-4 所建立的坐标系，则透镜 L_2 的焦平面上的衍射图样可以用公式(11-16)来计算，将 $z_1=f$ 代入式(11-16)，得

$$\widetilde{E}(x,y)=\frac{\exp(\mathrm{i}kf)}{\mathrm{i}\lambda f}\exp\left[\frac{\mathrm{i}k}{2f}(x^2+y^2)\right]\iint_{-\infty}^{+\infty}\widetilde{E}(x_1,y_1)\exp\left[-\frac{\mathrm{i}k}{f}(xx_1+yy_1)\right]\mathrm{d}x_1\mathrm{d}y_1 \tag{11-26}$$

如果令 $C'=\dfrac{\exp(\mathrm{i}kf)}{\mathrm{i}\lambda f}\exp\left[\dfrac{\mathrm{i}k}{2f}(x^2+y^2)\right]$，式(11-26)可简化为

$$\widetilde{E}(x,y)=C'\iint_{-\infty}^{+\infty}\widetilde{E}(x_1,y_1)\exp\left[-\frac{\mathrm{i}k}{f}(xx_1+yy_1)\right]\mathrm{d}x_1\mathrm{d}y_1 \tag{11-27}$$

令 $u=\dfrac{k}{f}x$，$v=\dfrac{k}{f}y$，式(11-27)可变为

$$\widetilde{E}(x,y) = C'\int_{-\infty}^{+\infty}\widetilde{E}(x_1,y_1)\exp[-\mathrm{i}(ux_1+vy_1)]\mathrm{d}x_1\mathrm{d}y_1 \tag{11-28}$$

式(11-28)中的积分是一个傅立叶变换积分，所以夫琅禾费衍射场的复振幅分布 $\widetilde{E}(x,y)$ 可以看作孔径面上的复振幅分布 $\widetilde{E}(x_1,y_1)$ 的傅立叶变换。在傍轴近似下，当观察点 P 很靠近 P_0 点时，P 点的方向余弦可表示为

$$l = \sin\theta_x = \frac{x}{r} \approx \frac{x}{f}, \omega = \sin\theta_y = \frac{y}{r} \approx \frac{y}{f} \tag{11-29}$$

式(11-29)中，θ_x 和 θ_y 为 P 点方向角的余角。将其代入式(11-27)，可得

$$\widetilde{E}(x,y) = C'\int_{-\infty}^{+\infty}\widetilde{E}(x_1,y_1)\exp[-\mathrm{i}k(lx_1+\omega y_1)]\mathrm{d}x_1\mathrm{d}y_1 \tag{11-30}$$

通过式(11-30)，可以得到透镜 L_2 后焦面上的夫琅禾费衍射分布。

下面利用此公式对矩孔、单缝或圆孔夫琅禾费衍射场的光强分布进行较全面的分析和计算。

11.3.2 矩孔夫琅禾费衍射

1. 矩孔夫琅禾费衍射的强度分布

图 11-10 所示为矩孔夫琅禾费衍射装置，矩形孔径的边长为 a 和 b，其中心在坐标原点 c，两边分别与 x 轴和 y 轴平行，此时观察平面上的复振幅可表示为

$$\widetilde{E}(x,y) = C'\int_{-\infty}^{+\infty}\widetilde{E}(x_1,y_1)\exp\left[-\mathrm{i}2\pi\left(f_x\frac{x_1}{\lambda}+f_y\frac{y_1}{\lambda}\right)\right]\mathrm{d}x_1\mathrm{d}y_1 \tag{11-31}$$

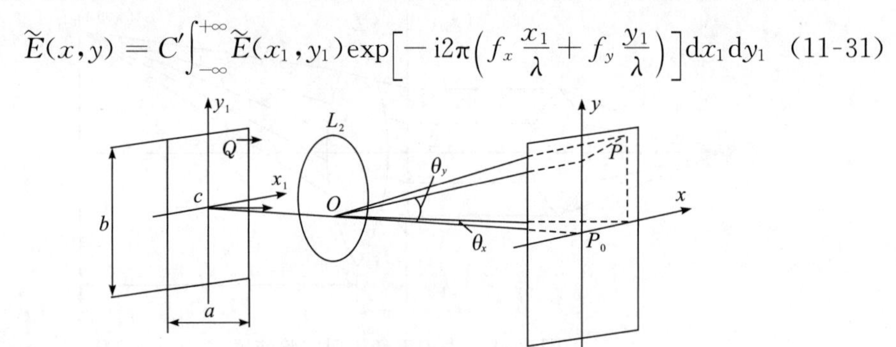

图 11-10 矩孔夫琅禾费衍射装置

式(11-31)中，f_x，f_y 满足下面关系

$$f_x = \sin\theta_x = \frac{x}{f}, f_y = \sin\theta_y = \frac{y}{f} \tag{11-32}$$

由于平面光波垂直入射到矩孔上，在整个矩孔波面上，平面光波可看成是均匀分布的，即矩孔的复振幅透射函数可表示为

$$\widetilde{E}(x_1,y_1) = \begin{cases} 1 & \left(当\ |x_1| \leqslant \dfrac{a}{2},\ |y_1| \leqslant \dfrac{b}{2}\ 时\right) \\ 0 & (x_1,y_1\ 为其他值) \end{cases} \tag{11-33}$$

将式(11-33)代入式(11-31)，可得

$$\widetilde{E}(x,y)=C'\int_{-\frac{a}{2}}^{+\frac{a}{2}}\exp\left(-\mathrm{i}2\pi\frac{\sin\theta_x}{\lambda}x_1\right)\mathrm{d}x_1\int_{-\frac{b}{2}}^{+\frac{b}{2}}\exp\left(-\mathrm{i}2\pi\frac{\sin\theta_y}{\lambda}y_1\right)\mathrm{d}y_1 \tag{11-34}$$

将式(11-34)积分，可得

$$\widetilde{E}(x,y)=C'ab\frac{\sin\dfrac{kf_xa}{2}}{\dfrac{kf_xa}{2}}\frac{\sin\dfrac{kf_yb}{2}}{\dfrac{kf_yb}{2}}=\widetilde{E}_0\frac{\sin\dfrac{kf_xa}{2}}{\dfrac{kf_xa}{2}}\frac{\sin\dfrac{kf_yb}{2}}{\dfrac{kf_yb}{2}} \tag{11-35}$$

式(11-35)中，$\widetilde{E}_0=C'ab$，为中心点 P_0 点的复振幅。

观察屏上任意一点 P 的光强为

$$I=|\widetilde{E}(x,y)|^2=I_0\frac{\sin^2\dfrac{kf_xa}{2}}{\left(\dfrac{kf_xa}{2}\right)^2}\frac{\sin^2\dfrac{kf_yb}{2}}{\left(\dfrac{kf_yb}{2}\right)^2}=\widetilde{E}_0^2\frac{\sin^2\dfrac{kf_xa}{2}}{\left(\dfrac{kf_xa}{2}\right)^2}\frac{\sin^2\dfrac{kf_yb}{2}}{\left(\dfrac{kf_yb}{2}\right)^2} \tag{11-36}$$

式(11-36)可以简写为

$$I=I_0\left(\frac{\sin\alpha}{\alpha}\right)^2\left(\frac{\sin\beta}{\beta}\right)^2 \tag{11-37}$$

式(11-37)中，I_0 是 P_0 点的强度，α 和 β 分别为

$$\alpha=\frac{kf_xa}{2}=\frac{\pi}{\lambda}a\sin\theta_x,\beta=\frac{kf_yb}{2}=\frac{\pi}{\lambda}b\sin\theta_y \tag{11-38}$$

式(11-36)和式(11-37)就是矩孔夫琅禾费衍射的强度分布公式。

2. 矩孔夫琅禾费衍射图样

(1)x 轴或 y 轴上的强度分布。如果 $f_y=0$，则强度分布公式(11-37)变为

$$I=I_0\left(\frac{\sin\alpha}{\alpha}\right)^2 \tag{11-39}$$

矩孔衍射在 x 轴上的强度分布曲线如图 11-11 所示。它在 $\alpha=0$ 处(对应位置为 P_0 点)有主极大，此时光强最大，$I=I_0$，即衍射角 $\theta_x=0$ 时，各衍射光在 P_0 点具有相同的相位，相当于各衍射光束在 P_0 点发生相长干涉。当 $\alpha=\pm\pi,\pm2\pi,\pm3\pi,\cdots$时，光强有极小值，$I=0$，即光强为 0 的位置应满足条件

$$a\sin\theta_x=k\lambda\quad k=\pm1,\pm2,\cdots \tag{11-40}$$

式(11-40)表明：两个相邻零强度点之间的距离与矩孔在 x 轴方向上的宽度 a 成反比。从图 11-11 还可以看出，在两个相邻零强度点之间还有一个强度次极大，强度次极大的位置可由式(11-39)对 α 求导并令其为 0 得到，即

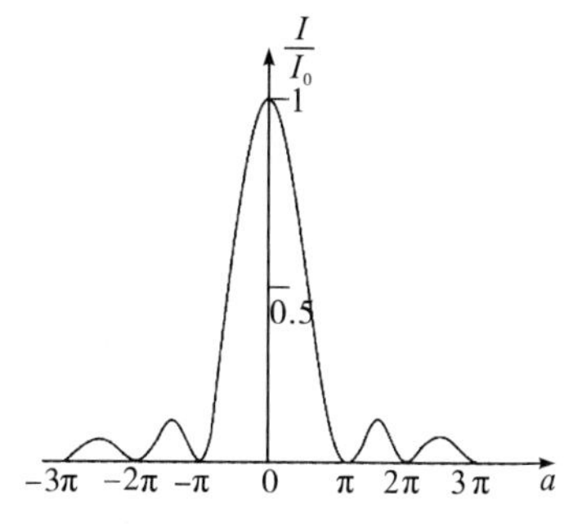

图 11-11　矩孔衍射在 x 轴上的强度分布曲线

$$\frac{\mathrm{d}}{\mathrm{d}\alpha}\left(\frac{\sin\alpha}{\alpha}\right)^2=0 \text{ 或 } \tan\alpha=\alpha \tag{11-41}$$

表 11-1 给出了满足式(11-41)的前几个次极大对应的 α 值和与主极大相比对应的相对强度。

表 11-1　前几个次极大对应的 α 值和与主极大相比对应的相对强度

级次	α	$\frac{I}{I_0}$
0	0	1
±1	$\pm 1.43\pi$	0.04718
±2	$\pm 2.459\pi$	0.01694
±3	$\pm 3.470\pi$	0.00834
±4	$\pm 4.479\pi$	0.00503

矩孔衍射在 y 轴方向上的光强分布由下式决定：

$$I=I_0\left(\frac{\sin\beta}{\beta}\right)^2 \tag{11-42}$$

用同样的方法可以得到与在 x 轴方向上相类似的强度分布。同样，在 y 轴方向上两个相邻零强度点之间的距离与矩孔在 y 轴方向上的宽度 b 成反比。

(2)矩孔衍射图样及分析。图 11-12 为矩孔夫琅禾费衍射图样，从图中可以看出，在 x 轴和 y 轴方向上两个相邻零强度点之间的距离不相等，y 轴方向上两个相邻零强度点之间的距离比 x 轴方向上两个相邻零强度点之间的距离大，所以可以判断 $a>b$。

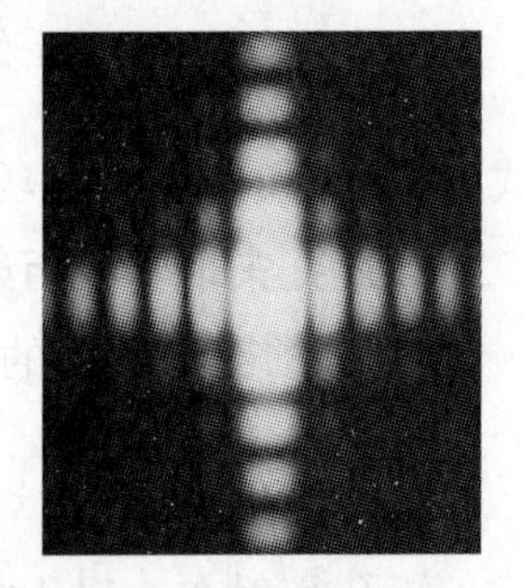

图 11-12　矩孔夫琅禾费衍射图样

在矩孔衍射中，中央亮斑的强度最大，其强度比其他亮斑要大得多，即绝大部分光能都集中在中央亮斑内。中央亮斑的边缘在 x 轴和 y 轴上分别由条件 $a\sin\theta_x=\pm\lambda$，$b\sin\theta_y=\pm\lambda$ 决定，所以中央亮斑的半角宽度为

$$\Delta\theta_x=\frac{\lambda}{a},\Delta\theta_y=\frac{\lambda}{b} \tag{11-43}$$

相应地，可得出中央亮斑半线宽度为

$$\Delta x_0=\frac{\lambda}{a}f,\Delta y_0=\frac{\lambda}{b}f \tag{11-44}$$

(3)影响矩孔衍射效应的因素。矩孔衍射效应的强弱与矩孔的边长 a、b 及入射光的波长 λ 均有关。在入射光波波长 λ 一定时，矩孔的边长 a、b 越小，对应的中央亮斑的半角宽度和半线宽度均越大，衍射效应越显著；与之相反，当矩孔的边长 a、b 很大时，对应的中央亮斑的半角宽度和半线宽度均趋向于 0，此时，透镜焦平面上得到的是一个几何像点，光表现为直线传播。当矩孔的边长 a、b 一定时，对

应的中央亮斑的半角宽度和半线宽度与波长 λ 成正比，所以波长 λ 越大，衍射效应越明显。

11.3.3　单缝夫琅禾费衍射

如果矩孔在其中一个方向上的宽度比另一个方向上的宽度大得多，此时矩孔就变成了单缝，矩孔夫琅禾费衍射就成了单缝夫琅禾费衍射。

1. 实验装置

单缝夫琅禾费衍射实验装置如图 11-13 所示。因为单缝的 $b \gg a$，所以在 y 轴方向上的衍射效应可以忽略，只在 x 轴方向上分布衍射图样。相反，如果单缝的 $b \ll a$，在 x 轴方向上的衍射效应可以忽略，只在 y 轴方向上分布衍射图样。

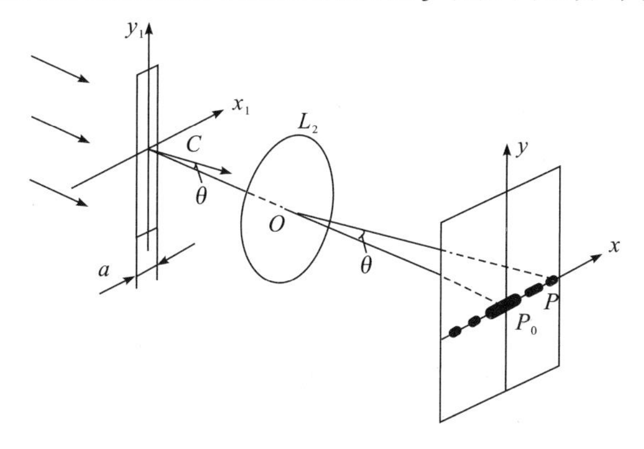

图 11-13　单缝夫琅禾费衍射实验装置

2. 单缝夫琅禾费衍射条纹的特点

显然，单缝衍射的衍射强度分布与矩孔衍射在 x 轴方向上或 y 轴方向上的衍射强度分布类似，图 11-13 所示装置的衍射强度分布公式与矩孔衍射时 $f_y=0$ 的强度分布公式(11-39)完全相同，即

$$I = I_0\left(\frac{\sin\alpha}{\alpha}\right)^2 \qquad \left(\text{其中 } \alpha = \frac{\pi}{\lambda}a\sin\theta\right) \tag{11-45}$$

式(11-45)中，θ 称为衍射角，$\frac{\sin\alpha}{\alpha}$ 称为单缝衍射因子。下面通过讨论单缝衍射因子来分析单缝衍射的特点。

(1)0 级衍射亮斑的位置。当 $\alpha=0$ 时，$\theta=0$，此时各衍射光线之间无光程差，该位置 P_0 点即为 0 级衍射亮斑的中心，这个衍射亮斑的中心也是几何光学的像点。

(2)其他衍射亮斑的位置。其他衍射亮斑中心的位置由 $\frac{\mathrm{d}}{\mathrm{d}\alpha}\left(\frac{\sin\alpha}{\alpha}\right)^2=0$ 决定，它们是超越方程 $\alpha=\tan\alpha$ 的根。解之可得其他衍射亮斑中心位置对应的 α 值。

(3)暗斑中心的位置。由单缝衍射因子的关系式可知，当 $\alpha\neq0$ 时，在 $\sin\alpha=0$ 的地方，光强 I 有极小值 0，因此，暗斑中心的位置应满足

$$a\sin\theta = k\lambda \qquad k=\pm1,\pm2,\cdots$$

(4)亮斑的角宽度和线宽度。将亮斑的角宽度定义为相邻两个暗斑之间的角距离，在旁轴近似的条件下，由式(11-45)可得第 k 级暗斑中心的位置为

$$\theta \approx \sin\theta = k\frac{\lambda}{a} \quad (k=\pm1,\pm2,\cdots) \tag{11-46}$$

因此，可得两侧其他亮斑的角宽度为

$$\Delta\theta = \theta_k - \theta_{k-1} = k\frac{\lambda}{a} - (k-1)\frac{\lambda}{a} = \frac{\lambda}{a} \tag{11-47}$$

将中央亮斑的角宽度定义为两侧两个第一级暗斑之间的角距离，第一级暗斑的角位置为 $\theta_1 = \pm\frac{\lambda}{a}$，所以中央亮斑的角宽度为

$$\Delta\theta_0 = \frac{2\lambda}{a} \tag{11-48}$$

利用线宽度与角宽度的关系可得到中央亮斑的线宽度 Δx_0 和两侧其他亮斑的线宽度 Δx 分别为

$$\Delta x_0 = \Delta\theta_0 f = \frac{2\lambda f}{a} \tag{11-49}$$

$$\Delta x = \Delta\theta f = \frac{\lambda f}{a} \tag{11-50}$$

由式(11-47)、式(11-48)、式(11-49)和式(11-50)可以得出结论：中央亮斑的角宽度和线宽度均为其他亮斑的 2 倍。不仅如此，中央亮斑的强度比其他亮斑的强度要大得多，即绝大部分的能量集中在中央衍射亮斑内。

11.3.4 圆孔夫琅禾费衍射

1. 圆孔夫琅禾费衍射实验装置

圆孔夫琅禾费衍射实验装置的结构示意图如图 11-14 所示。假设圆孔的半径为 a，圆孔的中心位于坐标原点，采用极坐标代替原来的坐标，则圆孔上任意点的极坐标 (r_1,φ_1) 与直角坐标 (x_1,y_1) 满足以下关系

$$x_1 = r_1\cos\varphi_1, y_1 = r_1\sin\varphi_1 \tag{11-51}$$

同样，在观察平面上任意点的极坐标 (r,φ) 与直角坐标 (x,y) 满足以下关系

$$x = r\cos\varphi, y = r\sin\varphi \tag{11-52}$$

2. 圆孔夫琅禾费衍射的光强分布

在极坐标系下，具有以下变换关系

$$\begin{cases} d\sigma = r_1 dr_1 d\varphi_1 \\ \dfrac{x}{f} = \dfrac{r\cos\varphi}{f} = \theta\cos\varphi \\ \dfrac{y}{f} = \dfrac{r\sin\varphi}{f} = \theta\sin\varphi \end{cases} \tag{11-53}$$

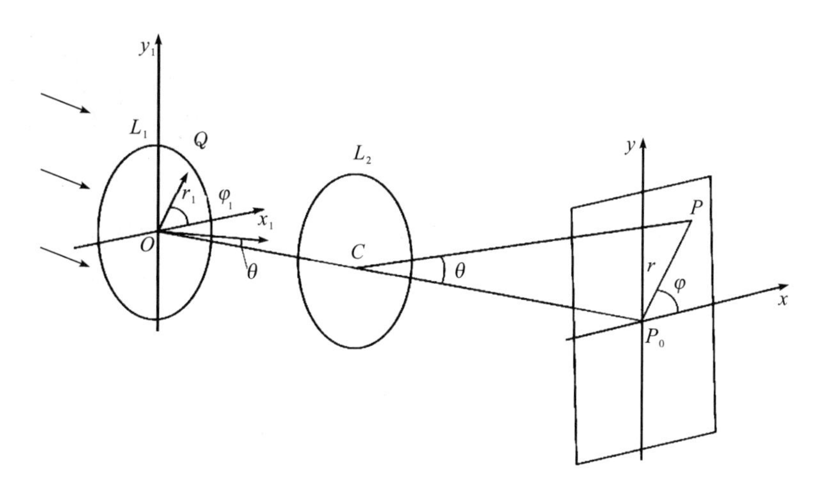

图 11-14　圆孔夫琅禾费衍射实验装置

式(11-53)中,θ 为衍射角,即衍射光线与光轴的夹角。把式(11-53)代入夫琅禾费衍射的光强计算公式(11-30),可得观察屏上任意一点的光强为

$$\begin{aligned}\widetilde{E}(r,\varphi) &= C'\int_0^a\int_0^{2\pi}\exp[-\mathrm{i}k(r_1\theta\cos\varphi_1\cos\varphi + r_1\theta\sin\varphi_1\sin\varphi)r_1\mathrm{d}r_1\mathrm{d}\varphi_1] \\ &= C'\int_0^a\int_0^{2\pi}\exp[-\mathrm{i}kr_1\theta\cos(\varphi_1-\varphi)r_1\mathrm{d}r_1\mathrm{d}\varphi_1]\end{aligned} \tag{11-54}$$

在圆对称的情况下,空间各点的光强与方位角 φ 无关,令 $\varphi=0$,式(11-54)可简化为

$$\widetilde{E}(r,\varphi) = C'\int_0^a\int_0^{2\pi}\exp(-\mathrm{i}kr_1\theta\cos\varphi_1)r_1\mathrm{d}r_1\mathrm{d}\varphi_1 \tag{11-55}$$

根据贝塞尔函数的积分式和递推性质,有

$$I_0(x) = \frac{1}{2\pi}\int_0^{2\pi}\exp(\mathrm{i}x\cos\varphi)\mathrm{d}\varphi \tag{11-56}$$

$$\frac{\mathrm{d}[xJ_1(x)]}{\mathrm{d}x} = xJ_0(x) \tag{11-57}$$

式(11-55)可化简为

$$\widetilde{E}(r,\varphi) = C'\int_0^a\int_0^{2\pi}r_1J_0(kr_1\theta)\mathrm{d}r_1 = \pi C'a^2\frac{2J_1(ka\theta)}{ka\theta} \tag{11-58}$$

相应的光强分布为

$$I = (\pi a^2)^2\mid C'\mid^2\left[\frac{2J_1(ka\theta)}{ka\theta}\right]^2 = I_0\left[\frac{2J_1(Z)}{Z}\right]^2 \tag{11-59}$$

式(11-59)中,$I_0=(\pi a^2)^2|C'|^2$,为观察屏轴上点的光强,$J_1(Z)$ 为一阶贝塞尔函数,$Z=ka\theta$。

3. 圆孔夫琅禾费衍射的特点

观察屏上任意一点的光强与其对应的衍射角 θ 有关。由于 $\theta=\frac{r}{f}$,θ 或 r 相同的位置的光强也相同，圆孔夫琅禾费衍射条纹同心的圆环条纹如图 11-15 所示。

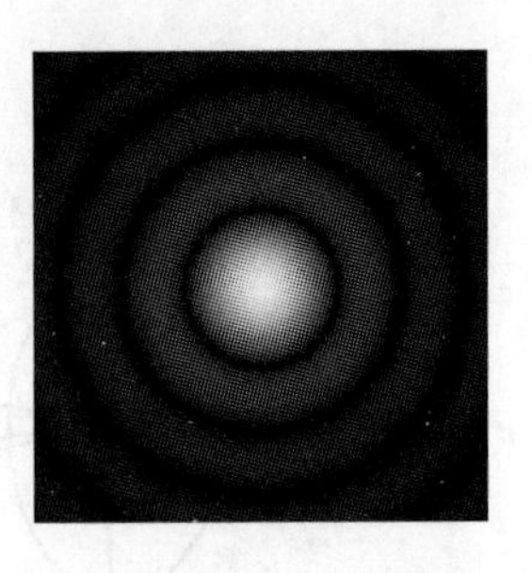

图 11-15 圆孔夫琅禾费衍射条纹同心的圆环条纹

(1)圆孔夫琅禾费衍射光强分布的特点。在 $Z=0$ 处，对应于观察屏上的轴上点，光强有极大值，其值为 $I=I_0$，此级衍射条纹称为中央衍射条纹(或零级衍射条纹)；当 Z 满足 $J_1(Z)=0$ 时，光强有极小值，其值为 $I=0$，与相应 Z 对应的位置为衍射暗环的位置。在两个相邻极小值之间还有一个次极大。

表 11-2 给出了圆孔夫琅禾费衍射前几个亮环和暗环对应的 Z 值和相应的相对强度值。

表 11-2 前几个亮环和暗环对应的 Z 值和相应的相对强度值

极大或极小	Z	$\frac{I}{I_0}$
中央极大	0	1
极小	1.220π	0
次极大	1.635π	0.0175
极小	2.233π	0
次极大	2.679π	0.0042
极小	3.238π	0
次极大	3.699π	0.0016

(2)中央亮斑(艾里斑)。在圆孔夫琅禾费衍射中，衍射条纹之间的距离并不相等，从中央到外面，条纹越来越密；同时，次极大的强度比中央主极大的强度要小得多；由第一暗环所围成的光斑，称为中央亮斑(艾里斑)，其能量占入射光总能量的 84%，艾里斑的半径由第一个光强为 0 的 Z 值决定。

$$Z=ka\theta=ka\frac{r_0}{f}=1.22\pi$$

因此，可得艾里斑的半径为

$$r_0=1.22\frac{\lambda f}{2a}=0.61\frac{\lambda f}{a} \tag{11-60}$$

角半径(第一个极小值位置、透镜中心的连线与光轴的夹角)可表示为

$$\theta_0=\frac{r_0}{f}=\frac{0.61\lambda}{a} \tag{11-61}$$

式(11-60)表明：艾里斑的大小与圆孔半径成反比，与光波波长成正比，即圆孔半径越小，光波波长越长，衍射效应越明显。此结论与前面介绍的矩孔和单缝的衍射类似。

例 11-1　一束平行单色光正入射到一个直径为 1 cm 的会聚透镜上，透镜焦距 $f=50$ cm，光波波长 $\lambda=632.8$ nm。试计算透镜焦面上衍射图样中央亮斑的直径大小。

解　衍射图样中央亮斑的直径为

$$D=2r_0=\frac{1.22\lambda f}{a}=\frac{1.22\times 632.8\times 10^{-7}\times 50}{0.5}\text{cm}=7.72\times 10^{-3}\text{ cm}$$

例 11-2　波长为 500 nm 的单色平行光照射在宽度为 $a=0.025$ mm 的单缝上，以焦距 $f=100$ cm 的会聚透镜将衍射光会聚在焦面上并进行观察，求：

(1)单缝衍射中央亮纹的半宽度；

(2)第一亮纹和第二亮纹到中央亮纹的距离；

(3)第一亮纹和第二亮纹相对于中央亮纹的强度。

解　(1)单缝衍射中央亮纹的角半宽度为

$$\Delta\theta=\frac{\lambda}{a}=\frac{5.0\times 10^{-7}}{2.5\times 10^{-5}}=2\times 10^{-2}(\text{rad})$$

因此，中央亮纹的半宽度为

$$\Delta x'=\Delta\theta f=2\times 10^{-2}\times 1\text{ m}=20\text{ mm}$$

(2)第一亮纹的位置应满足

$$\frac{a\sin\theta}{\lambda}\cdot 2\pi=\pm 1.43\pi$$

所以可得

$$\sin\theta=\frac{\pm 1.43\lambda}{a}=\frac{\pm 1.43\times 5\times 10^{-4}\text{ mm}}{2.5\times 10^{-2}\text{ mm}}=\pm 0.0286$$

由于 θ 很小，因此 $\theta\approx\sin\theta\approx\tan\theta=\pm 0.0286$，第一亮纹到中央亮纹的距离为

$$x_1=f\theta=1000\text{ mm}\times(\pm 0.0286)=\pm 28.6\text{ mm}$$

第二亮纹的位置应满足

$$\frac{a\sin\theta}{\lambda}\cdot 2\pi=\pm 2.46\pi$$

解得

$$\theta\approx\sin\theta=\frac{\pm 2.46\lambda}{a}=\frac{\pm 2.46\times 5\times 10^{-4}\text{mm}}{2.5\times 10^{-2}\text{ mm}}=\pm 0.0492$$

第二亮纹到中央亮纹的距离为

$$x_2=f\theta=1000\text{ mm}\times(\pm 0.0492)=\pm 49.2\text{ mm}$$

(3)假设中央亮纹的强度为 I_0，则第一亮纹相对于中央亮纹的强度为

$$\frac{I_1}{I_0}=\left(\frac{\sin\alpha}{\alpha}\right)^2=\left(\frac{\sin 1.43\pi}{1.43\pi}\right)^2=0.047$$

第二亮纹相对于中央亮纹的强度为

$$\frac{I_2}{I_0}=\left(\frac{\sin\alpha}{\alpha}\right)^2=\left(\frac{\sin 2.46\pi}{2.46\pi}\right)^2=0.016$$

例 11-3 有一宽度 $a=0.6$ mm 的单缝，以焦距 $f=40$ cm 的会聚透镜将衍射光会聚在焦面上并进行观察，如果单色光垂直入射单缝，在距中央明纹中心 $y_k=1.4$ mm 处的 P 点看到一条明条纹，用半波带法求：

(1)入射光的波长 λ；

(2)P 点处明纹的级次；

(3)对应 P 点的狭缝处的波阵面可分成几个半波带？

(4)将缝宽增加 1 倍，P 点将变为什么条纹？

解 (1)单缝衍射明纹的位置应满足

$$y_k=\pm\frac{(2k+1)\lambda f}{2a}\quad (k=1,2,3,\cdots)$$

所以

$$\lambda=\frac{2ay_k}{(2k+1)f}=\frac{2100}{k+0.5}\text{ nm}$$

当 $k=3$ 时，有

$$\lambda_3=\frac{2100}{3+0.5}\text{ nm}=600\text{ nm}$$

当 $k=4$ 时，有

$$\lambda_4=\frac{2100}{4+0.5}\text{ nm}\approx 467\text{ nm}$$

(2)单色光的波长 $\lambda_3=600$ nm 时，P 点处对应的是第三级明纹，单色光的波长 $\lambda_4=467$ nm 时，P 点处对应的是第四级明纹。

(3)当 $k=3$ 时，P 点分成的半波带的个数为：$3\times2+1=7$ 个；当 $k=4$ 时，P 点分成的半波带的个数为：$4\times2+1=9$ 个。

(4)P 点处为亮纹，所以应该满足

$$a\sin\theta\approx a\theta=\pm\frac{(2k+1)}{2}\lambda$$

将缝宽增加 1 倍时，P 点处应满足

$$2a\sin\theta\approx 2a\theta=\pm(2k+1)\lambda$$

此时，P 点处分成了偶数个半波带，所以 P 点变成了暗纹。

11.4 多缝夫琅禾费衍射

11.4.1 多缝夫琅禾费衍射的光强分布

1. 多缝夫琅禾费衍射装置

图 11-16 所示为多缝夫琅禾费衍射装置。图中 S 为单缝，与图面垂直放置，

并且位于透镜 L_1 的焦面上，单色光源 Q 照射到单缝 S 上，此时单缝相当于一个垂直于图面的线光源。衍射屏 G 上开有多个缝宽为 a 和间距为 d 的狭缝(缝的长度远大于宽度)；这种衍射屏能对入射光的振幅进行周期性空间调制，是一种振幅型光栅，d 为光栅常数。观察屏位于透镜 L_2 的像方焦平面。在透镜 L_2 的像方焦平面观察到的是一些平行于单缝 S 的亮暗条纹。

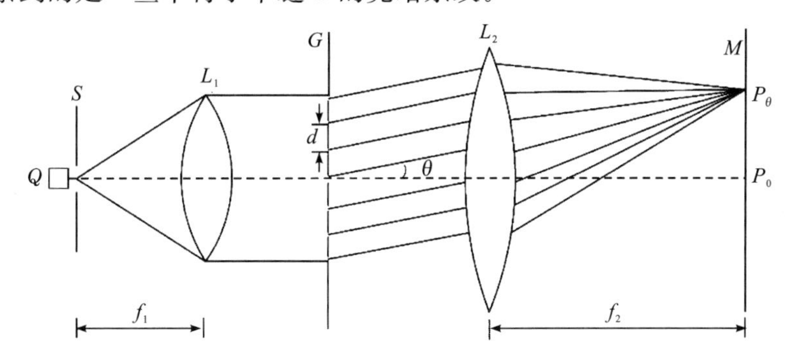

图 11-16　多缝夫琅禾费衍射装置

2. 多缝夫琅禾费衍射的强度分布

假设衍射屏上有 N 条缝，相当于多缝将入射光波前分割成 N 个部分，每个部分成为一个单缝发生单缝夫琅禾费衍射。由于这些单缝衍射场之间是相干的，因此，对所有单缝夫琅禾费衍射的复振幅分布进行相干叠加，就可得到多缝夫琅禾费衍射的复振幅分布。

对于透镜 L_2 焦平面上的任意观察点 P_θ(其衍射角为 θ)，如果最边缘的一个单缝在 P_θ 点产生的复振幅为

$$\widetilde{E}(P_\theta) = A\left(\frac{\sin\alpha}{\alpha}\right) \tag{11-62}$$

相邻单缝在 P_θ 点产生的夫琅禾费衍射的幅值相同，相位差为

$$\delta = \frac{2\pi}{\lambda} d\sin\theta \tag{11-63}$$

因此，多缝在 P_θ 点产生的复振幅是 N 个振幅相同、相邻光束相位差相等的多光束干涉的结果，即

$$\begin{aligned}\widetilde{E}(P_\theta) &= A\left(\frac{\sin\alpha}{\alpha}\right)\{1+\exp(\mathrm{i}\delta)+\exp(\mathrm{i}2\delta)+\cdots+\exp[\mathrm{i}(N-1)\delta]\} \\ &= A\left(\frac{\sin\alpha}{\alpha}\right)\left(\frac{\sin\frac{N}{2}\delta}{\sin\frac{\delta}{2}}\right)\exp\left[\mathrm{i}(N-1)\frac{\delta}{2}\right]\end{aligned} \tag{11-64}$$

所以 P_θ 点的光强为

$$I(P_\theta) = I_0\left(\frac{\sin\alpha}{\alpha}\right)^2\left(\frac{\sin\frac{N}{2}\delta}{\sin\frac{\delta}{2}}\right)^2 \tag{11-65}$$

式(11-65)中，$I_0=A^2$ 为单缝在观察屏中心 P_0 点产生的光强。P_θ 点的光强计算公式中包含以下两个因子：

$$\left.\begin{aligned}&\text{单缝衍射因子：}\left(\frac{\sin\alpha}{\alpha}\right)^2\\&\text{多光束干涉因子：}\left[\frac{\sin\left(\frac{N}{2}\delta\right)}{\sin\left(\frac{\delta}{2}\right)}\right]^2\end{aligned}\right\}\tag{11-66}$$

说明多缝夫琅禾费衍射是单缝衍射和多缝干涉两种效应共同作用的结果。单缝衍射因子取决于单缝本身的性质，而多光束干涉因子则来源于狭缝的周期性排列性质，与单缝本身无关。

11.4.2 多缝夫琅禾费衍射图样的特点

1. 极大值和极小值的位置

(1)极大值。多缝夫琅禾费衍射图样中的亮纹和暗纹的位置与多光束干涉因子和单缝衍射因子的取值有关，从多光束干涉因子可知，当

$$\delta=\frac{2\pi}{\lambda}d\sin\theta=2k\pi\qquad(k=0,\pm1,\pm2,\cdots)$$

即

$$d\sin\theta=k\lambda\tag{11-67}$$

时，多光束干涉因子有极大值，其值为 N^2。光强有极大值，这些极大值称为主极大，k 为主极大的级次，式(11-67)称为光栅方程，该方程表明主极大的位置与缝数 N 无关。

(2)极小值。当$\frac{N\delta}{2}$为 π 的整数倍，而$\frac{\delta}{2}$不是 π 的整数倍时，即满足

$$\frac{\delta}{2}=\left(k+\frac{k'}{N}\right)\pi\quad k=0,\pm1,\pm2,\cdots,k'=1,2,\cdots,N-1$$

即

$$d\sin\theta=\left(k+\frac{k'}{N}\right)\lambda\quad k=0,\pm1,\pm2,\cdots,k'=1,2,\cdots,N-1\tag{11-68}$$

时，多光束干涉因子有极小值，其值为 0，对应的光强有极小值，其值为 0。

(3)次极大、其他零点及主极大的半角宽度。在相邻的两个主极大值之间，k' 有 $N-1$ 个取值，所以相邻的两个主极大值之间有 $N-1$ 个零值。相邻两个零值之间的角距离为

$$\Delta\theta=\frac{\lambda}{Nd\cos\theta}\tag{11-69}$$

同样，主极大与相邻的一个零值之间的角距离的大小也满足式(11-69)，因此 $\Delta\theta$

也称为主极大的半角宽度。从式(11-69)还可以知道，缝数 N 越大，主极大的角宽度越小，在观察屏上的亮纹的宽度也越小，即 N 越大，亮纹更亮、更细。此外，在相邻的两个零值之间还有一个次极大。

2. 多缝夫琅禾费衍射的光强分布曲线

图 11-17 为多缝夫琅禾费衍射的光强分布曲线，缝有 4 个，(a)图为只考虑单缝衍射因子时，光强 I 随 $\sin\theta$ 的变化关系曲线。(b)图为只考虑多缝干涉因子时，光强 I 随 $\sin\theta$ 的变化关系曲线。从图中可以看出，在相邻两个主极大之间有 3 个零点，2 个次极大。(c)图为同时考虑单缝衍射因子和多缝干涉因子时，光强 I 随 $\sin\theta$ 的变化关系曲线。可以发现，各级主极大的强度受到单缝衍射因子的调制，各级主极大的强度可表示为

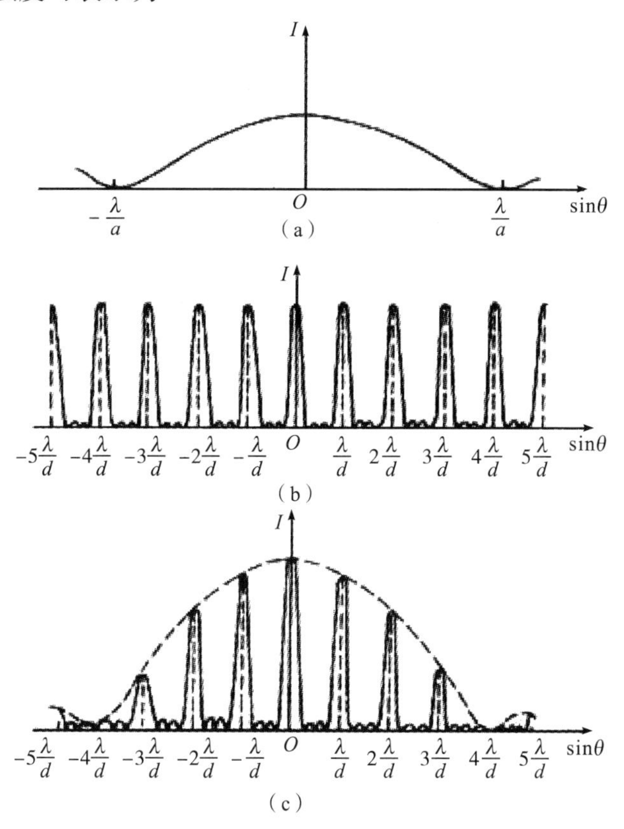

图 11-17　多缝夫琅禾费衍射的光强分布曲线

$$I = N^2 I_0 \left(\frac{\sin\alpha}{\alpha}\right)^2 \tag{11-70}$$

从式(11-70)可以知道，0 级主极大的强度最大，为 $N^2 I_0$，其他各级主极大的强度随着级次的增加而逐渐减小。

3. 最大级次和缺级

(1)最大级次的确定。在式(11-67)中,由于衍射角 θ 的范围是$\left(-\frac{\pi}{2},\frac{\pi}{2}\right)$,因此衍射条纹主极大的最大级次为

$$k_{max}=\frac{d\sin\theta}{\lambda}=\frac{d}{\lambda} \tag{11-71}$$

当 k_{max} 为小数时,能看到的最大级次为取整数的级次;当 k_{max} 正好为整数时,能看到的最大级次为 $k_{max}-1$。

(2)缺级。当衍射角 θ 为某一值时,使多缝干涉因子的某级极大值刚好与单缝衍射因子的某级极小值重合,这级主极大就被调制为零,对应级次的主极大将消失,这一现象称为缺级现象。即某一主极大缺级的话,衍射角应同时满足

$$\begin{cases} d\sin\theta=\pm k\lambda \\ a\sin\theta=\pm n\lambda \end{cases}$$

将 $\sin\theta$ 消去,可得缺级的级次 k 满足

$$k=\left(\frac{d}{a}\right)n \qquad (n=\pm 1,\pm 2,\cdots) \tag{11-72}$$

如图 11-17(c)所示,多缝衍射装置$\frac{d}{a}=4$,所以±4,±8,…缺级。通过以上分析可知,对于多缝夫琅禾费衍射,多光束干涉因子取决于缝间距 d 和缝数 N,缝间距 d 决定了各级主极大的位置;随着缝数 N 的增大,亮纹的角宽度变小,相应地亮纹宽度也变小,即条纹变得更亮、更细。缝宽 a 仅影响光强在各主极大之间的分配。

例 11-4 波长范围为 400～760 nm 的可见平行光垂直入射到光栅常数为 $d=0.002$ mm 的夫琅禾费衍射光栅上,衍射屏上 1 级光谱的线宽度为 50 mm,求会聚透镜的焦距 f。

解 衍射屏上 1 级光谱应满足条件

$$d\sin\theta=k\lambda$$

波长 $\lambda_1=400$ nm 的可见光第 1 级光谱对应的位置为

$$x_1=f\tan\theta_1\approx f\sin\theta_1=f\frac{\lambda_1}{d}$$

波长 $\lambda_2=760$ nm 的可见光第 1 级光谱对应的位置为

$$x_2=f\tan\theta_1'\approx f\sin\theta_1'=f\frac{\lambda_2}{d}$$

$$\Delta x=x_2-x_1=f\frac{\lambda_2-\lambda_1}{d}$$

代入数据可得:$f=277.78$ mm

11.5　衍射光栅

能够对入射光的振幅或相位进行空间周期性调制，或者能够同时对入射光的振幅和相位进行空间周期性调制的光学元件称为衍射光栅。衍射光栅是利用光的衍射原理使光波产生色散的光学元件，通常由大量相互平行、等宽、等间距的狭缝(或刻痕)构成，通过有规律的结构，使入射光的振幅或相位(或二者)同时受到空间调制。

衍射光栅的种类很多，表 11-3 给出了不同分类依据下的一些常见衍射光栅种类。11-4 节介绍的多缝夫琅禾费衍射装置就属于一种振幅型衍射光栅。

表 11-3　不同分类依据下的一些常见衍射光栅种类

分类依据	种类
调制方式	振幅型、相位型
工作方式	透射型、反射型
制作方式	机刻光栅、复制光栅、全息光栅
表面形状	平面光栅、凹面光栅
空间维度	二维平面光栅、三维立体光栅

衍射光栅在光学上是一种非常重要的光学元件，其最重要的应用之一是作为分光元件，光栅光谱仪就是使用光栅作为分光元件的光谱仪。

11.5.1　光栅方程

决定各级主极大位置的公式(11-67)称为光栅方程，它是设计和应用光栅的基本公式。该式成立的条件是正入射。下面来讨论更普遍的斜入射情形下的光栅方程。

假设平行光束以入射角 i 斜入射到透射光栅上，讨论两种情况下观察屏上主极大位置应满足的条件。第一种情况是衍射光与入射光都处于光栅法线的同侧，如图 11-18(a)所示；第二种情况是衍射光与入射光分别处于光栅法线的两侧，如图 11-18(b)所示。到达观察屏上的相邻两支光束的光程差为

$$\Delta = d\sin i \pm d\sin\theta$$

因此，可以得到光栅方程的普遍形式为

$$d\sin i \pm d\sin\theta = \pm k\lambda \quad (k = 0, \pm 1, \pm 2, \cdots) \tag{11-73}$$

入射光与衍射光在法线的同侧时取正号，在法线的两侧时取负号。可以证明式(11-73)对于反射光栅一样适用。

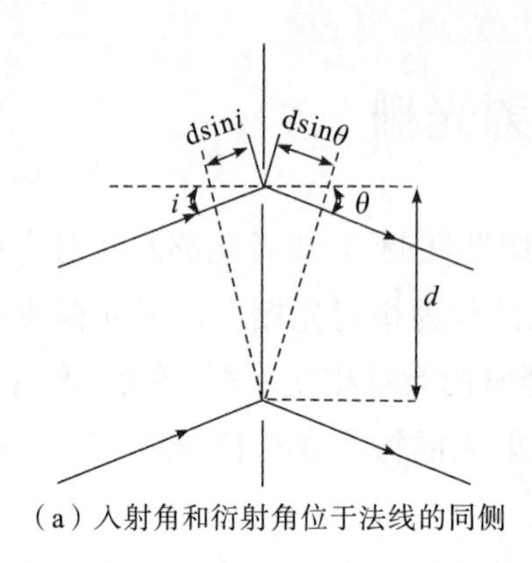

（a）入射角和衍射角位于法线的同侧

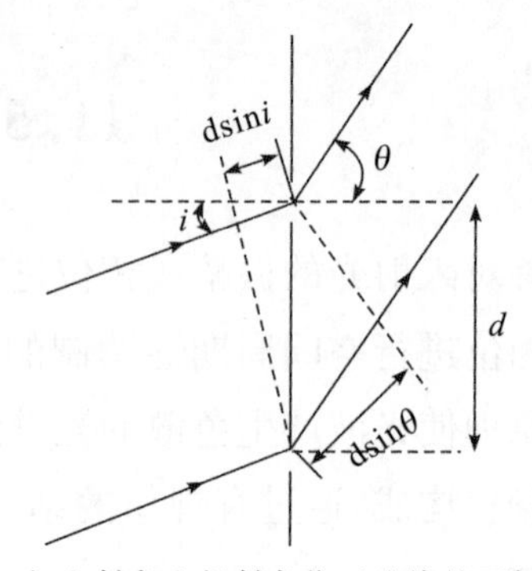

（b）入射角和衍射角位于法线的两侧

图 11-18 光束斜入射到透射光栅上发生的衍射

11.5.2 光栅的色散

由光栅方程式(11-73)可知，除零级主极大以外，对于同一级主极大(k 相同)，不同波长的光波的衍射角 θ 不同，这种现象称为光栅的色散。光栅的色散用角色散和线色散来表示。光栅的角色散是指相差单位波长的两条谱线通过光栅分开的角度。由光栅方程式(11-73)两边微分可得到

$$\frac{\mathrm{d}\theta}{\mathrm{d}\lambda}=\frac{k}{d\cos\theta} \tag{11-74}$$

式(11-74)表明：光栅的角色散与级次 k 成正比，与光栅常数 d 成反比。

光栅的线色散是指相差单位波长的两条谱线在观察屏上分开的距离。假设透镜的焦距为 f，则光栅的线色散为

$$\frac{\mathrm{d}l}{\mathrm{d}\lambda}=f\frac{\mathrm{d}\theta}{\mathrm{d}\lambda}=f\frac{k}{d\cos\theta} \tag{11-75}$$

角色散和线色散是光谱仪的一个很重要的质量指标，光谱仪的色散越大，就越容易将两条靠近的谱线分开。一般光栅常数 d 很小(每毫米有几百条甚至上千条缝)，所以光栅具有很强的色散能力。这一特点使光栅成为一种优良的光谱仪器。

11.5.3 光栅的色分辨本领

光栅的色分辨本领是指光栅分辨两个很靠近的谱线的能力。虽然光栅有很强的色散能力，但也不一定可以分辨两条任意靠近的光谱线。按照瑞利判据，如果一条光谱线的强度极大值和另一条光谱线的强度极大值靠近的极小值重合，两条谱线就刚好能够分辨。如图 11-19 所示，此时，这两条谱线的波长差 $\Delta\lambda=\lambda_2-\lambda_1$ 就是光栅所能分辨的最小波长差，将光栅的色分辨本领定义为

$$A=\frac{\lambda}{\Delta\lambda} \tag{11-76}$$

由前面的结论可知，光栅光谱线的半角宽度为

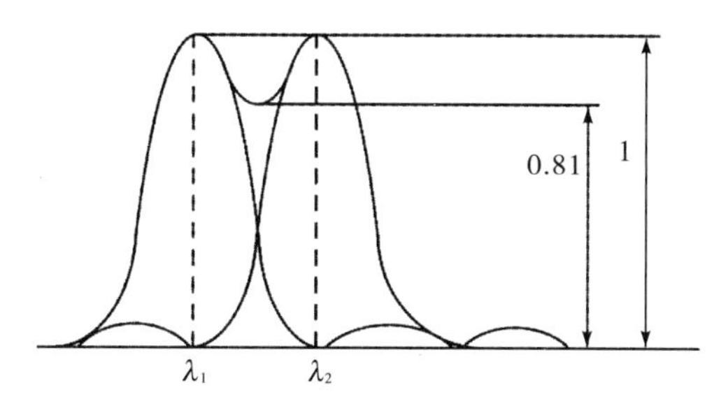

图 11-19　光栅的色分辨本领

$$\Delta\theta=\frac{\lambda}{Nd\cos\theta}$$

利用式(11-74)可得,与角距离 $\Delta\theta$ 对应的波长差为

$$\Delta\lambda=\left(\frac{\mathrm{d}\lambda}{\mathrm{d}\theta}\right)\Delta\theta=\frac{d\cos\theta}{k}\cdot\frac{\lambda}{Nd\cos\theta}=\frac{\lambda}{kN}$$

因此,光栅的色分辨本领为

$$A=\frac{\lambda}{\Delta\lambda}=kN \tag{11-77}$$

式(11-77)表明:光栅的色分辨本领与光谱级数 k 和光栅缝数 N 成正比,与光栅常数 d 无关。

对于光栅来讲,光谱级次受到$\frac{d}{\lambda}$的限制,最高级次一般不是很大,但光栅缝数 N 很大,所以光栅的分辨本领很高。

11.5.4　光栅的自由光谱范围

图 11-20 为白光通过光栅的光栅光谱。由光栅方程可知,七种单色光的第零级亮纹的位置相同,合成以后仍然是白色,从第二级光谱开始,发生了相邻光谱的重叠现象。

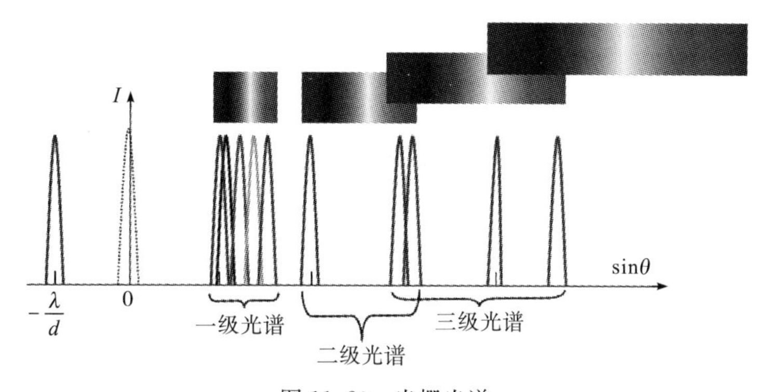

图 11-20　光栅光谱

将光栅的自由光谱范围定义为光栅的光谱不重叠区。如果波长 λ 的第 $k+1$ 级谱线和波长 $\lambda+\Delta\lambda$ 的第 k 级谱线正好重叠,那么波长从 λ 到 $\lambda+\Delta\lambda$ 范围内的不

同级谱线不会重叠，$\Delta\lambda$ 称为光栅的自由光谱范围，其大小可由 $(k+1)\lambda=k(\lambda+\Delta\lambda)$ 得到，即

$$\Delta\lambda=\frac{\lambda}{k} \tag{11-78}$$

一般情况下，光栅的使用级次 k 很小，所以其自由光谱区 $\Delta\lambda$ 较 F-P 标准具大许多，即光栅光谱仪的波长测量范围比 F-P 标准具大许多。

11.6 光学成像系统的衍射和分辨率

11.6.1 光学成像系统的衍射

在几何光学中，理想光学系统可以对物体成完善像，即一个点物经过理想光学系统后，得到的是一个完善的点像。但实际的光学系统都有一定的通光口径 D，当以平行光入射时(相当于点光源在无穷远处)，照射通光口径 D，在透镜的焦平面上观察到的实际上是夫琅禾费衍射像斑(艾里斑)，艾里斑的半径可以由式(11-60)进行计算。

当然，对于一个成像光学系统，更普遍的情况是对近处的物体(物点)成像，如图 11-21 所示。一个光学系统由一个透镜和光孔组成(光孔是孔径光阑)，光学系统对点物 S 成像，如果系统不存在衍射效应和像差，S' 是点像。可以用波动光学来解释这一过程，成像的过程就是成像系统 L 将点物 S 所发出的发散球面光波变为会聚于 S' 的会聚球面波，由于孔径光阑 D 的存在，将对会聚球面波起到一种限制作用，使得光学系统所成的像 S' 是会聚球面波在孔径光阑上的衍射斑。所以说，成像系统不管是对无穷远处的点物成像，还是对近处的点物成像，得到的都是点物的夫琅禾费衍射像。

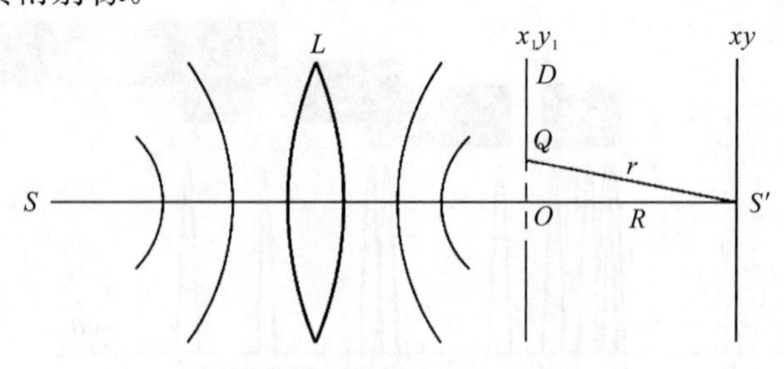

图 11-21 对近处的物点成像

11.6.2 光学成像系统的分辨率

1. 概述

光学成像系统的分辨率是指它所能分辨开两个靠近点物或物体细节的能力。

根据瑞利判据，两个强度相等的不相干的点物，一个点物的衍射像的主极大刚好与另一个点物的衍射像的第一极小相重合，如图 11-22(b)所示。这两个点物正好能被光学仪器所分辨，此时两个点物对成像光学系统的张角为 α，点物的衍射斑的角半径为 θ_0，当 $\alpha>\theta_0$ 时，成像光学系统对这两个点物能够分辨；当 $\alpha<\theta_0$ 时，成像光学系统不能分辨这两个点物。

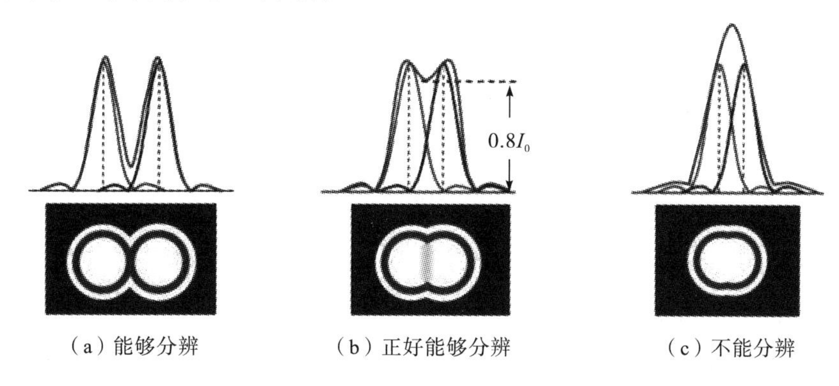

（a）能够分辨　（b）正好能够分辨　（c）不能分辨

图 11-22　两个点物的衍射像的分辨率

2. 望远镜的分辨率

望远镜通常用于观察远处的物体，假设望远镜物镜的通光孔径为 D，则利用望远镜观察远处物体时，点物所成像的艾里斑角半径为 θ_0。根据瑞利判据，刚好能被望远镜所分辨的点物对望远镜物镜的张角为

$$\alpha=\theta_0=1.22\frac{\lambda}{D} \tag{11-79}$$

式(11-79)是望远镜的分辨率公式，该式表明：增大望远镜的直径 D 可以提高望远镜的分辨本领。在天文应用中，通常将望远镜的孔径做得非常大。世界上最大的光学望远镜的口径达到 8.4 m，位于美国亚利桑那州的格拉汉姆山上；世界最大口径球面射电望远镜是我国的 500 m 口径球面射电望远镜(Five-hundred-meter Aperture Spherical radio Telescope，FAST)，位于我国贵州省黔南布依族苗族自治州平塘县，这种望远镜的分辨率非常高，可以探测到整个地球表面仅 10^{-12} W 的功率，也可以探测引力波。

3. 照相物镜的分辨率

照相物镜一般是用于对较远距离的物体成像，即物距比其照相镜头的焦距大得多。由于照相机的像面与照相物镜的焦面大致重合，因此，在像面上能分辨的最靠近的两直线在像面上的距离为

$$\varepsilon=f'\theta_0=1.22f'\frac{\lambda}{D} \tag{11-80}$$

式(11-80)中，f' 为照相物镜的焦距。照相物镜的分辨率是指像面上每毫米能分辨的直线数，通常用 N 表示。

$$N=\frac{1}{\varepsilon}=\frac{1}{1.22\lambda}\frac{D}{f'}=\frac{1}{1.22\lambda}\frac{1}{F} \tag{11-81}$$

若取人眼最敏感的黄光 $\lambda=550$ nm，则 N 可表示为

$$N\approx 1490\frac{D}{f'} \tag{11-82}$$

式(11-81)和式(11-82)中，$\frac{D}{f'}$称为物镜的相对孔径。F 称为 F 数，是相对孔径的倒数。可见，照相物镜的相对孔径越大，则照相物镜的分辨率越高。

4. 显微镜的分辨率

显微镜用于对近处物体成像，成的是放大的像，像面上艾里斑的半径为

$$r_0=1.22\frac{\lambda l'}{D} \tag{11-83}$$

式(11-83)中，D 为物镜的直径，l'为像距。根据瑞利判据，如果两个点物经过光学系统所成的艾里斑中心间距为 $\varepsilon'=r_0$，则此时物面上与艾里斑对应的这两个点物之间的距离 ε 即为物镜的最小分辨率。显微物镜成像时满足阿贝正弦律成像原理，即

$$n\varepsilon\sin u=n'\varepsilon'\sin u' \tag{11-84}$$

式(11-84)中，n 和 n'分别为物方介质和像方介质的折射率。u 和 u'分别为物方孔径角和像方孔径角，物镜的像方折射率为 $n'=1$，对于显微镜，由于 $l'\gg D$，$\sin u'$可近似表示为

$$\sin u'\approx\tan u'\approx u'=\frac{D}{2l'} \tag{11-85}$$

将式(11-85)代入式(11-84)，可得到显微镜物面上能够分辨的两个点物之间的最小距离 ε 为

$$\varepsilon=\frac{0.61\lambda}{n\sin u} \tag{11-86}$$

式(11-86)中，$n\sin u$ 称为物镜的数值孔径，通常用 NA 表示，ε 越小，物镜的分辨率越高。由式(11-86)可知，通过增大物镜的数值孔径 NA 或减小成像光波长 λ 的方法可以提高显微镜的分辨率。增大物镜的数值孔径可以采取两种方法：一是减小物镜焦距 f，从而增大物方孔径角 u；二是采用油浸物镜，以增大物方折射率 n，通过这种方法可以把数值孔径增大到 1.5 左右，相应的分辨率为 $\varepsilon\approx0.4\lambda$。利用减小波长的方法来提高显微镜的分辨率时，由于被观察的物体一般本身不发光，可利用短波长的光照明，因此，可以在显微镜照明设备中加上紫色滤光片。由于电子束波长的数量级比光波波长的数量级小得多，因此，相比光学显微镜，电子显微镜的分辨率要高得多，其最小分辨距离可达几埃。

例 11-5 一台显微镜的数值孔径 $NA=0.85$，试求：

(1)最小分辨距离 ε(照明光波的波长 $\lambda=550$ nm)；

(2)利用油浸物镜使数值孔径增大到 $NA'=1.5$,同时照明光波采用紫光(波长 $\lambda'=400$ nm),求其最小分辨距离 ε'；

(3)为利用(2)中获得的分辨本领,显微镜的放大率应设计成多大?

解　(1)显微镜的最小分辨距离为

$$\varepsilon=\frac{0.61\lambda}{NA}=\frac{0.61\times550\times10^{-9}\ \text{m}}{0.85}=3.9471\times10^{-7}\ \text{m}$$

(2)当采用波长为 400 nm 的光波照明,数值孔径增大到 1.5 时,显微镜的最小分辨距离为

$$\varepsilon'=\frac{0.61\lambda'}{NA'}=\frac{0.61\times400\times10^{-9}}{1.5}\text{m}=1.6267\times10^{-7}\ \text{m}$$

(3)为了充分利用显微镜物镜的分辨本领,显微镜目镜应能把目标放大到眼睛在明视距离处观察时能够分辨的程度。人眼在明视距离处的最小分辨距离为

$$\varepsilon_e=250\times2.9\times10^{-4}\ \text{mm}=7.25\times10^{-2}\ \text{mm}$$

所以显微镜的放大率至少为

$$\Gamma=\frac{\varepsilon_e}{\varepsilon'}=\frac{7.27\times10^{-2}\ \text{mm}}{1.6267\times10^{-4}\ \text{mm}}\approx446$$

习题 11

11-1　波长 $\lambda=500$ nm 的单色光垂直入射到直径为 5 mm 的圆孔,在光轴附近离孔 z 处观察衍射,试问 $z=1$ m 和 $z=20$ m 时,各属于何种衍射?为什么?

11-2　在不透明细丝的夫琅禾费衍射图样中,测得两个第一级暗条纹的间距为 1.5 mm,所用透镜的焦距 $f=60$ mm,光波波长 $\lambda=632.8$ nm,则细丝直径是多少?

11-3　波长为 500 nm 的平行光垂直照射在宽度为 0.050 mm 的单缝上,以焦距为 100 cm 的会聚透镜将衍射光聚焦于焦面上进行观察,求:

(1)衍射图样中央亮纹的半角宽度和线宽度;

(2)第二暗纹和第三暗纹到中央亮纹的距离;

(3)第一亮纹和第二亮纹相对于中央亮纹的强度。

11-4　波长范围为 390～770 nm 的可见平行光垂直入射到光栅常数为0.002的夫琅禾费衍射光栅上,衍射屏上 1 级光谱的线宽度为 50 mm,求会聚透镜的焦距。

11-5　在单缝夫琅禾费衍射实验中,衍射装置作以下变动时,衍射图样会发生怎样的变化?

(1)增大会聚透镜的焦距;

(2)减小会聚透镜的口径;

(3)衍射屏作垂直于光轴的移动(不超出入射光束照明范围)。

11-6　钠黄光包含 589.6 nm 和 589 nm 两种波长,要在光栅的一级光谱中分开这两种波长的

谱线，光栅至少应有多少条缝？

11-7　一台显微镜的数值孔径 $NA=0.9$，假设照明光的波长为 550 nm，试求：

(1)显微镜的最小分辨距离是多少？

(2)利用浸液物镜使数值孔径增大到 1.5，利用紫色滤光片使波长减小为400 nm，其分辨本领提高了多少倍？

(3)若按(2)中获得的分辨本领，则显微镜的放大率至少设计为多大？

11-8　电子显微镜利用电子束成像。假设电子束的波长 $\lambda=10^{-10}$ m，电子显微镜的孔径角 $u=8°$，试求它的最小分辨距离和放大率。

11-9　设计一块光栅，要求满足以下条件：①使波长 $\lambda=600$ nm 的第二级谱线的衍射角 $\theta\leqslant 30°$；②色散尽可能大；③第三级谱线缺级；④在波长 $\lambda=600$ nm 的第二级谱线处能分辨 0.02 nm 的波长差。请确定光栅的参数，在选定光栅的参数后，在透镜的焦面上只可能看到波长 $\lambda=600$ nm 的几条谱线？

11-10　一台望远镜的工作波长为 550 nm，如果用它分辨角距离为 3×10^{-7} rad的两颗星，其物镜直径最小为多少？为充分利用望远镜的分辨率，放大率应设计为多少？（设人眼的最小分辨角为 $1'$）

11-11　成像光波波长 $\lambda=550$ nm，若要使照相机感光胶片能分辨 2 μm 的线距，求：

(1)感光胶片的分辨率至少是每毫米多少线？

(2)照相机镜头的相对孔径 $\frac{D}{f}$ 至少有多大？

11-12　为在一块每毫米 600 条光栅的二级光谱中分辨波长为 632.8 nm 的一束氦氖激光的模结构（两个模之间的频率差为 450 MHz），光栅需要有多宽？

第 12 章　光的偏振

光的电磁理论预言了光是一种电磁波，光的干涉和衍射现象证明了光具有波动性，那光波到底是横波还是纵波呢？由衍射和干涉现象是无法鉴别某种波动是纵波还是横波的。纵波和横波的区别表现在另一类现象上，即偏振现象。光波具有偏振性，其电场强度矢量的方向（又称为光振动方向）与光波传播方向垂直。光的偏振现象和光在各向异性晶体中的双折射现象则进一步从实验上证实了光的横波性。偏振光的应用已遍及农业、文娱、医学、通信、国防等领域，在日常生活和科学研究中都发挥着极其重要的作用，例如，驾驶员戴上偏振太阳镜可以防止马路反射光的炫目，照相机安上偏振镜可以获得不同的像面效果。本章主要讨论和分析与偏振有关的一些实验事实和基本理论，探讨光通过各向异性晶体中出现双折射时的偏振现象。

12.1　偏振光概述

12.1.1　光波的偏振态

在大多数情况下，电磁辐射与物质相互作用时，起主要作用的是电场，因此，我们将电矢量作为光波的振动矢量。电矢量振动方向相对于传播方向的一种空间取向称为偏振，光的这种偏振是横波的特征。在垂直于光传播方向的平面内，电矢量有各种不同的振动状态，该平面内电矢量的具体振动方式称为光的偏振态。根据电矢量振动方式的不同，光的偏振态可分为自然光、完全偏振光（包括线偏振光、圆偏振光和椭圆偏振光）和部分偏振光。

1. 自然光

如果电矢量的振动方向和大小都随时间作无规则的变化，在垂直于光的传播方向的平面上各方向的取向率相同，这种振动方式的光称为自然光。从普通光源（如太阳、照明灯等）发出的光均为自然光。由于自然光是由大量原子、分子自发辐射产生的，因而其振动方向是杂乱无章的。从宏观来看，自然光中包含了所有方向的振动，从统计的角度看，振动对于光的传播方向是对称的，在与传播方向垂直的平面上，无论哪一个方向的振动都不比其他方向更占优势。如图 12-1(a)所示，自然光可以用任意两个互相垂直、振幅相等、独立的光振动（无确定的相位关系）来表示，如图 12-1(b)所示，这两个光矢量的相位是毫无关联的。

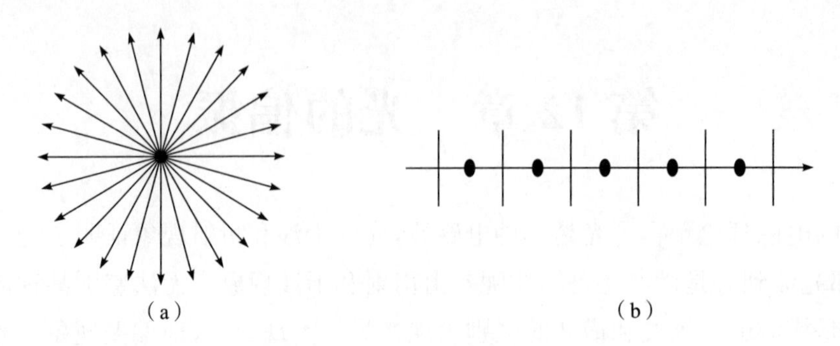
(a) (b)

图 12-1 自然光

2. 完全偏振光

如果电矢量的振动方向随时间作有规律的变化，这种振动方式的光就称为完全偏振光。按电矢量末端在垂直于光的传播方向上的轨迹的不同，可以将完全偏振光分为线偏振光、圆偏振光和椭圆偏振光三种类型。下面来介绍这三种类型的偏振光。

假设在各向同性的均匀介质中有一列沿 $+z$ 轴方向传播的平面光波，由于电矢量的振动方向与光波的传播方向相垂直，电矢量只有 x 和 y 方向的分量，其电矢量可表示为

$$\boldsymbol{E}(z,t)=\boldsymbol{e}_x E_x+\boldsymbol{e}_y E_y \tag{12-1}$$

式(12-1)中，$\boldsymbol{e}_x$ 和 $\boldsymbol{e}_y$ 分别是 x 轴和 y 轴方向上的单位矢量，即完全偏振光可表示为两个频率相同而振动方向相互垂直的单色平面波的合成，E_x 和 E_y 可分别表示为

$$\left.\begin{aligned}E_x&=a_1\cos(\omega t-kz+\varphi_x)\\E_y&=a_2\cos(\omega t-kz+\varphi_y)\end{aligned}\right\} \tag{12-2}$$

将式(12-2)中的时间变量 t 消去，可以得到

$$\frac{E_x^2}{a_1^2}+\frac{E_y^2}{a_2^2}-2\,\frac{E_xE_y}{a_1a_2}\cos\varphi=\sin^2\varphi \tag{12-3}$$

式(12-3)中，$\varphi=\varphi_y-\varphi_x$，为电矢量 $\boldsymbol{E}$ 末端点的 E_y 和 E_x 的初相位差。一般来说，这是一个椭圆方程式，表示在垂直于光传播方向的平面上，合振动矢量末端的运动轨迹为一椭圆，且该椭圆内接于边长为 $2a_1$ 和 $2a_2$ 的长方形，如图 12-2 所示，这种振动方式的光称为椭圆偏振光。

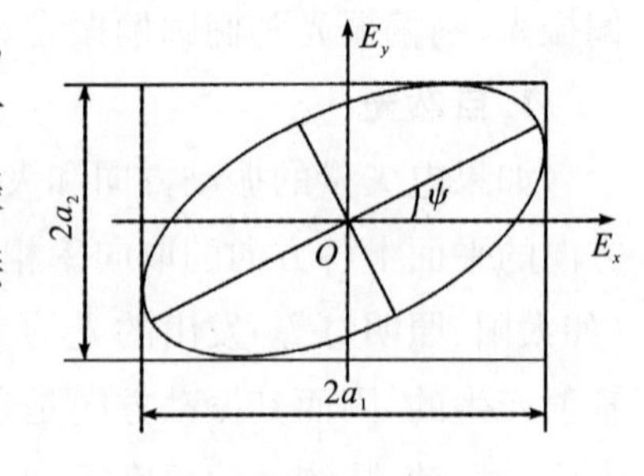

图 12-2 椭圆偏振光

可以证明，椭圆长轴与 x 轴的夹角 ψ 满足

$$\tan 2\psi=\frac{2a_1a_2}{a_1^2-a_2}\cos\varphi \tag{12-4}$$

式(12-3)也表明该椭圆的旋转方向及长轴、短轴方位与 E_y 和 E_x 的初相位差

φ有关。

(1)当 $\varphi=m\pi$,m 为整数时,代入椭圆方程式(12-3),可得

$$\frac{E_y}{E_x}=(-1)^m\frac{a_2}{a_1} \tag{12-5}$$

即椭圆的矢量末端运动轨迹退化为一条直线,表示合成光波是线偏振光。电矢量的振动方向在传播过程中始终保持不变,但是其大小随相位改变,线偏振光的电矢量振动方向与传播方向组成的面称为振动面。其表示方法如图 12-3 所示,图 12-3(a)表示线偏振光的振动面垂直于纸面;图 12-3(b)表示线偏振光的振动面平行于纸面。

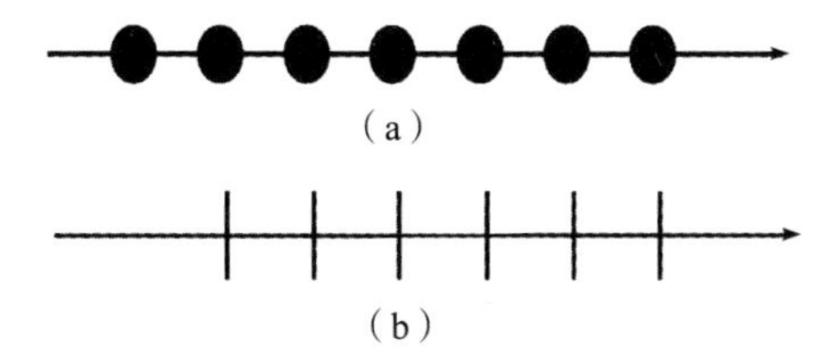

图 12-3　线偏振光的表示

(2)当 $\varphi=\frac{m\pi}{2}$,m 为奇数时,代入椭圆方程式(12-3),可得

$$\frac{E_x^2}{a_1^2}+\frac{E_y^2}{a_2^2}=1 \tag{12-6}$$

式(12-6)是一个正椭圆方程,表示椭圆的长轴、短轴在两个垂直方向 x 轴和 y 轴上。

(3)除了满足(2)的条件外,如果电场矢量分量 E_y 和 E_x 的振幅相等,即 $a_1=a_2$ 时,式(12-6)可表示为

$$E_x^2+E_y^2=a_1^2=a_2^2 \tag{12-7}$$

式(12-7)是一个圆方程,即椭圆的矢量末端运动轨迹退化为圆,表示合成光波是圆偏振光。

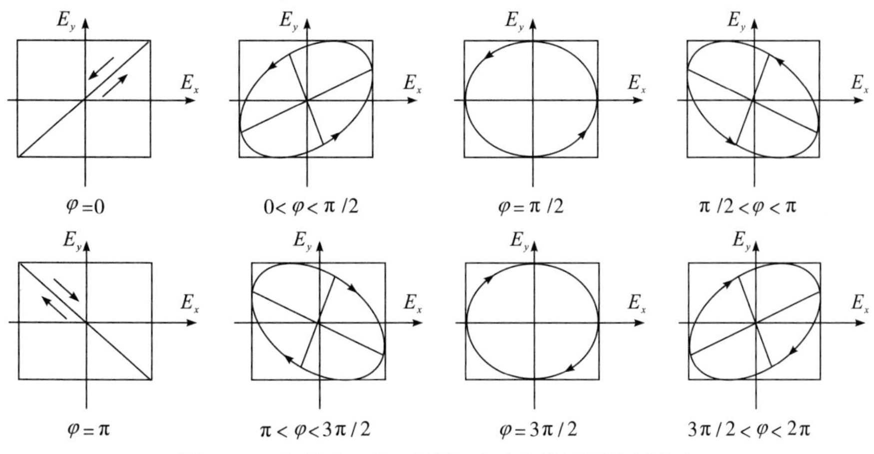

图 12-4　相位差 φ 取不同值时对应的椭圆偏振状态

椭圆偏振光和圆偏振光分为左旋和右旋两种情况，如果逆着光的传播方向观察，电场强度矢量随时间 t 的变化而顺时针旋转时，为右旋偏振光；反之，电场强度矢量随时间 t 的变化而逆时针旋转时，为左旋偏振光。由式(12-3)可知：左旋还是右旋取决于电场强度矢量 E_y 和 E_x 的初相位差 φ。图 12-4 给出了 φ 取不同值时对应的椭圆偏振状态。

从图 12-4 可以知道，当 $0<\varphi<\pi$ 时，为右旋偏振光；当 $\pi<\varphi<2\pi$ 时，为左旋偏振光。这一条件的等价条件是：$\sin\varphi>0$ 对应右旋偏振光，$\sin\varphi<0$ 对应左旋偏振光。

3. 部分偏振光和偏振度

除了自然光和完全偏振光之外，还有一种偏振状态介于两者之间的光。在垂直于光传播方向的平面上，包含各种振动方向的电矢量，但不同方向上的振幅不相等，在两个互相垂直的方向上振幅具有最大值和最小值，如图 12-5 所示，这种光称为部分偏振光。自然界中，我们看到的许多光都是部分偏振光，如仰头看到的“天光”和自然光经过物体表面反射的光都是部分偏振光。部分偏振光可以分解为两束振动方向相互垂直、振幅不相等、不相干的线偏振光。

部分偏振光可以看成是线偏振光和自然光混合而成的。为了表征光波的偏振特性，我们可以引入偏振度 P。将偏振度定义为在部分偏振光的总强度中，线偏振光所占的比例。假设部分偏振光中某个方向上的电矢量振动占优势，其强度最大，用 $I_{\max}$ 表示；在与该方向垂直的方向上电矢量振动占劣势，其强度最小，用 $I_{\min}$ 表示，那么部分偏振光中线偏振光的强度 I_{p} 为

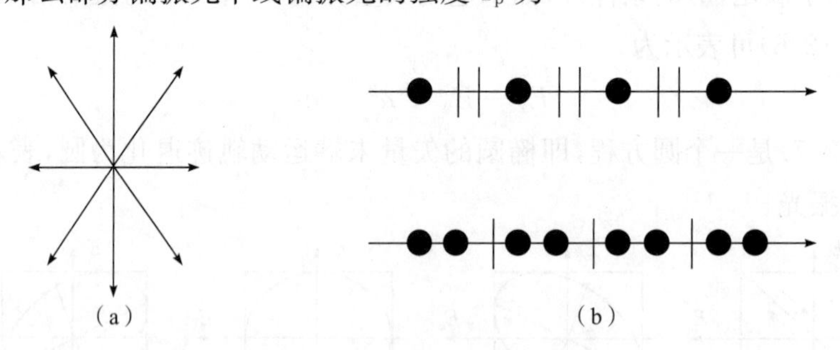

图 12-5　部分偏振光及其表示法

$$I_{\mathrm{p}} = I_{\max} - I_{\min} \tag{12-8}$$

假设部分偏振光中自然光的强度为 I_{n}，则部分偏振光的偏振度 P 为

$$P = \frac{I_{\mathrm{p}}}{I_{\mathrm{p}} + I_{\mathrm{n}}} = \frac{I_{\max} - I_{\min}}{I_{\max} + I_{\min}} \tag{12-9}$$

显然，自然光的偏振度 $P=0$，完全线偏振光的偏振度 $P=1$，部分偏振光的偏振度 $0<P<1$，偏振度越接近于 1，光的偏振程度越高。

12.1.2　偏振态的琼斯矢量表示

描述相干光波的偏振态可以采用琼斯矢量法，设在垂直于光的传播方向上(xy 平面)偏振光波 $\boldsymbol{E}$ 的两个正交分量的复振幅为

$$\left.\begin{aligned}\widetilde{E}_x &= A_1 e^{i\varphi_x}\\ \widetilde{E}_y &= A_2 e^{i\varphi_y}\end{aligned}\right\} \tag{12-10}$$

用一个列矩阵来表示偏振光为

$$\boldsymbol{E} = \begin{bmatrix}\widetilde{E}_x\\ \widetilde{E}_y\end{bmatrix} = \begin{bmatrix}A_1 e^{i\varphi_x}\\ A_2 e^{i\varphi_y}\end{bmatrix} = A_1 e^{i\varphi_x}\begin{bmatrix}1\\ \dfrac{A_2}{A_1}e^{i(\varphi_y-\varphi_x)}\end{bmatrix} \tag{12-11}$$

式(12-11)中表示的这个矩阵通常称为琼斯矢量，它表示一般的椭圆偏振光。

我们知道，偏振光的强度是它的两个分量的强度之和，即

$$I = |\widetilde{E}_x|^2 + |\widetilde{E}_y|^2 = A_1^2 + A_2^2$$

通常我们研究的是光强度的相对变化，因此，需要对琼斯矢量进行归一化，因为偏振态的形状、位置及旋向仅取决于两分量的振幅比和相位差，振幅比和相位差分别为

$$\left.\begin{aligned}&\text{振幅比：}A = \frac{A_2}{A_1}\\ &\text{相位差：}\varphi = \varphi_y - \varphi_x\end{aligned}\right\} \tag{12-12}$$

归一化后的琼斯矢量可以写为

$$\boldsymbol{E} = \frac{A_1 e^{i\varphi_x}}{\sqrt{A_1^2 + A_2^2}}\begin{bmatrix}1\\ Ae^{i\varphi}\end{bmatrix} \tag{12-13}$$

下面来分析几种偏振光的琼斯矢量表示方法。

(1)电矢量与 x 轴成 θ 角，振幅为 A 的线偏振光

$$\widetilde{E}_x = A\cos\theta, \widetilde{E}_y = iA\sin\theta, \ |\widetilde{E}_x|^2 + |\widetilde{E}_y|^2 = A^2$$

归一化的琼斯矢量可以写为

$$\boldsymbol{E} = \frac{1}{A}\begin{bmatrix}A\cos\theta\\ A\sin\theta\end{bmatrix} = \begin{bmatrix}\cos\theta\\ \sin\theta\end{bmatrix}$$

(2)长轴沿 x 轴，长短轴之比为 3∶1 的右旋正椭圆偏振光

$$\widetilde{E}_x = 3A, \widetilde{E}_y = Ae^{-i\frac{\pi}{2}}, \ |\widetilde{E}_x| + |\widetilde{E}_y| = 10A^2$$

归一化的琼斯矢量可以写为

$$\boldsymbol{E} = \frac{1}{\sqrt{10}A}\begin{bmatrix}3A\\ Ae^{-i\frac{\pi}{2}}\end{bmatrix} = \frac{1}{\sqrt{10}}\begin{bmatrix}3\\ -i\end{bmatrix} = \frac{3}{\sqrt{10}}\begin{bmatrix}1\\ -\dfrac{i}{3}\end{bmatrix}$$

如果是长轴沿 x 轴，长短轴之比为 3∶1 的左旋正椭圆偏振光，则归一化的琼斯矢量可以写为

$$\boldsymbol{E}=\frac{1}{\sqrt{10}A}\begin{bmatrix}3A\\Ae^{i\frac{\pi}{2}}\end{bmatrix}=\frac{1}{\sqrt{10}}\begin{bmatrix}3\\i\end{bmatrix}=\frac{3}{\sqrt{10}}\begin{bmatrix}1\\\frac{i}{3}\end{bmatrix}$$

利用同样的方法可以求出其他偏振态的琼斯矢量。表 12-1 给出了线偏振光和圆偏振光的归一化琼斯矢量。

表 12-1　线偏振光和圆偏振光的归一化琼斯矢量

偏振态		归一化琼斯矢量
线偏振光	电矢量沿 y 轴	$\begin{bmatrix}0\\1\end{bmatrix}$
	电矢量沿 x 轴	$\begin{bmatrix}1\\0\end{bmatrix}$
	电矢量与 x 轴成 ±45°角	$\frac{1}{\sqrt{2}}\begin{bmatrix}1\\\pm1\end{bmatrix}$
	电矢量与 x 轴成 ±θ 角	$\begin{bmatrix}\cos\theta\\\pm\sin\theta\end{bmatrix}$
圆偏振光	右旋	$\frac{1}{\sqrt{2}}\begin{bmatrix}1\\-i\end{bmatrix}$
	左旋	$\frac{1}{\sqrt{2}}\begin{bmatrix}1\\i\end{bmatrix}$

通过简单的矩阵运算，可以较方便地求出若干个偏振光叠加后的新的偏振态。如一对振幅相等的右旋圆偏振光和左旋偏振光叠加，合成光波的琼斯矢量可表示为

$$\boldsymbol{E}=\frac{1}{\sqrt{2}}\begin{bmatrix}1\\i\end{bmatrix}+\frac{1}{\sqrt{2}}\begin{bmatrix}1\\-i\end{bmatrix}=\sqrt{2}\begin{bmatrix}1\\0\end{bmatrix}$$

由合成光波的琼斯矢量可知：一对振幅相等的右旋圆偏振光和左旋圆偏振光叠加的合成光波为线偏振光，或者说，线偏振光可分解为一对振幅相等的右旋圆偏振光和左旋圆偏振光。

12.1.3　线偏振光的产生

一般光源发出的光不是线偏振光，要获得线偏振光，需要采取一定的途径或方法。利用自然光产生线偏振光的方法主要有以下几种：①利用透明介质的反射和折射产生线偏振光；②利用晶体的二向色性产生线偏振光；③利用双折射晶体产生线偏振光。

1. 利用透明介质的反射和折射产生线偏振光

当自然光照射到透明介质(如玻璃、水等)表面时,将同时发生反射和折射,反射光和折射光均为部分偏振光。如图 12-6(a)所示,当自然光从折射率为 n_1 的介质以入射角 i 照射到折射率为 n_2 的介质表面时,其折射角为 r。改变入射角 i 的大小可以找到一个特定的入射角 i_0,此时反射光线与折射光线恰好垂直,反射光成为线偏振光,其振动面垂直于入射面,透射光为部分线偏振光,如图 12-6(b)所示。

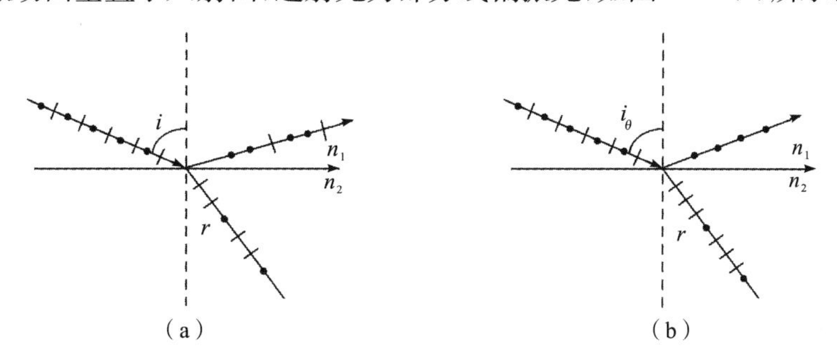

图 12-6　布儒斯特定律

因为当反射光为线偏振光时,反射光线与折射光线垂直,所以入射角 i_0 和折射角 r 应满足

$$i_0 + r = 90^\circ \tag{12-14}$$

在两种介质的分界面上,利用折射定律得

$$\frac{\sin i_0}{\sin r} = \frac{\sin i_0}{\sin\left(\frac{\pi}{2} - i_0\right)} = \frac{\sin i_0}{\cos i_0} = \frac{n_2}{n_1}$$

即

$$\tan i_0 = \frac{n_2}{n_1} \text{ 或 } i_0 = \arctan\frac{n_2}{n_1} \tag{12-15}$$

1812 年,布儒斯特发现了上述规律,因此称为布儒斯特定律。式(12-15)所决定的入射角 i_0 称为布儒斯特角或起偏角,通常也用 i_B 表示。

一般情况下,只用一片玻璃通过反射和折射就可以获得线偏振光,但是以布儒斯特角入射时,反射光虽然是线偏振光,但强度太小;透射光强度虽大,但偏振度又太小。为解决这个矛盾,可以采用由多片玻璃叠合而成的“玻璃片堆”,光在各界面上的入射角都为布儒斯特角,这样每一次反射都能使透射光中的垂直振动被削弱。当玻璃片足够多时,最后的出射光为振动方向平行于入射面的线偏振光,如图 12-7 所示。

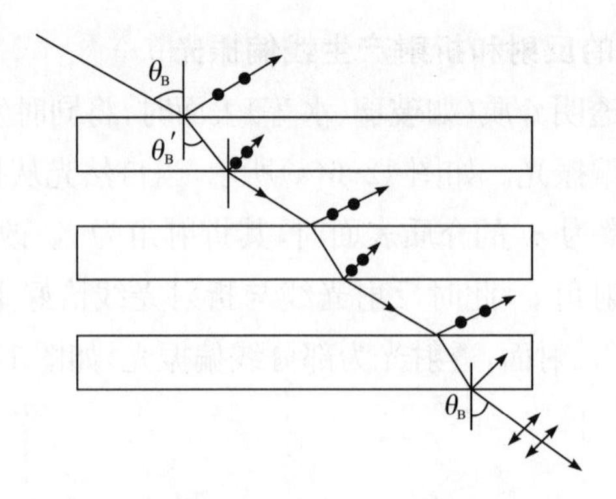

图 12-7　利用“玻璃片堆”产生线偏振光

利用反射和折射产生线偏振光的原理，可以制成偏振分光镜，图 12-8 所示为偏振分光镜的结构示意图。将一立方棱镜（如折射率 $n_3=1.55$）沿对角面切开，在两个切面上依次镀上高折射率（如 ZnS）的膜层和低折射率（如 MgF_2）的膜层，再胶合成立方棱镜。当自然光以 45°角入射到偏振分光镜上时，经偏振分光镜的多层膜后，可以得到振动方向相互垂直的两束线偏振光。为了获取光束的最大偏振度，必须合理选取玻璃棱镜的折射率和膜层的材料、厚度及层数，并使光线在相邻膜层界面上的入射角等于布儒斯特角，膜层厚度的选择应使膜层上、下表面反射光满足干涉相长的条件。

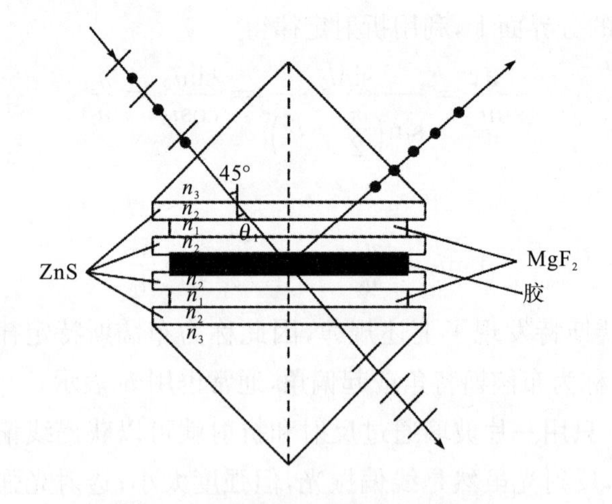

图 12-8　偏振分光镜的结构示意图

2. 利用晶体的二向色性产生线偏振光

某些各向异性晶体对不同振动方向的偏振光的吸收系数不同，这种特性称为晶体的二向色性。晶体的二向色性还与波长有关，即对波长具有选择吸收的特性，所以白光通过晶体后将呈现不同的颜色。在天然晶体中，电气石的二向色性非常强，当自然光入射时，1 mm 厚的电气石几乎全部吸收掉某一个方向振动的光，而振动方向与该方向垂直的光吸收较少，因此，透射光成为线偏振光，并且由于选择吸收，而使透射光呈蓝色。

此外，一些各向同性介质在受到外界作用下也会产生各向异性，并具有二向色性。利用这一特性制作的获取偏振光的器件称为人造偏振片。常用的人造偏振片有 H 型和 K 型两种。H 型人造偏振片的制作过程为：先把聚乙烯醇薄膜浸泡在碘溶液中形成碘链，然后在较高温度下拉伸 4～5 倍，最后烘干制成。拉伸是为了使碘-聚乙烯醇分子形成的碘链在拉伸方向上形成一条条规则排列的导电的长碘链。当光入射时，由于碘中的传导电子能够沿着长链方向运动，因此，入射光波中平行于长链方向的电场分量驱动链中电子，对电子做功而被强烈吸收；而垂直于长链方向的电场分量对电子不做功而透过，因此，透射光成为了线偏振光，其振动方向垂直于长链方向。H 型人造偏振片在整个可见光范围内偏振度很高，可达 98%。其缺点是透明度低，即使自然光在最佳波段上入射，最大透射比也只有 42%，并且对各色可见光有选择吸收。

除了 H 型人造偏振片外，还有一种应用较广的 K 型人造偏振片，它是把拉伸的聚乙烯醇薄膜在氯化氢催化剂中加热脱水并定型制成的。其特点是耐高温，二向色性强，光化学性稳定，即使在强光照射下也不会褪色，但膜片略微变黑。与 H 型人造偏振片类似，其缺点是透明度较低。

人造偏振片的面积可以做得很大，厚度很薄，并且造价低廉，因此，尽管透射率较低且随波长变化，但人造偏振片仍获得了广泛的应用。

3. 利用双折射晶体产生线偏振光

自然光在双折射晶体内传播时，会被分解为电矢量互相垂直的两束线偏振光，将其中的一束线偏振光滤去后，就可以得到需要的线偏振光。当前最为重要的偏振器件是利用晶体的双折射制成的。在下面几节中将进一步讨论晶体的双折射特性及晶体偏振器件。

12.1.4　马吕斯定律

一束自然光通过以上偏振器都能产生线偏振光，产生的线偏振光的电矢量的振动方向由偏振器决定，把偏振器允许透过的电矢量的方向称为偏振器的透光轴或偏振化方向。如果把两个偏振器按图 12-9 所示方法放置，其中一个偏振器用来产生线偏振光，我们把这个偏振器叫作起偏器，另一个偏振器用来检验线偏振光，我们把它叫作检偏器。

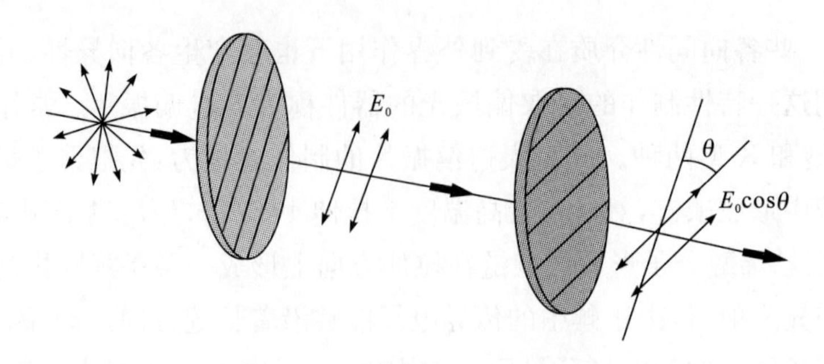

图 12-9　马吕斯定律验证实验装置

当它们相对转动时，透射光强随着两偏振片透光轴的夹角 θ 而变化。当检偏器和起偏器的透光轴夹角为 90°时，透射光强为零。假设通过起偏器产生的线偏振光的振幅为 E_0，则其光强为 $I_0=E_0^2$。线偏振光的振幅 E_0 可以分解为 $E_0\cos\theta$ 和 $E_0\sin\theta$ 两个相互垂直的分量，如图 12-10 所示。其中 $E_0\cos\theta$ 分量平行于检偏器的透光轴，而 $E_0\sin\theta$ 分量则垂直于该透光轴，因此，两个分量中只有 $E_0\cos\theta$ 分量才能通过检偏器，而 $E_0\sin\theta$ 分量被完全吸收，透射光强为

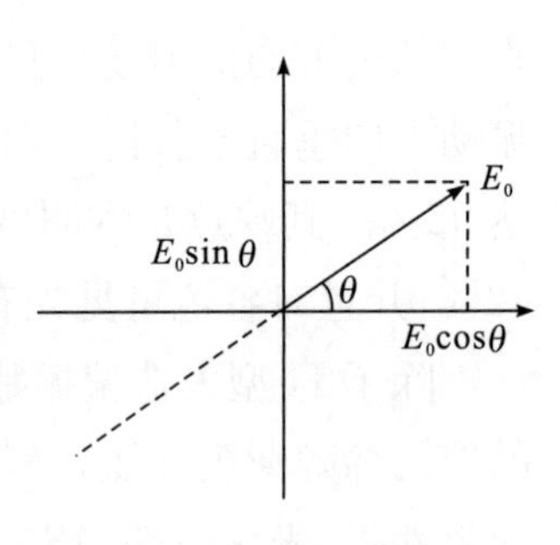

图 12-10　线偏振光的分解

$$I=(E_0\cos\theta)^2=E_0^2\cos^2\theta=I_0\cos^2\theta \tag{12-16}$$

式(12-16)称为马吕斯定律。从马吕斯定律可知，当两偏振器透光轴相互平行时，即 $\theta=0$ 时，透射光强最大，为 $I=I_0$；当两偏振器透光轴相互垂直，即 $\theta=90°$ 时，透射光强最小，为 $I=0$，没有光从检偏器出射，此时检偏器处于消光状态；当两偏振器透光轴之间夹角 $0<\theta<90°$ 时，透射光强介于最大和最小之间。当两偏振器相对转动时，随着两偏振器透光轴之间夹角 θ 的变化，可以连续改变透射光强。因此，图 12-9 所示的实验装置也可用作连续可调的减光装置。

实际的偏振器件往往并不都是理想的，自然光通过起偏器后得到的线偏振光的偏振度接近 1，是偏振度很高的部分偏振光。即两个偏振器的透光轴相互垂直时，透射光强接近零但不为零。当它们相对转动 360°时，得到的最小透射光强与最大透射光强之比称为偏振器的消光比。人造偏振片的消光比约为 10^{-3}。偏振器件透过的最大光强与入射光强之比称为偏振器件的最大透射比。消光比和最大透射比是衡量偏振器件性能的重要参数。消光比越小，最大透射比越大，说明偏振器件的质量越好。

例 12-1　分别写出长轴沿 x 轴，长短轴之比为 2∶1 的右旋椭圆偏振光的归一化琼斯矢量。

解　$\widetilde{E}_x=2A,\widetilde{E}_y=A\mathrm{e}^{-\mathrm{i}\frac{\pi}{2}},|\widetilde{E}_x|^2+|\widetilde{E}_y|^2=5A^2$

所以其归一化琼斯矢量为

$$\boldsymbol{E}=\frac{1}{\sqrt{5A^2}}\begin{bmatrix}2A\\ Ae^{-i\frac{\pi}{2}}\end{bmatrix}=\frac{1}{\sqrt{5}}\begin{bmatrix}2\\ -i\end{bmatrix}=\frac{2}{\sqrt{5}}\begin{bmatrix}1\\ -\frac{1}{2}i\end{bmatrix}$$

例 12-2　一束自然光以 45°角入射到空气和玻璃界面，已知玻璃的折射率 $n=1.5$，求：

(1)反射光的偏振度；

(2)从空气到玻璃界面的布儒斯特角；

(3)以布儒斯特角入射时透射光的偏振度。

解　(1)从空气入射到玻璃时，由折射定律可知

$$\frac{\sin\theta_1}{\sin\theta_2}=\frac{n}{1}$$

解得

$$\theta_2=\arcsin\left(\frac{1}{n}\sin45^\circ\right)=28.13^\circ$$

由菲涅耳公式得

$$r_s=\frac{A'_{1s}}{A_{1s}}=-\frac{\sin(\theta_1-\theta_2)}{\sin(\theta_1+\theta_2)}=-\frac{0.2902}{0.9570}=-0.3032$$

$$r_p=\frac{A'_{1p}}{A_{1p}}=\frac{\tan(\theta_1-\theta_2)}{\tan(\theta_1+\theta_2)}=\frac{0.3033}{3.2976}=0.09198$$

设入射光强为 $I_1=I_{1s}+I_{1p}$，$I_{1s}=I_{1p}$，所以

$$I'_{1s}=\left(\frac{A'_{1s}}{A_{1s}}\right)^2 I_{1s}=0.0920I_{1s}=0.460I_1$$

$$I'_{1p}=\left(\frac{A'_{1p}}{A_{1p}}\right)^2 I_{1p}=8.4603\times10^{-3}I_{1p}=4.2302\times10^{-3}I_1$$

因此，反射光的偏振度为

$$P=\frac{I'_{1s}-I'_{1p}}{I'_{1s}+I'_{1p}}=\frac{0.0417698}{0.0502302}\approx83.16\%$$

(2)由布儒斯特定律得

$$\tan\theta_0=\frac{n}{1}=1.5$$

解得

$$\theta_0=\arctan1.5=56.31^\circ$$

(3)当入射角 $\theta_1=\theta_0=56.31^\circ$时，折射角为

$$\theta_2=\mathrm{arc}\left(\frac{1}{1.5}\times\sin56.31^\circ\right)=33.69^\circ$$

由菲涅耳公式得

$$t_s=\frac{2\cos\theta_1\sin\theta_2}{\sin(\theta_1+\theta_2)}=\frac{2\times0.5547\times0.5547}{1}=0.6154$$

$$t_p = \frac{2\cos\theta_1 \sin\theta_2}{\sin(\theta_1+\theta_2)\cos(\theta_1-\theta_2)} = \frac{2\times 0.5547\times 0.5547}{1\times 0.9231} = 0.6667$$

而透射光的光强为

$I_{2s}=t_s^2 I_{1s}=0.3779I_{1s}$，$I_{2p}=t_p^2 I_{1p}=0.4445I_{1p}$，所以透射光的偏振度为

$$P=\frac{I_{2p}-I_{2s}}{I_{2p}+I_{2s}}=\frac{0.0666}{0.8224}\approx 8.098\%$$

例 12-3　一束光由自然光和线偏振光混合组成，当它通过一偏振片时，发现透射光的强度随偏振片的转动可以变化到 5 倍。求入射光中自然光和线偏振光的强度各占入射光强度的几分之几。

解　设自然光的光强为 I_1，线偏振光的光强为 I_2，依题意得

$$\frac{\frac{I_1}{2}+I_2}{\frac{I_1}{2}} = 5 \Rightarrow I_2 = 2I_1$$

所以入射光中自然光占入射光强度的比例为

$$\frac{I_1}{I_1+I_2} = \frac{1}{3}$$

入射光中线偏振光占入射光强度的比例为

$$\frac{I_2}{I_1+I_2} = \frac{1}{3}$$

12.2　平面光波在各向异性介质中的传播

12.2.1　晶体的双折射

当光入射到各向异性晶体（如方解石晶体）的表面时，可以产生两束不同传播方向的折射光，这种现象称为光的双折射现象。本节以方解石（冰洲石）晶体为例来讨论晶体的双折射现象。

方解石晶体的化学成分为碳酸钙（$CaCO_3$），具有非常显著的双折射效应，天然方解石晶体的外形为平行六面体，如图 12-11 所示。每个表面都形成锐角为 78°、钝角为 102°的菱形。六面体有八个顶角，由三面钝角组成的一对钝顶角称为钝隅。由于方解石晶体具有双折射特性，一束入射光经过方解石晶体后分成两束折射光，因此，利用方解石晶体观察物体时可以看到两个像。

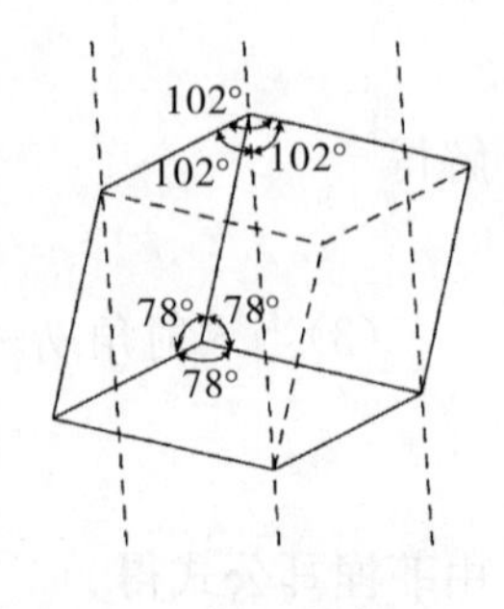

图 12-11　方解石晶体

1. 寻常光线和非常光线

在双折射现象中，总有一束折射光是遵循光的折射定律的，即不论入射光方向如何，其折射光线总是在入射面内，并且折射角的正弦与入射角的正弦之比为一个与两种介质折射率有关的常数，我们把这束光叫作寻常光线或 o 光线。另一束折射光则不同，一般情况下不遵循折射定律，折射光线一般不在入射面内，折射角的正弦与入射角的正弦之比不为常数，我们把这束折射光叫作非常光线或 e 光线。利用图 12-12 所示的实验，可以分别得到一束寻常光线和一束非常光线。自然光垂直于方解石的表面入射，沿原方向穿过方解石的一束光即为 o 光，而在晶体内偏离入射方向(不遵循光的折射定律)的一束光就是 e 光。用检偏器对这两束光的偏振态进行检验，发现均为线偏振光。

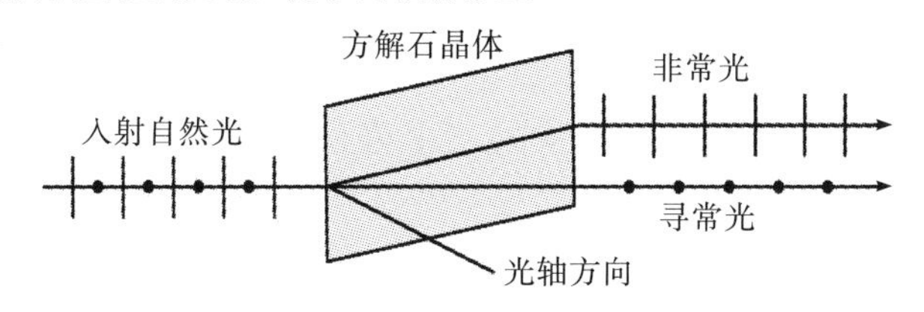

图 12-12　方解石晶体的双折射现象

2. 晶体光轴、主平面和主截面

在晶体中存在一个特殊方向，当光沿着此方向在晶体中传播时，不发生双折射现象，这一特殊方向称为晶体的光轴。显然，在晶体中与此方向平行的任何直线都是晶体的光轴。当方解石晶体各棱的长相等时，相对的两个钝隅的连线为光轴的方向(如图 12-11 中的虚线)。当光沿着方解石晶体的光轴方向传播时，o 光和 e 光的传播方向相同，均满足折射定律，不发生双折射现象。

通常把晶体中光线的传播方向与光轴组成的平面称为该光线的主平面。光轴与晶面法线组成的面为晶体的主截面。当光线在主截面内入射，即入射面与主截面重合时，o 光和 e 光都在该平面内传播，此时 o 光和 e 光有共同的主平面。多数情况下，o 光和 e 光的主平面是不重合的。实际应用时，都有意选择入射面和主截面重合。

12.2.2　晶体的各向异性与介电张量

1. 晶体的各向异性

光在晶体中传播时，之所以会产生双折射现象，是因为晶体在光学上具有各向异性的特征。即不同方向的光振动，在晶体中的传播速度或折射率都不同。其本质是晶体物质与光波电磁场相互作用，导致晶体在光学上具有各向异性的特征。应该说明的是，一些非晶物质的分子、原子的排列虽然也具有不对称性，但由于它们在物质中的无序排列，使得宏观上体现各向同性，它们的分子、原子在外界场(电场或磁场)作用下会出现规则排列,而呈现各向异性。

2. 晶体的介电张量

麦克斯韦方程组和物质方程是晶体光学的理论基础,对于各向同性物质,电位移矢量 $\boldsymbol{D}$ 和电场强度 $\boldsymbol{E}$ 满足以下关系:

$$\boldsymbol{D}=\varepsilon\boldsymbol{E}=\varepsilon_0\varepsilon_r\boldsymbol{E}$$

式中,ε,ε_0 为标量常数,分别为介质和真空中的介电常数,ε_r 是相对介电常数,也是标量,所以电位移矢量 $\boldsymbol{D}$ 和电场强度 $\boldsymbol{E}$ 的方向相同。但在各向异性晶体中,极化也是各向异性的,因此,ε 的取值与电场的方向有关,其介电系数对不同方向的光波电矢量的值不同,此时各向异性晶体的介电系数是一个张量,称为介电张量,用$[\varepsilon]$表示,即

$$[\varepsilon]=[\varepsilon_{ij}] \tag{12-17}$$

用 $i,j=1,2,3$ 分别对应直角坐标系的三个方向,则 $\boldsymbol{D}$ 与 $\boldsymbol{E}$ 之间满足的关系可写成

$$D_j=\sum_{j=1}^{3}\varepsilon_{ij}E_i \tag{12-18}$$

如果介质无吸收和无旋光性,ε_{ij} 为实数,一般情况下,由于晶体具有对称性,9个介电张量元素中只有6个是相互独立的。如果选择合适的直角坐标轴方向,可以把介电张量简化为对角矩阵的形式,对角矩阵可表示为

$$[\varepsilon]=\begin{bmatrix}\varepsilon_x & 0 & 0\\ 0 & \varepsilon_y & 0\\ 0 & 0 & \varepsilon_z\end{bmatrix} \tag{12-19}$$

式(12-19)中,ε_x,ε_y,ε_z 称为晶体的主介电常数,x,y,z 三个相互垂直的方向称为晶体的主轴方向。可以证明,在任意晶体中,均可以找到这样三个相互正交的方向,把它们作为直角坐标系的 x,y,z 轴,则此晶体的介电张量可以表示为式(12-19)所示的对角矩阵形式。

于是,相应的 $\boldsymbol{D}$ 和 $\boldsymbol{E}$ 的关系可以表示为

$$\begin{bmatrix}D_x\\ D_y\\ D_z\end{bmatrix}=\begin{bmatrix}\varepsilon_x & 0 & 0\\ 0 & \varepsilon_x & 0\\ 0 & 0 & \varepsilon_z\end{bmatrix}\begin{bmatrix}E_x\\ E_y\\ E_z\end{bmatrix} \tag{12-20}$$

或者

$$D_x=\varepsilon_xE_x,D_y=\varepsilon_yE_y,D_z=\varepsilon_zE_z \tag{12-21}$$

由以上讨论可以得出如下重要结论:在各向异性晶体中,一般地,$\varepsilon_x\neq\varepsilon_y\neq\varepsilon_z$,因此 $\boldsymbol{D}$ 和 $\boldsymbol{E}$ 的方向不同,只有当电场 $\boldsymbol{E}$ 的方向沿主轴方向时,$\boldsymbol{D}$ 和 $\boldsymbol{E}$ 的方向才相同。

不同晶体的结构不同,空间对称性也不同,因此,三个主介电常数不一定是相互独立的。如果三个主介电常数相等,即 $\varepsilon_x=\varepsilon_y=\varepsilon_z$,则晶体为各向同性晶体,如立方晶系的各种晶体,这时晶体中任何方向上 $\boldsymbol{D}$ 和 $\boldsymbol{E}$ 都平行,其光学性质各向同性,该晶体也称为各向同性介质;如果三个主介电常数满足 $\varepsilon_x=\varepsilon_y\neq\varepsilon_z$,此时光轴方向平行于 z 轴,这类晶体称为单轴晶体,如方解石、石英、KDP(磷酸二氢钾)和红宝石等;对于单轴晶体,相应的主折射率经常采用以下形式,即 $n_x=n_y=n_o$,且 $n_z=n_e$,其中 n_o 和 n_e 分别为单轴晶体中寻常光和非常光的主折射率;如果三个主介电常数满足 $\varepsilon_x\neq\varepsilon_y\neq\varepsilon_z$,这类晶体有两个光轴方向,称为双轴晶体,如云母、石膏、蓝宝石、硫黄等。

12.2.3　单色平面波在晶体中的传播

光波在晶体中的传播过程同样也可以用麦克斯韦方程组和物质方程来描述。下面利用麦克斯韦方程组和晶体中的物质方程来分析单色平面波在晶体中传播的特性。

1. 菲涅耳方程

设一单色平面波在晶体中传播,其波矢量为 $\boldsymbol{k}$($\boldsymbol{k}$ 的方向为平面波的法线方向),这个平面波可表示为

$$\begin{bmatrix}\boldsymbol{E}\\\boldsymbol{D}\\\boldsymbol{H}\end{bmatrix}=\begin{bmatrix}\boldsymbol{E}_0\\\boldsymbol{D}_0\\\boldsymbol{H}_0\end{bmatrix}\exp[\mathrm{i}(\boldsymbol{k}\cdot\boldsymbol{r}-\omega t)]=\begin{bmatrix}E_0\\D_0\\H_0\end{bmatrix}\exp\left[-\mathrm{i}\omega\left(t-\frac{n}{c}\boldsymbol{k}_0\cdot\boldsymbol{r}\right)\right] \tag{12-22}$$

式(12-22)中,$\boldsymbol{E}_0$,$\boldsymbol{D}_0$,$\boldsymbol{H}_0$ 分别为场量 $\boldsymbol{E}$,$\boldsymbol{D}$,$\boldsymbol{H}$ 的振幅矢量;$\boldsymbol{k}$ 为波矢量;$\boldsymbol{k}_0$ 为波矢量 $\boldsymbol{k}$ 的单位波矢量;$\boldsymbol{r}$ 是空间位置矢量;ω 为光波的角频率;c 是真空中的光速;n 是折射率,指与波矢量 $\boldsymbol{k}$ 相对应的折射率。

对于非磁性晶体,相对磁导率 $\mu_r=1$。将式(12-22)代入麦克斯韦方程组中的式(9-3)和式(9-16),并利用物质方程式(9-8),可以得到

$$\boldsymbol{H}\times\boldsymbol{k}_0=\frac{c}{n}\boldsymbol{D} \tag{12-23}$$

$$\boldsymbol{E}\times\boldsymbol{k}_0=-\frac{\mu_0 c}{n}\boldsymbol{H} \tag{12-24}$$

式(12-23)和式(12-24)表明:$\boldsymbol{D}$ 垂直于 $\boldsymbol{H}$ 和 $\boldsymbol{k}_0$,$\boldsymbol{H}$ 垂直于 $\boldsymbol{E}$ 和 $\boldsymbol{k}_0$。但是在各向异性介质中,$\boldsymbol{D}$ 和 $\boldsymbol{E}$ 的方向一般并不平行,因此,电场强度矢量 $\boldsymbol{E}$ 通常不垂直于单位波矢量 $\boldsymbol{k}_0$,这一点与各向同性介质中的情况不一样。

将式(12-24)中的 $\boldsymbol{H}$ 代入式(12-23),利用矢量运算式 $\boldsymbol{A}\times(\boldsymbol{B}\times\boldsymbol{C})=\boldsymbol{B}(\boldsymbol{A}\cdot\boldsymbol{C})-\boldsymbol{C}(\boldsymbol{A}\cdot\boldsymbol{B})$,化简后可以得到

$$\boldsymbol{D}=\varepsilon_0 n^2[\boldsymbol{E}-\boldsymbol{k}_0(\boldsymbol{k}_0\cdot\boldsymbol{E})] \tag{12-25}$$

以晶体的介电主轴作为三个坐标轴 x,y,z，取 $\varepsilon_i=\varepsilon_0\varepsilon_{rj}(i=x,y,z)$，则由式(12-25)可得：电位移矢量 $\boldsymbol{D}$ 沿某个介电主轴方向的分量可表示为

$$D_i=\varepsilon_0 n^2\left[\frac{D_i}{\varepsilon_0\varepsilon_{ri}}-k_{0i}(\boldsymbol{k}_0\cdot\boldsymbol{E})\right]\quad(i=x,y,z) \tag{12-26}$$

式(12-26)中，k_{0i} 表示单位波矢量 $\boldsymbol{k}_0$ 在直角坐标系三个轴上的分量，它们之间满足关系 $k_{0x}^2+k_{0y}^2+k_{0z}^2=1$，对式(12-26)整理后得

$$D_i=\frac{\varepsilon_0 k_{0i}(\boldsymbol{k}_0\cdot\boldsymbol{E})}{\dfrac{1}{n_i^2}-\dfrac{1}{n^2}}\qquad(i=x,y,z) \tag{12-27}$$

利用 $\boldsymbol{D}\cdot\boldsymbol{k}_0=0$ 可以得到

$$D_x k_{0x}+D_y k_{0y}+D_z k_{0z}=0 \tag{12-28}$$

将式(12-27)代入式(12-28)，可以得到

$$\frac{k_{0x}^2}{\dfrac{1}{n^2}-\dfrac{1}{n_x^2}}+\frac{k_{0y}^2}{\dfrac{1}{n^2}-\dfrac{1}{n_y^2}}+\frac{k_{0z}^2}{\dfrac{1}{n^2}-\dfrac{1}{n_z^2}}=0 \tag{12-29}$$

式(12-29)所表示的方程称为菲涅耳方程，该方程表示在晶体中传播单色平面波时，光波折射率 n 与光波法线方向 $\boldsymbol{k}_0$ 之间所满足的关系。将式(12-29)通分后得到一个关于 n 的二次方程。解出方程的根，并对根进行分析，可解释晶体的双折射现象。下面以单色平面波在单轴晶体中的传播来说明晶体的双折射现象。

2. 单轴晶体中的寻常光与非常光

单轴晶体的主折射率满足 $n_x=n_y=n_o$，$n_z=n_e$，且 $n_o\neq n_e$，当 $n_o<n_e$ 时，称为正单轴晶体；反之，当 $n_o>n_e$ 时，称为负单轴晶体；将单轴晶体的主折射率代入式(12-29)，对其进行通分、化简得

$$(n^2-n_o^2)\{n^2[n_o^2(k_{0x}^2+k_{0y}^2)+n_o^2n_e^2]\}=0 \tag{12-30}$$

式(12-30)是一个关于 n 的一元二次方程，它有两个解，即

$$n'=n_o \tag{12-31}$$

$$n''=\frac{n_o n_e}{\sqrt{n_o^2(k_{0x}^2+k_{0y}^2)+n_e^2k_{0z}^2}} \tag{12-32}$$

方程式(12-30)有两个解，说明单色平面波在单轴晶体中沿波矢量 $\boldsymbol{k}$ 方向传播存在着两种不同的折射率 n' 和 n''。由于 n' 与光波的传播方向无关，是一个不变量，其值的大小等于晶体的主折射率 n_o，与 n' 对应的折射光波满足折射定律，因此称为单轴晶体中的寻常光，简称“o 光”，相应的折射率 n_o 为寻常光折射率。方程的另一个解 n'' 与传播方向有关，传播方向不同，其值的大小也不同，称为单轴晶体中的非常光，简称“e 光”，相应的折射率 n_e 为非常光折射率。由于单轴晶体中传播的光波存在两种不同的折射率，因此，当一列光波入射到单轴晶体中时，会同时产生两列传播方向

不同的光波，即 o 光和 e 光，这种现象称为晶体的双折射现象。

当平面光波沿着主轴坐标系的 z 轴方向传播时，$k_{0x}=0, k_{0y}=0, k_{0z}=1$。由式(12-32)可得 $n''=n_o$，即当平面光波沿着主轴坐标系的 z 轴方向传播时，o 光和 e 光折射率相等，平面光波在这种情况下传播时就不存在 o 光和 e 光之分，即不发生双折射。因此，对于单轴晶体而言，z 轴就是晶体的光轴。

在单轴晶体中，还可以得出一些重要结论：对于给定的波矢量 $\boldsymbol{k}$ 存在着 o 光和 e 光两种不同传播特性的线偏振光。其中，o 光的电矢量振动方向始终垂直于波矢量 $\boldsymbol{k}$ 与光轴构成的平面，而 e 光的电矢量振动方向始终平行于波矢量 $\boldsymbol{k}$ 与光轴构成的平面，即 o 光和 e 光的振动方向相互垂直。

12.3　晶体光学性质的几何表示法

在晶体光学中，常常需要使用折射率椭球、波矢面、法线面、光线面等几何图形来描述晶体的光学性质，解决光波在晶体中传播的问题。

12.3.1　折射率椭球

在晶体的介电主轴坐标系中，折射率椭球方程可表示为

$$\frac{x^2}{n_x^2}+\frac{y^2}{n_y^2}+\frac{z^2}{n_z^2}=1 \tag{12-33}$$

这个方程表示一个空间椭球，椭球的 x,y,z 轴与介电主轴方向重合，对应的折射率分别为 n_x, n_y, n_z，它们的半轴长度等于晶体在对应方向上的主折射率。如图 12-13 所示。

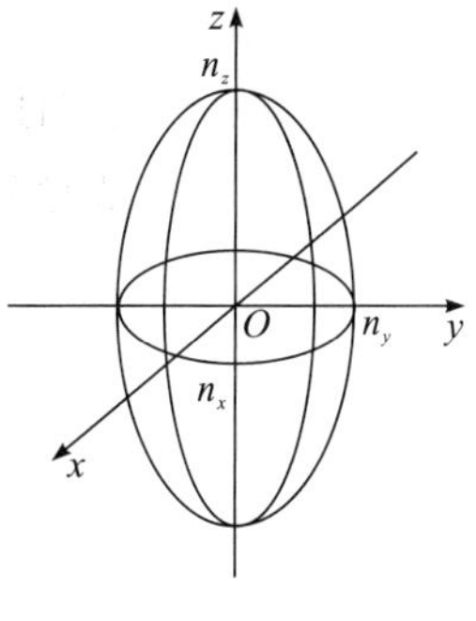

图 12-13　折射率椭球

折射率椭球具有以下重要性质：

(1)折射率椭球中心发出的任意一条矢径的方向，表示光波电位移 $\boldsymbol{D}$ 矢量的一个方向，矢径的长度表示 $\boldsymbol{D}$ 矢量沿矢径方向振动的光波折射率。因此，折射率椭球的矢径可以表示为

$$\boldsymbol{r}=n\,\boldsymbol{d} \tag{12-34}$$

式(12-34)中，$\boldsymbol{d}$ 为 $\boldsymbol{D}$ 的单位矢量。

(2)过折射率椭球原点作一个平面，让其与某一给定光波法线方向 $\boldsymbol{k}_0$ 垂直，则该平面与椭球的截面为一椭圆，如图 12-14 所示。椭圆的长轴方向和短轴方向就是对应于光波法线方向 $\boldsymbol{k}_0$ 的两个允许存在光波的 $\boldsymbol{D}$ 矢量($\boldsymbol{D}'$ 和 $\boldsymbol{D}''$)方向，而长轴和短轴的长度则分别等于两个光波的折射率 n' 和 n''。

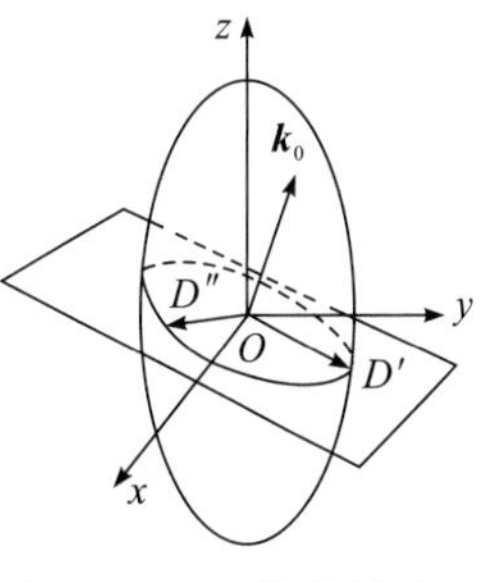

图 12-14　折射率椭球及垂直于光波的截面

12.3.2 单轴晶体的折射率椭球表示

1. 单轴晶体的折射率椭球

对于单轴晶体，三个主折射率为 $n_x = n_y = n_o$，$n_z = n_e$，把它们代入式(12-33)，则折射率椭球方程可表示为

$$\frac{x^2}{n_o^2} + \frac{y^2}{n_o^2} + \frac{z^2}{n_e^2} = 1 \tag{12-35}$$

式(12-35)表示一个以 z 轴为回转轴的旋转椭球面。

2. 讨论

图 12-15 所示为负单轴晶体的折射率椭球在三个坐标平面上的投影形状。

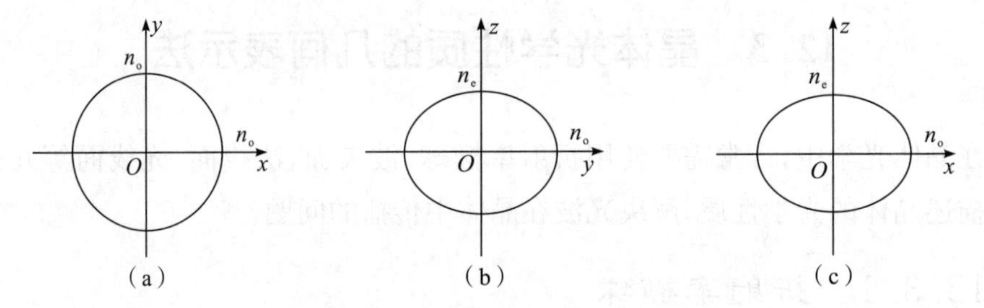

图 12-15 负单轴晶体的折射率椭球在三个坐标平面上的投影形状

(1)在 xy 平面上，即当 $z=0$ 时，椭球的投影为一个圆，如图 12-15(a)所示，即

$$x^2 + y^2 = n_o^2 \tag{12-36}$$

此圆的半径为 n_o。也就是说，当光波沿 z 轴方向传播时，只有一种折射率，$\boldsymbol{D}$ 矢量可取垂直于 z 轴的任意方向，或者说 $\boldsymbol{D}'$ 和 $\boldsymbol{D}''$ 重合。在这种情况下，光波不发生双折射，因此 z 轴为单轴晶体的光轴。

(2)在 yz 平面上，即当 $x=0$ 时，椭球的投影为一个椭圆，如图 12-15(b)所示，即

$$\frac{y^2}{n_o^2} + \frac{z^2}{n_e^2} = 1 \tag{12-37}$$

(3)在 xz 平面上，即当 $y=0$ 时，椭球的投影为一个椭圆，如图 12-15(c)所示，即

$$\frac{x^2}{n_o^2} + \frac{z^2}{n_e^2} = 1 \tag{12-38}$$

在第(2)或第(3)种情况中，椭圆沿 y 轴或 x 轴方向的半轴长度均为 n_o，而沿 z 轴方向半轴长度为 n_e。也就是说，当光波在晶体中垂直于光轴(z 轴)方向传播时，晶体内存在两列线偏振光传播，其中一列 D 矢量平行于光轴方向，折射率为 n_e；另一列 D 矢量垂直于光轴及光波传播方向所决定的平面，折射率为 n_o。显然，前者为 e 光，后者为 o 光。

当光波的传播方向与光轴的夹角为 θ 时，假设 $\boldsymbol{k}_0$ 在 yz 平面内，如图 12-14 所示，通过椭球中心 O 作垂直于 $\boldsymbol{k}_0$ 的平面，该平面与椭球的截面为一个椭圆，椭圆的两个半轴方向分别对应于两列线偏振光波的 $\boldsymbol{D}$ 矢量方向。其中一个光波的 $\boldsymbol{D}$ 矢量与光轴正交，即平行于 xy 平面，相应的折射率为 $n_o(\theta)=n_o$；另一个光波与 z 轴的夹角为 $90°\pm\theta$，相应的折射率介于 n_o 和 n_e 之间，利用几何关系可以得到

$$n_e(\theta)=\frac{n_o n_e}{\sqrt{n_o^2\sin^2\theta+n_e^2\cos^2\theta}} \tag{12-39}$$

一般来讲，对于不同的晶体，n_o 和 n_e 的大小关系不同，当 $n_o>n_e$ 时，为负单轴晶体；当 $n_o<n_e$ 时，为正单轴晶体。表 12-2 给出了几种常用的单轴晶体的参数。

表 12-2　几种常用的单轴晶体的参数

方解石(负单轴晶体)			KDP(负单轴晶体)			石英(正单轴晶体)		
波长/nm	n_o	n_e	波长/nm	n_o	n_e	波长/nm	n_o	n_e
656.3	1.6544	1.4846	1500	1.482	1.458	1946	1.52184	1.53004
589.3	1.6584	1.4864	1000	1.498	1.463	589.3	1.54424	1.55335
486.1	1.6679	1.4908	546.1	1.512	1.47	340	1.56747	1.57737
404.7	1.6864	1.4969	365.3	1.529	1.484	185	1.65751	1.68988

以上分析得到的结论与前面一节理论分析得到的结论相同，但用折射率椭球的方法更为形象和直观。

12.3.3　折射率曲面和波矢面

1. 折射率曲面

利用折射率椭球来分析光波在晶体中的传播，需要采用作图的方法才可以确定与光波传播方向 $\boldsymbol{k}_0$ 相应的两列光波的折射率。为了更直接地表示出与每一个光波方向 $\boldsymbol{k}_0$ 相应的两列光波的折射率，人们引入了“折射率曲面”这一概念，折射率曲面上的矢径为 $\boldsymbol{r}=n\boldsymbol{k}_0$，方向与 $\boldsymbol{k}_0$ 平行，长度则等于与该 $\boldsymbol{k}_0$ 相应的两列光波的折射率。因此，折射率曲面必定是一个双壳层的曲面，记作 $(\boldsymbol{k}_0,n)$ 曲面。实际上，根据 $(\boldsymbol{k}_0,n)$ 曲面的意义，菲涅耳方程式(12-29)就是折射率曲面在主轴坐标系中的坐标方程。

把矢径长度 $r^2=x^2+y^2+z^2=n^2$ 和矢径分量关系 $x=nk_{0x}$，$y=nk_{0y}$，$z=nk_{0z}$ 代入菲涅耳方程式(12-29)，即可得到直角坐标方程。

$$(n_x^2x^2+n_y^2y^2+n_z^2z^2)(x^2+y^2+z^2)-[n_x^2(n_y^2+n_z^2)x^2+n_y^2(n_x^2+n_z^2)y^2+n_z^2(n_x^2+n_y^2)z^2]+n_x^2n_y^2n_z^2=0 \tag{12-40}$$

式(12-40)为一个四次曲面方程。利用这个曲面可以很直观地得到与 $\boldsymbol{k}_0$ 对应的两列光波的折射率。

2. 利用折射率曲面分析晶体中光波的传播

对于立方系晶体，三个主折射率满足 $n_x = n_y = n_z = n_o$，将其代入式(12-40)，可得

$$x^2 + y^2 + z^2 = n_0^2 \tag{12-41}$$

式(12-41)表明：该折射率曲面是一个半径为 n_o 的球面，在所有单位波矢量 $\boldsymbol{k}_0$ 方向上，折射率相等，均为 n_0，所以在光学上体现为各向同性。

对于单轴晶体，三个主折射率满足 $n_x = n_y = n_o, n_z = n_e$，代入式(12-40)，可得

$$(x^2 + y^2 + z^2 - n_o^2)[n_o^2(x^2 + y^2) + n_e^2 z^2 - n_o^2 n_e^2] = 0 \tag{12-42}$$

将式(12-42)分解为两个方程

$$\left.\begin{aligned} (x^2 + y^2 + z^2 - n_o^2) = 0 \\ [n_o^2(x^2 + y^2) + n_e^2 z^2 - n_o^2 n_e^2] = 0 \end{aligned}\right\} \tag{12-43}$$

式(12-43)中，第一个方程的图形是半径为 n_o 的球面，第二个方程的图形是旋转轴为 z 轴的旋转椭球面，球面和旋转椭球面在 z 轴上相切。可见单轴晶体的折射率曲面为一个双层曲面，球面和旋转椭球面分别对应 o 光和 e 光的折射率曲面，单轴晶体的折射率曲面在主轴截面上的截线如图 12-16 所示。对于正单轴晶体，$n_o < n_e$，球面内切于椭球，如图 12-16(a)所示；对于负单轴晶体，$n_o > n_e$，球面外切于椭球，如图 12-16(b)所示。在这两种情况下，切点均在 z 轴上，所以 z 轴为光轴。当光波法线方向 $\boldsymbol{k}_0$ 与 z 轴夹角为 θ 时，$\boldsymbol{k}_0$ 与折射率曲面相交，得到长度分别为 n_o 和 $n_e(\theta)$ 的矢径，它们表示光波沿 $\boldsymbol{k}_0$ 方向时两列线偏振光的折射率，其中 $n_e(\theta)$ 可由式(12-39)表示：

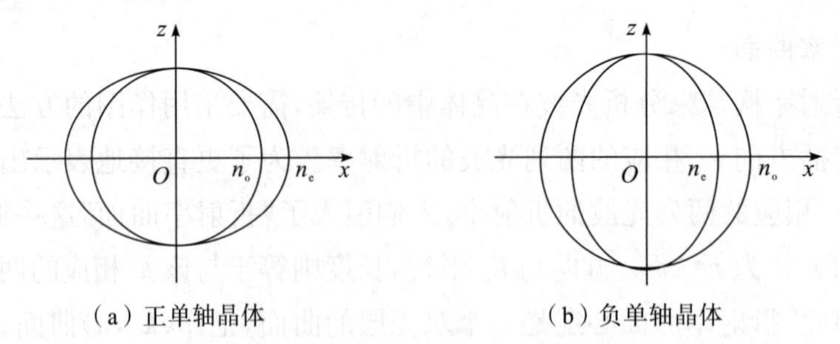

(a) 正单轴晶体　　(b) 负单轴晶体

图 12-16　单轴晶体的双折射曲面

$$n_e(\theta) = \frac{n_o n_e}{\sqrt{n_o^2 \sin^2\theta + n_e^2 \cos^2\theta}} \tag{12-44}$$

上述方法得到的结果与用折射率椭球方法得到的结果是一致的。

3. 波矢面

将折射率曲面的矢径长度乘以 $\frac{\omega}{c}$，则构成了一个新曲面，矢径为 $\boldsymbol{r} = n\frac{\omega}{c}\boldsymbol{k}_0$，其在折射率曲面的基础上放大到 $\frac{\omega}{c}$ 倍，这个新曲面称为波矢曲面，记为$(\boldsymbol{k}_0, k)$曲

面。由于波数 k 与介质的折射率 n 成正比，因此，波矢面为波矢长度等于光波的波数 k、波矢方向为光波的波法线方向的空间曲面，即波矢曲面与折射率曲面的几何形状相同，正是因为如此，折射率曲面的讨论结果对波矢曲面同样适用。

12.4　晶体偏振器件

偏振光是人类光学发展中的重要组成部分，在高科技领域和国防等方面发挥着重要的作用。用来产生、检验、测量偏振光的偏振特性的器件称为晶体偏振器件，它是基于晶体的双折射性质制成的。本节将介绍几种常用的晶体偏振器件。

12.4.1　偏振起偏棱镜

1. 尼科耳棱镜

尼科耳棱镜的制作方法大致如图 12-17 所示。取一块长度和宽度之比约为 3∶1的优质方解石晶体，将两端磨去约 3°，使其主截面的角度由 70°53′变为 68°，然后将晶体沿着垂直于主截面及两端面的 $ABCD$ 面切开，把切面磨成光学平面，然后用加拿大树胶把两个切面胶合起来，并将周围涂黑，就制成了尼科耳棱镜。

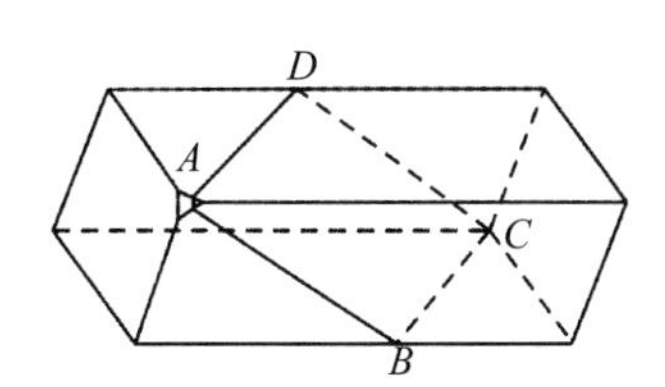

图 12-17　尼科耳棱镜的制作

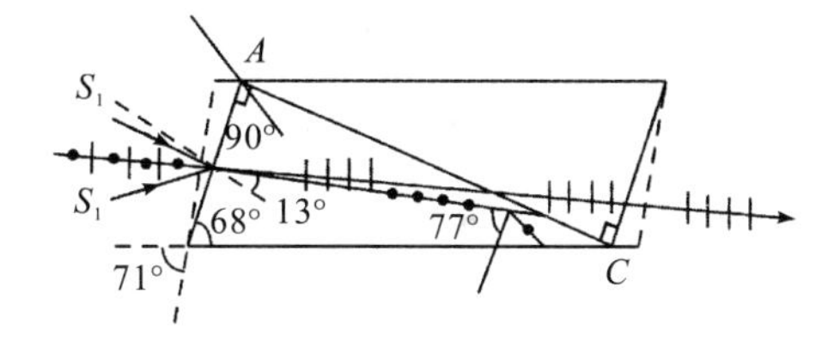

图 12-18　尼科耳棱镜的分光

加拿大树胶是一种各向同性的介质，其折射率 n_B 比寻常光的小，但比非常光的大。例如，对于钠黄光($\lambda=589.3$ nm)，$n_o=1.6584$，$n_B=1.55$，$n_e=1.5159$，因此，o 光和 e 光在胶合层反射的情况是不同的。对于 o 光而言，它是由光密介质(方解石)入射到光疏介质(胶合层)的，当入射角达到临界角时，就会发生全反射。发生全反射的临界角为

$$\theta_c=\arcsin\frac{n_B}{n_o}=\arcsin\frac{1.55}{1.6584}\approx 69° \tag{12-45}$$

当自然光沿着棱镜的纵长方向入射时，o 光的入射角 $i=22°$，o 光对应的折射角为 $r=13°$，在胶合层的入射角约为 77°，比发生全反射的临界角大，因此，o 光发生全反射，然后被棱镜壁全部吸收。对于 e 光而言，由于 $n_e<n_B$，它是由光疏介质(方解石)入射到光密介质(胶合层)的，不发生全反射，可以透过胶合层从棱镜的另一端射出，所透出的偏振光的电矢量平行于入射面。

尼科耳棱镜的孔径角大约为±14°。如图 12-18 所示，虚线为未磨之前的端

面位置，如果入射光在 S_1 一侧超过 14°，o 光在胶合层上的入射角会小于临界角，不发生全反射；如果入射光在 S_2 一侧超过 14°，随着 e 光的折射率增大，也会发生全发射，结果没有光从棱镜出射。因此，尼科耳棱镜不适用于高度会聚或发散的光束。另外，方解石天然晶体都比较小，制成尼科耳棱镜的有效使用截面都很小，而价格却很昂贵。尼科耳棱镜在可见光范围内的透明度很高，并且能产生偏振度极高的线偏振光，尽管它有以上缺点，但对于可见光的平行光束（特别是激光）来说，仍然是一种比较优良的偏振器。

2. 格兰-汤姆逊(Glan-Thompson)棱镜

尼科耳棱镜的出射光束与入射光束不在同一条直线上，这在仪器使用过程中会带来不便。例如，当尼科耳棱镜作为检偏器绕光的传播方向旋转时，出射光束也随之旋转，即出射光线的方向不确定。格兰棱镜是为改进尼科耳棱镜的这个缺点而设计的。

格兰-汤姆逊棱镜是用两块方解石直角棱镜沿斜面相对胶合制成的，光轴的方向垂直于图面并相互平行，如图 12-19 所示。当光垂直于棱镜端面入射时，o 光和 e 光都不发生偏折，经过前面这块方解石直角棱镜，它们在斜面上的入射角与棱镜斜面和直角面的夹角 θ 相等。制作该棱镜时应使胶合剂的折射率 n_g 满足 $n_o > n_g > n_e$，选取 θ 角大于 o 光在胶合面上的临界入射角。因此，o 光在胶合面上将发生全反射，并被棱镜直角面上的涂层吸收；而 e 光不发生全反射，方向不变，几乎无偏折地从棱镜出射。

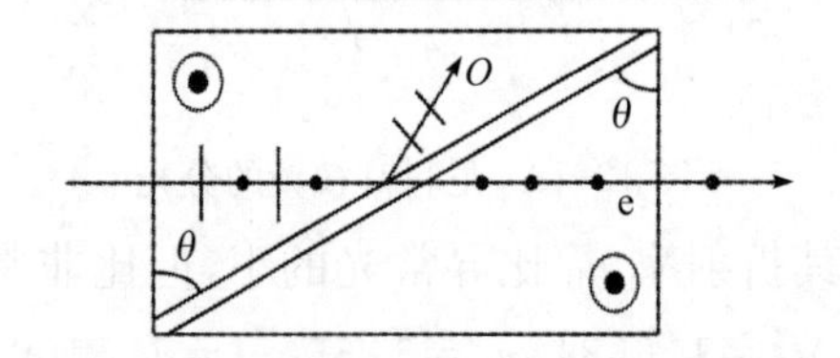

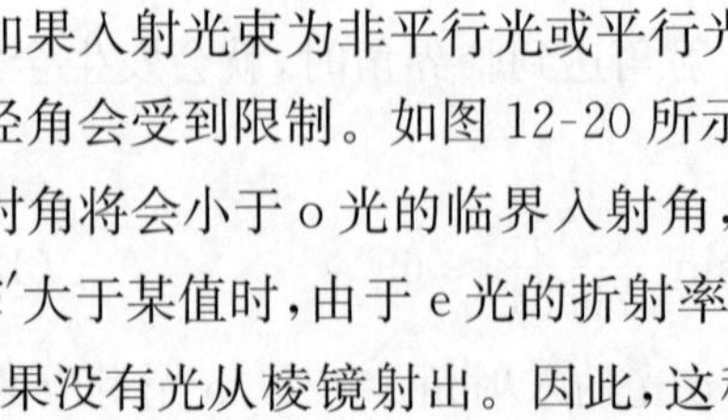

图 12-19　格兰-汤姆逊棱镜

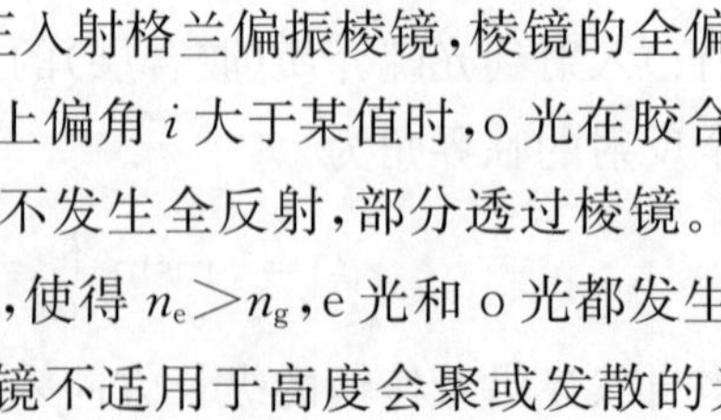

图 12-20　孔径角的限制

如果入射光束为非平行光或平行光非正入射格兰偏振棱镜，棱镜的全偏振角或孔径角会受到限制。如图 12-20 所示，当上偏角 i 大于某值时，o 光在胶合面上的入射角将会小于 o 光的临界入射角，o 光不发生全反射，部分透过棱镜。当下偏角 i' 大于某值时，由于 e 光的折射率增大，使得 $n_e > n_g$，e 光和 o 光都发生全反射，结果没有光从棱镜射出。因此，这种棱镜不适用于高度会聚或发散的光束。对于给定的晶体，孔径角与使用波段、胶合剂折射率和棱镜底角都有关。

3. 格兰-付科(Glan-Foucault)棱镜

组成格兰棱镜的两块直角棱镜之间一般用加拿大树胶胶合，用加拿大树胶胶合有两个缺点：一是加拿大树胶对紫外光吸收强烈；二是胶合层易被大功率的激光束所破坏。如果用空气薄层代替加拿大树胶，就构成了格兰-付科棱镜。格兰-

付科棱镜对紫外波段同样适用，而且能够承受大功率激光的照射，解决了加拿大树胶存在的两个缺点，这是格兰-付科棱镜的优点。该棱镜的缺点是它的孔径角不大，例如，对于波长 $\lambda=632.8$ nm 的激光，棱镜的长宽比为 0.83 时，其孔径角只有 8°，透射率也不高。

图 12-21 中给出了两种不同的制造方式，其光的透射率有很大不同。采用第一种制造方式时，如图 12-21(a)所示，光轴垂直于入射面，透射光为垂直于入射面的振动分量，由于垂直分量的反射比大于透射比，透射光强下降，从棱镜出射的光强只有入射光强的约 56%。若采用第二种制造方式，如图 12-21(b)所示，光轴平行于入射面，透射光为平行于入射面的振动分量，由于平行分量的反射比小于透射比，反射损失小，透射光强较大，可以获得透射比在 0.86 左右。目前较多采用第二种制造方式。

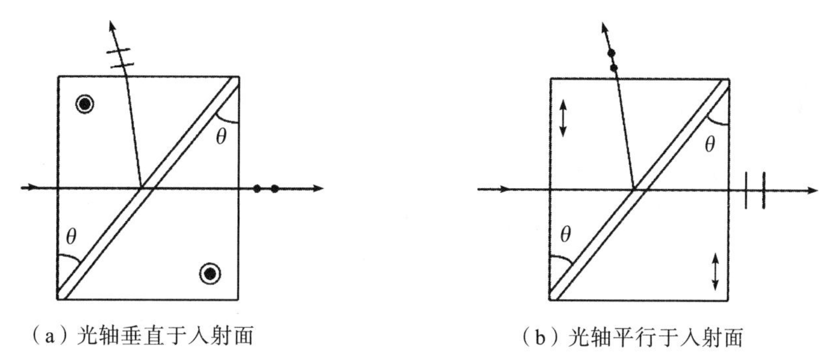

(a) 光轴垂直于入射面　　(b) 光轴平行于入射面

图 12-21　格兰-付科棱镜

12.4.2　偏振分束棱镜

偏振分束棱镜由两块光轴互相垂直，又都平行于各自表面的直角棱镜胶合制成。直角棱镜一般采用方解石或石英为材料进行制造。其工作原理是利用晶体的双折射原理，通过改变振动方向相互垂直的两束线偏振光的传播方向，来获得两束分开的线偏振光。

1. 渥拉斯顿(Wollaston)棱镜

图 12-22 所示为渥拉斯顿棱镜的结构示意图，它是由两块底面相同的方解石直角棱镜胶合成的。这两个直角棱镜的光轴互相垂直，且都平行于各自的表面。当自然光垂直地入射到第一块棱镜端面时，产生的 o 光和 e 光不分开，但以不同的速度沿相同方向传播。进入第二块棱镜时，由于第二块棱镜的光轴相对于第一块棱镜转过 90°角，因此在胶合界面处，o 光和 e 光发生了转化。在第一块棱镜里的 o 光，传播到第二块棱镜时就变成 e 光，由于方解石的折射率 $n_o>n_e$，这束光在通过胶合界面时是从光密介质进入光疏介质的，因此将偏离界面法线方向传播；同样，在第一块棱镜里的 e 光，传播到第二块棱镜时就变成 o 光，这束光在通过胶

合界面时是从光疏介质进入光密介质的，因此将靠近界面法线方向传播；这两束线偏振光在射出棱镜时再一次朝相反方向偏折一次，因此，从渥拉斯顿棱镜射出的是两束有一定夹角的电矢量相互垂直的线偏振光。当棱镜顶角 θ 不是很大时，这两束光基本上是对称地分开，可以证明两束光的夹角近似为

$$2\varphi \approx 2\arcsin[(n_o - n_e)\tan\theta] \tag{12-46}$$

如果入射的光波不是单色光，产生的两束线偏振光就均会稍有色散。

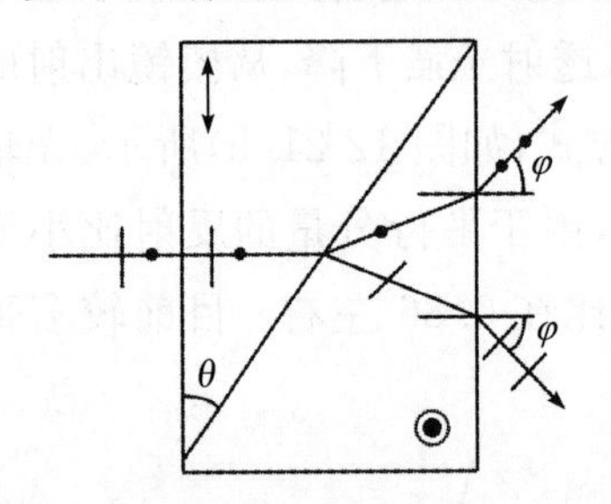

图 12-22　渥拉斯顿棱镜的结构示意图

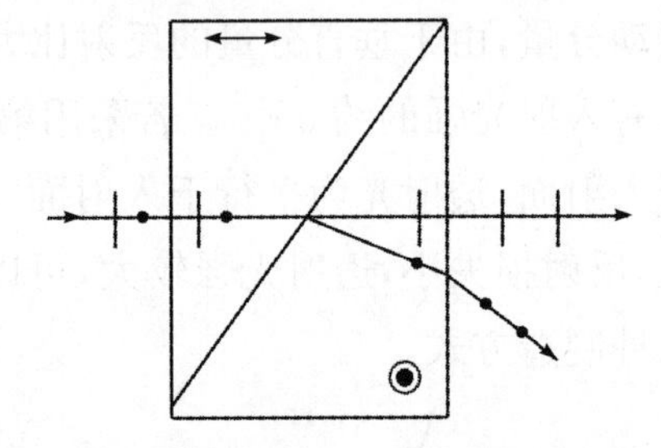

图 12-23　洛匈棱镜的结构示意图(石英)

2. 洛匈(Rochon)棱镜

图 12-23 所示为洛匈棱镜的结构示意图。当自然光垂直地入射到第一块棱镜端面时，在第一块棱镜中光沿着光轴方向传播，所以不产生双折射，o 光和 e 光以相同的速度沿同一方向行进。进入第二块棱镜后，由于光轴转过 90°，所以第一块棱镜中的 e 光在第二块棱镜中变为 o 光，这束光在两块棱镜中的传播速度不变，因此无偏折地射出棱镜；第一块棱镜中的 o 光传播到第二块棱镜时就变成 e 光，由于石英的 $n_e > n_o$，其折射光线偏向法线，最后得到两束分开的振动方向相互垂直的线偏振光。

特别注意：对于洛匈棱镜，光只能从棱镜的左方射入。这种棱镜能使 o 光无偏折地射出，因此，当白光入射时，可以得到无色散的线偏振光。洛匈棱镜除了可用石英材料制作外，也可用方解石或玻璃-晶体制作。

12.4.3　波片

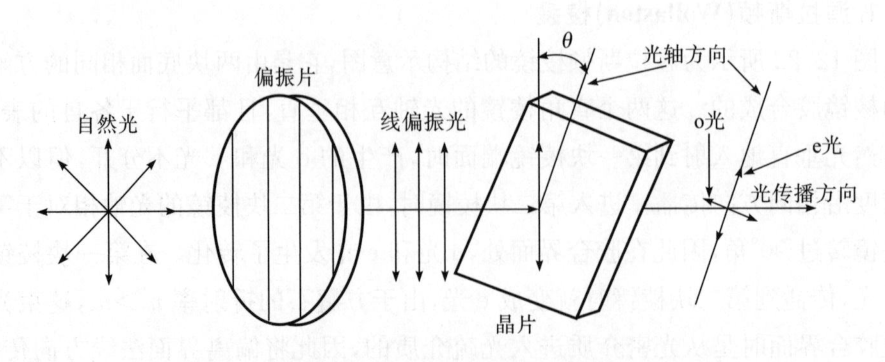

图 12-24　线偏振光垂直于波片表面入射产生 o 光和 e 光

波片也称晶片，是由晶体制成的平行平面薄片，且晶体光轴平行于晶体表面。如图 12-24 所示，当一列线偏振光垂直于波片表面入射时，在波片中产生的振动方向相互垂直的 o 光和 e 光的传播方向相同，但传播速度不同，因此，o 光和 e 光通过厚度为 d 的波片后，会产生一定的相位差，即

$$\delta=\frac{2\pi}{\lambda}\mid n_{o}-n_{e}\mid d \tag{12-47}$$

式(12-44)中，λ 为光在真空中的波长，n_o 和 n_e 分别为波片对 o 光和 e 光的折射率，这个相位差通常称为波片的相位延迟量，因此，波片也称为相位延迟器。o 光和 e 光是两列电矢量振动方向相互垂直且有一定相位差的线偏振光，根据第 10 章介绍的光的叠加原理，o 光和 e 光合成后一般为椭圆偏振光，椭圆的形状、方位和旋向与相位差 δ 有关。本节将介绍几种特殊的波片。

1. $\frac{1}{4}$波片

当波片产生的光程差为

$$\Delta=\mid n_{o}-n_{e}\mid d=(2m+1)\frac{\lambda}{4}\quad(m=0,1,2,\cdots) \tag{12-48}$$

即能使 o 光和 e 光产生$\frac{1}{4}\lambda$ 的奇数倍光程差的波片称为$\frac{1}{4}$波片。$\frac{1}{4}$波片产生的相位延迟和相应的波片厚度分别为

$$\delta=(2m+1)\frac{\pi}{2},d=\frac{(2m+1)}{\mid n_{o}-n_{e}\mid}\cdot\frac{\lambda}{4},m=0,1,2,\cdots \tag{12-49}$$

式(12-49)说明：$\frac{1}{4}$波片产生$\frac{\pi}{2}$奇数倍的相位延迟。利用光波叠加原理容易得到：$\frac{1}{4}$波片通常能将入射线偏振光变换为椭圆偏振光，特殊条件下还能得到圆偏振光或线偏振光。当入射线偏振光电矢量的振动方向与快(慢)轴夹角为$\pm45°$时，得到圆偏振光；当入射线偏振光电矢量的振动方向与波片的快轴或慢轴方向一致时，得到电矢量的振动方向与入射光振动方向一致的线偏振光，只是相位延迟了 δ。

2. 半波片

当波片产生的光程差为

$$\Delta=\mid n_{o}-n_{e}\mid d=\left(m+\frac{1}{2}\right)\lambda\quad(m=0,1,2,\cdots) \tag{12-50}$$

即能使 o 光和 e 光产生$\frac{\lambda}{2}$的奇数倍光程差的波片称为半波片。半波片产生的相位延迟和相应的波片厚度分别为

$$\delta=(2m+1)\pi\quad d=\frac{(2m+1)}{\mid n_{o}-n_{e}\mid}\cdot\frac{\lambda}{2}\quad(m=0,1,2,\cdots) \tag{12-51}$$

式(12-51)说明:半波片使o光和e光产生π的奇数倍的相位延迟。因此,圆偏振光经过半波片后仍为圆偏振光,但光波电矢量的旋转方向改变;线偏振光经过半波片后仍为线偏振光,但光波电矢量的振动方向改变。如图12-25所示,假设入射线偏振光的光波电矢量的振动方向与波片快轴(或慢轴)的夹角为θ,通过半波片后光波电矢量的振动方向向着快轴(或慢轴)的方向转过2θ角。

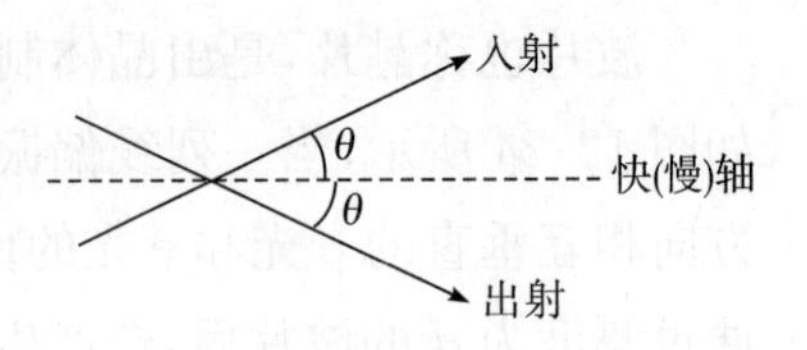

图12-25 线偏振光经过半波片后光矢量的方位

3. 全波片

当波片产生的光程差为

$$\Delta = | n_o - n_e | d = m\lambda \quad (m = 0,1,2,\cdots) \tag{12-52}$$

即能使o光和e光产生λ的整数倍光程差的波片称为全波片。全波片产生的相位延迟和相应的波片厚度分别为

$$\delta = 2m\pi, d = \frac{m}{| n_o - n_e |} \cdot \lambda \quad (m = 0,1,2,\cdots) \tag{12-53}$$

全波片能够产生2π的整数倍的相位延迟,因此不改变入射光的偏振态,线(椭圆或圆)偏振光经过全波片后仍然是线(椭圆或圆)偏振光。全波片多用于应力测量仪,可以增加因应力所引起的光程差数值,从而使干涉随内应力的变化变得更为灵敏。

12.5 偏振光的干涉

线偏振光经过波片后,将分解为振动方向相互垂直的两列线偏振光o光和e光。o光和e光具有相同的频率,从波片出射时保持恒定的相位差,但它们的振动方向不相同,因此不能产生干涉现象。要想使o光和e光产生干涉现象,就要使它们满足干涉的条件,即使o光和e光具有相同的振动方向。如果让从波片出射的o光和e光同时通过一检偏器,在检偏器透光方向上投影的两分量满足相干光波的条件,就可以实现偏振光的干涉。偏振光干涉的应用很广泛,如物质结构应力测量、物质微观结构研究、材料物性分析、精密测量和信息记录等。

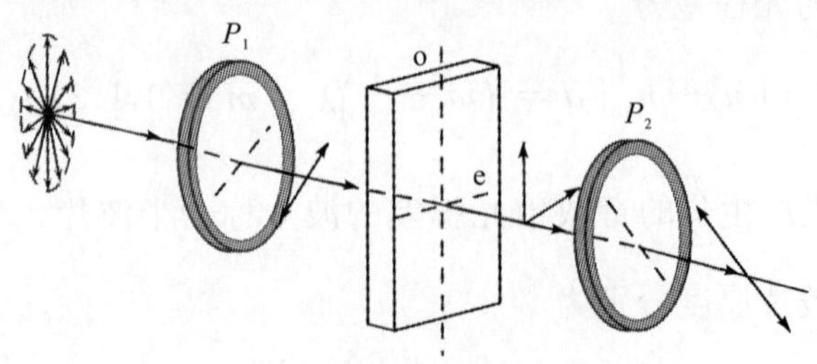

图12-26 偏振光干涉装置

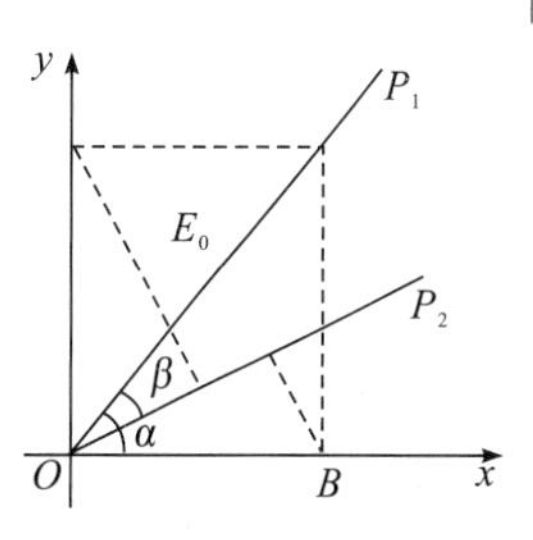

图 12-27　偏振光干涉

偏振光干涉装置如图 12-26 所示。它由起偏器 P_1、检偏器 P_2 和波片构成，起偏器 P_1 和检偏器 P_2 透光方向之间的夹角为 β，波片位于起偏器 P_1 和检偏器 P_2 之间，自然光经过起偏器 P_1 后成为振幅为 E_0 的线偏振光，然后垂直通过波片后产生两列正交的线偏振光 o 光和 e 光。如图 12-27 所示，起偏器 P_1 的透光轴与波片的光轴方向的夹角为 α，则透过波片后这两列正交线偏振光的复振幅分别为

$$\widetilde{E}_x = E_0\cos\alpha, \widetilde{E}_y = E_0\sin\alpha \cdot e^{i\delta} \tag{12-54}$$

式(12-51)中，δ 为这两列正交线偏振光经过波片出射后产生的相位差，其大小为

$$\delta = \frac{2\pi}{\lambda} \mid n_o - n_e \mid d \tag{12-55}$$

这两列正交线偏振光经过检偏器 P_2 后，沿检偏器 P_2 透光方向的复振幅分量分别为

$$\begin{cases} \widetilde{E}_1 = E_0\cos\alpha\cos(\alpha-\beta) \\ \widetilde{E}_2 = E_0\sin\alpha\sin(\alpha-\beta)e^{i\delta} \end{cases} \tag{12-56}$$

自检偏器透射的这两个分量具有相同的频率、相同的振动方向和恒定的相位差，能够产生干涉现象，其干涉强度为

$$\begin{aligned} I = \mid \widetilde{E}_1 + \widetilde{E}_2 \mid^2 &= E_0^2\left[\cos^2\beta - \sin(2\alpha)\sin2(\alpha-\beta)\sin^2\left(\frac{\delta}{2}\right)\right] \\ &= I_0\left[\cos^2\beta - \sin(2\alpha)\sin2(\alpha-\beta)\sin^2\left(\frac{\delta}{2}\right)\right] \end{aligned} \tag{12-57}$$

式(12-57)中，第一项与波片的参数无关，只取决于起偏器 P_1 透光轴和检偏器 P_2 透光轴之间的夹角 β，它是在不存在波片的条件下由马吕斯定律所决定的背景光；第二项表明干涉强度与起偏器 P_1 和检偏器 P_2 的透光轴与波片的快慢轴的夹角有关，同时取决于波片的性质，代表了由于波片各向异性所引起的干涉效应。这一项与光波波长以及波片的厚度有关。

1. 起偏器 P_1 和检偏器 P_2 正交$\left(即\ \beta=\frac{\pi}{2}\right)$

当 $\beta=90^\circ$时，式(12-57)可变为

$$I_\perp = I_0\sin^2 2\alpha\sin^2\frac{\delta}{2} \tag{12-58}$$

由式(12-58)可知，在 δ 一定的情况下，光强的大小随着 α 的变化而变化，满足

$$\alpha=\begin{cases}0,\dfrac{\pi}{2},\pi,\cdots,\dfrac{m\pi}{2},\cdots & m\text{ 为整数},I=0\\ \dfrac{\pi}{4},\dfrac{3\pi}{4},\cdots,(2m+1)\dfrac{\pi}{4},\cdots & m\text{ 为整数},I=I_0\sin^2\dfrac{\delta}{2}\end{cases}\tag{12-59}$$

式(12-59)表明：当偏振器透光轴与波片的快(慢)轴方向一致时，干涉光强有极小值；当偏振器透光轴与波片的快(慢)轴方向成45°时，干涉光强有极大值。所以转动波片一周，会出现四个光强为0的位置和四个光强最大的位置，它们交替出现。在研究波片时，一般采用光强取极大值的情况。即$\beta=90°$，$\alpha=45°$，在这种状态下输出的光强可表示为

$$\left.\begin{aligned}\breve{E}_1&=E_0\cos\alpha\cos(\alpha-\beta)\\ \breve{E}_2&=E_0\sin\alpha\sin(\alpha-\beta)e^{i\delta}\end{aligned}\right\}$$

$$I_{\perp}=I_0\sin^2\left(\frac{\delta}{2}\right)=I_0\sin^2\left[\frac{\pi}{\lambda}\left(n_o-n_e\right)d\right]\tag{12-60}$$

式(12-60)是讨论偏振光干涉的基础，也是一切依赖于偏振光干涉原理做成的仪器的基础。

式(12-57)、式(12-58)和式(12-60)表明：输出光强随δ的变化而变化，当波片各处的n_o-n_e不变且厚度d均匀时，干涉场的光强也是均匀的。实际上，波片各处的n_o-n_e可能变化，厚度d也不可能完全均匀，因此，不同位置的干涉强度也不同，会出现与光学厚度线形一致的等厚干涉条纹。工程上经常根据这个原理来检查透明材料的光学均匀性。

2. 起偏器 P_1 和检偏器 P_2 平行(即 $\beta=0$)

将$\beta=0$代入式(12-57)，得

$$I_{/\!/}=I_0\left(1-\sin^2 2\alpha\sin^2\frac{\delta}{2}\right)\tag{12-61}$$

比较式(12-58)和式(12-61)可得$I_{\perp}+I_{/\!/}=I_0$，即两种情况下干涉光强的极大值和极小值的条件正好相反。

习题 12

12-1　线偏振光垂直入射到一块光轴平行于界面的方解石晶体上，若光波电矢量的振动方向与晶体主截面成30°、45°和60°的夹角，求o光和e光从晶体透射出来后的强度比。

12-2　一束自然光以30°入射角入射到玻璃-空气界面，玻璃的折射率$n=1.5$，试计算：

(1)反射光的偏振度；

(2)玻璃-空气界面的布儒斯特角；

(3)以布儒斯特角入射时透射光的偏振度。

12-3　一束光由自然光和线偏振光混合组成，当它通过一偏振片时，发现透射光的强度随偏振片的转动变化到 3 倍。求：

(1)入射光中自然光和线偏振光的强度各占入射光强度的几分之几；

(2)透射光强的偏振度。

12-4　通过偏振片观察部分偏振光时，当偏振片绕入射光方向旋转到某一位置上，透射光强为极大，然后将偏振片旋转 30°，发现透射光强为极大值的$\frac{4}{5}$，试求：

(1)该入射部分偏振光的偏振度 P；

(2)该束光内自然光与线偏振光的光强之比。

12-5　使自然光相继通过三个偏振片，第一个与第三个偏振片的透光轴之间的夹角为 90°，第二个偏振片的透光轴与第一片的透光轴成 30°角。若入射自然光的强度为 I_0，最后透出的线偏振光的光强是多少？

12-6　如果一个半波片或$\frac{1}{4}$波片的光轴与起偏器的透光轴之间成 45°角，试问从半波片或$\frac{1}{4}$波片透射出来的光将是线偏振光、圆偏振光和椭圆偏振光中的哪一种？为什么？

12-7　设计一个产生椭圆偏振光的装置，使椭圆的长轴方向在竖直方向，且长轴和短轴之比为 3∶1。试详细说明各元件的位置与方位。

12-8　通过检偏器观察一束椭圆偏振光，其强度随着检偏器的旋转而改变。当检偏器在某一位置时强度为极小，此时在检偏器前插入一块$\frac{1}{4}$波片，转动$\frac{1}{4}$波片，使它的快轴平行于检偏器的透光轴，再把检偏器沿顺时针方向转过 30°就完全消光。试问：

(1)该椭圆偏振光是右旋还是左旋？

(2)椭圆的长轴和短轴之比是多少？

12-9　导出长轴和短轴之比为 2∶1 且长轴沿 y 轴的左旋和右旋椭圆偏振光的琼斯矢量，并计算这两个偏振光叠加的结果。

12-10　自然光以布儒斯特角入射到由 10 片玻璃片叠成的玻片堆上，试计算透射光的偏振度。(假设玻璃的折射率为 $n=1.5$)

12-11　现有一方解石晶片的厚度为 0.013 mm，晶片的光轴与表面成 60°角，当波长为 632.8 nm的氦氖激光器垂直入射表面晶片时，氦氖激光器对 o 光和 e 光的折射率分别为 $n_o=1.6584$，$n_e=1.4864$，求：

(1)晶片内 o 光和 e 光的夹角；

(2)画图说明 o 光和 e 光的振动方向；

(3)o 光和 e 光通过晶片后的相位差。

12-12　两块偏振片的透射方向夹角为 60°，中央插入一块$\frac{1}{4}$波片，波片主截面平分上述夹角。今有一光强为 I_0 的自然光垂直于波面入射，求通过第二个偏振片后的光强。

12-13　将一块$\frac{1}{8}$波片插入两个正交的偏振器之间，波片的光轴与两偏振器透光轴的夹角分别为−30°和 45°，求光强为 I_0 的自然光通过这一系统后的强度是多少。(不考虑系统的吸收和反向损失)

12-14　在两个正交偏振片之间插入一块$\frac{1}{4}$波片，强度为 I_0 的单色光通过这一系统。如果将波片绕光的传播方向旋转一周，问：

(1)将看到几个光强的极大值和极小值？求相应的波片方位及光强数值。

(2)如果用半波片或全波片代替$\frac{1}{4}$波片，结果怎样呢？

12-15　在两个线偏振片之间放入相位延迟角为 δ 的波片，波片的光轴与起偏器、检偏器的透光轴所成的夹角分别为 α、β。利用偏振光干涉的强度表达式证明：当旋转检偏器时，从系统输出的光强最大值对应的 β 满足 $\tan(2\beta)=\tan(2\alpha)\cos\delta$。

12-16　在两个透光轴正交放置的偏振器之间，平行放一块 0.913 mm 厚的石膏片。当 $\lambda_1=583$ nm 时，视场全暗，然后改变光的波长，当 $\lambda_2=554$ nm 时，视场又一次全暗。假设沿快、慢轴方向的折射率在这个波段范围内与波长无关，试求 o 光和 e 光的折射率差。

12-17　一束线偏振光($\lambda=589.3$ nm)垂直通过一块石英晶片沿 z 轴方向传播(石英晶片厚度 $d=0.01618$ mm)，光轴沿 x 轴方向，晶片折射率 $n_o=1.54424$，$n_e=1.55335$，对于以下几种情况，分析出射光的偏振态。

(1)入射线偏振光的振动方向与 x 轴成 45°角；

(2)入射线偏振光的振动方向与 x 轴成 −45°角；

(3)入射线偏振光的振动方向与 x 轴成 60°角。

附录Ⅰ　矢量分析及其场量运算公式

一、梯度、散度和旋度

1. 标量场的梯度

标量场 $f(x,y,z)$ 在某点 P 的梯度是一个矢量，它是以 $f(x,y,z)$ 在该点的偏导数$\frac{\partial f}{\partial x}$，$\frac{\partial f}{\partial y}$，$\frac{\partial f}{\partial z}$作为其在 x，y，z 坐标轴上的投影，记为

$$\mathbf{grad} f(x,y,z)=\frac{\partial f}{\partial x}\boldsymbol{e}_x+\frac{\partial f}{\partial y}\boldsymbol{e}_y+\frac{\partial f}{\partial z}\boldsymbol{e}_z \tag{Ⅰ-1}$$

式（Ⅰ-1）中，$\boldsymbol{e}_x$，$\boldsymbol{e}_y$，$\boldsymbol{e}_z$ 分别为直角坐标系 x，y，z 坐标轴的单位矢量。

引用矢量微分算符（又称哈密顿算符）∇，其定义为

$$\nabla=\boldsymbol{e}_x\frac{\partial}{\partial x}+\boldsymbol{e}_y\frac{\partial}{\partial y}+\boldsymbol{e}_z\frac{\partial}{\partial z} \tag{Ⅰ-2}$$

应用哈密顿算符∇，标量场 f 在某点 P 的梯度也可以表示为

$$\mathbf{grad} f=\nabla f=\frac{\partial f}{\partial x}\boldsymbol{e}_x+\frac{\partial f}{\partial y}\boldsymbol{e}_y+\frac{\partial f}{\partial z}\boldsymbol{e}_z \tag{Ⅰ-3}$$

2. 矢量场的旋度

设矢量函数 $\boldsymbol{A}$ 在 x，y，z 方向的分量分别为 A_x，A_y，A_z，则矢量函数 $\boldsymbol{A}$ 的旋度定义为算符∇与矢量函数 $\boldsymbol{A}$ 的矢量积，即

$$\begin{aligned}\mathbf{rot}\boldsymbol{A}=\nabla\times\boldsymbol{A}&=\begin{vmatrix}\boldsymbol{e}_x & \boldsymbol{e}_y & \boldsymbol{e}_z\\ \frac{\partial}{\partial x} & \frac{\partial}{\partial y} & \frac{\partial}{\partial z}\\ A_x & A_y & A_z\end{vmatrix}\\ &=\boldsymbol{e}_x\left(\frac{\partial A_z}{\partial y}-\frac{\partial A_y}{\partial z}\right)+\boldsymbol{e}_y\left(\frac{\partial A_x}{\partial z}-\frac{\partial A_z}{\partial x}\right)+\boldsymbol{e}_z\left(\frac{\partial A_y}{\partial x}-\frac{\partial A_x}{\partial y}\right)\end{aligned} \tag{Ⅰ-4}$$

3. 矢量场的散度

矢量场的散度是一个标量函数，定义为哈密顿算符∇与矢量函数 $\boldsymbol{A}$ 的数量积，即

$$\begin{aligned}\mathbf{div}\boldsymbol{A}=\nabla\cdot\boldsymbol{A}&=\left(\boldsymbol{e}_x\frac{\partial}{\partial x}+\boldsymbol{e}_y\frac{\partial}{\partial y}+\boldsymbol{e}_z\frac{\partial}{\partial z}\right)\cdot(\boldsymbol{e}_xA_x+\boldsymbol{e}_yA_y+\boldsymbol{e}_zA_z)\\ &=\frac{\partial A_x}{\partial x}+\frac{\partial A_y}{\partial y}+\frac{\partial A_z}{\partial z}\end{aligned} \tag{Ⅰ-5}$$

二、场量运算公式

哈密顿算符∇为矢量微分算符，它兼具矢量和微分的双重性质；∇作用在一个标量函数 f 或矢量函数 $\boldsymbol{A}$ 上时，其方式仅有以下三种情况：∇f、$\nabla \cdot \boldsymbol{A}$ 和 $\nabla \times \boldsymbol{A}$，即在“$\nabla$”之后一定是标量函数，在“$\nabla \cdot$”“$\nabla \times$”之后一定是矢量函数。

场量的基本关系主要有：

(1)矢量的标积：$\boldsymbol{A} \cdot \boldsymbol{B} = A_x B_x + A_y B_y + A_z B_z$

(2)矢量的叉积：$\boldsymbol{A} \times \boldsymbol{B} = (A_y B_z - A_z B_y)\boldsymbol{e_x} + (A_z B_x - A_x B_z)\boldsymbol{e_y} + (A_x B_y - A_y B_x)\boldsymbol{e_z}$

(3)矢量间的叉积：$\boldsymbol{A} \times (\boldsymbol{B} \times \boldsymbol{C}) = \boldsymbol{B}(\boldsymbol{A} \cdot \boldsymbol{C}) - \boldsymbol{C}(\boldsymbol{A} \cdot \boldsymbol{B})$

(4)梯度的散度：$\nabla \cdot (\nabla u) = \nabla^2 u$

(5)梯度的旋度：$\nabla \times (\nabla u) = 0$

(6)旋度的散度：$\nabla \cdot (\nabla \times \boldsymbol{A}) = 0$

(7)旋度的旋度：$\nabla \times (\nabla \times \boldsymbol{A}) = \nabla (\nabla \cdot \boldsymbol{A}) + \nabla^2 \boldsymbol{A}$

(8)标量与矢量乘积的散度：$\nabla \cdot (f\boldsymbol{A}) = f \nabla \cdot \boldsymbol{A} + \boldsymbol{A} \cdot \nabla f$

(9)标量与矢量乘积的旋度：$\nabla \times (f\boldsymbol{A}) = f \nabla \times \boldsymbol{A} + \nabla f \times \boldsymbol{A}$

(10)矢量叉积的散度：$\nabla \cdot (\boldsymbol{A} \times \boldsymbol{B}) = \boldsymbol{B} \cdot \nabla \times \boldsymbol{A} - \boldsymbol{A} \cdot \nabla \times \boldsymbol{B}$

附录Ⅱ　贝塞尔函数

二阶齐次线性微分方程

$$x^2 \frac{d^2 y}{dx^2} + x \frac{dy}{dx} + (x^2 - n^2) y = 0 \tag{Ⅱ-1}$$

方程式(Ⅱ-1)称为贝塞尔微分方程，它的通解为

$$y = C_1 J_n(x) + C_2 N_n(x) \tag{Ⅱ-2}$$

式(Ⅱ-2)中，$J_n(x)$称为n阶第一类贝塞尔函数，$N_n(x)$称为n阶第二类贝塞尔函数。本书中只用到了第一类贝塞尔函数$J_n(x)$，下面介绍$J_n(x)$的级数表示及基本性质。

一、贝塞尔函数的级数表示式

微分方程常以级数法求解。设贝塞尔方程有一级收敛解

$$y = \sum_{k=0}^{\infty} a_k x^{c+k} \tag{Ⅱ-3}$$

式(Ⅱ-3)中，$a_0 \neq 0$，a_k及c均为待定常数。下面来确定待定常数。式(Ⅱ-3)两边对x分别求一阶导数和二阶导数，得

$$\frac{dy}{dx} = \sum_{k=0}^{k} (c+k) a_k x^{c+k-1}$$

$$\frac{d^2 y}{dx^2} = \sum_{k=0}^{k} (c+k)(c+k-1) a_k x^{c+k-2}$$

代入方程式(Ⅱ-1)，得

$$(c^2 - n^2) a_0 x^c + [(c+1)^2 - n^2] a_1 x^{c+1} + \sum_{k=2}^{\infty} \{[(c+k)^2 - n^2] a_k + a_{k-2}\} x^{c+k} = 0 \tag{Ⅱ-4}$$

式(Ⅱ-4)为恒等式，所以应满足x的各次幂的系数均为0，即

$$(c^2 - n^2) a_0 = 0 \tag{Ⅱ-5}$$

$$[(c+1)^2 - n^2] a_1 = 0 \tag{Ⅱ-6}$$

$$[(c+k)^2 - n^2] a_k + a_{k-2} = 0 \tag{Ⅱ-7}$$

因为$a_0 \neq 0$，由式(Ⅱ-5)可得$c = \pm n$，把$c = \pm n$代入式(Ⅱ-6)，得$a_1 = 0$。取$c = n$，代入式(Ⅱ-7)，得

$$a_k = \frac{-a_{k-2}}{k(2n+k)} \tag{Ⅱ-8}$$

因为 $a_0=0$，由式(Ⅱ-8)得 $a_1=a_3=a_5=\cdots=0$，而 $a_2,a_4,a_6,\cdots$ 都可以用 a_0 来表示，即

$$a_2=\frac{-a_0}{2(2n+2)}$$

$$a_4=\frac{a_0}{2\times 4(2n+2)(2n+4)}$$

$$a_6=\frac{-a_0}{2\times 4\times 6(2n+2)(2n+4)(2n+6)}$$

$$a_m=\frac{(-1)^m a_0}{2\times 4\times 6\times\cdots 2m(2n+2)(2n+4)\times\cdots\times(2n+2m)}$$

$$=\frac{(-1)^m a_0}{2^{2m}m!(n+1)(n+2)\times\cdots\times(n+m)}\quad m=1,2,3,\cdots$$

将以上系数代入式(Ⅱ-3)，可得

$$y=a_0\sum_{m=0}^{\infty}(-1)^m\frac{x^{n+2m}}{2^{2m}m!(n+1)(n+2)\times\cdots\times(n+m)}\quad m=1,2,3,\cdots \tag{Ⅱ-9}$$

由达朗贝尔判别法可知该级数收敛，为贝塞尔方程的之一解。

当 n 为非负整数时，令

$$a_0=\frac{1}{2^n\Gamma(n+1)}$$

上式中，$\Gamma(n+1)$ 是 Γ 函数。此时得到的解为特解，为 n 阶第一类贝塞尔函数(简称"n 贝塞尔函数")。

$$J_n(x)=\sum_{m=0}^{\infty}(-1)^m\frac{x^{n+2m}}{2^{2m}m![2^n\Gamma(n+1)](n+1)(n+2)\times\cdots\times(n+m)}$$

$$=\sum_{m=0}^{\infty}(-1)^m\frac{x^{n+2m}}{2^{n+2m}m!(n+m+1)} \tag{Ⅱ-10}$$

根据 Γ 函数的性质，当 n 为非负整数时，$\Gamma(n+m+1)=(n+m)!$，因此，$J_n(x)$ 也可以写成

$$J_n(x)=\sum_{m=0}^{\infty}(-1)^m\frac{x^{n+2m}}{2^{2m}m!(n+m)!} \tag{Ⅱ-11}$$

通常使用较多的是 $J_0(x)$ 和 $J_1(x)$，在式(Ⅱ-11)中，分别令 $n=0$ 和 $n=1$，可以得到

$$J_0(x)=1-\frac{x^2}{2^2}+\frac{x^4}{2^2 4^2 6^2}-\frac{x^6}{2^2 4^2 6^2 8^2}+\cdots \tag{Ⅱ-12}$$

$$J_1(x)=\frac{x}{2}\left[1-\frac{x^2}{2\cdot 4}+\frac{x^4}{2\cdot 4^2\cdot 6}-\frac{x_6}{2^2 4^2 6^2 8}+\cdots\right] \tag{Ⅱ-13}$$

$J_0(x)$ 和 $J_1(x)$ 分别称为零阶贝塞尔函数和一阶贝塞尔函数，画出其变化曲

线如图Ⅱ-1所示，$J_0(x)$和$J_1(x)$的值可以在普通的数学手册中查到。

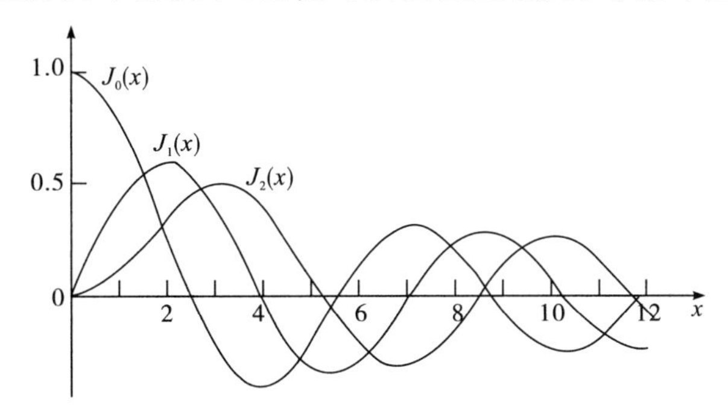

图Ⅱ-1　贝塞尔函数曲线

二、贝塞尔函数的基本性质（n为整数）

1. $J_{-n}(x)=(-1)^n J_n(x)$

2. $J_n(x)=\dfrac{x}{2n}[J_{n-1}(x)+J_{n+1}(x)]$

3. $\dfrac{\mathrm{d}}{\mathrm{d}_x}J_n(x)=\dfrac{1}{2}[J_{n-1}(x)+J_{n+1}(x)]$

4. $\lim\limits_{x\to 0}\dfrac{J_n(x)}{x^n}=\dfrac{1}{2^n n!}$

5. 两个递推关系：

$$\frac{\mathrm{d}}{\mathrm{d}x}[x^{n+1}J_{n+1}(x)]=x^{n+1}J_n(x) \qquad \frac{\mathrm{d}}{\mathrm{d}x}\left[\frac{J_n(x)}{x^n}\right]=-\frac{J_{n+1}(x)}{x^n}$$

三、贝塞尔函数的积分公式

1. $J_n(x)=\dfrac{1}{2\pi}\displaystyle\int_0^{2\pi}\cos(x\sin\varphi-n\varphi)\mathrm{d}\varphi$

2. $J_n(x)=\dfrac{i^{-n}}{2\pi}\displaystyle\int_0^{2\pi}\cos n\varphi\exp(\mathrm{i}x\cos\varphi)\mathrm{d}\varphi$

3. $J_n(x)=\dfrac{i^{-n}}{2\pi}\displaystyle\int_0^{2\pi}\exp(\mathrm{i}n\varphi)\exp(\mathrm{i}x\cos\varphi)\mathrm{d}\varphi$

参考文献

[1][美]尤金·赫克特. 光学[M]. 秦克诚,林福成,译. 5版. 北京:电子工业出版社,2019.

[2][德]马科斯·玻恩,[美]埃米尔·沃耳夫. 光学原理[M]. 杨葭荪,等译. 7版. 北京:电子工业出版社,2016.

[3]沈常宇,金尚忠. 光学原理[M]. 北京:清华大学出版社,2013.

[4]李适民,等. 激光器件原理与设计[M]. 北京:国防工业出版社,1998.

[5]郁道银,谈恒英. 工程光学[M]. 4版. 北京:机械工业出版社,2016.

[6]姚启钧. 光学教程[M]. 6版. 北京:高等教育出版社,2019.

[7]章毛连. 大学物理实验[M]. 2版. 北京:中国农业出版社,2020.

[8]王辉. 光纤通信[M]. 3版. 北京:电子工业出版社,2014.

[9]安毓英,刘继芳,李庆辉,冯喆珺. 光电子技术[M]. 4版. 北京:电子工业出版社,2016.

[10]王红敏. 工程光学[M]. 北京:北京大学出版社,2009.

[11]陈振源,陈克香. 光电子技术基础与技能[M]. 2版. 北京:电子工业出版社,2017.

[12]钟锡华. 现代光学基础[M]. 北京:北京大学出版社,2003.

[13]冯其波. 光学测量技术与应用[M]. 北京:清华大学出版社,2008.

[14]陈家璧,彭润玲. 激光原理及应用[M]. 4版. 北京:电子工业出版社,2019.

[15]张志伟,曾光宇,张存林. 光电检测技术[M]. 3版. 北京:清华大学出版社,2014.

[16]江文杰. 光电技术[M]. 2版. 北京:科学出版社,2014.

[17]毛文炜. 光学工程基础[M]. 2版. 北京:清华大学出版社,2015.

[18]周炳琨,高以智,陈倜嵘,陈家骅. 激光原理[M]. 4版. 北京:国防工业出版社,2000.

[19]陈根祥. 光纤通信技术基础[M]. 北京:高等教育出版社,2010.

[20]胡玉禧,安连生. 应用光学[M]. 合肥:中国科学技术大学出版社,1996.

[21]汪相. 晶体光学[M]. 南京:南京大学出版社,2009.

[22]朱京平. 光电子技术基础[M]. 2版. 北京:科学出版社,2009.

[23]李湘宁,贾宏志,张荣福,郭汉明. 工程光学[M]. 2版. 北京:科学出版

社,2010.

[24]张以谟.应用光学[M].4版.北京:电子工业出版社,2015.

[25]韩军,刘钧.工程光学[M].2版.北京:国防工业出版社,2016.

[26]苏显渝.信息光学[M].2版.北京:科学出版社,2011.

[27]蔡怀宇.工程光学复习指导与习题解答[M].2版.北京:机械工业出版社,2016.

[28]李林,黄一帆.应用光学概念题解与自测[M].2版.北京:北京理工大学出版社,2018.

[29]李林,林家明,王平,黄一帆.工程光学[M].北京:北京理工大学出版社,2007.

[30]石顺祥,王学恩,马琳.物理光学与应用光学[M].3版.西安:西安电子科技大学出版社,2014.

[31]迟泽英.应用光学与光学设计基础[M].3版.北京:高等教育出版社,2017.

[32]宋贵才,全薇.物理光学理论与应用[M].3版.北京:北京大学出版社, 2019.

[33]张三慧.大学基础物理学[M].2版.北京:清华大学出版社,2007.

[34]陈家璧,苏显渝.光学信息技术原理及应用[M].2版.北京:高等教育出版社,2009.

[35]王文生,刘冬梅.应用光学[M].2版.武汉:华中科技大学出版社,2019.

[36]王健.导波光学[M].2版.北京:清华大学出版社,2019.

[37]崔宏滨.光学基础教程[M].合肥:中国科学技术大学出版社,2013.

[38]林晓阳.ZEMAX光学设计超级学习手册[M].北京:人民邮电出版社,2014.

[39]李晓彤,岑兆丰.几何光学像差光学设计[M].3版.杭州:浙江大学出版社,2014.

[40]游璞,于国萍.光学[M].北京:高等教育出版社,2006.

[41]李林,黄一帆,王涌天.现代光学设计方法[M].3版.北京:北京理工大学出版社,2018.

[42]钟锡华,陈熙谋.大学物理通用教程:光学[M].2版.北京:北京大学出版社,2011.